DIE ENZYKLOPÄDIE DER

REPTILIEN

AMPHIBIEN & WIRBELLOSEN

DIE ENZYKLOPÄDIE DER REPTILIEN AMPHIBIEN & WIRBELLOSEN

BERATER

Dr. Hugh Dingle
Professor emeritus
University of California, Davis, USA

Dr. Noel Tait
Experte für Wirbellose
Sydney, Australien

Dr. Richard C. Vogt
Kurator für Herpetologie und Professor am
National Institute for Amazon Research
Manaus, Amazonas, Brasilien

NATIONAL GEOGRAPHIC

NATIONAL GEOGRAPHIC

Autorisierte deutsche Ausgabe veröffentlicht von
NATIONAL GEOGRAPHIC DEUTSCHLAND
(G+J/RBA GmbH & Co KG), Hamburg 2008

Titel der englischen Originalausgabe:
The Encyclopedia of Reptiles, Amphibians & Invertebrates.
A Complete Visual Guide.

Text Jenni Bruce, Karen McGhee, Richard C. Vogt
Illustrationen der Arten MagicGroup s.r.o. (Tschechische Republik)
Illustrationen der biologischen Merkmale Guy Troughton
Karten Andrew Davies Creative Communication, Map Illustrations
Info-Grafiken Andrew Davies Creative Communication
Litho Chroma Graphics (Overseas) Pte Ltd
Druck SNP Leefung Printers Ltd.

Übersetzung Christiane Gsänger, Dr. Gabriele Lehari,
Renate Weinberger, Manfred Wolf
Produktion Print Company Verlagsges.m.b.H.

Printed in China
ISBN 978-3-86690-051-6

INHALT

VORWORT

Dieses reich illustrierte Buch bietet eine Einführung in die Naturgeschichte der Reptilien, Amphibien und Wirbellosen. Die Vielfalt der lebenden Reptilien und Amphibien ist erstaunlich, denn es gibt über 8600 Reptilien- und mehr als 6200 Amphibienarten. Trotz ihrer eingeschränkten Körperformen zeigen sie eine bemerkenswerte Bandbreite an Verhaltensmustern und Überlebensstrategien. Frösche besetzen beispielsweise zwei unterschiedliche Nischen – als Kaulquappen fressen sie Pflanzen, die adulten Tiere sind Räuber. Die etwa 3000 Schlangenarten reichen von winzigen, blinden, unterirdisch lebenden Schlangen bis zu den über 10 Meter langen Riesenschlangen. Sie leben auf dem und im Boden, auf Bäumen und im Wasser. Ebenso vielfältig wie die Fortbewegungs- und Fortpflanzungsweisen der Reptilien und Amphibien sind ihre Paarungsrituale, ihr Brutpflege- und Territorialverhalten sowie ihre Wanderungen, die denen der Vögel und Säugetiere durchaus ebenbürtig sind.

Mit über 1,3 Millionen Arten bilden Wirbellose etwa 95 Prozent aller bekannten Tiere. Sie unterscheiden sich von anderen Tieren dadurch, dass sie weder eine Wirbelsäule noch Knochen oder Knorpel haben. Ihre Formenvielfalt reicht von bunten Schmetterlingen, giftigen Spinnen, im Meer treibenden Quallen und porösen Schwämmen bis zu einer Vielzahl an Schnabelkerfen und Käfern. Sie sind in der Luft, an Land und im Wasser zu Hause, schwimmen, graben sich durch die Erde, kriechen, laufen und fliegen. Doch obwohl diese Tiere so zahlreich vorkommen, sind das Verhalten und die Ökologie der meisten Arten noch wenig erforscht. Mit diesem Werk wollen wir einige repräsentative Arten aus den größeren Gruppen vorstellen.

Die Zerstörung der Lebensräume, die Umweltverschmutzung, das illegale Einsammeln und die Einführung fremder Arten gefährden die Existenz vieler Reptilien, Amphibien und Wirbelloser. Falls wir diesen Tieren das Überleben sichern wollen, müssen wir den Einfluss unserer eigenen Art auf ihre Lebensräume kontrollieren. Gegenwärtig sind 80 Prozent aller Schildkröten und mehr als 30 Prozent aller bekannten Froschlurcharten auf der Roten Liste gefährdeter Tierarten der Weltnaturschutzunion IUCN zu finden. Wenn wir nichts dagegen unternehmen, wird sich ihr Status allmählich von gefährdet zu stark gefährdet oder ausgestorben ändern. Ohne die internationale Zusammenarbeit der Regierungen und ohne den Willen der Öffentlichkeit zum Schutz dieser Lebewesen wird die Vielfalt des Lebens auf unserem Planeten drastisch abnehmen. Der Frühling wird trostlos sein, wenn die Frösche nicht mehr quaken.

DR. RICHARD C. VOGT
Kurator für Herpetologie und Professor am
National Institute for Amazon Research, Manaus, Amazonas, Brasilien

WEGWEISER DURCH DAS BUCH

Dieses Buch ist in drei taxonomische Abschnitte unterteilt: Reptilien, Amphibien und Wirbellose. Jeder Teil beginnt mit einem Überblick über die charakteristischen Merkmale der jeweiligen Gruppe, deren Entwicklungsgeschichte, Systematik, Biologie, Anpassungen, Verhaltensweisen und Schutzstatus. Danach folgen die Abschnitte über die einzelnen Arten, die nach den Untergruppen in Kapitel gegliedert sind. Die einzelnen Abschnitte bauen sich gemäß der Systematik der vorgestellten Gruppen auf. Der Abschnitt über die Wirbellosen enthält mehr taxonomische Gruppen als die beiden anderen Teile über Reptilien und Amphibien, um die Artenvielfalt der Wirbellosen entsprechend abzuhandeln. Das Buch endet mit einem fachwissenschaftlichen Glossar und einem detaillierten Register.

SYMBOLE ZUM LEBENSRAUM

Die folgenden 19 Symbole zeigen die verschiedenen Lebensräume, in denen man die einzelnen Arten oder Gruppen finden kann. Die Symbole werden das ganze Buch hindurch in derselben Reihenfolge verwendet. Eine detaillierte Beschreibung der Lebensräume befindet sich am Beginn der taxonomischen Abschnitte.

- Tropischer Regenwald
- Monsunwald
- Laubwald in gemäßigten Zonen
- Nadelwald
- Moore und Heide
- Offene Landschaften: Savanne, Grasland, Steppen- und Buschlandschaften sowie Felder
- Wüste oder Halbwüste
- Gebirge und Hochland
- Tundra
- Polarregionen
- Meere
- Korallenriffe
- Mangrovensümpfe
- Küstengebiete einschließlich Strände, Klippen, Sanddünen, Gezeitentümpel und/oder Küstengewässer
- Flüsse und Bäche einschließlich ihrer Ufer
- Feuchtgebiete wie Sümpfe, Marschen, Schwemmebenen oder Flussdeltas
- Seen und Teiche
- Lebensräume in der Stadt
- Parasitisch

Verbreitungskarten
Eine Weltkarte zeigt die Verbreitung der beschriebenen Tiergruppe. Der dazugehörige Text gibt detaillierte Angaben über die Verbreitung einzelner Gruppen.

Kolumnentitel
Hier steht die Bezeichnung der jeweiligen Gruppe und Untergruppe.

Hinweise zur Systematik
In einem farbigen Kästchen steht, in welche Klasse, Ordnung, Familie, Gattung und Art der zoologischen Systematik das beschriebene Tier einzuordnen ist.

Zahlreiche Fotografien
Bilder der besten Wildtierfotografen zeigen die Verhaltensweisen und Lebensräume einzelner Arten.

Detailzeichnungen
Diagramme und Zeichnungen veranschaulichen Informationen über anatomische Anpassungen.

24 REPTILIEN SCHILDKRÖTEN

SCHILDKRÖTEN

KLASSE	Reptilia
ORDNUNG	Testudines
FAMILIEN	14
GATTUNGEN	99
ARTEN	307

Schildkröten sind die einzigen Wirbeltiere, bei denen Becken- und Schultergürtel in einem Panzer liegen, der aus mit Knochen verwachsenen Rippen besteht. Die ältesten Fossilien zeigen, dass dieses Merkmal in der Trias vor 220 Millionen Jahren auftauchte. Seitdem erfuhr der Panzer einige Veränderungen. Die Spaltenschildkröte besitzt einen biegsamen flachen Panzer, mit dem sie sich in Felsspalten zwängen kann. Dort bläst sie sich dann auf und ist nicht mehr herauszuziehen. Weichschildkröten haben keinen harten Panzer, sondern eine lederartige Haut, so dass sie schneller vorankommen. Es ist bis jetzt nicht geklärt, ob Schildkröten der gleichen Linie entstammen wie die anderen Reptilien.

Verbreitung Schildkröten gibt es in allen Weltmeeren und auf allen Kontinenten außer in der Antarktis. 249 Schildkrötenarten haben sich an ein Leben in Süßwasserflüssen, -seen und -teichen angepasst, 51 sind reine Landbewohner und nur 7 Arten kommen im Meer vor.

Junge Lederschildkröte Lederschildkröten haben im Jahr bis zu sechs Gelege mit bis zu 200 Eiern, und das jahrzehntelang. Diese junge Schildkröte hat zwei Monate im Ei überlebt, für viele Tiere ein begehrter Leckerbissen. Jetzt muss sie sich den Gefahren im Meer stellen.

Gesattelter Riese Die Galápagos-Riesenschildkröte (oben) hat einen sattelförmigen Panzer. Die Form kommt öfter bei Schildkröten-Männchen aus Populationen auf den trockeneren und kahleren Inseln des Galápagos-Archipels vor.

Skelett Der Schildkrötenpanzer hat eine Außenschicht aus Hornschilden (meist 38 am Rücken- und 16 am Bauchpanzer). Den Bauchpanzer, Stütze des Körpers, bilden die verwachsenen Rippen. Einige Wirbel sind am Rückenpanzer angewachsen.

Zurückziehbarer Hals
Kralle
Hornschild
Rückenpanzer
Bauchpanzer

Schwimmende Meeresschildkröte Die Vorderbeine einer Meeresschildkröte sind zu flossenähnlichen Paddeln umgebildet, die sich synchron bewegen. So scheint sie durchs Wasser zu fliegen. Meeresschildkröten verlassen das Wasser nur selten, außer zur Eiablage. Wasserschildkröten schwimmen mit allen vier Beinen abwechselnd.

ERFOLG DER EVOLUTION

Schildkröten haben außer dem Panzer weitere typische Merkmale. Ihre Muskeln übersäuern kaum durch Milchsäure, deshalb ermüden sie bei raschem Schwimmen nicht. Den Auftrieb regulieren sie durch Füllen und Leeren ihrer großen Harnblase.

Schildkröten sind Beutegreifer, Pflanzen- und Aasfresser. Bei einigen ist die Darmflora für das Aufschließen von Pflanzenzellen eingerichtet. Andere verbreiten Samen. Erdschildkröten trommeln mit den Vorderfüßen auf den Boden und fressen die Regenwürmer, die sie dadurch aufscheuchen.

Einige Arten von Meeres- und Wasserschildkröten legen innerhalb weniger Tage am selben Strand in riesiger Zahl ihre Eier ab. Den Vorgang nennt man „Arribada“. So wird es Feinden unmöglich, alle Eier zu fressen oder alle Weibchen zu töten. Der Erfolg all dieser Anpassungen ließ die Schildkröten über Millionen von Jahren bis heute überleben. Um menschliche Übergriffe zu verhindern, stehen zwei Drittel aller Schildkrötenarten unter dem Schutz der IUCN.

ANGABEN ÜBER GEFÄHRDUNGSGRAD UND BESTAND

Gefährdungsgrade gemäß der Roten Liste der IUCN (International Union for the Conservation of Nature and Natural Resources; deutsch: Weltnaturschutzunion):

† Bedeutet, dass eine Art in folgende Kategorien eingeordnet wird:
Ausgestorben (IUCN) Das letzte Exemplar einer bestimmten Art ist ausgestorben.
In freier Wildbahn ausgestorben (IUCN) Hat nur in Gefangenschaft überlebt oder als Gefangenschaftsflüchtling außerhalb des natürlichen Verbreitungsgebiets.

Bedeutet, dass eine Art in folgende Kategorien eingeordnet wird:
Vom Aussterben bedroht (IUCN) Große Gefahr des Aussterbens in unmittelbarer Zukunft.
Stark gefährdet (IUCN) Große Gefahr des Aussterbens in absehbarer Zeit.

Auch folgende Kategorien werden benutzt:
Gefährdet (IUCN) Mittelfristig große Gefahr des Aussterbens.
Potenziell gefährdet (IUCN) In naher Zukunft wahrscheinlich in eine der oberen Kategorien einzuordnen.
Von Schutzmaßnahmen abhängig (IUCN) Um eine Gefährdung abzuwenden, bedarf es art- und habitatspezifischer Schutzmaßnahmen, um die Einstufung in eine der oberen Kategorien zu verhindern.

Daten ungenügend (IUCN) Die verfügbaren Informationen reichen nicht aus, um den Gefährdungsgrad zu bestimmen.
Unbekannt Der Bestand ist nicht bekannt oder zu wenig erforscht.
Häufig Häufig und zahlreich.
Lokal häufig Große Bestände innerhalb eines bestimmten Gebietes.
Bedingt häufig In bestimmten Gebieten in geringen Beständen weit verbreitet.
Selten Äußerst geringe Bestände in eng begrenzten Lebensräumen.

Bildlegende
Die Texte neben den Abbildungen weisen auf typische Merkmale der Art hin wie z. B. Farbvarianten, Verhalten, Lebensraum, Größe und anatomische Besonderheiten.

Namen
Der gängige deutsche Name sowie die wissenschaftliche Bezeichnung der abgebildeten Tierart.

Schutzstatus
Hier finden sich erklärende Angaben über den Schutzstatus der beschriebenen Tiergruppe gemäß der Roten Liste der IUCN. Zudem informieren diese Kästchen über die Ursachen der bestehenden Gefährdung.

SCHUTZSTATUS

Unbeachtet Der Artenschutz schenkt den Spinnentieren kaum Beachtung. Die IUCN hat nur 18 Arten beurteilt, die alle auf der Roten Liste stehen. Weitere Untersuchungen sind notwendig, denn die Spinnentiere sind zweifellos durch Lebensraumverlust, Pestizide und Einschleppung exotischer Arten bedroht.

Auf einen Blick
Hier finden sich Informationen wie Körpergröße, Aussehen oder Verhaltensweisen der abgebildeten Arten.

Spezifische Verbreitungskarten
Die Verbreitungsgebiete der vorgestellten Art oder Gruppe sind hier je nach Bedarf auf einer Weltkarte oder einem Kartenausschnitt eingezeichnet.

Symbole zum Lebensraum
Die Symbole weisen auf die Lebensräume hin, in denen die beschriebene Art bzw. Gruppe zu finden ist. Erläutert sind die Symbole auf der gegenüberliegenden Seite.

Lebensweise
Text und Abbildungen informieren über interessante Aspekte einer Art oder Gruppe.

SYMBOLE

Folgende Symbole weisen auf spezifische Angaben über die jeweilige Art oder Gruppe hin. Bei Maßen und Gewichten ist der Maximalwert angeführt.

Körperlänge
- **Reptilien**: Schlangen und Echsen: Schnauze bis After; andere Reptilien: Kopf bis Schwanzspitze
- **Schildkröten:** Länge des Panzers
- **Amphibien:** Kopf und Körper einschließlich des Schwanzes

Gewicht
- Körpergewicht

Fortpflanzung: Reptilien
- Anzahl der Eier

Lebensraum: Reptilien/Amphibien
- An Land/am Boden
- Im Wasser
- Im Boden
- Auf Bäumen
- Variabel

Paarungszeit: Amphibien
- Zeitraum der Paarung

Art der Fortpflanzung: Reptilien
- Vivipar (lebend gebärend)
- Ovipar (Eier legend)
- Ovovivipar (die Jungen entwickeln sich im Ei, das sich im Körper des Weibchens befindet)

Geschlecht: Reptilien
- ♀♂ Temperaturabhängige (phänotypische) oder genabhängige (genotypische) Geschlechtsbestimmung

Anzahl der Gattungen und Arten: Reptilien und Wirbellose
Zahl der Gattungen und Arten der jeweiligen taxonomischen Gruppe

REPTILIEN

REPTILIEN

STAMM	Chordata
KLASSE	Reptilia
ORDNUNGEN	4
FAMILIEN	60
GATTUNGEN	1012
ARTEN	8614

Reptilien sind nicht einfach nur Relikte aus der Zeit der Dinosaurier, die jetzt als Schatten ihrer Vorfahren ein Zwergendasein führen. Wie alle Tiergruppen passen auch sie sich ständig an ihre Umwelt an. Die heute lebenden Arten sind das Ergebnis von mehr als 300 Millionen Jahren Evolution, die mit den ersten Lebewesen begann, die sich an Land begaben. Sie bildeten zwei Linien, die zu den Säugetieren (Synapsida) sowie zu den Vögeln und Reptilien (Diapsida) führten. Schildkröten wurden früher zu den Anapsida gezählt, einer Schwestergruppe der Diapsida, aber neuere biochemische Studien deuten darauf hin, dass sie Diapsiden sind und dass die Anapsiden später entstanden sind.

ARTENVIELFALT

Die Diapsiden teilten sich im Trias (vor 248 bis 206 Millionen Jahren) in zwei Hauptgruppen: Lepidosaurier (Schuppenreptilien wie Echsen, Schlangen, Doppelschleichen und Brückenechsen) und Archosaurier (Krokodile, Flugsaurier, Dinosaurier und Urvögel). Schildkröten entstanden vor etwa 210 Millionen Jahren.

Einst gab es 16 Reptilienordnungen, von denen heute nur vier übrig sind. Die artenreichste Gruppe stellen die Schuppenkriechtiere (Squamata) dar, die aus Echsen, Schlangen und Doppelschleichen bestehen. Die Vertreter dieser Gruppe weisen auch die vielfältigsten Formen auf, von den bis zu 3 Meter langen indonesischen Komodowaranen bis zu winzigen Geckos, die kaum länger als 2,5 cm sind. Die Ordnung Crocodilia umfasst Echte Krokodile, Alligatoren und Gaviale, deren gemeinsame Merkmale Knochenplatten in der Haut, kurze Gliedmaßen, lange Schnauzen und seitlich abgeflachte, ans Schwimmen angepasste Schwänze sind. Die meisten Schildkröten leben im Süßwasser oder an Land, es gibt jedoch auch sieben Arten von Meeresschildkröten, und einige leben sogar in Wüstenregionen. Die Ordnung Rhynchocephalia besteht aus zwei Brückenechsenarten (Tuataras), die nur auf einigen Inseln vor der Küste Neuseelands vorkommen.

Wie Ampibien und Fische sind Reptilien ektotherm (wechselwarm). Ihre Körpertemperatur ist von der Wärme der Umgebung abhängig. Meeresschildkröten wie die riesigen Lederschildkröten, die bis ins Nordpolarmeer reisen, können ihre Körpertemperatur beim Schwimmen über der Temperatur des umgebenden Wassers halten. Im Gegensatz zu Säugetieren können Reptilien ihre Körpertemperatur nicht durch Schwitzen regulieren. Deshalb sind Schlangen und Echsen, die in Wüsten leben, meist nachtaktiv.

Echsenleben Das Pantherchamäleon verlässt sich beim Fangen seiner Beute auf seine scharfen Augen und blitzschnellen Reflexe. Er frisst vor allem Insekten, aber auch andere Reptilien und Vögel. Um ihren Körper aufzuheizen, können Chamäleons die Haut dunkler werden lassen und dadurch die Sonnenwärme besser aufnehmen.

LANDBESIEDELUNG

Mehrere physiologische Merkmale befreiten die Reptilien von ihren Anfängen im Wasser. Dabei war die wasserundurchlässige Eischale nicht nur für Reptilien, sondern allgemein für Wirbeltiere die wohl bedeutendste evolutionäre Errungenschaft. Ein in sich geschlossenes Ei, in dem Wasser, Nähr- und Ausscheidungsstoffe bis zum Schlüpfen gespeichert werden, ermöglichte den Reptilien die Fortpflanzung außerhalb des Wassers. Dennoch müssen einige der heute lebenden Arten ihre Eier an feuchten Orten vergraben, um deren Überleben zu sichern. Die Eier anderer Arten haben dicke Schalen, die das Austrocknen verhindern. Alle Schildkröten und Krokodile legen ihre Eier ab, doch einige Schlangen und Echsen behalten diese im Körper und bringen lebende Junge zur Welt. Wieder andere Schlangen und Echsen sind vivipar. Die Embryonen entwickeln sich im Körper des Weibchens und sind durch Blutgefäße mit der Mutter verbunden.

Die undurchdringliche Haut ermöglichte es den Reptilien, ständig außerhalb des Wassers zu leben ohne, auszutrocknen. Einige Schildkröten und Echsen haben seitlich an der Nase Salzdrüsen, die überschüssige Salze ausscheiden, um die für den Urin benötigte Wassermenge zu verringern. Schlangen und Echsen scheiden Urin in beinahe festem Zustand aus, der hauptsächlich aus Harnsäurekristallen besteht.

Auch die innere Befruchtung lieferte einen bedeutenden Beitrag zur Befreiung vom Leben im Wasser. Die Weibchen haben eine sogenannte Urogenitalöffnung. Männliche Brückenechsen besitzen ähnliche Kloaken. Krokodil- und Schildkrötenmännchen haben einen Penis, während Echsen und Schlangen über zwei funktionstüchtige Hemipenes verfügen, die wichtige Identifikationsmerkmale zur Artbestimmung von Schlangen sind.

Brutpflege Viele Schlangenweibchen bleiben bei den Eiern, um Räuber abzuschrecken. Die meisten Pythonweibchen winden ihren Körper um das Gelege und erzeugen durch Muskelzuckungen Wärme, um so die Entwicklung der Embryos zu beschleunigen wie dieses australische Zwergpythonweibchen. Das Weibchen bleibt während der oft Monate dauernden Brutzeit bei den Eiern und fastet.

Verwechslungen Die Seychellen-Riesenschildkröte galt seit 120 Jahren als ausgestorben, bis sie in den späten 1990er-Jahren von Wissenschaftlern wiederentdeckt wurde. Einzelne Exemplare dieser Art, die in Zoos lebten, wurden bis zu diesem Zeitpunkt für Vertreter einer anderen Art gehalten, aber durch moderne DNA-Analysen wurde dieser Irrtum aufgeklärt.

Krokodilruf Reptilien produzieren Eier, in denen sich die Embryonen entwickeln. Mehrere mit Flüssigkeiten gefüllte Eisäcke hüllen den Embryo ein. Die kalkige Eischale ist zwar für Gase wie Sauerstoff und Kohlendioxid durchlässig, vermindert jedoch den Wasserverlust. Während sie sich noch in den Eiern in unterirdischen Nestern befinden, rufen Nilkrokodile nach ihrer Mutter, sobald sie zum Schlüpfen bereit sind.

Abwerfen der Haut Die meisten Wirbeltiere verlieren ständig Hautzellen, aber Schlangen streifen ihre äußere Hautschicht zu verschiedenen Jahreszeiten auf einmal komplett ab. Bis sich die darunter zum Vorschein kommende neue Hautschicht verhärtet, sind Schlangen besonders verwundbar. Der Zeitpunkt der Häutung ist sowohl von physiologischen als auch von äußeren Faktoren abhängig.

EVOLUTION DER REPTILIEN

Die früheste Reptiliengruppe Captorhinomorpha, die zu den Vorfahren aller Reptilien wurde, trat erstmals vor etwa 315 Millionen Jahren auf. Sie bestand aus flinken, echsenähnlichen Tieren, deren Fossilien man in versteinerten Baumstümpfen aus dem späten Karbon und dem darauffolgenden Perm gefunden hat. Diese Raubtiere verfügten nicht über den kräftigen, schnappenden Biss der frühen Amphibien, von denen sie möglicherweise abstammten. Ihr zermalmender Biss war besser dazu geeignet, die Chitinpanzer von Insekten zu brechen. Die Archosauromorpha, die Vorfahren der Dinosaurier und Krokodile, waren die artenreichste Reptiliengruppe, die je gelebt hat. Frühe Vertreter dieser Gruppe waren die pflanzenfressenden Rhynchosaurier, die zusammen mit den Synapsiden (säugetierähnliche Reptilien) vor dem Dinosaurierzeitalter 60 Millionen Jahre lang die vorherrschenden Landtiere waren. Erst im ausgehenden Perm begannen Dinosaurier mit *Coelurosauravus*, der eine Flügelspannweite von 30 cm erreichte, die Luft zu erobern.

KONTINENTALDRIFT

Zahlreiche geologische, paläontologische und biologische Erkenntnisse deuten auf uralte Verbindungen zwischen den Kontinenten hin, die auch heute noch jedes Jahr um einige Zentimeter auseinanderdriften. Vor ungefähr 300 Millionen Jahren waren die Kontinente vermutlich in einem großen Urkontinent vereint, den man Pangäa nennt. Diese gewaltige Landmasse brach vor etwa 200 Millionen Jahren auseinander und bildete zwei Superkontinente. Biologische Ähnlichkeiten zwischen ausgestorbenen Arten, die als Fossilien erhalten sind, und lebenden lassen vermuten, dass Australien, Indien, Afrika, Südamerika und die Antarktis einst Teile des südlichen Kontinents Gondwana waren. Ebenso waren das heutige Asien, Nordamerika und Europa damals auf der Nordhalbkugel zu einer einzige Landmasse vereint, die man Laurasien nennt.

Frühe Reptilien
Reptilien erreichten ihre größte Artenvielfalt in der Kreidezeit vor 165 bis 144 Millionen Jahren.

DINOSAURIER

Die frühesten Dinosaurier traten zur selben Zeit auf wie die Vorfahren der heutigen Reptilien. Es waren kleine, zweifüßige Fleischfresser, aber diese Gruppe splitterte sich bald in viele Arten auf. Im ausgehenden Trias, vor 206 Millionen Jahren, existierten zahlreiche pflanzenfressende Formen, von denen einige gewaltige Ausmaße angenommen hatten. Der Aufstieg der landlebenden Dinosaurier traf mit dem Auftreten und der globalen Verbreitung der Nadelbäume zusammen, deren Samenzapfen die Hauptnahrungsquelle der größten Vertreter dieser Reptiliengruppe bildeten.

Dinosaurier beherrschten den Planeten über einen Zeitraum von 150 Million Jahren und erreichten ihre größte Artenvielfalt im Jura. Die letzten Dinosaurier verschwanden gegen Ende der Kreidezeit vor etwa 65 Millionen Jahren im Zuge eines Massensterbens, das vermutlich durch ein katastrophales Ereignis, etwa einen Meteoriten, ausgelöst wurde und zum Verschwinden fast aller großen Reptilien führte. Falls die Geschlechtsbestimmung bei Dinosauriern temperaturabhängig war, starben sie wahrscheinlich aufgrund der gesunkenen Temperaturen aus. Krokodile und Schildkröten überlebten vermutlich, weil sie bei niedrigen und hohen Temperaturen Weibchen, bei mittleren Männchen hervorbringen.

SYSTEMATIK

Neben der Entdeckung, Beschreibung und Benennung von etwa 1,7 Millionen lebenden Tieren nehmen Biologen auch ausgestorbene Arten in ihr Klassifikationssystem auf, was besonders für Reptilien bedeutsam ist, deren gegenwärtige Artenvielfalt nur noch einen Schatten ihrer Vergangenheit darstellt. In der biologischen Systematik wird jedes Tier mit einem wissenschaftlichen Namen versehen und in eine Hierarchie verschiedener Gruppen eingeteilt, die „Taxa", die auf den entwicklungsgeschichtlichen Verwandtschaftsgraden basieren. Auf diese Weise können alle Tiere eindeutig bestimmt und mit anderen Arten in Beziehung gesetzt werden, die einen gemeinsamen Stammbaum aufweisen. Die moderne Systematik beruht großteils auf biochemischen DNA-Analysen.

Namensrechte Biologen teilen alle Lebewesen gemäß der Methode des schwedischen Naturforschers Carl Linné in ein System ein, das jeden Organismus mit einem zweiteiligen wissenschaftlichen Namen versieht, wie zum Beispiel *Crocodylus intermedius*. Der erste Teil benennt die Gattung. Der zweite Teil bildet zusammen mit dem ersten den Artnamen.

Lebende Fossilien Zwei Brückenechsen, *Sphenodon punctatus* und *S. guntheri*, sind die einzigen Überlebenden einer großen Reptiliengruppe, die vor 225 Millionen Jahren weit verbreitet war. Fossilfunde belegen, dass sich diese Arten, die nur auf Inseln vor der Küste Neuseelands zu finden sind, seit ihrem ersten Auftreten kaum verändert haben. Brückenechsen galten früher als gefährdet, aber heute leben wieder 60 000 Exemplare auf 30 Inseln.

REICH
Animalia
Orinokokrokodil, Stabheuschrecke, Schwamm, Seeigel

STAMM
Chordata
Orinokokrokodil, Fische, Molch, Dinosaurier, Albatros, Mensch

KLASSE
Reptilia
Orinokokrokodil, Schildkröten, Echsen, Schlangen, Doppelschleichen

ORDNUNG
Crocodilia
Orinokokrokodil, Kaimane, Echte Krokodile, Alligatoren, Gaviale

FAMILIE
Crocodylidae
Orinokokrokodil, Echte Krokodile, Alligatoren, Gaviale

GATTUNG
Crocodylus
Orinokokrokodil, andere Echte Krokodile

ART
Crocodylus intermedius
Orinokokrokodil

WACHSENDE GRUPPE

Bisher wurden über 8000 einzelne Reptilarten beschrieben. Obwohl einige der größten Arten wie der Komodowaran, die Lederschildkröte und das Salzwasserkrokodil unverwechselbar sind, weisen viele eng verwandte Formen nur ganz subtile Unterschiede auf. Manchmal liefern schwer fassbare Bereiche wie Lautäußerungen oder bestimmte Verhaltensweisen wertvolle Merkmale zur Klassifizierung von Reptilien. Auch der Aufbau des Skelettes, der inneren Organe und des Gewebes wird oft zur Unterscheidung einzelner Gruppen herangezogen. Am häufigsten werden die Arten nach ihrem äußeren Erscheinungsbild wie Körperform, Proportionen, Körpergröße und Färbung in die biologische Systematik eingereiht. So können zum Beispiel Unterschiede in Anzahl, Form und Struktur der Schuppen wertvolle Hinweise zur Identifizierung und Klassifizierung von Echsen und Schlangen liefern.

Obwohl die meisten heutigen Reptilien klein und scheu sind, ihre Verbreitungsgebiete lokal begrenzt sind oder in unerforschten Regionen liegen, werden jährlich etwa 25 neue Arten entdeckt und beschrieben, von denen der Großteil in den unerschlossenen Gebieten des Amazonas-Regenwaldes lebt.

REPTILIEN

Klasse Reptilia

Ordnung Testudines
Schildkröten

Ordnung Crocodilia
Krokodilartige

Ordnung Rhyncocephalia
Brückenechsen

Ordnung Squamata
Echsen und Schlangen

Unterordnung Amphisbaenia
Doppelschleichen

Ordnung Testudines, Seite 24

BIOLOGIE UND VERHALTEN

Reptilien pflanzen sich durch innere Befruchtung fort, weshalb das Erkennen von Artgenossen überlebenswichtig ist. Um zur Paarung zusammenzufinden, müssen Individuen einer Art miteinander kommunizieren können. Manche Reptilien setzen visuelle Reize ein, wie das bei balzenden Leguanen der Fall ist. Schlangen verständigen sich über den Geruchssinn und verwenden chemische Duftstoffe (Pheromone). Krokodile, Alligatoren und einige Echsen geben Laute von sich, um Partner anzulocken. Die Signale enthalten Informationen über die Art, aber auch über Geschlecht und Fortpflanzungspotenzial einzelner Individuen. Lautstärke und Tiefe des Gebrülls eines Krokodils liefern Hinweise über dessen Größe und Fähigkeiten.

TERRITORIALVERHALTEN

Die meisten Echsen markieren und verteidigen Reviere durch ritualisiertes Verhalten. Leguane und Agamen stellen ihre Farben und Muster zur Schau. Dieses Imponiergehabe wird oft durch Auf- und Abwärtsbewegungen des Kopfes oder andere Bewegungen verstärkt. Bei Schlangen ist Territorialverhalten unüblich, aber männliche Vipern und Grubenottern sichern ihre Fortpflanzungsrechte durch rituelle Kämpfe. Männliche Klapperschlangen heben den Kopf und den vorderen Körperteil vom Boden, umschlingen den Gegner und versuchen ihn umzuwerfen. Einige männliche Landschildkröten stoßen mit den Panzern gegeneinander, um ihre Überlegenheit zu beweisen. Größere Wasserschildkröten verteidigen vehement ihre bevorzugten Sonnenplätze.

WERBERITUALE

Männliche Schlangen kriechen im Verlauf des Balzrituales mehrmals über das Weibchen, um beider Kopf und Schwanz in dieselbe Position zu bringen. Manchmal halten sie das Weibchen mit einem Biss in den Nacken fest, was auch einige Echsenmännchen tun. Viele Wasserschildkröten haben genau definierte Rituale. Männchen der Falschen Landkartenschildkröte streichen mit vibrierenden Krallen über die Wangen des Weibchens. Das Männchen erkennt eine Artgenossin an der Kopfzeichnung und weist sich durch die Vibrationsfrequenz als Männchen derselben Art aus. Männliche Gopherschildkröten kreisen das Weibchen an Land ein und stoßen es manchmal mit dem Panzer an, um Passivität zu erzeugen und es besteigen zu können.

Paarungsbereitschaft Saumfingerechsen (oben) stellen beim Balzen ihre farbenprächtigen, segelähnlichen Wammen zur Schau. Bei Männchen sind diese größer und bunter. Sie werden auch zur Ankündigung des Revieranspruchs präsentiert. Die Männchen einiger Arten haben eine Rückenhaube, die sie aufstellen können.

Farbenpracht Chamäleons (unten) sind bekannt dafür, dass sie ihre Körperfarbe rasch verändern können, was vielmehr zur Kommunikation als zur Tarnung dient. Farbwechsel kann möglichen Partnern Geschlecht oder Paarungsbereitschaft anzeigen und wird von den Männchen zur Verteidigung ihres Reviers eingesetzt.

Paarungsritual Kreuzottermännchen (*Vipera berus*) beginnen ihre Werbung um ein paarungsbereites Weibchen, indem sie ihre Zunge über dessen Körper schnellen lassen. Die Schwänze des Paares (und manchmal auch ihre Körper) vibrieren bei der Paarung im Einklang. Nähert sich ein anderes Männchen, so verteidigt das erste massiv seine Chancen und die beiden Rivalen winden sich in einem tanzähnlichen Zweikampf.

WANDERUNGEN

Die meisten Reptilien unternehmen keine langen Wanderungen, wobei Meeresschildkröten wohl die spektakulärste Ausnahme bilden, denn alle Arten schwimmen weite Strecken von ihren Nahrungs- zu den Nistplätzen. Grüne Meeresschildkröten beispielsweise wandern von der Küste Brasiliens 5000 km weit zu ihren Nistständen auf der Insel Ascension. Weniger spektakulär sind die Wanderungen der Prärieklapperschlangen, die sich im Frühling bis zu 15 km von ihren Überwinterungshöhlen entfernen, um im Herbst wieder dorthin zurückkehren. Die Meerechsen der Galápagosinseln wandern von den Lavariffen, auf denen sie leben und sich von Algen ernähren, hunderte Kilometer weit zu den Nistständen, um ihre Eier abzulegen.

Orientierungshilfen Meeresschildkröten wandern tausende Kilometer über das offene Meer, um zu ihren Nistplätzen zu gelangen. Die Biologen wissen nicht genau, auf welche Weise sie den richtigen Weg finden. Eine Theorie geht davon aus, dass sie sich wie manche Vogelarten am Erdmagnetfeld orientieren. Möglicherweise hilft ihnen auch die Position der Himmelskörper bei der Navigation.

BRUTPFLEGE

Reptilien legen ihre Eier meist in Sandnester oder Erdhöhlen, wo sie unbewacht zurückgelassen werden. Bei einigen Echsen und Schlangen entwickeln sich die Embryonen im Eileiter und die Jungen werden lebend geboren. Brutpflege ist eher selten, obwohl es einige Ausnahmen gibt. Weibliche nordamerikanische Skinke bleiben bei den Eiern, halten sie feucht und schützen sie vor Pilzbefall und Eierräubern. Nach dem Schlüpfen lecken sie ihre Jungen sauber, die daraufhin eigene Wege gehen. Klapperschlangen bleiben eine Woche oder länger bei den Jungen. Indische Kobras bewachen ihre Eier bis zum Schüpfen.

Wertvolle Fracht Viele Krokodilarten betreiben intensive Brutpflege. Die Weibchen halten Wache, wenn die Jungen schlüpfen und zu piepsen beginnen. Dann öffnen sie das Nest und tragen ihren Nachwuchs im Maul ins Wasser, wo dieser eine sogenannte Schule bildet und bis zu sechs Wochen lang bei der Mutter bleibt. Diese ausgeprägte Form der Brutpflege macht es möglich, dass sich Krokodilpopulationen rasch erholen, sobald der Jagddruck verringert wird.

Einschüchterungstaktik Die australischen Bartagamen und Kragenechsen haben Kehlfächer, die sie bei Gefahr ausbreiten. Um noch furchterregender auszusehen, öffnen sie das Maul und stellen sich auf die Hinterbeine. Falls alle Einschüchterungsversuche versagen, laufen sie flink auf ihren Hinterbeinen davon.

VERTEIDIGUNG

Reptilien verteidigen sich meist durch Beißen. Viele Schlangen haben Giftzähne wie die Echten Vipern, Grubenottern und Giftnattern (Kobras und Verwandte). Die einzigen giftigen Echsen sind die amerikanischen Krustenechsen.

Körperbau und Lebensraum beeinflussen die Art und Weise, wie ein Reptil seine Angriffsbereitschaft bekundet. Viele Echsen heben ihren Körper in die Höhe, um dadurch größer zu erscheinen und potenzielle Räuber abzuschrecken. Schlangen blähen oft ihren Hals auf oder blinken mit einer hellen Farbe an der Unterseite des Schwanzes, um den Angreifer zu erschrecken und zu verwirren.

BEUTEFANG

Reptilien sind Räuber. Kleinere Arten fressen Insekten und andere Wirbellose, größere meist Säugetiere, Fische und Vögel. Die primäre Aufgabe des Schlangengiftes besteht darin, die Beute zu lähmen, damit sie verschluckt werden kann. Ungiftige Schlangen setzen andere Methoden ein. Riesenschlangen, Bullen- und Gophernattern erwürgen ihre Beute. Manche Reptilien jagen ihrer Beute hinterher, während andere in einem Hinterhalt lauern. Einige locken ihre Beute sogar an, wie zum Beispiel die australische Wüstentodesotter, die auf ihrer Schwanzspitze eine umgebildete Schuppe besitzt, mit der sie hin- und herwackelt, um ein umherschwirrendes Insekt nachzuahmen.

Drohverhalten Viele Schlangen und Echsen reißen bei potenzieller Gefahr das Maul weit auf, um den Angreifer durch diese Drohgebärde abzuschrecken. Schlangen, wie z. B. diese Papageienschlange (unten), erscheinen dadurch größer.

Tarnfärbung Wie viele andere Reptilien schützt sich diese Kurzhornkrötenechse (unten) durch ihre ausgezeichnete Tarnfärbung vor dem Entdecktwerden. Die Täuschung wird durch ihre Bewegungslosigkeit noch verstärkt.

Räuber mit Methode Die Gophernatter (unten) bewegt sich langsam und verlässt sich beim Jagen auf ihren Geruchssinn. Mit ihrer Zunge sucht sie in Höhlen und Felsspalten nach kleinen Nagetieren, Echsen, Vögeln und anderen Schlangen.

LEBENSRÄUME UND ANPASSUNGEN

Reptilien sind ektotherm und können nur in wärmeren Klimazonen leben, weshalb die Artenvielfalt bei allen Gruppen in höheren Breitengraden abnimmt. Nördlich des Polarkreises lebt nur eine Schlangen- sowie eine Echsenart, die beide in Skandinavien vorkommen. Auf einigen Bergen huschen tagsüber kleine Echsen zwischen den Schneefeldern umher, aber diese Beispiele sind untypische Ausnahmen. Es gibt zwei Regionen, in denen Reptilien weit verbreitet sind, nämlich in den Tropen, wo die meisten Reptilien leben, und als wichtiger Bestandteil der Wüstenfauna. Schildkröten und Krokodile halten sich hauptsächlich im Wasser auf, während die meisten Echsen und Schlangen am Boden oder auf Bäumen leben. Wie immer gibt es jedoch interessante Ausnahmen, denn einige Schildkröten sind in Wüstenregionen zu Hause und einige Seeschlangen leben ständig im Wasser.

BODENLEBENDE REPTILIEN

Die Gliedmaßen von Reptilien sind an den jeweiligen Lebensraum angepasst. Die flinken Landechsenarten haben meist relativ lange Beine und gut entwickelte Zehen und Klauen, mit denen sie sich vom Boden abstoßen. Um noch schneller zu sein, richten sich einige Echsen mit außergewöhnlich langen Gliedmaßen auf und laufen auf den Hinterbeinen, wobei ihre meist ebenso langen Schwänze zum Ausbalancieren eingesetzt werden.

Bodenlebende Schlangen haben eine Reihe anderer Anpassungen hervorgebracht. Sie kriechen über die Erde, indem sie den Körper abbiegen und sich an Oberflächenunebenheiten abstoßen. Die großen, querlaufenden Schuppen an der Körperunterseite sind vorne angewachsen, während der hintere Rand beweglich ist und die nächste Schuppe überlappt. Diese beweglichen Ränder verhaken sich im Boden und verhindern, dass die Schlange nach hinten rutscht. Um über Sand oder weichen Schlamm kriechen zu können, haben einige Schlangenarten eine Methode entwickelt, die man Seitenwinden nennt (siehe S. 78). Die Bauchschuppen von Seeschlangen sind verkleinert, denn sie müssen sich nicht vom Boden abstoßen, und bei einigen Arten unterscheiden sie sich in keiner Weise von den Rückenschuppen. Viele bodenlebende Schlangen sind lang, dünn und besitzen relativ lange Schwänze, alles Eigenschaften, die eine schnelle Fortbewegung im Gelände ermöglichen.

Haftende Fußballen An den Füßen von Geckos befinden sich Millionen von winzigen Haaren, die sogenannten Setae. Jedes Haar spaltet sich in zahlreiche Verzweigungen auf, die in abgeflachten „Spateln" münden. Berühren die Füße eine Fläche, dann werden intermolekulare Anziehungskräfte wirksam, die einzeln zwar sehr schwach sind. Aber durch die ungeheure Anzahl von Berührungspunkten auf ihren Fußballen können Geckos sogar über die Zimmerdecke laufen.

Zweibeiniges Laufen Nordamerikanische Halsbandleguane zählen zu den flinkesten Echsen der Erde. Bei Gefahr heben sie den vorderen Körperteil beinahe senkrecht in die Höhe und laufen auf ihren Hinterbeinen, wobei sie Höchstgeschwindigkeiten von 26 km/h erreichen können.

BAUMLEBENDE REPTILIEN

Viele baumlebende Echsen haben scharfe Krallen, um sich an der Rinde festzuklammern. Geckos halten sich mit ihren Zehenballen, die mit riffelartigen Lamellen ausgestattet sind, sogar an glatten Flächen fest. Chamäleons haben entgegenstellbare Zehen, mit denen sie Zweige umfassen, sowie einen biegsamen Schwanz, den sie um Äste winden können.

Auch ohne Gliedmaßen sind Baumschlangen geschickte Kletterer. Einige Arten kriechen an senkrechten Baumstämmen hoch, indem sie sich an Rindenspalten abstoßen. Andere haben einen dreieckigen Querschnitt, was dem Körper beim Klettern mehr Kraft und Festigkeit verleiht. Das Leben auf Bäumen erfordert die Fähigkeit, Distanzen abzuschätzen, weshalb die meisten Baumschlangen und -echsen nach vorne gerichtete Augen haben und über räumliches Sehen verfügen.

Die ungewöhnlichste Anpassung baumlebender Reptilien ist wohl der Gleitflug. Die Rippen einer asiatischen Echsengattung (*Draco*) sind verlängert und bilden mit der Haut der Flanken die „Flügel". Wenn sie sich bedroht fühlen, gleiten diese Echsen durch die Luft und landen auf einem anderen Baum. Eine asiatische Schlangenart (*Chrysopelea*) kann sich von Bäumen fallen lassen und durch Aufblähen der Haut den Fall verlangsamen. Kein lebendes Reptil kommt jedoch an die Flugfähigkeiten der längst ausgestorbenen Pterodaktylen (Flugsaurier) heran.

WASSERLEBENDE REPTILIEN

Die Weibchen von Wasserreptilien kommen zur Eiablage meistens an Land, und nur einige Seeschlangenarten, die ihre Jungen lebend zur Welt bringen, bleiben ständig im Wasser. Alle Reptilien müssen zum Atmen an die Oberfläche kommen. Daher haben einige Arten bestimmte Fähigkeiten entwickelt, um länger tauchen zu können. Seeschlangen haben verschließbare Nasenlöcher und einen gut schließenden Mund entwickelt. Sie können durch die Haut Sauerstoff aufnehmen und Stickstoff ausscheiden. So können sie bis zu zwei Stunden unter Wasser bleiben und 100 Meter tief tauchen. Die meisten wasserlebenden Reptilien haben Schwimmhäute zwischen den Zehen. Meeresschildkröten besitzen sogar Schwimmflossen. Seeschlangen haben einen abgeflachten, paddelförmigen Schwanz wie Krokodile und einige semi-aquatische Echsen. Da die Nieren von Reptilien nicht an den hohen Salzgehalt der Meere angepasst sind, haben die dort lebenden Arten spezielle Drüsen (z. B. modifizierte Tränendrüsen bei Meeresschildkröten) entwickelt, um das überschüssige Salz auszuscheiden.

Treibender Räuber Die Nasenlöcher und Augen von Krokodilen und Wasserschlangen liegen erhöht auf der Körperoberseite. Auf diese Weise können die Tiere im Wasser liegen, ohne beim Atmen oder Sehen behindert zu werden.

UNTERIRDISCH LEBENDE REPTILIEN

In finsteren Gängen, wo der Kopf die Erde berührt, sind Augen nutzlos. Einige unterirdisch lebende Schlangen und Echsen besitzen daher nur rudimentäre Augen. Die meisten Reptilien, die sich ständig unter der Erde aufhalten, haben auch keine Gliedmaßen, die zwar zum Graben recht nützlich sein können, gleichzeitig jedoch mehr Platz benötigen und ein Fortkommen in Gängen erschweren. Die Schädelknochen vieler grabender Echsen und Schlangen sind fest verwachsen und bilden einen Rammbock. Blindschlangen (Familie Typhlopidae) benutzen ihren Schwanz als Anker, wenn sie sich mit ihrem glatten Körper durch die Erde graben. Doppelschleichen haben eine gefurchte Körperoberfläche, um sich dadurch vorwärtszubewegen.

Das Fehlen von Gliedmaßen ist auf die Stammesgeschichte der Schlangen zurückzuführen. Ihre Vorfahren waren vermutlich unterirdisch lebende Echsen mit verkümmerten Beinen. Die rudimentären Knochensporne von Pythons und Boas weisen darauf hin, dass auch Schlangen einst Beine hatten.

Leben im Tunnel Doppelschleichen (Amphisbaenidae) zählen zu den wenigen ständig unter der Erde lebenden Reptilien. Allen Vertretern der etwa 150 Arten fehlen die hinteren Gliedmaßen und nur wenige besitzen verkümmerte Vorderbeine.

INSELNBEWOHNENDE REPTILIEN

Viele Echsen leben im und unterm Treibholz, das manchmal mit adulten Tieren oder Eiern aufs offene Meer gelangt und an fernen Stränden angeschwemmt wird. Die Eier einiger Geckos sind salzresistent und mit einer klebrigen Schicht versehen, die nach dem Trocknen fest an Oberflächen haftet. Die Verbreitung einer Art durch Treibholz ist ein relativ seltenes Phänomen, denn es ist unwahrscheinlich, dass während der Lebenszeit des Neuankömmlings ein passender Geschlechtspartner auf der Insel landet.

Die Parthenogenese, bei der die Weibchen Eier legen, die nicht vom Männchen befruchtet werden müssen, bietet eine Lösung für dieses Problem. Geckoarten, die auf abgelegenen Inseln leben, sind meist parthenogenetisch, wobei es wenige oder gar keine Männchen gibt. Sobald nur ein Exemplar oder Ei auf eine Insel gelangt, kann sich eine Kolonie bilden. Auch eine pazifische Blindschlangenart ist parthenogenetisch. Einige parthenogenetische Rennechsen (*Cnemidophorus*) werden durch eine Art Pseudokopulation von anderen Weibchen zur Eiablage angeregt.

Fernreisende Die einzigen Verwandten der auf den Fidschis und benachbarten Inseln vorkommenden Leguane leben in Süd- und Mittelamerika. Ihre Vorfahren reisten auf Treibholz über den Pazifik und entwickelten sich zu den heutigen Arten.

BEDROHTE REPTILIEN

Die Artenvielfalt der Reptilien wurde wie die der meisten anderen Tiergruppen in bisher unerreichtem Ausmaß reduziert. Viele Biologen sind der Ansicht, dass Reptilienarten zur Zeit in größerer Anzahl und schneller verschwinden als je zuvor. Das letzte große Reptiliensterben, das vor 65 Millionen Jahren zum Verschwinden der Dinosaurier führte, wurde durch eine Naturkatastrophe ausgelöst. Diesmal liegt die Ursache beim Menschen und der gewaltigen Bevölkerungsexplosion der vergangenen Jahrhunderte. Über 60 Prozent aller bekannten Reptilienarten finden sich auf der Roten Liste der IUCN.

IMAGEPROBLEME

Die Hauptursachen für den Rückgang der Bestände und das Verschwinden vieler Arten sind bei Reptilien dieselben wie bei anderen Tiergruppen: Zerstörung der Lebensräume, Wilderei, Jagd und Umweltverschmutzung. Doch die Notlage von Reptilien wird mit größerer Gleichgültigkeit aufgenommen als das Schicksal von Tieren, die „kuschelig" aussehen. Riesenpandas, Bengaltiger und Buckelwale werden als Vorzeigearten hochgehalten, um die Aufmerksamkeit auf gefährdete Säugetiere zu lenken. Reptilien profitieren oft nur von Maßnahmen, die zum Schutz anderer Arten getroffen wurden. Die Erhaltung von Reptilien wird dadurch behindert, dass sich viele Menschen vor diesen Lebewesen fürchten. Nur durch grundlegende Aufklärungsprogramme wird es möglich sein, die wichtige Rolle der Reptilien in den Ökosystemen zu würdigen.

Stoppt den Handel! Der Handel mit Reptilien ist ein Millionengeschäft. Er deckt die Nachfrage an exotischen Gerichten, Haustieren und dekorativen Gegenständen. China ist der größte Importeur von Schildkröten, darunter viele südostasiatischen Arten, die auf der Roten Liste der IUCN stehen. Im Jahr 2002 wurden 1500 lebende Schildkröten beschlagnahmt, die für China bestimmt waren.

Schlange in Gefahr Die wirtschaftliche Lage vieler südamerikanischer Länder ist für den Rückgang der Anakondabestände mitverantwortlich. Ihr Lebensraum wird zerstört, um schlecht geplante landwirtschaftliche und stadtplanerische Projekte zu verwirklichen, die auf schnellen Profit abzielen. Anakondas werden auch wegen ihrer Haut verfolgt, aber dieses Problem könnte durch Zuchtfarmen gelöst werden.

SCHILDKRÖTEN

KLASSE Reptilia
ORDNUNG Testudines
FAMILIEN 14
GATTUNGEN 99
ARTEN 307

Schildkröten sind die einzigen Wirbeltiere, bei denen Becken- und Schultergürtel in einem Panzer liegen, der aus mit Knochen verwachsenen Rippen besteht. Die ältesten Fossilien zeigen, dass dieses Merkmal in der Trias vor 220 Millionen Jahren auftauchte. Seitdem erfuhr der Panzer einige Veränderungen. Die Spaltenschildkröte besitzt einen biegsamen flachen Panzer, mit dem sie sich in Felsspalten zwängen kann. Dort bläst sie sich dann auf und ist nicht mehr herauszuziehen. Weichschildkröten haben keinen harten Panzer, sondern eine lederartige Haut, so dass sie schneller vorankommen. Es ist bis jetzt nicht geklärt, ob Schildkröten der gleichen Linie entstammen wie die anderen Reptilien.

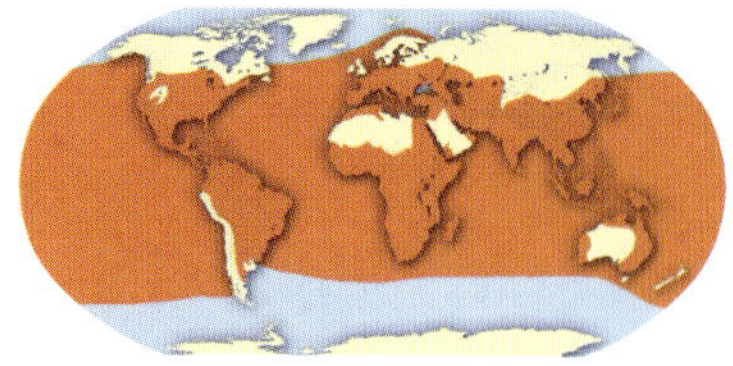

Verbreitung Schildkröten gibt es in allen Weltmeeren und auf allen Kontinenten außer in der Antarktis. 249 Schildkrötenarten haben sich an ein Leben in Süßwasserflüssen, -seen und -teichen angepasst, 51 sind reine Landbewohner und nur 7 Arten kommen im Meer vor.

Gesattelter Riese Die Galápagos-Riesenschildkröte (oben) hat einen sattelförmigen Panzer. Die Form kommt öfter bei Schildkröten-Männchen aus Populationen auf den trockeneren und kahleren Inseln des Galápagos-Archipels vor.

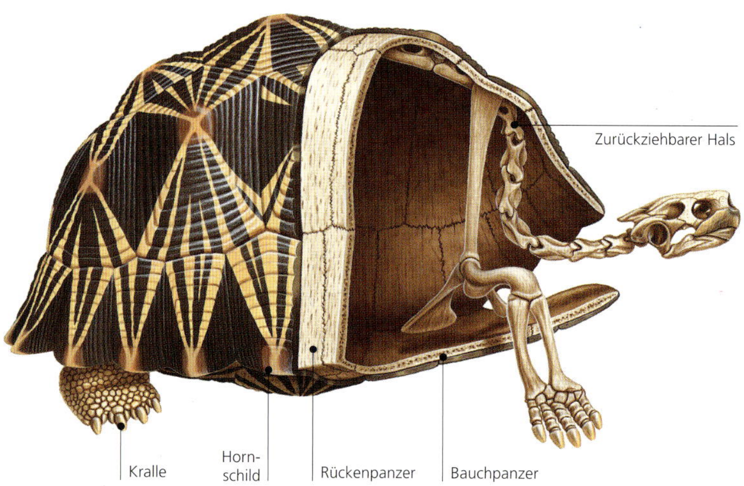

Skelett Der Schildkrötenpanzer hat eine Außenschicht aus Hornschilden (meist 38 am Rücken- und 16 am Bauchpanzer). Den Bauchpanzer, Stütze des Körpers, bilden die verwachsenen Rippen. Einige Wirbel sind am Rückenpanzer angewachsen.

Schwimmende Meeresschildkröte Die Vorderbeine einer Meeresschildkröte sind zu flossenähnlichen Paddeln umgebildet, die sich synchron bewegen. So scheint sie durchs Wasser zu fliegen. Meeresschildkröten verlassen das Wasser nur selten, außer zur Eiablage. Wasserschildkröten schwimmen mit allen vier Beinen abwechselnd.

Junge Lederschildkröte Lederschildkröten haben im Jahr bis zu sechs Gelege mit bis zu 200 Eiern, und das jahrzehntelang. Diese junge Schildkröte hat zwei Monate im Ei überlebt, für viele Tiere ein begehrter Leckerbissen. Jetzt muss sie sich den Gefahren im Meer stellen.

ERFOLG DER EVOLUTION

Schildkröten haben außer dem Panzer weitere typische Merkmale. Ihre Muskeln übersäuern kaum durch Milchsäure, deshalb ermüden sie bei raschem Schwimmen nicht. Den Auftrieb regulieren sie durch Füllen und Leeren ihrer großen Harnblase.

Schildkröten sind Beutegreifer, Pflanzen- und Aasfresser. Bei einigen ist die Darmflora für das Aufschließen von Pflanzenzellen eingerichtet. Andere verbreiten Samen. Erdschildkröten trommeln mit den Vorderfüßen auf den Boden und fressen die Regenwürmer, die sie dadurch aufscheuchen.

Einige Arten von Meeres- und Wasserschildkröten legen innerhalb weniger Tage am selben Strand in riesiger Zahl ihre Eier ab. Den Vorgang nennt man „Arribada“. So wird es Feinden unmöglich, alle Eier zu fressen oder alle Weibchen zu töten. Der Erfolg all dieser Anpassungen ließ die Schildkröten über Millionen von Jahren bis heute überleben. Um menschliche Übergriffe zu verhindern, stehen zwei Drittel aller Schildkrötenarten unter dem Schutz der IUCN.

Dank der langen schnorchelähnlichen Nase kann die Matamata im flachen Wasser an der Oberfläche atmen, ohne ihre Beute aufzuschrecken

Matamata
Chelus fimbriatus

Rotkopf-Plattschildkröte
Platemys platycephala

Die Rotkopf-Plattschildkröte ist die einzige Schildkrötenart, von der man weiß, dass sie bei einigen Populationen einen triploiden Chromosomensatz hat

Glattrückige Schlangenhalsschildkröte
Chelodina longicollis

Starrbrust-Pelomeduse
Pelomedusa subrufa

Arrauschildkröte
Podocnemis expansa

Gezähnelte Pelomeduse
Pelusios sinuatus

Fitzroy-Schildkröte
Rheodytes leukops

Hellrandige Krötenkopfschildkröte
Phrynops hilarii

Victoria-Spitzkopfschildkröte
Emydura victoriae

AUF EINEN BLICK

Matamata Gut getarnt liegt sie im Wasser und wartet auf vorbeischwimmende kleine Fische. Dann öffnet sie blitzschnell das Maul und streckt den Hals vor. Durch den Sog werden die Fische in ihr Maul gezogen.

Bis 46 cm
Im Wasser
♀♂ Unbekannt
12–28
Häufig

Amazonien (Nördliches Südamerika)

Arrauschildkröte Die Brutdauer ist kurz, damit stellt sich das Tier auf das unregelmäßige Steigen der Flüsse ein. Die Jungen schlüpfen nach 45 Tagen, die Nesttemperatur erreicht oft 40 °C, mehr als bei anderen Schildkröten.

Bis 107 cm
Im Wasser
♀♂ Phänotypisch
60–150
Schutz nötig

Amazonas und Orinokobecken (N-Südamerika)

LEBENSBEGINN

Meeresschildkröten legen ihre Eier an demselben Strand, an den ihre Vorfahren seit Jahrtausenden kommen. Wenn das Nest mit Sand bedeckt ist, wird es seinem Schicksal überlassen und läuft Gefahr, von Feinden entdeckt zu werden. Nach dem Schlüpfen müssen die Jungen – mit dem Risiko, hungrigen Säugetieren oder Vögeln zum Opfer zu fallen – ins Meer stürmen, wo weitere Feinde warten. Die Überlebensrate liegt bei manchen Arten bei 1 zu 50 000.

Junge Wallriffschildkröten
Frisch geschlüpfte Schildkröten sind auf sich gestellt. Ihre einzige Überlebenschance ist es, als große Gruppe ins Meer zu huschen.

AUF EINEN BLICK

Grüne Meeresschildkröte Die Art legt im offenen Meer große Strecken von ihren Fressplätzen bis zu den Niststränden zurück. Sie frisst im Flachwasser an Unterwasserpflanzen. Adulte Tiere sind vorwiegend Pflanzenfresser, junge fressen mehr Fleisch.

- Bis 1,5 m
- Im Wasser
- ♀♂ Phänotypisch
- 50–240
- Stark gefährdet

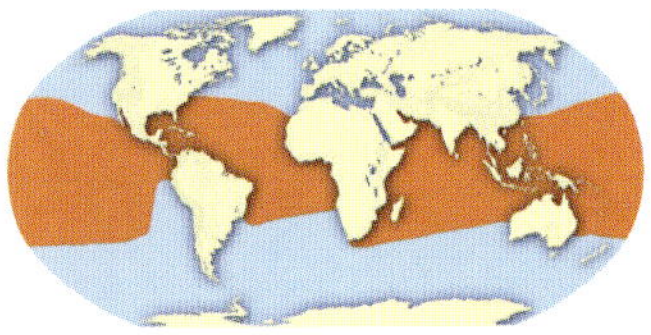

Weltweit tropische Meere und Mittelmeer

Oliv-Bastardschildkröte Sie gehört zu den Schildkröten, die ihre Eier in einer „Arribada" ablegen. Die meisten Populationen treffen innerhalb von zwei bis drei Tagen am selben Strand ein. Bei „Arribadas" in Orissa, Indien, zählte man mehr als 100 000 Schildkröten pro Jahr.

- Bis 79 cm
- Im Wasser
- ♀♂ Phänotypisch
- 30–168
- Stark gefährdet

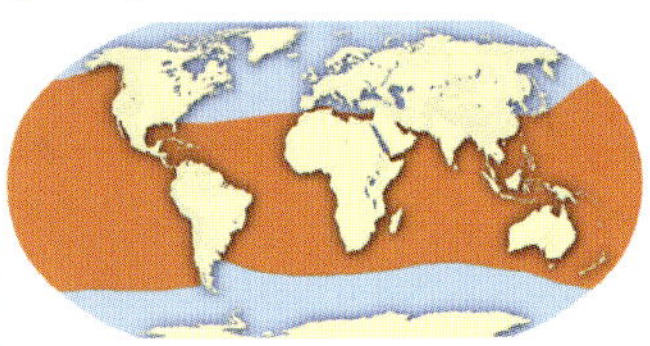

Primärtropische Gewässer des Pazifik, Atlantik und Indischen Ozeans

PANZERFORMEN

Landschildkröten haben hohe Panzer, zum Schutz vor Feinden und zum Speichern von Wasser. Wasserschildkröten sind stromlinienförmiger. Teils an Land lebende Tiere besitzen höhere Panzer zum Schutz vor Feinden. Meeresschildkröten bieten mit relativ flachen Panzern wenig Widerstand im Wasser.

Land

Land und Wasser

Meer

Süßwasser

Die zu Flossen umgebildeten Vorderfüße bewegen sich beim Schwimmen in Form einer Acht

Unechte Karettschildkröte
Caretta caretta

Grüne Meeresschildkröte
Chelonia mydas

Oliv-Bastardschildkröte
Lepidochelys olivacea

Kemps Bastardschildkröte
Lepidochelys kempi

Lederschildkröte
Dermochelys coriacea

Aus den Hornplatten des Rückenpanzers, dem Schildpatt, stellt man Kämme her

Echte Karettschildkröte
Eretmochelys imbricata

Wallriffschildkröte
Natator depressus

Ganges-Weichschildkröte
Aspideretes gangenticus

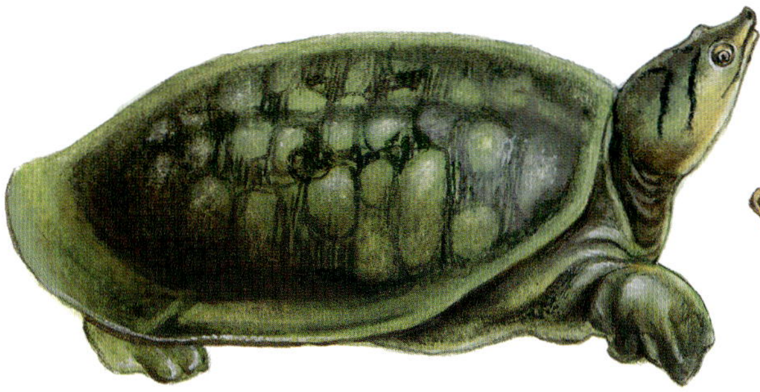

Indische Klappen-Weichschildkröte
Lissemys punctata

Dornrand-Weichschildkröte
Apalone spinifera

Papua-Weichschildkröte
Carettochelys insculpta

Afrikanische Weichschildkröte
Trionyx triunguis

Die Afrikanische Weichschildkröte nimmt einen Teil des benötigten Sauerstoffs durch die Haut auf

Glattrand-Weichschildkröte
Apalone mutica

AUF EINEN BLICK

Ganges-Weichschildkröte Die Art hilft als Aasfresser, die Verschmutzung des Ganges einzuschränken. Sie frisst an nur teilweise verbrannten menschlichen Leichnamen, die man nach den Bestattungsritualen in den Fluss wirft.

- Bis 71 cm
- Im Wasser
- ♀♂ Unbekannt
- 25–35
- Gefährdet

N-Indien, NW-Pakistan, Bangladesch u. Nepal

WÄRME UND GESCHLECHT

Bei einigen Schildkrötenarten ist das Geschlecht genabhängig (genotypisch). Bei den meisten Schildkröten, einigen Echsen, allen Krokodilen und den Brückenechsen entscheidet über das Geschlecht die Temperatur während der Brutzeit – das Geschlecht ist phänotypisch. Die Temperatur im mittleren Drittel der Brutzeit entscheidet, welches Geschlecht das geschlüpfte Tier haben wird. Weibchen entstehen bei extrem niedrigen oder hohen, Männchen bei mittleren Temperaturen. So kann ein Weibchen das Geschlecht seines Nachwuchses dadurch bestimmen, wo es seine Eier ablegt: Im prallen Sonnenlicht entstehen Weibchen, im Schatten Männchen. Im Sommer in den ersten Nestern entwickeln sich Weibchen, in den letzten im Herbst Männchen.

Beim Schlüpfen
Erdschildkröten zählen zu den wenigen nordamerikanischen Arten der Familie Emydidae mit genabhängigem Geschlecht.

SCHUTZSTATUS

212 Schildkrötenarten stehen in folgenden Gefährdungsgraden auf der Roten Liste der IUCN:

7	Ausgestorben
1	In der Natur ausgestorben
26	Vom Aussterben bedroht
46	Stark gefährdet
60	Gefährdet
1	Schutz nötig
42	Potenziell gefährdet
10	Daten ungenügend
7	Nicht gefährdet

AUF EINEN BLICK

Diamantschildkröte Sie lebt als einzige Schildkrötenart ausschließlich im Brackwasser. Wegen ihrer Beliebtheit bei Gourmets stand sie schon kurz vor dem Aussterben.

- Bis 24 cm
- Im Wasser
- Phänotypisch
- 4–18
- Potenziell gefährdet

Ost- und Golfküste (USA)

Pracht-Höckerschildkröte Sie lebt in schnell fließendem Wasser und jagt Larven von Wasserinsekten. Sie ist durch die Verschmutzung des Pearl River stark gefährdet. Auch der Heimtierhandel hat ihre Zahl reduziert.

- Bis 21 cm
- Im Wasser
- Phänotypisch
- 4–8
- Stark gefährdet

Pearl River, Mississippi (USA)

Europäische Sumpfschildkröte Bei Bruttemperaturen von 24–28 °C entstehen nur Männchen, bei einer Temperatur von 30 °C sind 96 % Weibchen. Bei höheren Temperaturen entwickeln sich ausschließlich Weibchen.

- Bis 20 cm
- Im Wasser
- Phänotypisch
- 3–16
- Häufig

S-Europa und W-Asien

Zierschildkröte Im Frühling schwimmt die an Kälte angepasste Art unter dem Eis und paart sich zwischen Eisschollen. Junge überwintern im Nest, sie kühlen aus, erfrieren aber nicht bis – 4° C.

- Bis 25 cm
- Im Wasser
- Phänotypisch
- 4–20
- Häufig

O- und mittlere USA

Hieroglyphen-Schmuckschildkröte Dutzende von Tieren liegen oft auf treibenden Baumstämmen im Wasser. Dadurch steigt die Körpertemperatur und die Verdauung wird beschleunigt. Das Sonnenbad befreit auch Panzer und Beine von Pilzen und Algen.

- Bis 43 cm
- Im Wasser
- Phänotypisch
- 6–28
- Häufig

SO-USA

Diamantschildkröte
Malaclemys terrapin

Pracht-Höckerschildkröte
Graptemys oculifera

Carolina-Dosenschildkröte
Terrapene carolina

Waldbachschildkröte
Graptemys insculpta

Rotwangen-Schmuckschildkröte
Trachemys scripta

Cagles Höckerschildkröte
Graptemys caglei

Rotbauch-Schmuckschildkröte
Pseudemys rubriventris

Europäische Sumpfschildkröte
Emys orbicularis

Skorpion-Klappschildkröte
Kinosternon scorpioides

Mühlenberg-Schildkröte
Graptemys muhlenbergi

Zierschildkröte
Chrysemys picta

Hieroglyphen-Schmuckschildkröte
Pseudemys concinna

Gefurchte Erdschildkröte
Rhinoclemmys areolata

Indische Dachschildkröte
Kachuga tecta

Kaspische Bachschildkröte
Mauremys caspica

Amboina-Scharnierschildkröte
Cuora amboinensis

Malayen-Sumpfschildkröte
Malayemys subtrijuga

Strahlen-Dreikielschildkröte
Geoclemys hamiltoni

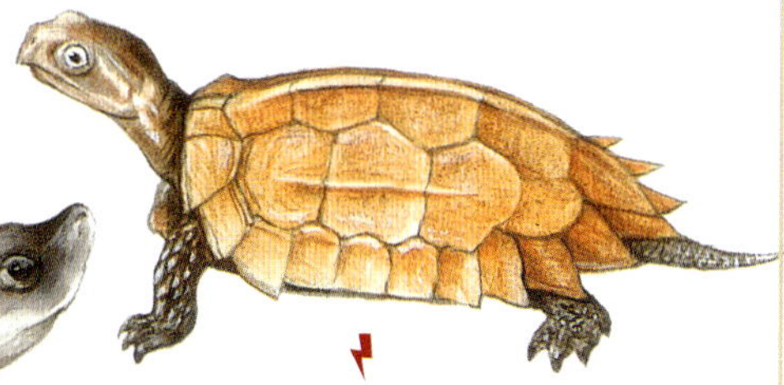

Zacken-Erdschildkröte
Geoemyda spengleri

Batagur-Flussschildkröte
Batagur baska

Eine der wenigen Süßwasserarten, die ihr Nest am Strand des Meeres hat. Die frisch geschlüpften Jungen überleben zwei Wochen im Salzwasser

Callagur-Flussschildkröte
Callagur borneoensis

Frisst ausschließlich an Landpflanzen

AUF EINEN BLICK

Batagur-Flussschildkröte Von September bis November während der Paarungszeit ändert der Kopf des Männchens seine Farbe. Die Nasenlöcher werden blau, die Iris weiß, der Kopf tiefschwarz, der Hals tiefrot und schwarz. Die Vorderbeine leuchten ebenfalls tiefrot und schwarz.

- Bis 60 cm
- Im Wasser
- Unbekannt
- 12–34
- Vom Aussterben bedr.

O-Indien und Bangladesch bis Myanmar, Thailand, Kambodscha, Indonesien

Callagur-Flussschildkröte Man stellt ihnen wegen ihrer Eier nach, die den fünffachen Preis eines Hühnereis erzielen. Die Lebensraumzerstörung fordert ebenfalls ihren Tribut. Nur in ein oder zwei Flüssen leben noch mehr als 100 geschlechtsreife Weibchen.

- Bis 76 cm
- Im Wasser
- Unbekannt
- 10–15
- Vom Aussterben bedr.

S-Thailand, Malaysia, Sumatra, Borneo

ANPASSUNG DER BEINE

Aus der Form von Bein, Fuß und Krallen kann man schließen, an welchen Lebensraum eine Art sich angepasst hat, doch nicht unbedingt, wo sie lebt.

Meeresschildkröte *Die Vorderbeine von Meeresschildkröten sind aerodynamisch, um durchs Wasser zu gleiten. Sie verjüngen sich von der Basis zur Spitze wie die Flügel eines Albatros'. Die Zehen sind in diesen Flossen zusammengewachsen.*

Landschildkröten *Die Beine sind für das Laufen an Land eingerichtet, nicht fürs Schwimmen. Gepanzerte Platten bedecken die Beine, die Zehen ohne Schwimmhäute sind plump und die Füße flach, um das Gewicht der Tiere an Land zu tragen.*

Sumpfschildkröten *Die Beine sind paddelförmig, um sich den Weg durch Wasserpflanzen zu bahnen und an Land zu laufen. Die Zehen tragen Schwimmhäute und lange, krallenähnliche Nägel, mit denen die Tiere sich zum Sonnenbaden auf Äste ziehen.*

AUF EINEN BLICK

Pantherschildkröte Vor der Paarung folgt das Männchen dem Weibchen. Bei der Paarung streckt er den Hals und stößt ein Grunzen aus. Weibchen haben von Mai bis Oktober fünf bis sieben Gelege mit fünf bis 30 Eiern.

- Bis 68 cm
- An Land
- ♀♂ Unbekannt
- 5–30
- Häufig

S-Sudan und Äthiopien bis Natal und Südafrika

Höcker-Landschildkröte Die Fortpflanzung findet von September bis Dezember statt, wenn bis zu drei ovale Eier in einem einzigen Gelege pro Jahr abgelegt werden. Die Jungen schlüpfen von April bis Mai. Sie sind 2,5 cm lang.

- Bis 16 cm
- An Land
- ♀♂ Unbekannt
- 1–3
- Häufig

SW-Afrika bis zum Kap (Südafrika)

Gopherschildkröte In der Wüste von Chihuahua ist sie am frühen Morgen aktiv und ruht den Rest des Tages im Schatten oder in Bauen. Die Art ernährt sich von den Blättern, Blüten und Früchten von Kakteen.

- Bis 22 cm
- An Land
- ♀♂ Phänotypisch
- 1–4
- Gefährdet

S-Texas (USA) bis N-Mexiko

WERBUNG

Schildkröten werben, wenn im gleichen Gebiet nahe verwandte Arten leben, die sich zur Paarung eignen. Männchen stellen sich vor das Weibchen, nicken oder stimulieren es mit Bewegungen der vorderen Krallen im Gesicht. Die Anzahl der Stimulationen und die Länge des Rituals sind artspezifisch.

Ein Weibchen stimulieren
Männchen der Rotwangenschildkröte sind kleiner als Weibchen. Ein werbendes Männchen reibt seine vorderen Krallen seitlich am Kopf des Weibchens. Wenn die Anzahl der Stimulationen pro Minute stimmt, erkennt das Weibchen das passende Männchen zur Paarung.

Pantherschildkröte
Psammobates pardalis

Dunkle Flecken auf dem Rückenpanzer

Breitrandschildkröte
Testudo marginata

Glattrand-Gelenkschildkröte
Kinixys belliana

Strahlenschildkröte
Astrochelys radiata

Dunkle Linien auf dem Rückenpanzer

Gesägte Flachschildkröte
Homopus signatus

Gelbkopfschildkröte
Indotestudo elongata

Leuchtend rote Schuppen an den Beinen

Köhlerschildkröte
Chelonoidis carbonaria

Höcker-Landschildkröte
Psammobates tentorius

Spaltenschildkröte
Malacochersus tornieri

Gopherschildkröte
Gopherus polyphemus

Gekielte Moschusschildkröte
Sternotherus carinatus

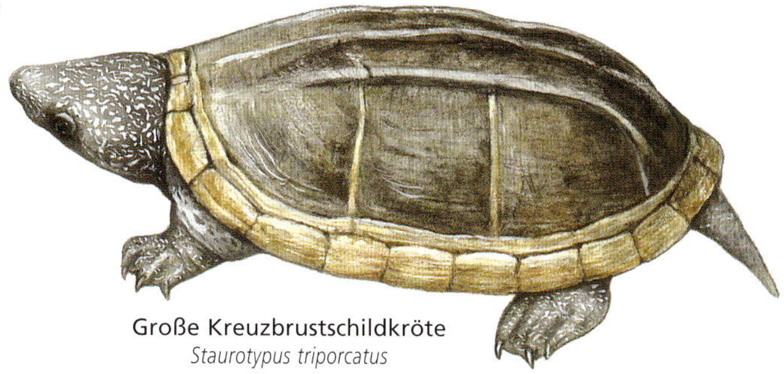

Große Kreuzbrustschildkröte
Staurotypus triporcatus

Großkopf–schildkröte
Platysternon megacephalum

Großkopf-Schlammschildkröte
Claudius angustatus

Zwerg-Moschusschildkröte
Kinosternon minor

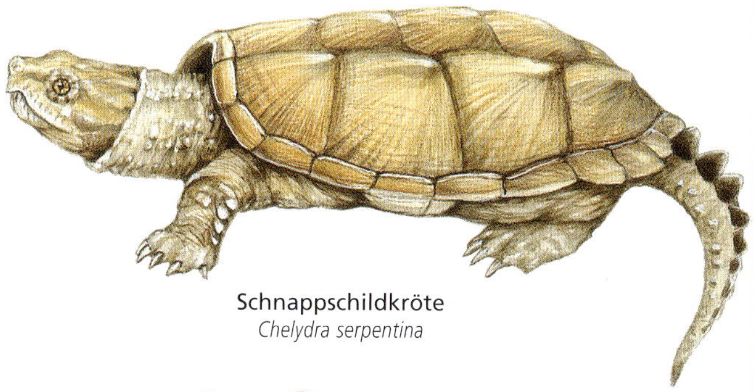

Schnappschildkröte
Chelydra serpentina

Pennsylvania-Klappschildkröte
Kinosternon subrubrum

Geierschildkröte
Macrochelys temmincki

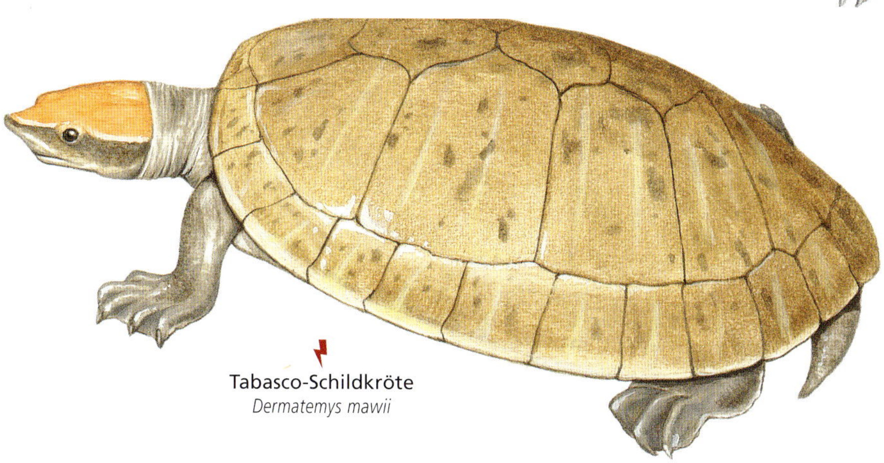

Tabasco-Schildkröte
Dermatemys mawii

AUF EINEN BLICK

Schnappschildkröte Sie ist bekannt dafür, rasch vorzustoßen und mit ihren harten Kiefern zuzuschnappen. So fängt sie Krebse und verteidigt sich. Diese Schildkröten sind Allesfresser, die Krustentiere, Aas, Wasserlinsen und andere Wasserpflanzen fressen.

- Bis 48 cm
- Im Wasser
- Phänotypisch
- 25–96
- Häufig

S-Kanada, O- und mittlere USA

Geierschildkröte Die größte Schildkröte Nordamerikas und die größte Süßwasserschildkröte weltweit wurde von der Lebensmittelindustrie, die sie zu Suppe verarbeitete, fast ausgerottet.

- Bis 80 cm
- Im Wasser
- Phänotypisch
- 8–52
- Gefährdet

SO-USA

Tabasco-Schildkröte Die Schildkröte verlässt kaum jemals das Wasser, oft nicht einmal zur Eiablage. Sie gräbt unterhalb der Wasseroberfläche ein Nest ins Ufer. Die Eier entwickeln sich erst, wenn das Wasser niedriger steht.

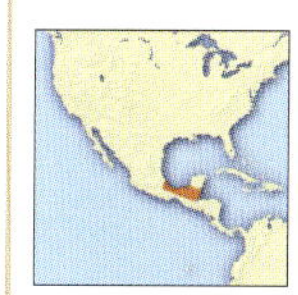

- Bis 66 cm
- Im Wasser
- Phänotypisch
- 8–26
- Stark gefährdet

S-Mexiko, Guatemala, Belize

TARNUNG

Die Geierschildkröte ist eine Meisterin der Tarnung. Mit losen Hautlappen am Hals und Fadenalgen auf dem Panzer fällt sie zwischen Baumstämmen und Pflanzen kaum auf. So lauert sie ruhig ihrer Beute auf. Nur ihr rosafarbener Köder sticht hervor.

Geierschildkröte *Sie sitzt mit offenem Maul am Grund eines Flusses oder Sees und fischt mit ihrem eigenen rosafarbenen Köder.*

In Gefahr Die stark gefährdete Mühlenberg-Schildkröte (*Glyptemys muhlenbergii*) ist auf Wiesen und in sauren Feuchtgebieten der Appalachen und der Piedmont-Berge in den USA endemisch. Lebensraumzerstörung und Heimtierhandel haben die Art dezimiert. Schutzgebiete könnten ihr Überleben sichern.

HANDLUNGSBEDARF

In den letzten fünf Jahren nahmen die Schildkrötenbestände rapide ab. Man gründete die Turtle Survival Alliance (TSA), um die Bestände zu überwachen und dem Trend entgegenzuwirken. Die TSA listete 25 der am meisten gefährdeten Arten auf, um das Problem ins allgemeine Bewusstsein zu bringen. Die meisten dieser Arten leben in Gebieten mit hoher Biodiversität – in Gebieten, die auch für andere Tiergruppen wichtige Lebensräume sind. Schildkröten werden wegen ihres Fleisches oder für die traditionelle Medizin gejagt. Auch Heimtierhandel und Lebensraumverlust fordern Opfer. Nur fünf der 25 Arten leiden unter Lebensraumverlust, 15 sind vom Aussterben bedroht, weil der Mensch sie unkontrolliert fängt.

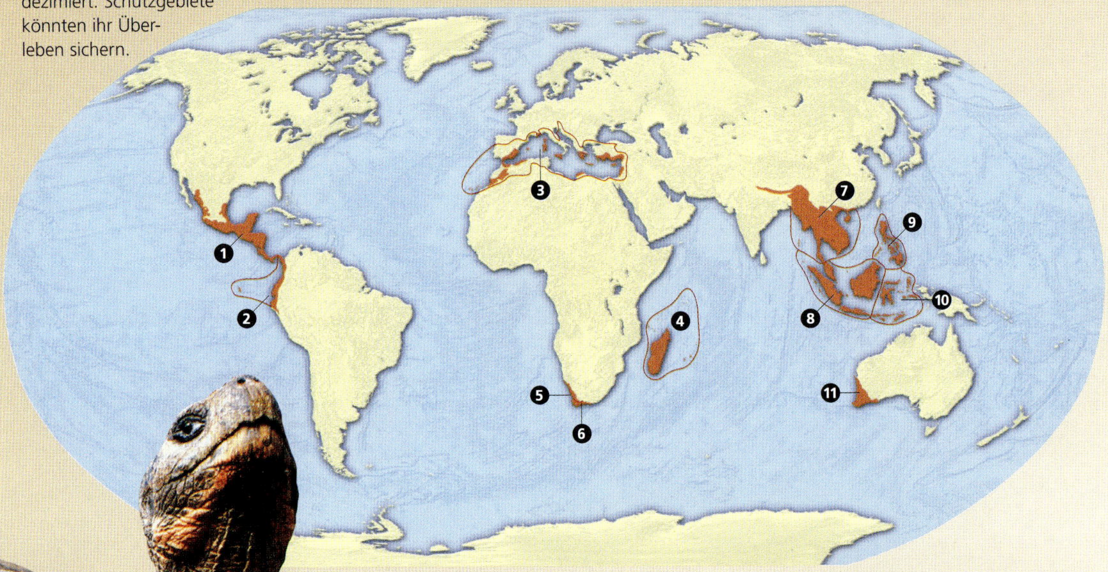

Einsame Riesen Einst gab es 15 verschiedene Unterarten der Galápagos-Riesenschildkröte (*Chelonoidis nigra*), doch heute ist nur noch eine übrig geblieben. Der Mensch und verwilderte Säugetiere stellten ihnen mit verheerenden Folgen nach.

Geringe Zahl Heute leben nicht einmal mehr 400 Madagassische Schnabelbrustschildkröten (unten) in der Natur – alle in einem einzigen Bambuswald an der Baie de Baly in Nordost-Madagaskar. Jagd, Heimtierhandel und Lebensraumzerstörung führten zu ihrer Dezimierung. Ihr Name kommt von dem langen Hornschild an ihrer Kehle, das in Rivalenkämpfen als Waffe dient.

Es gibt Hoffnung Die Callagur-Flussschildkröte (oben) ist in weiten Teilen Indochinas ausgestorben, weil die Eier und das Fleisch erwachsener Tiere begehrt waren. Eine kleine Population steht seit 2001 in Kambodscha unter Schutz, 2002 gab es dort 30 Junge. *Elusor macrurus* in Australien war ebenfalls kurz vor dem Aussterben, wurde aber durch Schutzmaßnahmen gerettet.

DIE AM MEISTEN GEFÄHRDETEN SCHILDKRÖTENARTEN

1. MITTELAMERIKA
Tabasco-Schildkröte
Dermatemys mawii

2. CHOCÓ-DARIÉN/WEST-ECUADOR
Kolumbianische Froschkopfschildkröte
Batrachemys dahli

3. MITTELMEERGEBIET
Ägyptische Landschildkröte
Testudo kleinmanni

4. MADAGASKAR UND INSELN IM INDISCHEN OZEAN
Madagassische Schienenschildkröte
Erymnochelys madagascariensis

Madag. Schnabelbrustschildkröte
Astrochelys yniphora

Madag. Flachrückenschildkröte
Pyxis planicauda

5. GROSSE UND KLEINE KAROO
Gesägte Flachschildkröte
Homopus signatus cafer

6. KAPREGION
Geometrische Landschildkröte
Psammobates geometricus

7. INDOCHINA
Chitra-Weichschildkröte
Chitra chitra

Dreistreifen-Scharnierschildkröte
Cuora trifasciata

Flache Erdschildkröte
Heosemys depressa

Burma-Landschildkröte
Geochelone platynota

Dreistreifen-Dachschildkröte
Kachuga trivittata

Annamschildkröte
Mauremys annamensis

Swinhoes Weichschildkröte
Rafetus swinhoei

8. SUNDAINSELN
Batagur-Flussschildkröte
Batagur baska

Callagur-Flussschildkröte
Callagur borneoensis

9. PHILIPPINEN
Philippinen-Erdschildkröte
Siebenrockiella leytensis

10. WALLACEA
McCords Schlangenhalsschildkröte
Chelodina mccordi

Sulawesi-Erdschildkröte
Leucocephalon yuwonoi

11. SÜDWEST-AUSTRALIEN
Falsche Spitzkopfschildkröte
Pseudemydura umbrina

KROKODILE

LASSE	Reptilia
RDNUNG	Crocodilia
AMILIEN	3
ATTUNGEN	9
RTEN	23

Alligatoren, Echte Krokodile und Gaviale stammen von der Linie Archosauria ab, zu der auch die Vögel und Dinosaurier gehören. Die Ordnung der Krokodile ist enger mit Vögeln als mit den anderen Reptilien verwandt. Es gibt sie seit der Trias vor 220 Millionen Jahren. Ihre Überlebenschancen waren so hoch, weil sie dort, wo sie leben, als Beutegreifer im Wasser an der Spitze der Nahrungskette stehen. Die Statur der Krokodile blieb gleich, deshalb bezeichnet man sie oft als lebende Fossilien. Doch sie haben sich jahrmillionenlang entwickelt und unterscheiden sich markant von ihren Vorfahren aus der Dinosaurier-Zeit. Im Gegensatz zu anderen Reptilien verfügen Krokodile über viele Laute.

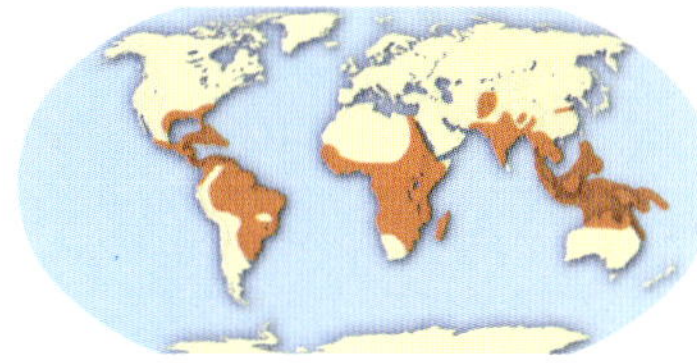

Verbreitung Krokodile findet man weltweit in tropischen, subtropischen und gemäßigten Zonen: Gavialidae in Südasien und Alligatoridae im östlichen Nordamerika, in Mittel- und Südamerika und Ost-China. Crocodylidae leben in Flussmündungen und Flüssen in Afrika, Indien, Indonesien, Australien, dem nördlichen Südamerika, Mittelamerika und der Karibik.

Nilkrokodil-Baby Kurz vor dem Schlüpfen rufen die Jungen aus dem Ei. Die Mutter kratzt dann das Material weg, das die Eier bedeckt. Nachdem die Jungen geschlüpft sind, nimmt sie diese sanft in eine Tasche, die sich am Grund ihres Mauls gebildet hat, und bringt sie in ihre feuchte Kinderstube.

Nilkrokodil Trotz ihres wilden Aussehens ernähren sich diese Tiere vorwiegend von Fischen. Tiere, die länger als 1 Meter sind, fressen vor allem Fische, die auf Speisefische Jagd machen. So sind sie von Nutzen für die örtliche Fischerei.

SCHUTZSTATUS

Die 14 Arten der Echten Krokodile stehen auf der Roten Liste der IUCN unter folgenden Gefährdungsgraden:

- 3 Vom Aussterben bedroht
- 2 Stark gefährdet
- 3 Gefährdet
- 1 Schutz nötig
- 1 Daten ungenügend
- 4 Nicht gefährdet

Kriechen
Krokodile kriechen flach über den Boden, wenn sie sich vor potenzieller Beute verbergen wollen.

Gehen
Beim Laufen an Land halten Krokodile die Beine senkrecht unter dem Körper.

Galopp
Australische Süßwasser-Arten galoppieren oft über rauen Boden.

Gangarten der Krokodile Krokodile leben hauptsächlich im Wasser und nutzen ihren Schwanz zum Schwimmen. An Land laufen sie auf ihren Beinen. Ihre durch Kugelgelenke verbundenen Wirbel ermöglichen ihnen verschiedene Gangarten.

DER NACHWUCHS

Krokodile besitzen einen langen zylindrischen Körper mit kurzen muskulösen Gliedmaßen und einem Schwanz, der aussieht, als wäre er seitlich zusammengedrückt. Der massive Schädel sitzt auf einem kurzen Hals und ist gekennzeichnet durch das auffällige Gebiss. Krokodile leben im Wasser; an Land sonnen sie sich und legen ihre Eier ab.

Krokodile sind Eier legend mit innerer Befruchtung. Ein Gelege enthält meist 12 bis 48 Eier. Bei allen erforschten Arten bestimmt die Bruttemperatur das Geschlecht: Weibchen entstehen bei hohen und niedrigen, Männchen bei mittleren Temperaturen.

Die Eier werden in Hügel aus Pflanzenmaterial oder in Sandkuhlen abgelegt. Die Auswahl des Platzes kann das Geschlecht der Jungen bestimmen. Bei manchen Arten bewachen Männchen und Weibchen das Nest. Die Weibchen einiger Arten reagieren auf das Grunzen der Jungen in den Eiern und öffnen das Nest. Das Weibchen trägt die Jungen im Maul zum Wasser, wo es einen kleinen Teich für sie gegraben hat.

Weibchen versorgen zwei Monate lang die Jungen. Männchen sehen ihr Revier und ihre Nahrungsquellen bedroht – sie töten und fressen jedes junge Krokodil-Männchen in ihrem Revier. Deshalb muss das Weibchen oft die Jungen vor dem eigenen Vater schützen. Mississippi-Alligatoren-Weibchen bleiben oft ein bis zwei Jahre bei ihren Jungen.

AUF EINEN BLICK

Mississippi-Alligator Sein Bestand war in den 1950er Jahren klein, bis 1967 schützte man die Art als stark gefährdet. Der Bestand stieg in 20 Jahren auf mehr als 800 000 Tiere. Einige Populationen dürfen gejagt werden, damit sie nicht zu zahlreich werden.

- Bis 5,8 m
- Im Wasser
- Ovipar
- 10–40
- Häufig

SO-USA

Mohrenkaiman Bis vor kurzem galt diese Art in Brasilien als stark gefährdet. Zehn Jahre dauernde Schutzprogramme zeigten großen Erfolg und die Populationen erholten sich rasch. Eine Regelung für die kontrollierte Jagd hat man in Angriff genommen.

- Bis 6 m
- Im Wasser
- Ovipar
- 35–50
- Schutz nötig

Amazonasbecken (Nördliches Südamerika)

China-Alligator Er verbringt den größten Teil des Lebens in einem Labyrinth unterirdischer Baue. Die Tiere legen es mit Teichen über und unter der Erde und mit Luftlöchern zum Atmen an.

- Bis 2 m
- Im Wasser
- Ovipar
- 10–40
- Vom Aussterben bedr.

Tal des Jangtse (China)

ALLIGATOR-AKTIVITÄTEN

Alligatoren fangen oft unter den Ruhebäumen der Wasservögel Fische. Gelegentlich stürzen sie sich auch auf die Vögel. Dazu nutzen sie nur die Kraft ihres Schwanzes. Sie erreichen erstaunliche Geschwindigkeiten und Höhen. Oft scheint es, als liefen sie auf dem Schwanz.

AUF EINEN BLICK

Spitzkrokodil Einst war die Art zahlreich und weit verbreitet, doch man bejagte sie wegen ihrer Haut so stark, dass sie in vielen Regionen ausgerottet wurde. Häufig erholten sich die Populationen wegen der andauernden Jagd und des Lebensraumverlusts nicht.

- Bis 7 m
- Im Wasser
- Ovipar
- 30–40
- Gefährdet

S-Florida, Mexiko bis Kolumbien, Ecuador

Nilkrokodil Die Geschlechtsreife tritt mit 12 bis 15 Jahren bei einer Länge von 1,8 bis 2,8 m ein. Das Weibchen bewacht das Nest, öffnet es und bringt die Jungen zum Wasser. Beide Eltern schützen die Jungen bis zu zwei Monaten.

- Bis 6 m
- Im Wasser
- Ovipar
- 16–80
- Häufig

Afrika südlich der Sahara

ANATOMIE

Krokodile besitzen viele Anpassungen an das Leben im Wasser. Die Lage von Augen, Ohröffnungen und Nasenlöchern weit oben am Kopf erlaubt es ihnen beim Lauern auf Beute unter der Wasseroberfläche versteckt zu bleiben. Die inneren Öffnungen des Nasengangs sind nach hinten in Richtung Schlund verlegt. Ein Hautlappen in der Kehle verhindert, dass beim Packen von Beute Wasser geschluckt wird.

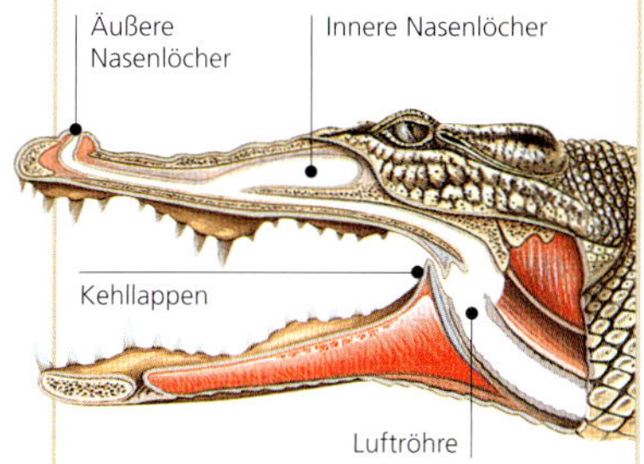

SCHUTZSTATUS

Opfer der Mode Von 15 Krokodilarten verarbeitete man die Haut zu luxuriösen Lederwaren. Dies führte zu Rückgängen der Populationsbestände. In der Zwischenzeit werden Krokodilfarmen wegen der hohen Kosten, der geringen Nachfrage und den niedrigen Preisen geschlossen. Eine vernünftige Nutzung der natürlichen Populationen scheint langfristig möglich.

BRÜCKENECHSEN

KLASSE Reptilia
ORDN. Rhynchocephalia
FAM. Sphenodontidae
GATTUNG Sphenodon
ARTEN 2

Brückenechsen bezeichnet man oft als lebende Fossilien; es gibt sie nur noch auf Neuseeland. Sie sind die einzigen Überlebenden einer großen Gruppe von Reptilien, die es zur Zeit der Dinosaurier vor 225 Millionen Jahren gab und deren restliche Arten vor 60 Millionen Jahren ausstarben. Ihr Zahnschema ist einmalig: Eine Reihe Zähne im Unterkiefer passt zwischen zwei Reihen im Oberkiefer. Brückenechsen haben keine sichtbaren Ohröffnungen.

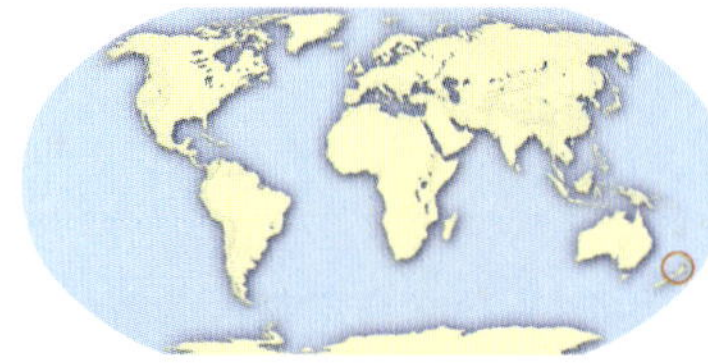

Verbreitung Etwa 400 *Sphenodon guntheri* leben auf North Brother Island, Neuseeland. Mehr als 60 000 *S. punctatus* gibt es auf etwa 30 Inseln vor der Nordostküste von Neuseelands Nordinsel.

Brückenechse
Sphenodon punctatus

Tuatara Der zweite Name dieser Tiere, Tuatara, stammt aus der Maorisprache und bedeutet „Zacken am Rücken". Brückenechsen wachsen bis zum Alter von 35 Jahren und können 100 Jahre alt werden. Die Bruttemperatur entscheidet über das Geschlecht.

DOPPELSCHLEICHEN

KLASSE Reptilia
ORDNUNG Squamata
UNTERORDNUNG Amphisbaenia
FAMILIEN 4
GATTUNGEN 21
ARTEN 140

Diese beinlosen Schuppenkriechtiere haben zurückgebildete Schulter- und Beckengürtel. Ihre Schuppen sind ringförmig angeordnet, der Schwanz ist kurz. Doppelschleichen haben massiv verknöcherte Schädel, mit denen sie graben. Der rechte Lungenflügel ist bei Doppelschleichen verkleinert, bei anderen beinlosen Echsen und Schlangen ist der linke Lungenflügel kleiner. Drei der vier Doppelschleichen-Familien haben keine Gliedmaßen, die vierte Familie hat vergrößerte Vorderbeine zum Graben und zur Fortbewegung.

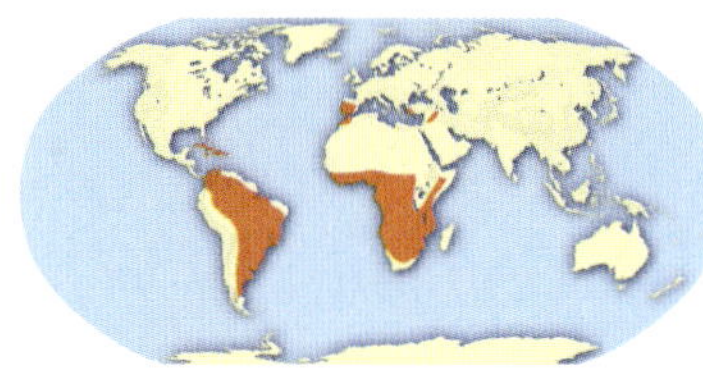

Verbreitung Doppelschleichen gibt es in tropischen und subtropischen Gebieten des südlichen Nordamerika, in Südamerika, in der Karibik, in Afrika, auf der Iberischen Halbinsel, in Arabien und Westasien.

Mit schaufelförmigem Kopf Zum Erweitern eines Gangs drückt die Doppelschleiche mit dem Kopf gegen seine Decke. Doppelschleichen haben große, ineinander greifende obere und untere Zähne, mit denen sie Beute packen und in ihren Bau ziehen können.

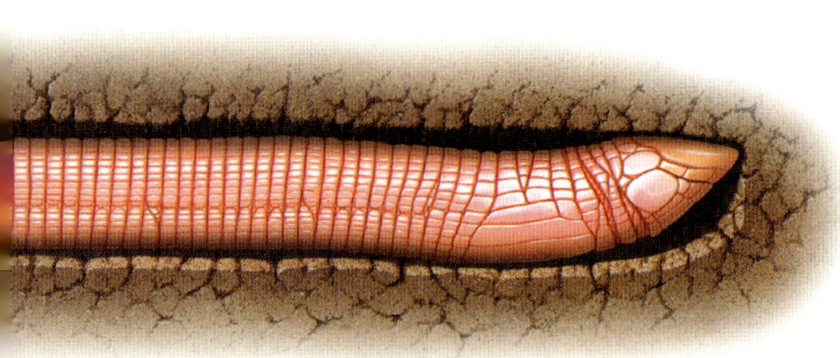

„Zweiköpfig" Doppelschleichen werden oft fälschlicherweise als zweiköpfige Schlangen bezeichnet. Der Schwanz ähnelt nämlich stark dem Kopf, um potenzielle Angreifer zu irritieren. Eine Wunde am Schwanz überlebt das Tier leichter als eine am Kopf.

WIE SIE GRABEN

Die Schuppenringe hinter dem Kopf sind zu Beginn dicht geschlossen. Während des Vordringens trennen sie sich und schieben den Kopf vorwärts. Um den Tunnel zu erweitern, hebt das Tier den Kopf zur Decke des Tunnels.

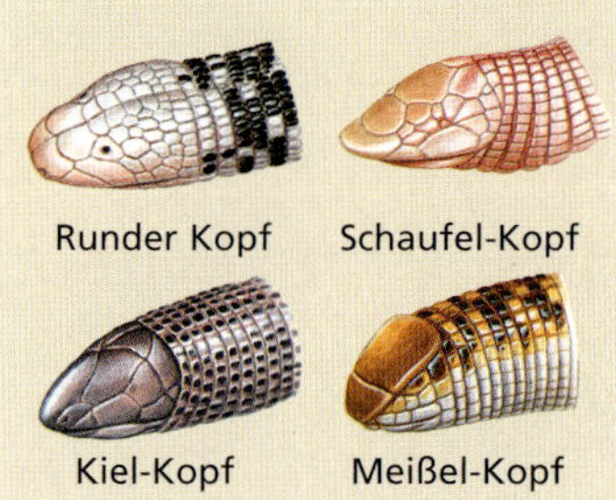

ECHSEN

LASSE Reptilia
RDNUNG Squamata
NTERORDNUNG Sauria
AMILIEN 27
GATTUNGEN 442
RTEN 5002

Heute bewohnen Echsen fast alle Kontinente mit Ausnahme der Antarktis und einiger arktischer Regionen. Vor etwa 65 Millionen Jahren, am Ende der Kreidezeit, überlebten die Echsen, als Dinosaurier und andere große Reptilien ausstarben. Mit mehr als 4000 Arten sind sie die größte Gruppe der lebenden Reptilien. Die größte Echse, der Komodowaran, erreicht zwar die beeindruckende Länge von 3 Metern, doch nur wenige Echsen werden länger als 30 cm. Gerade deshalb hatten sie Erfolg. Echsen leben meist in einem eng begrenzten Lebensraum, da Berge oder Wasser für sie echte Hindernisse darstellen.

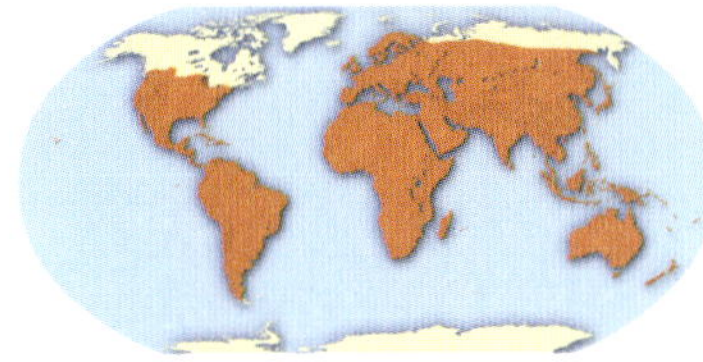

Verbreitung Echsen gibt es von Norwegen bis Neuseeland und vom südlichen Kanada bis Feuerland. Sie sind auch auf vielen Inseln der Weltmeere endemisch. Der einzige Kontinent, auf dem sie sich nicht angesiedelt haben, ist die Antarktis.

Die Echse nimmt auf allen vieren eine bedrohliche Pose ein.

Der Rücken wird hochgebogen und der Blick ist fest nach vorn gerichtet.

Die Hinterfüße verlassen zu einem aggressiven Sprung den Boden.

Revierverteidigung In seinem Revier kann das Echsenmännchen Nahrung suchen und ein Weibchen zur Paarung finden. Wenn ein Rivale in sein Revier eindringt, führt der Halsbandleguan eine Reihe von „Liegestützen" aus, um dem Störenfried größer und bedrohlicher zu erscheinen.

Skink mit Greifschwanz Der Salomonen-Riesenskink (*Corucia zebrata*) lebt auf Bäumen und frisst Pflanzen. Mit seinem Greifschwanz hält er sich beim Fressen von Früchten und Blättern an Ästen fest.

***Echsen-Charakteristika** Die kegelförmigen Stacheln auf dem Rücken lassen* Hypsilurus boydii *größer erscheinen, als er tatsächlich ist. Seine vielfarbigen Schuppen bieten im Dämmerlicht des Waldes eine ideale Tarnung.*

Tagaktive Echse Hypsilurus boydii *sucht tagsüber im tropischen Regenwald an Bächen oder am Waldrand nach Nahrung.*

Boyds Winkelkopfagame Die Echse lebt im Regenwald von Nordaustralien. Sie kann ihre Wamme, einen Hautlappen an der Kehle, aufblasen, um mit Artgenossen zu kommunizieren.

ABWEHR UND FLUCHT

Echsen sind Beutetiere von Spinnen, Skorpionen, anderen Echsen, Schlangen, Vögeln und Säugetieren. Die Gila-Krustenechse und die Skorpion-Krustenechse sind die beiden einzigen giftigen Arten, doch selbst diese beginnen eine Auseinandersetzung mit Imponiergehabe. Viele andere Echsen haben eine beachtliche Vielzahl an Taktiken entwickelt, um sich zu verteidigen oder zu entfliehen.

Die meisten Echsen sind gut getarnt und können sich absolut still verhalten, bis ein Feind wieder weg ist. Chamäleons sind für ihre Fähigkeit, die Farbe in Anpassung an den Untergrund zu wechseln, bekannt. Andere Echsen überraschen einen Feind oder lenken ihn ab, um eine Chance zur Flucht zu haben. Die Kragenechse z. B. öffnet ihr Maul, zischt laut und stellt ihren Kragen auf, bevor sie davonläuft.

Einige Arten besitzen scharfe Stacheln, die das Maul eines Feindes verletzen, oder glitschige Schuppen, an denen ein Feind leicht abrutscht. Der Panzergürtelschweif (*Cordylus cataphractus*) rollt sich zusammen und schützt sich mit einem Zaun von Stacheln, während der Basilisk übers Wasser hüpft, bevor er in die sichere Tiefe taucht.

Echsenschwänze Die Schwänze einiger Echsen ähneln Blättern. Andere haben Greifschwänze. Viele Schwänze sind entbehrlich. Erwischt ein Feind den Schwanz eines Skinks, bleibt dieser im Maul des Feindes und der Skink entkommt.

Unter Wasser Meerechsen der Galápagos-Inseln sind Pflanzenfresser. Sie tauchen auf der Suche nach Algen ins Meer. Vor und nach dem Tauchen sonnen sie sich, damit ihre Körpertemperatur steigt und sie ihre Nahrung besser verdauen können. Auch die Ausdauer beim Schwimmen im meist kalten Wasser wird dadurch erhöht.

Echsen verteidigen sich mit dem Schwanz. Warane und Leguane schlagen mit ihm Feinde, Skinks und andere kleine Echsen opfern ein Stück Schwanz für ihr Leben. Sie haben oft einen bunten Schwanz, den sie lebhaft bewegen, damit der Feind das Körperende angreift statt den Kopf. Der Schwanz zappelt noch weiter, wenn die Echse schon weg ist. Ein abgeworfener Schwanz wächst mit der Zeit nach, die Echse verliert gespeicherte Energie, aber sie lebt, um sich fortzupflanzen. Bei Rangkämpfen greifen Geckos mitunter den Schwanz des Gegners an und fressen ihn.

Werden Krötenechsen von Füchsen oder Koyoten angegriffen, schießen sie einen Schwall übel schmeckendes Blut aus den Augenlidern, um den Feind abzulenken und zu erschrecken. Einige Echsen versuchen Feinde zu verjagen, indem sie ihre Zunge herausstrecken. Australische Skinks zischen und strecken dem Feind ihre leuchtend gefärbte Zunge entgegen. Selbst die giftige, bunte Gila-Krustenechse zeigt Angreifern ihre kräftig purpurfarbene Zunge und zischt.

Im Regenwald Der Grüne Leguan (oben) ist ein reiner Pflanzenfresser. Sein cholesterinarmes Fleisch gilt in Mittelamerika als Delikatesse.

Beutegreifer Der indonesische Komodowaran (links) versucht die Witterung warmblütiger Beute aufzunehmen. Die Echsen werden mehr als 3 Meter lang und fressen große Säugetiere wie Hirsche, Schweine, Ziegen und sogar Wasserbüffel.

Fidschi-Leguan
Brachylophus fasciatus, Familie Iguanidae

Grüner Inselleguan
Iguana delicatissima, Familie Iguanidae

Meerechse
Amblyrhynchus cristatus,
Familie Iguanidae

Drusenkopf
Conolophus subcristatus,
Familie Iguanidae

Nashornleguan
Cyclura cornuta,
Familie Iguanidae

Schwarzer Leguan
Ctenosaura similis,
Familie Iguanidae

Bei Wärme ist das Männchen des Schwarzen Leguans heller (oben), bei Kälte dunkler

Grüner Leguan
Iguana iguana, Familie Iguanidae

AUF EINEN BLICK

Familie Iguanidae Zu dieser Familie gehören boden-, felsen-, baumbewohnende und im Meer lebende Arten. Die Größe differiert von 14 cm Länge bei *Dipsosaurus* bis zu 70 cm bei *Cyclura*. Junge Leguane einiger Arten fressen Insekten, sind später aber vorwiegend Pflanzenfresser, die sich von Blättern, Früchten und sogar Algen ernähren. Alle Arten sind Eier legend.

Gattungen 8
Arten 36

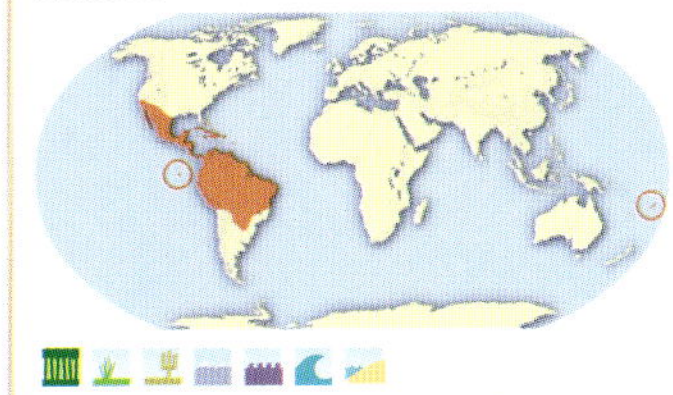

USA bis Paraguay, Galápagos, Fidschi, Karibik

Salzig
Meerechsen verbringen so viel Zeit im Meer, dass sie eine spezielle Drüse besitzen, die ihrem Körper Salz entzieht.

Lange Zeit
*Brutzeit des Kurzkammleguans (*Brachylophus vitiensis*): 30 Wochen – dreimal länger als die anderer Leguane.*

ECHSENZUNGEN

Mit der langen gespaltenen Zunge nimmt der Waran Gerüche aus der Luft auf und gibt sie zur Prüfung an das Jacobson'sche Organ weiter. Chamäleons fangen mit ihrer langen, klebrigen Zunge Beute. Der Blauzungenskink (unten) zeigt die Zunge, um angreifende Vögel zu verjagen.

SCHUTZSTATUS

Die 27 Leguan-Arten auf der Roten Liste der IUCN stehen unter folgenden Gefährdungsgraden:

11	Vom Aussterben bedroht
4	Stark gefährdet
9	Gefährdet
1	Potenziell gefährdet

AUF EINEN BLICK

Familie Crotaphytidae Halsband- und Leopardleguane sind mittelgroße tagaktive Echsen, die in Wüsten und anderen felsigen ariden Gebieten leben. Sie fressen Wirbellose sowie Echsen und andere kleine Wirbeltiere. Sie quieken, wenn sie sich bedroht fühlen, und können sich zwischen Felsen auch auf zwei Beinen bewegen. Sie legen Eier, drei bis acht pro Gelege.

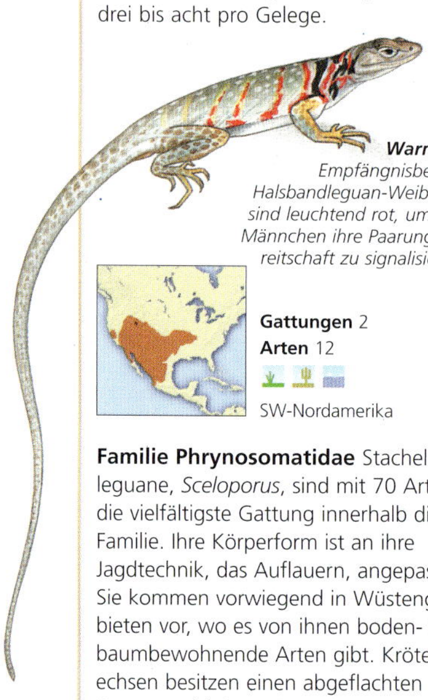

Warnung *Empfängnisbereite Halsbandleguan-Weibchen sind leuchtend rot, um den Männchen ihre Paarungsbereitschaft zu signalisieren.*

Gattungen 2
Arten 12
SW-Nordamerika

Familie Phrynosomatidae Stachelleguane, *Sceloporus*, sind mit 70 Arten die vielfältigste Gattung innerhalb dieser Familie. Ihre Körperform ist an ihre Jagdtechnik, das Auflauern, angepasst. Sie kommen vorwiegend in Wüstengebieten vor, wo es von ihnen boden- und baumbewohnende Arten gibt. Krötenechsen besitzen einen abgeflachten Körper und leben am Boden.

Abwehrbereit *Die Vierhorn-Krötenechse besitzt die meisten Stacheln aller Arten. Damit kann sie viele Schlangenarten abwehren.*

Gattungen 9
Arten 133
S-Kanada und USA bis Panama

SCHUTZSTATUS

Gefährdet Eine Art der Familie Crotaphytidae, *Gambelia sila,* ist wegen fortschreitenden Verlusts ihres Lebensraums auf der Roten Liste der IUCN als stark gefährdet eingestuft. Eine Art der Familie Phrynosomatidae, die nordamerikanische Art *Uma inornata,* wird von der IUCN ebenfalls als stark gefährdet geführt. Sie lebt in Gebieten mit Wanderdünen, die heute durch Bepflanzung und Bebauung befestigt sind.

Madagaskar-Leguan
Oplurus cyclurus,
Familie Opluridae

Halsbandleguan
Crotaphytus collaris,
Familie Crotaphytidae

Gemeiner Seitenfleckenleguan
Uta stansburiana,
Familie Phrynosomatidae

Gambelia sila,
Familie Crotaphytidae

Chuckwalla
Sauromalus obesus,
Familie Phrynosomatidae

Vierhorn-Krötenechse
Phrynosoma solare,
Familie Phrynosomatidae

Kurzhorn-Krötenechse
Phrynosoma douglasi,
Familie Phrynosomatidae

Wüsten-Stachelleguan
Sceloporus magister, Familie Phrynosomatidae

Colorado-Fransenzehenleguan
Uma notata, Familie Phrynosomatidae

AUF EINEN BLICK

Familie Corytophanidae Alle Arten sind Fleischfresser. Helmleguane sind Baumbewohner im Regenwald und anderen tropischen Wäldern. Die bis zu 20 cm langen Tiere haben einen helmförmigen Kopf, einen schlanken Körper, lange Beine und einen langen Schwanz. Basilisken suchen vorwiegend am Boden Nahrung, flüchten aber auf Bäume.

Problemlos *Die Zehen der Basilisken sind durch einen Hautrand verbreitert. Durch die größere Oberfläche können sie auf dem Wasser laufen.*

Gattungen 3
Arten 9
Mexiko bis Kolumbien, Venezuela

Familie Polychrotidae Alle Anolis-Arten haben für guten Halt beim Klettern Haftlamellen an den Zehen und für die Kommunikation einen bunten Kehllappen. Es gibt boden-, wasser- und baumlebende Arten, zumeist Fleischfresser mit ein bis zwei Eiern pro Gelege. Sie können ihren Schwanz abwerfen.

Imponiergehabe *Anolis-Männchen besitzen einen Kehllappen, den sie präsentieren, um den Weibchen zu imponieren und andere Männchen fern zu halten.*

Gattungen 8
Arten 395
Mittel- und Südamerika, Karibik, USA

SCHUTZSTATUS

Allgemein sichern die unterschiedlichen Ansprüche von Basilisken- und Anolisarten an den Lebensraum, dass im Großteil des Verbreitungsgebiets der Bestand ungefährdet ist. Doch fehlen Studien zu den endemischen Arten im Regenwald Mexikos und Mittelamerikas. 41 Arten Polychrotidae stehen auf der Roten Liste der IUCN:

- 1 Vom Aussterben bedroht
- 3 Stark gefährdet
- 3 Gefährdet
- 16 Daten ungenügend
- 18 Nicht gefährdet

AUF EINEN BLICK

Familie Agamidae Die 50 Agamen-Gattungen leben in Afrika, Asien und Australien. Ihre Größe variiert von 5 bis 35 cm. Waldbewohnende Arten sind grün, Wüstenbewohner braun, grau oder schwarz. Meist unterscheiden sich Männchen und Weibchen in der Farbe. Einige Arten ändern ihre Farbe rasch. Der Kopf ist groß und deutlich vom Hals abgesetzt, der Körper kann abgeplattet, seitlich abgeflacht oder zylindrisch sein. Die Zunge ist eingekerbt.

Gattungen 50
Arten 420

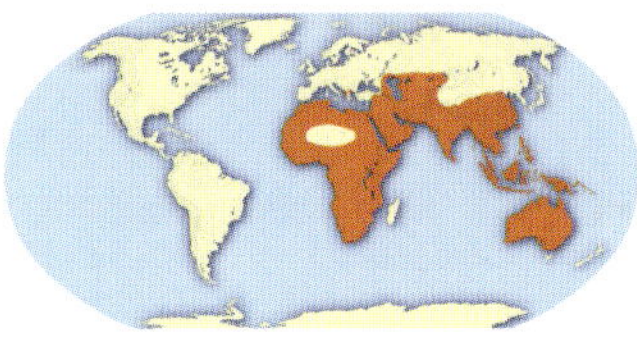

Australien, Indonesien, Asien, Afrika

Kragenechse Die baumbewohnende Echse ist am Tag in Waldgebieten aktiv. Wenn sie flieht, läuft sie auf zwei Beinen; sie stellt ihren Kragen auf, um wesentlich größer zu erscheinen, als sie ist.

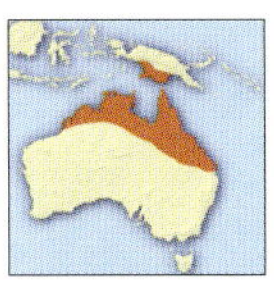

- Bis 28 cm
- Auf Bäumen
- Ovipar
- 8–23
- Häufig

N-Australien und S-Neuguinea

Mahlzeit
Kragenechsen fressen auf Bäumen Zikaden und am Waldboden Ameisen und Grillen.

Wüstenteufel Ein System von winzigen Furchen führt über die Haut dieser Echse. Darin sammelt sich der Tau und läuft von ihrem Rücken in die Winkel ihres Mauls. Sie frisst – wie die Krötenechsen – nur Ameisen.

- Bis 11 cm
- Am Boden
- Ovipar
- 3–10
- Häufig

W-Australien

SCHUTZSTATUS

8 Arten der Agamidae wurden im Jahr 2007 auf der Roten Liste der IUCN aufgeführt: 2 stark gefährdet, 2 gefährdet, 1 potenziell gefährdet, 2 Daten ungenügend, 1 nicht gefährdet.

1 Kragenechse
Chlamydosaurus kingii, Familie Agamidae

2 Hardun
Laudakia stellio, Familie Agamidae

3 Wüstenteufel
Moloch horridus, Familie Agamidae

4 Östliche Bartagame
Pogona barbata, Familie Agamidae

5 Geschmückte Dornschwanzagame
Uromastyx ocellata, Familie Agamidae

6 Sinai-Agame
Pseudotrapelus sinaitus, Familie Agamidae

7 *Phrynocephalus persicus*,
Familie Agamidae

8 *Trapelus persicus*,
Familie Agamidae

9 Afrikanischer Dornschwanz
Uromastyx acanthinura,
Familie Agamidae

10 Siedleragame
Agama agama, Familie Agamidae

1 Großer Nackenstachler
Acanthosaura armata, Familie Agamidae

2 Fünfstreifen-Flugdrache
Draco quinquefasciatus, Familie Agamidae

3 Ambon-Segelechse
Hydrosaurus amboinensis,
Familie Agamidae

4 Große Winkelkopfagame
Gonocephalus grandis, Familie Agamidae

5 Grüne Wasseragame
Physignathus cocincinus,
Familie Agamidae

6 *Harpesaurus beccarii,*
Familie Agamidae

7 Blaue Schönechse
Calotes mystaceus, Familie Agamidae

8 Sägerückenagame
Calotes calotes, Familie Agamidae

9 Borneo-Winkelkopfagame
Gonocephalus liogaster,
Familie Agamidae

AUF EINEN BLICK

Ambon-Segelechse Die teils wasserlebende Echse sucht an Bachufern Nahrung und liegt dort in der Sonne. Bei Gefahr rennt sie mit Hilfe eines Hautsaums an den Zehen der Hinterfüße auf zwei Beinen übers Wasser. Der Bestand geht zurück, weil das Tier als Heimtier und wegen seines Fleisches gefragt ist.

- Bis 100 cm
- Variabel
- Ovipar
- 6–12
- Häufig

SO-Asien, Neuguinea

Grüne Wasseragame Diese Echsenart lebt an Flussufern und klettert auf die unteren Äste von Bäumen. Ein dominantes Männchen und mehrere Weibchen teilen sich in Kolonien einen Bau. Männchen besitzen größere Kämme als Weibchen. Die Brutdauer beträgt 60 Tage.

- Bis 30 cm
- Variabel
- Ovipar
- 7–12
- Häufig

Thailand, O-Indochina, Vietnam, S-China

Sägerückenagame Die Baumbewohnerin lebt vorwiegend in Waldgebieten bis zu einer Höhe von 1500 m, darüber leben andere Arten. Die Männchen, die größten Echsen Sri Lankas, leuchten in lebhaften Farben.

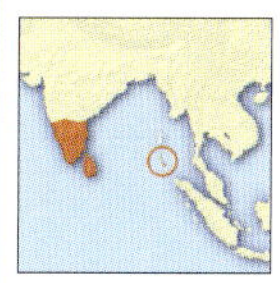

- Bis 30 cm
- Auf Bäumen
- Ovipar
- 10–20
- Häufig

Indien, Sri Lanka

BAUMBEWOHNER

Diporiphora superba ist teils baumbewohnend und eine der schlanksten Agamen-Arten. Sie wird 8 cm lang, ihr Schwanz ist bis zu 4-mal so lang wie der Körper.

Balance
Diporiphora superba *nutzt ihren langen Schwanz, um beim Klettern in den Bäumen die Balance zu halten.*

Gelege Geckos (oben) legen unabhängig von Größe und Ernährungszustand zwei Eier. Bei einigen Arten variieren Eier- und Gelegegröße (Mitte). Große Arten (unten) haben große Gelege mit großen Eiern. Eieranzahl und -größe hängen von Größe und Gesundheit des Weibchens ab.

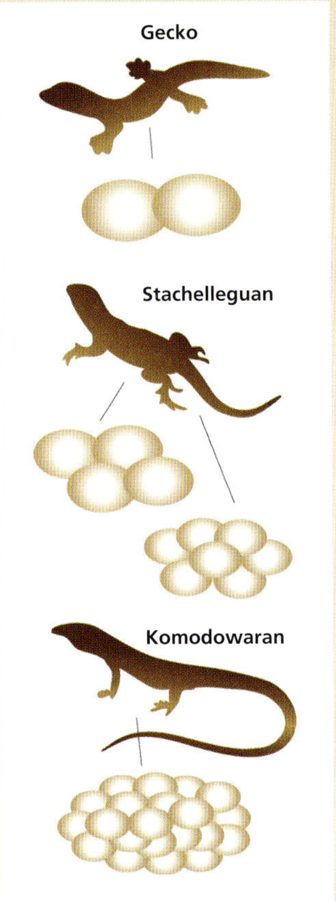

ECHSEN-FORTPFLANZUNG

Echsen pflanzen sich auf unterschiedliche Weise fort. Manche kurzlebige Arten werden früh geschlechtsreif und produzieren ständig ein Ei nach dem anderen. Andere Arten brauchen einige Jahre bis zur Geschlechtsreife und legen dann viele Jahre lang Gelege mit zahlreichen Eiern. Zwischen diesen beiden Extremen gibt es alle möglichen Variationen, wie viele Gelege pro Jahr eine Echse hat. Manche Arten sind im Flachland Eier legend, in größeren Höhenlagen lebend gebärend. Dort dient das Weibchen aber als „Brutkasten", immer auf der Suche nach Plätzen mit der besten Temperatur, damit sich die Embryonen optimal entwickeln können. Erstaunlich sind auch Arten, bei denen immer zwei Eier ins Gelege kommen, unabhängig von der Größe und der gespeicherten Energie der Weibchen.

Skink mit Eiern Viele Skink-Arten bebrüten ihre Eier. Das Weibchen bleibt beim Gelege und wehrt feindliche Insekten ab, schützt die Eier vor Pilzbefall und Austrocknung, bis die Jungen schlüpfen. Einige Skinks lecken ihre Jungen nach dem Schlüpfen sogar ab.

Eisprung Anolis-Arten, egal wie groß sie sind, haben ein Ei pro Gelege. Bei den Weibchen findet der Eisprung fortwährend statt, einmal in dem einen Eierstock, das andere Mal im anderen.

Stachelleguan mit Eiern Bei Stachelleguanen (*Sceloporus*) unterscheiden sich Anzahl und Größe der Eier je nach Jahreszeit und Gesundheitszustand der Weibchen. Sie wenden viel Energie auf, damit die ersten Gelege große Eier beinhalten. In späteren Gelegen finden sich kleinere Eier, die vor Winterbeginn weniger Zeit haben, sich zu entwickeln.

Leguan mit Eiern Leguane graben normalerweise Gänge in Sandstrände und legen 25 bis 40 Eier ab, je nach Größe des Weibchens. Die Jungen schlüpfen nach drei Monaten und suchen nach anderen Leguanen, um deren Kot zu fressen. Dadurch siedeln sie Mikroben in ihrem Darm an, die in der Lage sind, Zellulose aufzuschließen.

Bradypodion damaranum ist ovovivipar und hat jährlich 2 Würfe, bei denen nach einer Tragzeit von 4 bis 6 Monaten 6 bis 20 Junge zur Welt kommen

Braunchamäleon-Weibchen sind nur halb so groß wie Männchen; sie legen bis zu 60 Eier pro Gelege. Die Jungen sind mit einem Jahr geschlechtsreif

1 *Bradypodion damaranum*, Familie Chamaeleonidae

2 Gewöhnliches Chamäleon *Chamaeleo chamaeleon*, Familie Chamaeleonidae

3 *Calumma malthe*, Familie Chamaeleonidae

4 Dreihornchamäleon *Chamaeleo jacksonii*, Familie Chamaeleonidae

5 Teppichchamäleon *Furcifer lateralis*, Familie Chamaeleonidae

6 Madagaskar-Riesenchamäleon *Furcifer oustaleti*, Familie Chamaeleonidae

7 *Furcifer minor*, Familie Chamaeleonidae

8 Parsons Chamäleon *Calumma parsoni*, Familie Chamaeleonidae

9 Augenzipfel-Stummelschwanz-chamäleon *Brookesia superciliaris*, Familie Chamaeleonidae

AUF EINEN BLICK

Familie Chamaeleonidae Chamäleons sind bekannt dafür, dass sie die Farbe wechseln können. Sie haben einen Greifschwanz. Zwei oder drei ihrer Zehen sind zu Greifwerkzeugen zusammengewachsen. Die Augen bewegen sich unabhängig voneinander. Wenn das Tier nach vorn sieht, sieht es dreidimensional. So kann es Beute anpeilen und mit seiner langen Zunge im Abstand von einer Körperlänge erwischen. Chamäleons werden bis zu 63 cm lang und sind meist baumlebend.

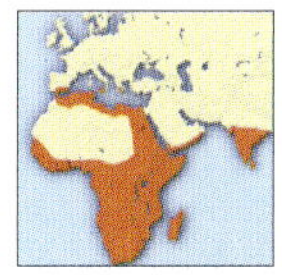

Gattungen 6
Arten 171
Afrika, Madagaskar, S-Europa, Naher Osten, Indien, Sri Lanka

Hinausgewachsen
Das Gewöhnliche Chamäleon stößt seine Haut im Ganzen ab. Echsen müssen sich häuten, um zu wachsen.

Madagaskar-Riesenchamäleon Es lebt in warmen, feuchten, flachen Küstenregionen und trockeneren Wäldern. Es besitzt einen hohen Helm ohne Hörner oder Fortsätze an Schnauze oder Hinterkopf. Kehllappen und Kamm bestehen aus vorstehenden kegelförmigen Schuppen. Männchen sind größer und haben eine breitere Schwanzwurzel.

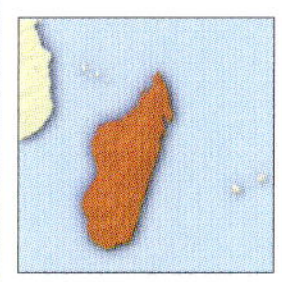

Bis 60 cm
Auf Bäumen
Ovipar
1–61
Häufig

Madagaskar

SCHUTZSTATUS

Lebensraumverlust ist der Hauptgrund dafür, dass der Chamäleonbestand sich verringert. Doch auch der Heimtierhandel bedroht ihn: Von 1993 bis 1998 wurden 476 000 Chamäleons aus Afrika, dem Jemen, von den Seychellen und Madagaskar exportiert. 9 Chamäleon-Arten stehen auf der Roten Liste der IUCN:

1 Vom Aussterben bedroht
2 Stark gefährdet
4 Gefährdet
2 Potenziell gefährdet

AUF EINEN BLICK

Familie Gekkonidae Die Geckos sind die artenreichste Familie der Echsen, aufgeteilt in vier Unterfamilien. Sie sind von kleinen körnigen Schuppen bedeckt, ihre Größe reicht von 1,5 bis 33 cm. Der fragile Schwanz lässt sich leicht abwerfen.

Augenwäsche *Die meisten Gecko-Arten, z. B.* Oedura coggeri, *besitzen keine Augenlider und reinigen ihre Augen mit der Zunge.*

Gattungen 109
Arten 1175

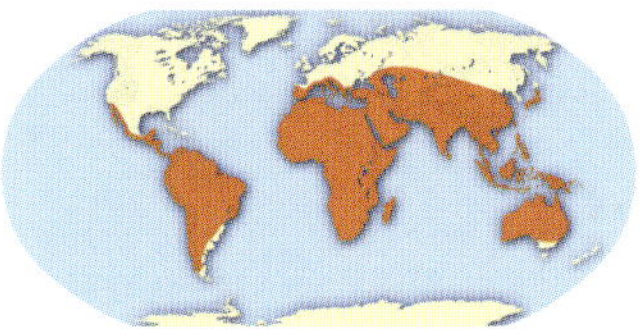

Südliches Nordamerika, Südamerika, Afrika, S-Europa, S-Asien, Indonesien, Australien

Leopardgecko Sie haben bewegliche Augenlider und keine Hautsäume an den Zehen. Das Geschlecht wird von der Bruttemperatur bestimmt.

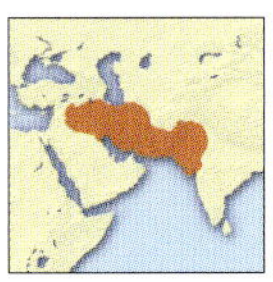

Bis 25 cm
Am Boden
Ovipar
2
Häufig

Afghanistan, Pakistan, W-Indien, Irak, Iran

Gebänderter Krallengecko Der nachtaktive Gecko hat große, bewegliche Augenlider, keine Hautsäume an den Zehen und kann seinen Schwanz leicht abwerfen.

Bis 10 cm
Am Boden
Ovipar
2
Häufig

SW-USA bis Mexiko und Panama

LAUFEN IM SAND

Um auf feinem, lockerem Sand voranzukommen, müssen die Füße speziell angepasst sein. Der Wüstengecko (*Palmatogecko rangei*) setzt die Füße wie Schneeschuhe ein, um im Sand nicht zu versinken.

Laufen im Sand *Einige Echsen verfügen über Hautsäume an den Zehen, andere besitzen paddelförmige Füße mit Spannhäuten.*

1 **Okinawa-Krallengecko**
Goniurosaurus kuroiwae, Familie Gekkonidae

2 **Leopardgecko**
Eublepharis macularius, Familie Gekkonidae

3 **Katzengecko**
Aeluroscalabotes felinus, Familie Gekkonidae

4 **Gebänderter Krallengecko**
Coleonyx variegatus, Familie Gekkonidae

5 **Grüner Baumgecko**
Naultinus elegans, Familie Gekkonidae

6 *Hoplodactylus rakiurae,* Familie Gekkonidae

7 **Höckerkopfgecko**
Rhacodactylus auriculatus, Familie Gekkonidae

8 **Australischer Knopfschwanzgecko**
Nephrurus stellatus, Familie Gekkonidae

9 *Saltuarius cornutus,* Familie Gekkonidae

1 **Streifengecko**
Gekko vittatus, Familie Gekkonidae

2 **Henkels Plattschwanzgecko**
Uroplatus henkeli, Familie Gekkonidae

3 **Tokee**
Gekko gecko, Familie Gekkonidae

4 **Stachelschwanzgecko**
Diplodactylus ciliaris, Familie Gekkonidae

5 **Gefleckter Fettschwanzgecko**
Oedura marmorata, Familie Gekkonidae

6 *Delma australis,*
Familie Pygopodidae

7 **Spitzkopf-Flossenfuß**
Lialis burtonis, Familie Pygopodidae

8 **Malaiischer Bogenfingergecko**
Cyrtodactylus pulchellus,
Familie Gekkonidae

9 **Wundergecko**
Teratoscincus scincus,
Familie Gekkonidae

AUF EINEN BLICK

Streifengecko Er ist nachtaktiv und hat fürs Klettern Hautlamellen an den Füßen.Typisch ist der helle Streifen auf dem Rücken. Der Schwanz ist gebändert. Männchen besitzen eine v-förmige Reihe präanaler Poren und eine Art Hemipenis an der Schwanzwurzel.

Bis 25 cm
Am Boden
Ovipar
2
Häufig

Indonesien, Neuguinea und umliegende Inseln

Malaiischer Bogenfingergecko Er hat einen abgeflachten, kompakten Körper. Die Zehen sind lang und dünn, nach oben und am letzten Glied wieder nach unten gebogen. Sie enden mit einer kleinen Lamelle. Die körnigen Schuppen sind am Rücken dornenartig.

Bis 20 cm
Am Boden
Ovipar
2
Häufig

Zentralasien, SO-Asien

Familie Pygopodidae Die Familie ist eng mit den Geckos verwandt. Die Vorderbeine fehlen, die Hinterbeine sind auf einen schuppigen Lappen vor der Kloake reduziert. Der Schwanz bricht leicht. Die Augen sind schlangenähnlich – ohne Lider und von einer unbeweglichen Brille bedeckt. Einige Arten besitzen äußere Ohröffnungen. Sie legen im Sommer meist zwei Eier. Die meisten sind Insektenfresser.

Rudimentäre Füße
Die Hinterbeine des Spitzkopf-Flossenfußes sind zu einer lappenartigen Schuppe reduziert, die im Sand Reibung verleiht.

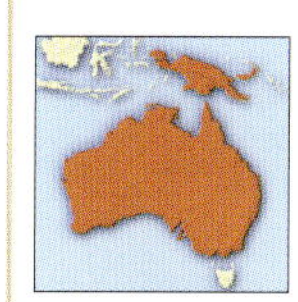

Gattungen 8
Arten 39

Australien außer Tasmanien, Aru Inseln, Neuguinea, Neubritannien

SCHUTZSTATUS

7 Arten der Familie Pygopodidae stehen wie folgt auf der Roten Liste der IUCN:

6 Gefährdet
1 Potenziell gefährdet

AUF EINEN BLICK

Jungferngecko Der baumlebende Gecko ist von kleinen Schuppen bedeckt. Der lange Schwanz trägt seitlich kleine stachelige Schuppen.

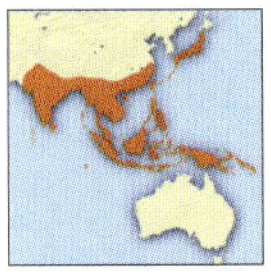

- Bis 5 cm
- Auf Bäumen
- Ovipar
- 2
- Häufig

NO-Australien, Malaysia bis Ozeanien

Mauergecko Das kräftig gebaute Tier trägt Reihen von gekielten Schuppen. Männchen verteidigen ihr Revier. Junge schlüpfen nach zehn Wochen und sind nach zwei Jahren geschlechtsreif.

- Bis 15 cm
- Auf Bäumen
- Ovipar
- 2
- Häufig

Mittelmeerraum und Küsten S-Europas

Faltengecko Er verteidigt ein Revier. Im Abstand von 30 Tagen befestigt er Gelege mit zwei Eiern an Rinde oder Fels, die Jungen schlüpfen nach 60 Tagen.

- Bis 15 cm
- Auf Bäumen
- Ovipar
- 2
- Häufig

SO-Asien

FLIEGENDER GECKO

Bei hohem Tempo, wie bei einem Sturz, erlauben Hautlappen dem Faltengecko, langsamer zu werden und zu gleiten. Die Häute zwischen den Zehen unterstützen den Gleitflug. Dieser ähnelt mehr dem „Flug" der Baumfrösche als dem anderer Reptilien.

Fallschirm
Die Hautlappen an Körper und Schwanz breiten sich aus und bremsen den Sturz eines Faltengeckos.

SCHUTZSTATUS

Die 67 Arten der Geckonidae auf der Roten Liste der IUCN sind unter folgenden Gefährdungsgraden gelistet:

- 2 Ausgestorben
- 2 Vom Aussterben bedroht
- 4 Stark gefährdet
- 10 Gefährdet
- 11 Potenziell Gefährdet
- 3 Daten ungenügend
- 35 Nicht gefährdet

1 **Madagassischer Taggecko**
Phelsuma madagascariensis, Familie Gekkonidae

2 **Goldstaubtaggecko**
Phelsuma laticauda, Familie Gekkonidae

3 **Jungferngecko**
Lepidodactylus lugubris, Familie Gekkonidae

4 **Mauergecko**
Tarentola mauritanica, Familie Gekkonidae

5 *Ptyodactylus puiseuxi,* Familie Gekkonidae

6 **Faltengecko**
Ptychozoon kuhli, Familie Gekkonidae

7 **Petris Dünnfingergecko**
Stenodactylus petrii, Familie Gekkonidae

8 **Gelbgrüner Halbzehengecko**
Hemidactylus flaviviridis, Familie Gekkonidae

9 *Pachydactylus geitje,* Familie Gekkonidae

10 **Zwergstreifengecko**
Gonatodes vittatus, Familie Gekkonidae

Bei der Vierzehigen Geißelschildechse bestehen mehr als zwei Drittel des Körpers aus Schwanz – dieser kann beim Angriff eines Feindes leicht abgeworfen werden

1 Braune Schildechse
Gerrhosaurus major,
Familie Gerrhosauridae

2 Madagass. Ringelschildechse
Zonosaurus madagascariensis,
Familie Gerrhosauridae

3 Vierzehige Geißelschildechse
Tetradactylus tetradactylus,
Familie Gerrhosauridae

4 Kleiner Plattgürtelschweif
Platysaurus guttatus, Familie Cordylidae

5 *Cordylus polyzonus,*
Familie Cordylidae

6 *Pseudocordylus melanotus,*
Familie Cordylidae

7 *Eumeces egregius,*
Familie Scincidae

8 Schneiders Skink
Novoeumeces schneideri, Familie Scincidae

9 Apothekerskink
Scincus scincus, Familie Scincidae

AUF EINEN BLICK

Familie Gerrhosauridae Schildechsen haben große symmetrische Schilde mit Knochenplatten; die Schuppen sind rechteckig und überlappend. Die Allesfresser leben am Boden und ernähren sich von Insekten und Pflanzen. Bei Arten im Grasland sind die Gliedmaßen zurückgebildet. Die meisten Arten sind vivipar (zwei bis sechs Junge).

Schwimmen im Gras *Die Vierzehige Geißelschildechse kann die Beine so fest an den Körper drücken, dass sie sich auf der Flucht rasch durchs Gras schlängeln kann.*

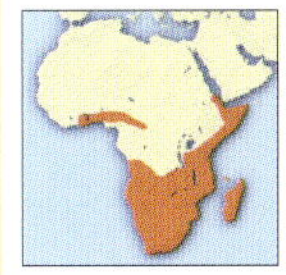

Gattungen 6
Arten 34

S-Afrika, Madagaskar

Familie Cordylidae Gürtelechsen haben am Kopf große symmetrische Schuppen und Knochenplatten. Die rechteckigen überlappenden Schuppen am Körper sind meist stark gekielt. Gürtelechsen leben am Boden und sind lebend gebärend.

Gattungen 4
Arten 55
Südliches Afrika

Zum Ball zusammengerollt
Der Panzergürtelschweif (Cordylus cataphractus) beißt sich in den Schwanz, damit Feinde ihn nicht verschlingen.

SCHUTZSTATUS

11 Arten der Cordylidae sind auf der Roten Liste der IUCN unter folgenden Gefährdungsgraden gelistet:

1 Ausgestorben
5 Stark gefährdet
5 Potenziell gefährdet

AUF EINEN BLICK

Familie Scincidae Skinke sind meist von einander überlappenden glatten Schuppen bedeckt. Die Länge der adulten Tiere variiert von 2,5 bis 35 cm. Die Körperform variiert von kräftig bis zierlich. Es gibt Arten ohne sichtbare Gliedmaßen. Letztere sind meist Grabtiere, andere Arten leben am Boden oder auf Bäumen. Die meisten Arten können die mittellangen bis langen Schwänze abwerfen. Beute wird mittels Sehen und Riechen aufgespürt. Der Großteil der Arten legt Eier, wenigstens 25 Arten sind lebend gebärend.

Gattungen 116
Arten 1343

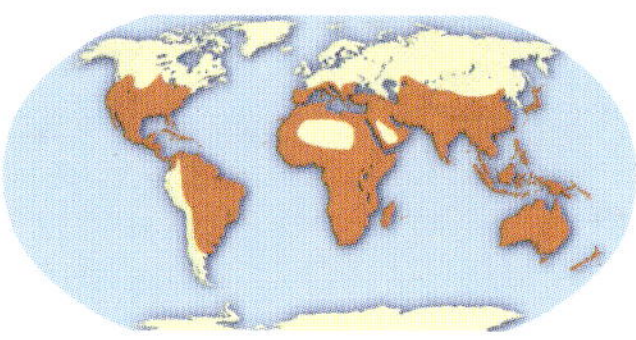

Weltweit, in verschiedenen Lebensräumen

Verräterischer Schwanz *Streifenskink-Männchen* (Eumeces fasciatus) *erkennen Weibchen und Jungtiere am leuchtend blauen Schwanz und gewähren ihnen Zutritt zu ihrem Revier.*

Hosmers Skink An der Schwanzwurzel fehlen diesem Skink vergrößerte Schuppen und lange, runzelige Ohrläppchen verdecken fast seine Ohren. Die tagaktive Echse lebt auf Felsen und an steinigen Hängen; dort versteckt sie sich in Felsspalten, unter Felsbrocken und Steinhaufen.

Bis 18 cm
Am Boden
Ovipar
2
Häufig

NO-Australien

Nördlicher Blauzungenskink Er hat eine blaue Zunge, relativ kurze Beine, Füße mit fünf Zehen und einen kurzen Schwanz. Er lebt in steinigen Wüsten und Halbwüsten, wo er Insekten und andere Wirbellose frisst. Der Schwanz ist etwa halb so lang wie der Körper.

Bis 30 cm
Am Boden
Vivipar
10 lebende Junge
Häufig

N- und NW-Australien

Der Salomonen-Riesenskink kann mit seinem Greifschwanz einen Ast umfassen und am Schwanz hängen

1 **Salomonen-Riesenskink**
Corucia zebrata, Familie Scincidae

2 **Smaragdskink**
Dasia smaragdina, Familie Scincidae

3 **Hosmers Skink**
Egernia hosmeri, Familie Scincidae

4 **Nördlicher Blauzungenskink**
Tiliqua multifasciata, Familie Scincidae

5 **Stutzechse**
Tiliqua rugosa, Familie Scincidae

6 *Androngo trivittatus*,
Familie Scincidae

7 **Otago-Skink**
Oligosoma otagense, Familie Scincidae

1 *Trachylepis vittata,* Familie Scincidae

2 *Lygosoma bowringii,* Familie Scincidae

3 *Typhlosaurus vermis,* Familie Scincidae

4 *Ctenotus pulchellus,* Familie Scincidae

5 *Lerista bipes,* Familie Scincidae

6 *Glaphyromorphus crassicaudum,* Familie Scincidae

7 *Morethia ruficauda,* Familie Scincidae

8 Johannisechse *Ablepharus kitaibelii,* Familie Scincidae

9 *Carlia triacantha,* Familie Scincidae

10 *Scelotes sexlineatus,* Familie Scincidae

AUF EINEN BLICK

Lerista bipes Die Echse gleitet ohne Vorderbeine durch den Sand; die Hinterbeine sind zurückgebildet, an den Füßen stehen nur zwei Zehen. Sie lebt in sandigen Ebenen und Dünen am Meer.

Bis 6 cm
Am Boden
Ovipar
2
Häufig

NW-Australien

Glaphyromorphus crassicaudum Die Art lebt in Wäldern und Dünen am Meer, wo sie unter Stämmen und Steinen oder in Laubstreu Nahrung sucht.

Bis 5 cm
Am Boden
Ovipar
2
Häufig

NO-Australien

Carlia triacantha Die tagaktive Art hat eine durchsichtige Scheibe im beweglichen Unterlid und eine runde Ohröffnung. Nahrung sucht sie in Laubstreu.

Bis 4,5 cm
Am Boden
Ovipar
2
Häufig

NW-Australien

KLEINER BLAUZUNGENSKINK

Man dachte, dass *Tiliqua adelaidensis* ausgestorben wäre, doch 1992 fand man ein Exemplar im Magen einer Schlange. Seitdem hat man sich bemüht, den Bestand zu vergrößern; jetzt gibt es wieder etwa 5500 Tiere.

SCHUTZSTATUS

Die 102 Arten der Familie Scincidae stehen auf der Roten Liste der IUCN unter den Gefährdungsgraden:

- 3 Ausgestorben
- 3 Vom Aussterben bedroht
- 8 Stark gefährdet
- 26 Gefährdet
- 9 Potenziell gefährdet
- 13 Daten ungenügend
- 40 Nicht gefährdet

WERBUNG BEI ECHSEN

Die Werbungsrituale bei Echsen stellen sicher, dass Keimzellen nicht dadurch verschwendet werden, dass Tiere sich mit der falschen Art oder schwachen Partnern paaren. Männchen haben ihr Revier oft in Gebieten mit einem erhöhten Ressourcenangebot und verteidigen es gegen andere Männchen. Weibchen dürfen in das Revier und werden von Männchen durch Werbungsrituale zur Paarung aufgefordert. Gibt es im selben Lebensraum viele Tiere derselben Art oder Arten derselben Gattung, sind die Verhaltensmuster komplexer. Am raffiniertesten sind die Werbungsrituale – die gründlich erforscht wurden – bei der Familie Polychrotidae. Bei den Waranen (Varanidae) leckt das Männchen zu Beginn der Werbung kurz über verschiedene Körperteile des Weibchens. Skinke kommunizieren primär über chemische Signale.

Werbung der Anolis-Arten Kleine, bunte, baumlebende Echsen vertrauen am stärksten auf optische Reize. Die Männchen besitzen artspezifische, leuchtend bunte Kehllappen. Sie führen Bewegungen wie Kopfnicken aus, um Weibchen zur Paarung anzulocken. Die Rituale unterscheiden sich bei einzelnen Männchen, so dass ein Weibchen sich ein Männchen anhand seiner Werbung auswählen kann. Häufig entscheidet sich das Weibchen für das Männchen mit der intensivsten Werbung.

***Rasches Kopfnicken** Norops carpenteri (oben) hat ein schlichtes Ritual: Der einfarbig orangefarbene Kehllappen wird aufgespannt, begleitet von rhythmischem Kopfnicken. Während einer Serie von mehr als einem Dutzend schneller Kopfbewegungen bleibt der Kehllappen aufgespannt.*

***Komplexer Bewegungsablauf** Norops sericeus (oben) hat ein ausgefeiltes Werbungsritual: Der Kehllappen besitzt in der Mitte einen Fleck, der mit der Grundfarbe kontrastiert. Man sieht diesen Fleck nicht, wenn der Kehllappen nicht vollständig aufgespannt ist. Das Kopfnicken ist unabhängig vom Aufspannen des Kehllappens. Die Sequenz beginnt mit 5-mal raschem Nicken und wird dann in Zeitlupe fortgesetzt. Der Kehllappen wird 2-mal aufgespannt.*

***Langsames Kopfnicken** Die Werbung von Norops pentaprion (oben) ist raffiniert. Der Kehllappen besitzt eine rote Grundfarbe mit blauen Linien. Je weiter der Kehllappen aufgespannt ist, desto mehr blaue Linien sieht man. Der Bewegungsablauf verläuft folgendermaßen: nicken und aufspannen, einziehen des Kehllappens, nicken und aufspannen.*

Pseudo-Paarung Bei den Rennechsen (Cnemidophorus) in den Wüsten der südwestlichen USA pflanzen sich die Weibchen ohne Männchen oder deren Sperma fort (Parthenogenese). Der Genbestand des Weibchens ist identisch mit dem seiner Jungen. Eine Pseudo-Paarung findet bei manchen Arten unter diesem rein weiblichen Nachwuchs statt. Ein Weibchen verhält sich wie ein Männchen und versucht ein anderes Weibchen zu besteigen. Werbung und Pseudo-Paarung regen den Eisprung an.

***Überlebensgroß** Wenn die Kragenechse die gefaltete Haut am Hals ausbreitet, erscheint sie wesentlich größer. Dies setzt sie als Drohgebärde ein oder um Weibchen anzulocken.*

***Beachtliche Ausmaße** Wenn der Kragen vollständig ausgebreitet ist, erreicht er einen Durchmesser von 35 cm, mehr als die Körperlänge der Kragenechse beträgt.*

***Regenmacher** Aborigines jagen die Kragenechse nicht, weil sie glauben, dass sie Regen bringt und so eine Dürre im Land verhindern kann.*

Riesenkragen
Dominante Kragenechsen-Männchen zeigen beim Werbungsritual oder als Imponiergehabe zur Revierverteidigung verschiedene Bewegungsabläufe. Mehr als 75 Abfolgen wurden beobachtet, darunter Kopfnicken, Liegestützen, Aufstellen des Bartes, Aufblasen des Körpers, Kopflecken und Maulaufsperren. Eine wichtige Rolle bei der Werbung der Kragenechse spielen auch Farbwechsel und das Aufblitzen von Farbe beim Öffnen des Mauls.

1 Smaragdeidechse
Lacerta viridis, Familie Lacertidae

2 Riesenkanareneidechse
Gallotia stehlini, Familie Lacertidae

3 Zagros-Eidechse
Timon princeps, Familie Lacertidae

4 Westliche Scharreidechse
Nucras tessellata, Familie Lacertidae

5 Perleidechse
Timon lepidus, Familie Lacertidae

6 Zauneidechse
Lacerta agilis, Familie Lacertidae

7 Westkanareneidechse
Gallotia galloti, Familie Lacertidae

8 Riesensmaragdeidechse
Lacerta trilineata, Familie Lacertidae

AUF EINEN BLICK

Familie Lacertidae Adulte Eidechsen sind etwa 4 bis 25 cm lang. Die Schuppen sind verschieden, von groß, überlappend, gekielt oder glatt, bis zu klein und körnig. Alle Arten haben Gliedmaßen. Der Schwanz ist bei allen lang, mitunter doppelt so lang wie der Körper. Die meisten leben am Boden, einige auf Bäumen. Die meisten Arten legen Eier, einige sind lebend gebärend, andere parthenogenetisch. Fast alle Arten fressen Insekten, einige auch Samen.

Gattungen 27
Arten 228

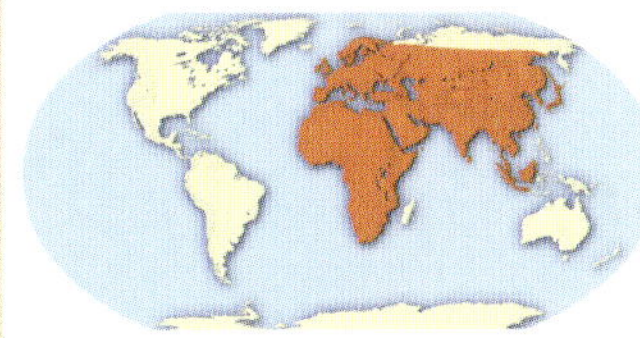

Afrika, Europa, Asien

Riesenkanareneidechse Die Art wird mit drei Jahren geschlechtsreif und lebt etwa zwölf Jahre. Erwachsene fressen vor allem Pflanzen und sind wichtig für die Samenverbreitung. Dank der überlangen Hinterbeine können Männchen auf der Flucht gut beschleunigen.

- Bis 27 cm
- Am Boden
- Ovipar
- 10
- Häufig

Gran Canaria (Kanarische Inseln)

Westliche Scharreidechse Die Art jagt tagsüber ruhende Skorpione, die allerdings selten vorkommen. Beute suchende Echsen vermeiden Räuber wie Vögel durch ihre Aktivität in der Tageshitze. Ihre Körpertemperatur beträgt dabei im Durchschnitt 39 °C.

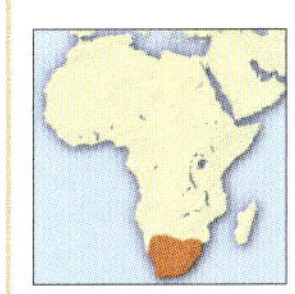

- Bis 20 cm
- Am Boden
- Ovipar
- 3–8
- Häufig

S-Namibia, SW-Botswana, Südafrika

SCHUTZSTATUS

Die 82 Arten der Familie Lacertidae auf der Roten Liste der IUCN:

1	Ausgestorben
10	Vom Aussterben bedroht
12	Stark gefährdet
5	Gefährdet
13	potenziell gefährdet
1	Daten ungenügend
40	Nicht gefährdet

AUF EINEN BLICK

Familie Xantusiidae Obwohl diese Familie auf Deutsch Nachtechsen heißt, sind die meisten Arten tagaktiv. Die kleinen Tiere von bis zu 10 cm Länge haben kleine Schuppen am Rücken und große Schuppen am Bauch. Alle Arten sind lebend gebärend. Die meisten Arten fressen Wirbellose, eine höhlenbewohnende Art ernährt sich von Feigen. Nachtechsen sind boden- und baumlebend. In Mexiko wird eine Art der Nachtechsen, Lepidophyma, als Skorpion bezeichnet und irrtümlich für giftig gehalten. Wie bei vielen Echsen bricht ihr Schwanz leicht ab. Er wächst nach, ist dann aber einfarbig.

Ohne Männchen *Die Krokodilnachtechse ist nachtaktiv und lebend gebärend. Bei einigen Populationen findet auch Parthenogenese statt.*

Gattungen 3
Arten 24
W-USA und O-Mexiko, Mittelamerika und nördliches Südamerika

Gewöhnliche Mauereidechse Die Art lebt in Kolonien. Sie klettert gut und sonnt sich auf Felsen. Zu ihrer Nahrung zählen Käfer, Fliegen, Schmetterlinge und Spinnen. Sie fällt Greifvögeln und Schlangen zum Opfer, vor allem jungen Hornvipern.

Bis 10 cm
Am Boden/auf Bäumen
Ovipar
2–8
Häufig

Südeuropa und Balkan

SCHUTZSTATUS

Begrenztes Verbreitungsgebiet Eine Art der Familie Xantusiidae, die nordamerikanische Insel-Nachtechse (*Xantusia riversiana*), gilt laut Roter Liste der IUCN als gefährdet. Die Echse gibt es nur auf den Inseln San Clemente, Santa Barbara und San Nicholas vor der Küste Südkaliforniens. Sie lebt auf Grasflächen, in Kakteengruppen, auf Klippen und an Felsküsten. Durch Lebensraumverlust ist sie gefährdet. Ein Rückzugsgebiet ist die Insel Santa Barbara, die als Naturschutzgebiet zum Nationalpark Channel Islands zählt.

1 **Ruineneidechse**
Podarcis sicula, Familie Lacertidae

2 **Gewöhnliche Mauereidechse**
Podarcis muralis, Familie Lacertidae

3 **Brilleneidechse**
Scelarcis perspicillata, Familie Lacertidae

4 **Yucca-Nachtechse**
Xantusia vigilis, Familie Xantusiidae

5 **Granit-Nachtechse**
Xantusia henshawi, Familie Xantusiidae

6 **Bergeidechse**
Lacerta vivipara, Familie Lacertidae

7 **Aserbaidschanische Felseneidechse**
Darevskia raddei, Familie Lacertidae

8 **Uzzells Felseneidechse**
Darevskia uzzelli, Familie Lacertidae

9 **Milos-Eidechse**
Podarcis milensis, Familie Lacertidae

1 **Gefleckter Fransenfinger**
Acanthodactylus pardalis, Familie Lacertidae

2 **Schneller Wüstenrenner**
Eremias velox, Familie Lacertidae

3 **Algerischer Sandläufer**
Psammodromus algirus, Familie Lacertidae

4 **Pracht-Kieleidechse**
Algyroides nigropunctatus, Familie Lacertidae

5 *Mesalina guttulata*, Familie Lacertidae

6 **Sechsstreifige Langschwanzeidechse**
Takydromus sexlineatus, Familie Lacertidae

7 **Günthers Stacheleidechse**
Holaspis guentheri, Familie Lacertidae

8 **Bushveld-Echse**
Heliobolus lugubris, Familie Lacertidae

9 **Sandechse**
Meroles anchietae, Familie Lacertidae

10 **Schlangenauge**
Ophisops elegans, Familie Lacertidae

AUF EINEN BLICK

Gefleckter Fransenfinger Die Zehen dieser Art tragen einen Hautsaum, damit sie besser auf Sanddünen laufen kann. Das Tier besitzt auch eine schaufelförmige Nase, damit es leicht durch den Sand pflügen kann. Die Hauptnahrung sind Ameisen.

- Bis 20 cm
- Am Boden/auf Bäumen
- Ovipar
- 3–5
- Häufig

Algerien, Ägypten, Israel, Jordanien, Libyen

Pracht-Kieleidechse Diese Tiere sind tagaktiv und suchen in Weinbergen und Gebäuden nach Insekten. Nach der Überwinterung erfolgt im April die Paarung. Paarungsbereite Männchen haben eine leuchtend blaue Kehle und einen orangeroten Bauch.

- Bis 20 cm
- Am Boden/auf Bäumen
- Ovipar
- 2–3
- Häufig

NO-Italien bis Golf von Korinth, Ionische Inseln

Günthers Stacheleidechse Dank ihres abgeflachten Körperbaus und der auffälligen Farbe ist die Art leicht zu erkennen. Mit dem flachen Körper und dem breiten Schwanz gleitet sie von Baum zu Baum. Sie hat einen langen Körper und kräftige Hinterbeine.

Weitspringer *Günthers Stacheleidechse springt bis zu 10 m von Baum zu Baum. Der abgeflachte Körper und der flache Schwanz helfen dabei .*

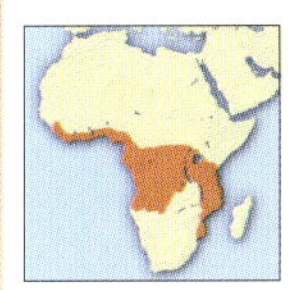

- Bis 12,5 cm
- Auf Bäumen
- Ovipar
- 2
- Häufig

Zentral-, O- und W-Afrika, Mosambik

Schlangenauge Der Name bezieht sich auf die großen transparenten Scheiben, die ihre Augen bedecken; sie sind so groß, dass keine Augenlider vorhanden sind. Auf der Flucht eilt das Tier von Busch zu Busch und hält Ausschau nach dem Feind. Kurze Strecken kann es auf zwei Beinen laufen.

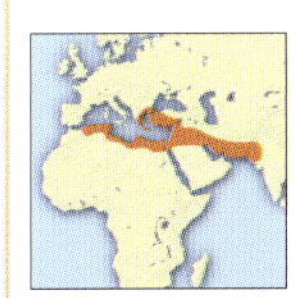

- Bis 5 cm
- Am Boden
- Ovipar
- 4–5
- Häufig

N-Afrika, SO-Europa bis Nahost und Indien

AUF EINEN BLICK

Familie Gymnophthalmidae Zwergtejus sind kleine, Eier legende Echsen von bis zu 6 cm Länge mit unterschiedlichsten Schuppenmustern. Manche haben zurückgebildete Beine. Der Schwanz kann abgeworfen werden. Die meisten Arten leben in Laubstreu am Waldboden, alle fressen Wirbellose. Einige Arten leben teilweise im Wasser.

Gattungen 37
Arten 207
Südl. Mittelamerika und NW-Südamerika

Familie Teiidae Schienenechsen legen Eier und variieren in der Länge von 5 bis 40 cm. Die Schuppen am Rücken und an der Seite sind klein, die Schuppen am Bauch größer, rechteckig und in Reihen angeordnet. Der Schwanz ist lang und kann abgeworfen werden. Kleinere Schienenechsen leben in Wüsten, Grasland und offenen Gebieten im Wald, sie fressen Wirbellose. Größere Arten bevorzugen offene Wälder und sind Allesfresser.

Klone *Die Würfelrennechse (*Cnemidophorus tesselatus*) pflanzt sich ungeschlechtlich fort. Es gibt nur Weibchen.*

Gattungen 10
Arten 122
N-USA bis Südamerika

Bänderteju Die schwere Echse ist einer der Hauptdiebe von Schildkröteneiern im Amazonasbecken. Um seine Eier zu schützen, legt der Teju sie auf Bäumen in Termitennestern ab.

Bis 30 cm
An Land
Ovipar
4–32
Häufig
Nördliches Südamerika

SCHUTZSTATUS

52 Arten der Familie Teiidae sind auf der Roten Liste der IUCN gelistet:

- 2 Ausgestorben
- 1 Vom Aussterben bedroht
- 5 Gefährdet
- 4 Potenziell gefährdet
- 3 Daten ungenügend
- 37 Nicht gefährdet

Durch die Sonne aufgewärmt jagt die Art Ameisen und Spinnen in der Laubstreu

1 *Cercosaura ocellata*, Familie Gymnophthalmidae

2 *Bachia panoplia*, Familie Gymnophthalmidae

3 Eigentlicher Wasserteju *Neusticurus bicarinatus*, Familie Gymnophthalmidae

4 Tüpfelrennechse *Cnemidophorus lemniscatus*, Familie Teiidae

5 *Kentropyx calcarata*, Familie Teiidae

6 Vierzehen-Ameive *Teius teyou*, Familie Teiidae

7 Blindschleiche *Anguis fragilis*, Familie Anguidae

8 *Ophiodes intermedius*, Familie Anguidae

9 Südliche Krokodilschleiche *Elgaria multicarinata*, Familie Anguidae

Lebt in den untersten Ästen von Bäumen am Wasser; der Schwanz ist zum Schwimmen hoch und seitlich abgeflacht

1 Grüne Ameive
Ameiva ameiva, Familie Teiidae

2 *Diploglossus fasciatus,*
Familie Anguidae

3 Krokodilschwanz-Höckerechse
Shinisaurus crocodilurus,
Familie Xenosauridae

4 Bänderteju
Tupinambis teguixin, Familie Teiidae

5 Scheltopusik
Pseudopus apodus, Familie Anguidae

6 Schlanke Glasschleiche
Ophisaurus attenuatus
Familie Anguidae

7 Krokodilschwanzechse
Crocodilurus amazonicus, Familie Teiidae

8 Paraguay-Krokodilteju
Dracaena paraguayensis, Familie Teiidae

AUF EINEN BLICK

Familie Xenosauridae Die Höckerechsen sind mit kleinen Körnerschuppen und großen Höckern bedeckt. Die Insekten fressenden Echsen kommen im bergigen Regenwald im Süden Mexikos und in Guatemala vor. Dort leben sie in Felsspalten und Baumhöhlen. Die Krokodilschwanz-Höckerechse, ihr in China lebender Verwandter, jagt in Bergbächen Fische und Kaulquappen.

Gattungen 2
Arten 7

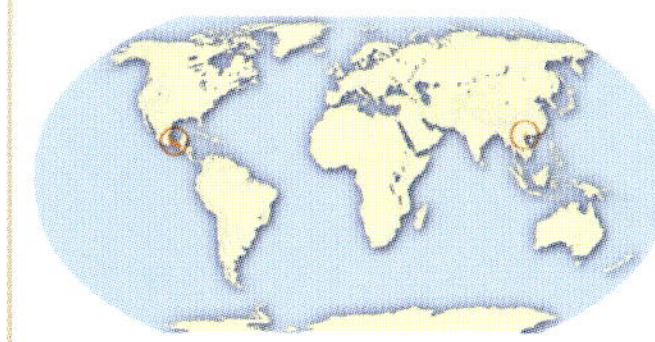

S-China, S-Mexiko, Guatemala

Familie Anguidae Schleichen haben gepanzerte Schuppen mit darunter liegenden Knochenschilden. Ein großer Teil von ihnen ist ohne Beine, hat aber einen langen Schwanz, der drei Viertel der Gesamtlänge ausmacht. Oft werden sie Glasschleichen genannt, weil der Schwanz in mehrere Teile zerbricht, wenn ein Feind sie packt.

Greifschwanz
Abronia aurita *ist an das Leben hoch oben in der Kronenschicht des tropischen Regenwaldes angepasst. Die Art hält sich mit ihrem Greifschwanz fest.*

Gattungen 12
Arten 114

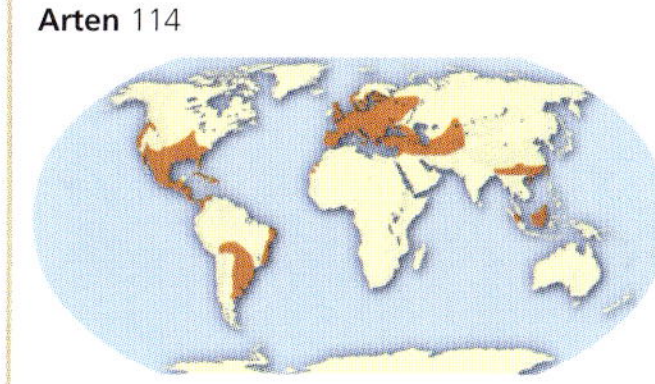

S-Asien, SW-Asien, Europa und Amerika

SCHUTZSTATUS

59 Arten der Familie Anguidae sind auf der Roten Liste der IUCN gelistet:

- 1 Ausgestorben
- 4 Vom Aussterben bedroht
- 11 Stark gefährdet
- 4 Gefährdet
- 12 Potenziell gefährdet
- 14 Daten ungenügend
- 23 Nicht gefährdet

AUF EINEN BLICK

Familie Helodermatidae Gila- und Skorpion-Krustenechse sind die einzigen bekannten giftigen Echsen. Ihr Kopf ist breit und abgeflacht, der Körper stämmig mit kräftigen Gliedmaßen und einem dicken Schwanz, in dem Fett gespeichert wird. Beide tagaktiven Arten bewegen sich langsam und legen Eier. Sie fressen Nestlinge und Eier von Vögeln und Echsen.

Gattungen 2
Arten 2
SW-USA bis Guatemala

Familie Lanthanotidae Bei den Taubwaranen stehen die Zähne weit auseinander und sind nach hinten gekrümmt. Sie sind mit den Familien Varanidae und Helodermatidae verwandt. Die Art ist nachtaktiv und lebt an und in Waldbächen. Taubwarane fressen kleine Wirbeltiere und Wirbellose. Sie legen bis zu 6 Eier in ein Gelege.

Gattung 1
Art 1
Borneo

HAUT ABWERFEN

Die äußere Schicht der Echsenhaut (die Epidermis) besteht aus Keratin; Schuppen verstärken diese Schicht. Wächst die Echse, wird die äußere Schicht in großen Stücken abgeworfen.

Häutung
Alle Echsen müssen die Haut regelmäßig abwerfen, um zu wachsen.

SCHUTZSTATUS

Zusätzlicher Schutz Beide Arten der Helodermatidae stehen als gefährdet auf der Roten Liste der IUCN. Die Gila-Krustenechse ist in Arizona vollständig geschützt, damit sie nicht mutwillig getötet oder für den Heimtierhandel gefangen wird. Mexiko schützt beide Arten, damit sie weder dem Heimtierhandel zum Opfer fallen noch getötet, ausgestopft und als besondere Touristenattraktion verkauft werden.

1 Skorpion-Krustenechse *Heloderma horridum*, Familie Helodermatidae

2 Stachelschwanzwaran *Varanus acanthurus*, Familie Varanidae

3 Raunackenwaran *Varanus rudicollis*, Familie Varanidae

4 Smaragdwaran *Varanus prasinus*, Familie Varanidae

5 Gila-Krustenechse *Heloderma suspectum*, Familie Helodermatidae

6 Borneo-Taubwaran *Lanthanotus borneensis*, Familie Lanthanotidae

7 Gillen-Waran *Varanus gilleni*, Familie Varanidae

Im Maul von Komodowaranen leben äußerst giftige symbiotische Bakterien; Beute verliert einige Stunden nach einem Biss aufgrund des durch die Bakterien hervorgerufenen Fiebers alle Kraft und fällt zu Boden. Der Komodowaran folgt ihr und frisst sie, wenn sie am Boden liegt.

1 Papua-Waran
Varanus salvadorii, Familie Varanidae

2 Großwaran
Varanus giganteus, Familie Varanidae

3 Grays Waran
Varanus olivaceus, Familie Varanidae

4 Wüstenwaran
Varanus griseus, Familie Varanidae

5 Goulds Waran
Varanus gouldii, Familie Varanidae

6 Nilwaran
Varanus niloticus, Familie Varanidae

7 Komodowaran
Varanus komodoensis, Familie Varanidae

AUF EINEN BLICK

Familie Varanidae Warane sind große Echsen mit langem Hals, dicker Haut und vielen Reihen kleiner, abgerundeter Schuppen. Ihr Schwanz ist lang und kann nicht abgeworfen werden. Die Zunge ist lang und gegabelt. Die größte Art ist der Komodowaran.

Aufrecht *Goulds Waran hat einen dicken Schwanz, der ihm bei der Suche nach Beute oder einem Partner sicheren Stand auf drei „Beinen" gibt.*

Gattung 1
Arten 63

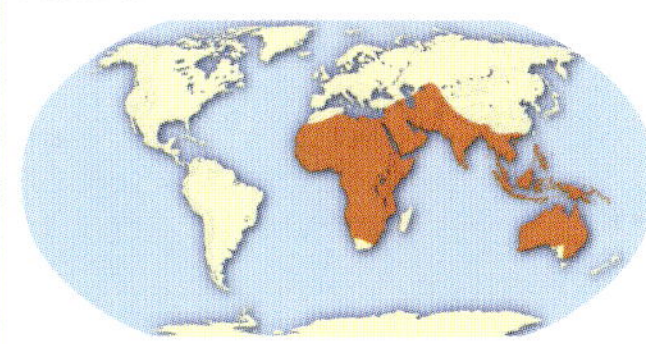

Afrika, Asien, Australien und Pazifik-Inseln

JACOBSON'SCHES ORGAN

Eine große Anzahl von Echsen nimmt die Luft mit der Zunge auf und erfasst so chemische Spuren auf der Nahrung, Artgenossen, mögliche Partner und Feinde. Das Jacobson'sche Organ besteht aus Vertiefungen im Gaumen, die mit Sinneszellen ausgekleidet sind. Die Zunge führt die von der Echse gesammelten Partikelchen zu diesen Vertiefungen, deshalb ist sie gegabelt. Ein spezieller Nerv leitet die Information dann an das Gehirn zur Auswertung weiter.

Zungentest
Warane und viele andere Echsen nehmen mit ihrer gegabelten Zunge Gerüche aus der Luft auf.

SCHUTZSTATUS

Schutz für Warane Viele Waranarten werden wegen ihres Fleisches und ihrer Haut getötet. In Asien und Afrika verwendet man Teile von ihnen in der traditionellen Medizin. Sie gehören zur Nahrung der Aborigines. Mehr als eine Million Nil- und asiatische Waranarten werden jährlich wegen ihrer Haut getötet, die zu Luxusschuhen und -accessoires verarbeitet wird.

SCHLANGEN

KLASSE	Reptilia
ORDNUNG	Squamata
FAMILIEN	17
GATTUNGEN	438
ARTEN	ca. 3100

Mit mehr als 3000 Arten ist die Gruppe der Schlangen höchst vielfältig. Die Größe reicht von etwa 10 cm bei den grabenden Blindschlangen bis zu mehr als 10 m bei den Riesenschlangen. Schlangen haben unterschiedliche Fortbewegungsarten entwickelt, außerdem verschiedene Sinnesorgane zum Wahrnehmen von Umweltreizen und diverse Arten, ihr Gift abzugeben. Echsen tauchten in der Erdgeschichte bereits vor den Schlangen auf – der verkümmerte Beckengürtel bei einigen einfachen Schlangen weist wohl darauf hin, dass sie sich aus den Echsen entwickelt haben. Der linke Lungenflügel ist bei Schlangen verkümmert oder fehlt. Die meisten Organe sind schmal und lang.

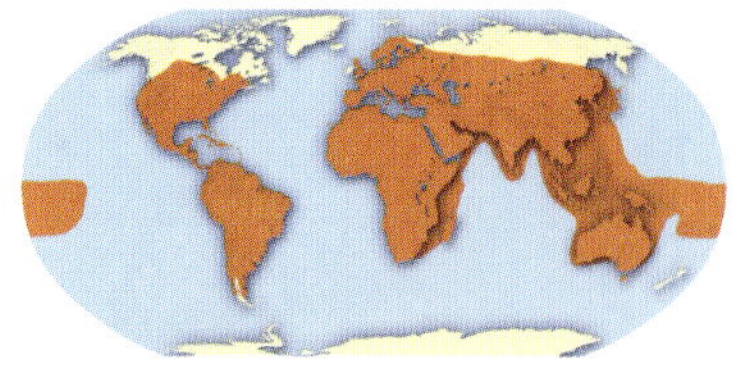

Tropen bevorzugt Schlangen leben auf allen Kontinenten außer in der Antarktis. Das Verbreitungsgebiet mancher Arten reicht über den Polarkreis. Auf einigen Inseln (Neuseeland, Irland, Island) fehlen Schlangen, ebenso Seeschlangen im Atlantik. Die größte Vielfalt findet man in den Tropen.

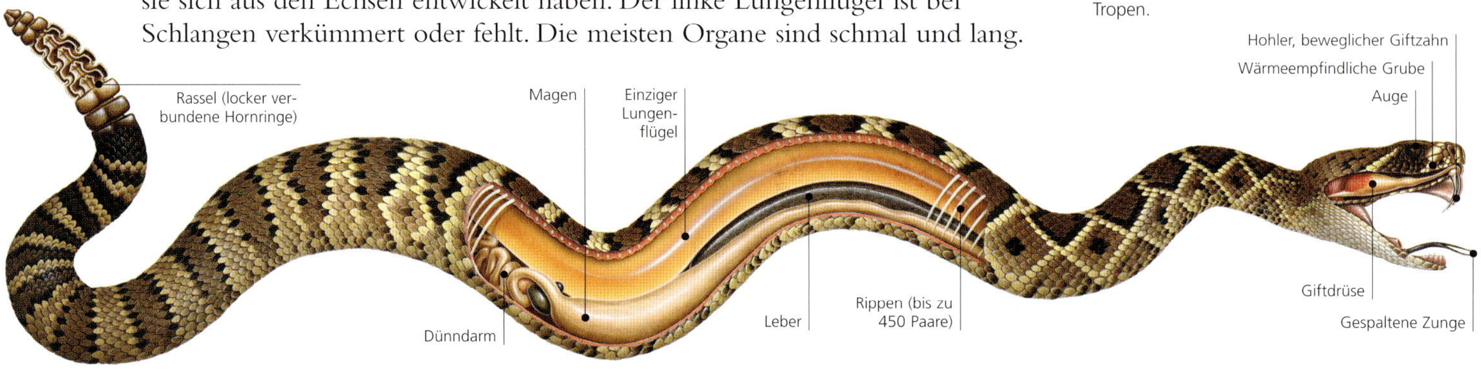

Schlangenanatomie Wie bei der oben gezeigten Diamant-Klapperschlange sind bei den meisten Schlangen die Organe im Umfang reduziert und stattdessen verlängert. Die meisten Arten besitzen nur einen Lungenflügel. Männchen verfügen über zwei funktionsfähige Fortpflanzungsorgane.

Abwehrverhalten Die meisten Kobra-Arten, wie die Kapkobra (*Naja nivea,* rechts), können ihre Rippen als Schild abspreizen, um größer zu wirken und Feinde oder Beute einzuschüchtern. An der Rückseite des Schildes sitzen bei einigen Arten große augenähnliche Flecken, die einem wesentlich größeren Tier zu gehören scheinen.

Versteckte Giftzähne Wenn Grubenottern wie die Waldklapperschlange (unten) mit offenem Maul drohen, klappen sie ihre Giftzähne ein, damit das Grubenorgan nicht behindert ist. Dieses nimmt Infrarotstrahlen von Feinden oder Beute auf.

EIN OHR AM BODEN

Schlangen haben engen Kontakt zu ihrer Umgebung. Ihr Bauch berührt die meiste Zeit die Erde, außer beim Gleiten zwischen Bäumen, beim Schwimmen oder Klettern. Durch den hautnahen Kontakt nehmen sie die Vibration von Lauten auf und folgen den Duftspuren von Beute oder paarungsbereiten Weibchen.

Aus der Form einer Schlange kann man auf ihr Habitat und ihre Lebensweise schließen. Wurmnattern bleiben am Boden, graben mit ihren schaufelförmigen Köpfen und fressen Beute, die unter der Erde lebt. Die langgestreckten, baumlebenden Schlangen sind hervorragend an das Gleiten durch die Bäume und das Sich-Strecken nach dem nächsten Ast angepasst. Ihre kleinen Gelege enthalten längliche Eier und sie fressen dünne, lange Beute, wie Echsen oder Frösche. Schlangen mit kurzem, dickem Körper, wie einige Vipern, lauern ihrer Beute auf und verschlingen oft eine Mahlzeit, die schwerer ist als sie selbst. Ihre ungelenke Körperform beeinträchtigt sie nicht, da sie sich wenig bewegen – außerdem sind viele von ihnen giftig. Wendige Schlangen mit langem Körper, die schnell vorankommen, jagen Echsen und andere Schlangen. Ihre Geschwindigkeit verhilft ihnen auch zur Flucht. Es ist erstaunlich, wie rasch Mambas und Baumschlangen sich durch die Kronenschicht des

SCHLANGENHAUT

Raue Schuppen

Glatte Schuppen

Gekielte Schuppen

Die Haut der Schlange besteht aus Schuppen. Dabei handelt es sich nicht um Einzelteile, sondern um verdickte Stellen der Haut. Mit anderen Schuppen sind sie durch dünnere elastische Haut verbunden. Kleine, raue Schuppen sind typisch für Boas, glatte, glänzende, überlappende Schuppen für Zornnattern und gekielte Schuppen für Klapperschlangen.

Auf der Lauer *Dieser junge Grüne Baumpython ist aufgerollt, aber halb in der Luft – bereit zum Angriff.*

Infrarot-Sensoren *Grüne Baumpythons besitzen Wärme-Rezeptoren in den Schuppen der Lippen, die ihnen ein Bild von Licht und Wärme übermitteln.*

Grüne Würgeschlange Der Grüne Baumpython ist ein baumlebender Beutegreifer, der Vögel, Säugetiere und Echsen frisst. Erwischt er einen Vogel oder eine Fledermaus mit seinen langen Zähnen an einem Flügel, umschlingt er seine Beute und zieht zu. Frisch geschlüpfte Grüne Baumpythons sind 28 bis 35 cm lang und unterscheiden sich in der Farbe von adulten Tieren. Die helle Jugendzeichnung wechselt mit sechs bis acht Monaten zu einem lebhaften Grün.

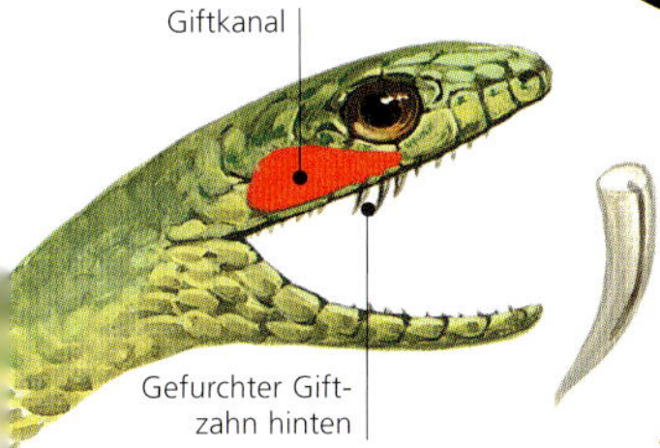

Colubridae

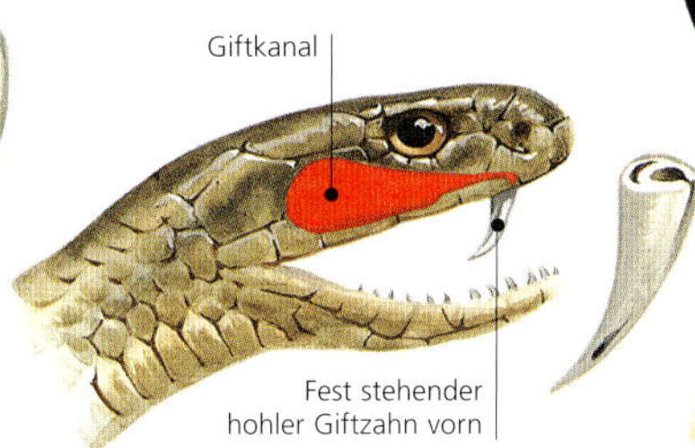

Elapidae

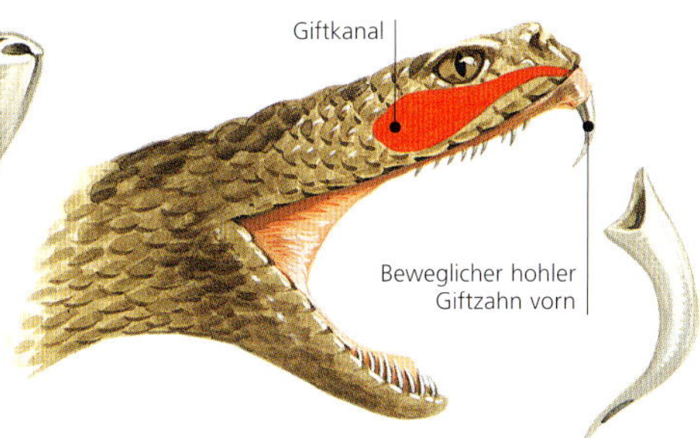

Viperidae

Giftzahn-Varianten Gefurchte Giftzähne hinten im Kiefer sind bei Colubridae mit der Duvernoy-Drüse verbunden. Elapidae (Kobras, Korallen- und Seeschlangen) haben feststehende Giftzähne vorn. Alle Vipern besitzen bewegliche Giftzähne vorn.

Scharfer Blick Die Königskobra besitzt große runde Pupillen, um im Licht des Tages gut zu sehen. Sie entdeckt zwischen Pflanzen jede Bewegung anderer Schlangen – ihrer Lieblingsbeute.

Waldes bewegen: Sie scheinen nicht zu gleiten, sondern wie Wasser zu fließen. Seeschlangen verfügen über einen paddelförmigen Schwanz, der bei der Fortbewegung im Wasser nützlich ist. Manche Arten verbringen ihr gesamtes Leben im Meer.

Alle Schlangenmännchen haben zwei Hemipenisse an der Schwanzwurzel, die sie abwechselnd einsetzen. Jeder Hemipenis erhält nur aus einem Hoden Sperma. Dieses System entstand wahrscheinlich durch den evolutiven Vorteil, sich bei den Massenpaarungen nach der Überwinterung möglichst rasch erneut paaren zu können. Das Sperma in der weiblichen Samentasche hält sich monatelang, bevor es zum Befruchten eines Eis verwendet wird.

Weibchen haben eine Reihe von Strategien entwickelt, um den Nachwuchs zu schützen. Die meisten Schlangen legen Eier. Viele der höher entwickelten Schlangenarten gebären lebende Junge und sorgen ebenfalls für sie. Pythons steigern beim Bebrüten der Eier ihre Körpertemperatur durch Muskelkontraktionen. Kobra-Weibchen bewachen ihr Nest, das in einem losen Bau aus Blättern liegt.

Einige der fantastischsten Anpassungen heutiger Schlangen sind Mechanismen zum Finden, Fangen, Töten und Verschlingen von Beute. Hoch entwickelte chemische Rezeptoren im Gaumen helfen den Schlangen Partner, Feinde oder Beute zu erkennen. Grubenottern, Boas und Pythons nehmen dank Infrarot-Rezeptoren die Wärme warmblütiger Beute wahr. Das Gift von Vipern, Giftnattern und Trugnattern lähmt die Beute und hilft beim Schlucken und Verdauen. Manche Schlangen haben sich deutlich stärker spezialisiert als andere. Viele Arten sind heute gefährdet, weil der Mensch ihren Lebensraum rascher verändert, als sie sich anpassen können.

Beim Schlüpfen Pythons bewachen und bebrüten ihre Eier meist. Eine Woche nach dem Schlüpfen häuten sich die Jungen, verlassen die schützende Schlinge ihrer Mutter und suchen ihren eigenen Weg, wie der junge Grüne Baumpython unten.

AUF EINEN BLICK

Familie Tropidophiidae Die Zwerg- oder Zweigboas sind kleine Arten von etwa 1 m Länge. Alle Insel-Arten scheinen auf eine gemeinsame Festlandsform zurückzugehen. Sie fressen Frösche, Echsen, Nager und Vögel. Bei Gefahr bluten sie aus Maul und Augen und rollen sich zu einem festen Ball zusammen.

Gattungen 5
Arten 28

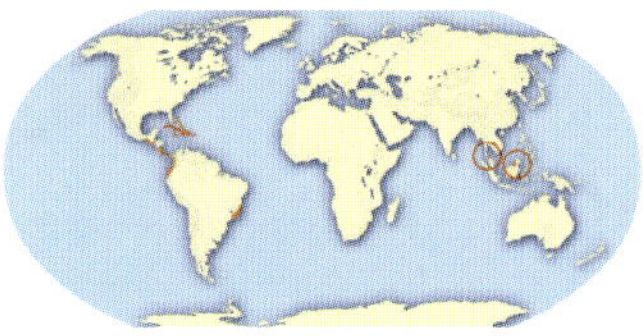

Westindien bis Ecuador, SO-Brasilien, SO-Asien

BOA- UND PYTHON-SCHÄDEL

Die beweglichen Kiefer erlauben es den Schlangen, Beute zu verschlingen, die 5-mal so dick ist wie sie selbst. Die gebogenen Zähne helfen durch Seitwärtsbewegung Nahrung hinunterzuwürgen.

Kiefer in Ruhe

Aufgerissen *Der Unterkiefer der Schlange kann sich seitwärts bewegen. Bewegliche Sehnen erlauben es der Schlange, den Kiefer sowohl nach vorn als auch nach hinten fallen zu lassen.*

Aufgeklappter Kiefer

SCHUTZSTATUS

Boas auf Round Island Die heute ausgestorbene Mauritius-Boa (*Bolyeria multicarinata)* kam nur auf Round Island im Indischen Ozean vor. Eine weitere dort heimische Art, die Round-Island-Boa (*Casarea dussumieri)*, ist durch Umweltzerstörung gefährdet. In den 1970er-Jahren zählte man nur noch 75 Tiere.

Männchen von *Charina trivirgata* besitzen gut entwickelte Aftersporen; die der Weibchen sind kleiner

Die Große Sandboa erzielt in Zentralasien einen hohen Preis, weil sie in der traditionellen Medizin verwendet wird

1 **Dreistreifen-Riesenboa** *Charina trivirgata,* Familie Boidae

2 **Kubanische Zwergboa** *Tropidophis melanurus,* Familie Tropidophiidae

3 **Pazifik-Boa** *Candoia aspera,* Familie Boidae

4 **Erdpython** *Calabaria reinhardtii,* Familie Boidae

5 **Nordamerikanische Gummiboa** *Charina bottae,* Familie Boidae

6 **Sandboa** *Gongylophis colubrinus,* Familie Boidae

7 **Schäfers Stachelkiefer** *Xenophidion schaeferi,* Familie Tropidophiidae

8 **Mittelamerikanische Zwergboa** *Ungaliophis continentalis,* Familie Tropidophiidae

9 **Große Sandboa** *Eryx tataricus,* Familie Boidae

10 **Feicks Erdboa** *Tropidophis feicki,* Familie Tropidophiidae

1 **Abgottschlange**
Boa constrictor, Familie Boidae

2 **Tigerpython**
Python molaurus, Familie Boidae

3 **Madagaskar-Boa**
Acrantophis madagascariensis, Familie Boidae

4 **Felsenpython**
Python sebae, Familie Boidae

5 **Netzpython**
Python reticulatus, Familie Boidae

6 **Anakonda**
Eunectes murinus, Familie Boidae

7 **Grüne Hundskopfboa**
Corallus caninus, Familie Boidae

AUF EINEN BLICK

Familie Boidae Zu dieser Familie zählen Boas, Pythons und Sandboas – die größten lebenden Schlangen. Einige Arten sind zwar nur knapp 50 cm lang. Die größte erreicht 10 m Länge und frisst große Säuger wie Wasserschweine, Hirsche und Kaimane. Boas und Sandboas sind vivipar, Pythons ovipar.

Ausbrüten
Antaresia childreni *ringelt sich schützend um ihre Eier. Sie steigert ihre Körpertemperatur beim Brüten durch Muskelkontraktionen.*

Gattungen 20
Arten 78

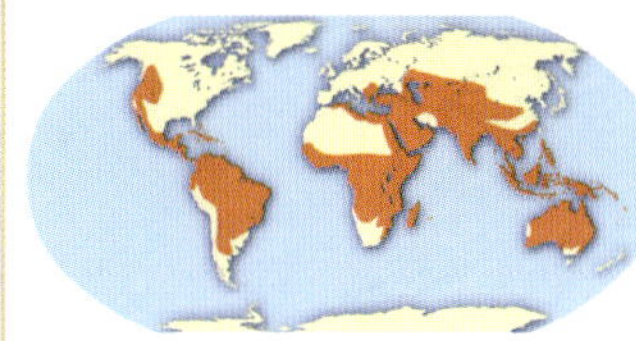

Weltweit außer Europa und in der Antarktis

Abgottschlange Baumlebende Boas besitzen einen schweren Körper und töten ihre Beute durch Umschlingen. Beiderseits der Kloake sitzen Aftersporen – verkümmerte Reste von Beinen.

- Bis 4,2 m
- Am Boden/auf Bäumen
- Vivipar
- 30–50
- Häufig

S-Mexiko bis Argentinien

Netzpython Er ist eine der beiden größten Schlangen der Welt und massiver als die Anakonda. Zu seiner Beute gehören große Reptilien wie Echsen und Krokodile, mittelgroße bis große Säugetiere und sogar Menschen.

- Bis 10 m
- Am Boden
- Ovipar
- 80–100
- Häufig

SO-Asien

SCHUTZSTATUS

12 Arten der Familie Boidae sind auf der Roten Liste der IUCN gelistet:

- **1 Ausgestorben**
- **2 Stark gefährdet**
- **4 Gefährdet**
- **3 Potenziell gefährdet**
- **2 Nicht gefährdet**

AUF EINEN BLICK

Grüner Baumpython Diese nachtaktive Würgeschlange frisst Säuger und Vögel und ist ein Beispiel für konvergente Evolution: Die Grüne Hundskopfboa Südamerikas entwickelte sich im selben Lebensraum zu gleicher Farbe und Form.

- Bis 2 m
- Auf Bäumen
- Ovipar
- 12–18
- Selten

NO-Australien, Neuguinea

Verschiedene Farben
Die Jungen unterscheiden sich farblich von den leuchtend grünen Adulten; sie sind beim Schlüpfen von leuchtend gelb bis ziegelrot.

Cooks Baumboa Sie frisst als Jungtier kleine Echsen und geht zu Nagetieren und Vögeln über, wenn sie größer wird. Sie lauert der Beute auf. Dann beißt sie zu und umschlingt gleichzeitig ihr Opfer, während sie an ihrem Greifschwanz von einem Baum hängt.

- Bis 1,9 m
- Auf Bäumen
- Vivipar
- 30–80 lebende Junge
- Häufig

Panama, N-Südamerika, Karibik

Schwarzkopfpython Er ist in den wärmeren Monaten nacht- und in den kälteren tagaktiv. Zu seiner Nahrung gehören Warane, Frösche, Vögel, Säugetiere und Schlangen – selbst Todesottern. Dingos sind die Hauptfeinde.

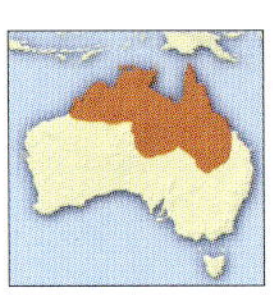

- Bis 2,6 m
- Am Boden
- Ovipar
- 5–10
- Häufig

N-Australien

Buntpython Buntpythons sind stämmig, robust und verbringen viel Zeit unter Wasser in Sümpfen oder Bächen. Sie fressen vorwiegend Säugetiere und kleine Vögel. Buntpython-Populationen schrumpfen, da die Haut dieser Tiere für Luxuslederwaren sehr begehrt ist.

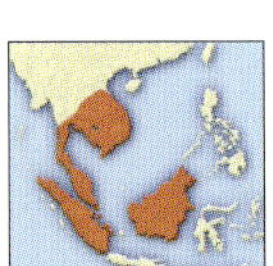

- Bis 3 m
- Land, Wasser
- Ovipar
- 18–30
- Häufig

SO-Asien

AUF EINEN BLICK

Spitzkopfpython Das nachtaktive Tier frisst kleine Säugetiere, Reptilien sowie die Eier von Meeresschildkröten und Echsen. Seine spitze Schnauze ist hilfreich, wenn es nach Reptiliennestern gräbt. Die großen Schilde auf seinem Kopf erinnern stärker an Nattern als an die enger verwandten Boas.

Bis 1,4 m
An Land/im Boden
Ovipar
2–4
Selten

S-Mexiko bis Costa Rica

Familie Atractaspidae Diese Eier legenden Schlangen besitzen je einen großen, halb aufrechten Giftzahn im Oberkiefer. Ihre Beute sind grabende Nagetiere: In den engen Gängen können sie ihr Maul nicht weit aufsperren, deshalb gleiten sie neben ihre Beute, bewegen ihren Kiefer zur anderen Seite der Beute und entblößen ihre langen Giftzähne. Dann schlagen sie die Zähne mit einer Rückwärtsbewegung in ihr Opfer und vergiften es.

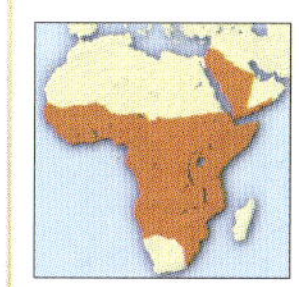

Gattung 1
Arten 19

Afrika und Naher Osten

Familie Aniliidae Die Rollschlangen ähneln den Hundskopfboas. Sie leben in Laubstreu und fressen Regenwürmer, Wurmwühlen, Aale, Doppelschleichen und Schlangen. Mitunter gehen sie ins Wasser, aber sie sind wohl Grabtiere. Bei Gefahr rollen sie sich zum Ball.

Gattung 1
Art 1

Amazonien (Südamerika)

Familie Acrochordidae Sie haben kleine, stark gekielte Schuppen. Warzenschlangen leben fast ausschließlich im Wasser und bewegen sich an Land nur ungelenk. Sie sind nachtaktiv und fressen Fische und Krustentiere.

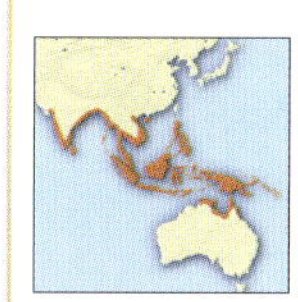

Gattung 1
Arten 3

Indien, SO-Asien, Austral.

Paddelähnlich
Der seitlich abgeflachte Schwanz der Zwerg-Warzenschlange ist eine Anpassung an die Bewegung im Wasser.

VERTEIDIGUNGSSTRATEGIEN

Schlangen haben unterschiedliche Strategien, um nicht ihren Feinden zum Opfer zu fallen. Tarnung – Farbe, Zeichnung und Form – ist die häufigste Taktik. Viele baumlebende Schlangen besitzen schmale Köpfe und Körper ähnlich Zweigen, die in ihrem Lebensraum unauffällig sind. Flucht nützt nur sehr schnellen Tieren, wie der Kutschenpeitschennatter (*Masticophis flagellum*). Viele Abwehrstrategien sollen vor Vögeln oder Säugetieren schützen. Die Brillenschlange (*Naja naja*) hebt den halben Körper vom Boden, spreizt ihre Halswirbel ab und zeigt die großen, augenähnlichen Flecken, die zu einem größeren Tier zu gehören scheinen. Die Arizona-Korallenschlange (*Micruroides euryxanthus*) hebt den Schwanz und bewegt ihn, um Feinde davon abzuhalten, ihren Kopf anzugreifen. Die Ringhalsnatter (*Diadophis punctatus*) ist am Rücken schwarz. Bei Gefahr verbirgt sie ihren Kopf in den Schlingen und hebt den Schwanz, der am Bauch orange ist, um Angreifer zu irritieren. Viele Schlangen zischen, beißen und setzen Kot ab, um Feinde abzulenken.

Schlingende Verteidigung Bandy-Bandy (*Vermicella annulata*) ist eine nachtaktive Giftnatter. Sie hebt ihren Körper in Schlingen vom Boden, wenn sie angegriffen wird. Möglicherweise versucht die Schlange dadurch größer zu erscheinen. Oder sie gibt vor in eine andere Richtung zu attackieren, um den Feind zu überraschen.

Künstler der Tarnung Die Greifschwanz-Lanzenotter (*Bothriechis schlegelii*), eine baumlebende Grubenotter, ist perfekt getarnt. Sie wählt einen geeigneten Platz, an dem sie auf vorbeikommende Mäuse oder Frösche wartet. Ihre Farbe und Form verschwinden zwischen den Pflanzen, so dass Greifvögel nicht auf ihre Anwesenheit aufmerksam werden. Die Fortsätze ihrer Augen schützen sie vielleicht vor Verletzungen, wenn sie durch die Kronenschicht des Regenwaldes gleitet.

Klappernde Warnung Wird eine Klapperschlange aufgeschreckt, bewegt sie ihren Schwanz und macht damit ein lautes klapperndes Geräusch. Der Lärm und die Bewegung lenken potenzielle Beute oder mögliche Angreifer ab, die ihre Aufmerksamkeit dem Schwanz und nicht dem attackierenden Kopf widmen. Auch zahlreiche ungiftige Schlangen bewegen ihren Schwanz.

Überraschung im Sand Wenn die Zwergpuffotter (*Bitis peringueyi*, unten) auf Beute lauert, macht sie sich unsichtbar und lässt den Sand der Wüste Namib über sich blasen. Ihre Zeichnung und ihre Farbe verschwinden im goldenen Sand, nur Augen und schwarze Schwanzspitze sind sichtbar. Sich zu verbergen ist eine gute Strategie gegen Beutegreifer.

Gefahr vorspiegeln Viele ungiftige Schlangen haben ähnliche Farbmuster entwickelt wie giftige Arten in ihrem Lebensraum, um von der warnenden Wirkung zu profitieren, die diese Färbung auf Feinde besitzt. So eine Anpassung nennt man Bates'sche Mimikry. *Pliocercus elapoides* lebt in Mexiko auf der Halbinsel Yucatan und gehört zu den Imitatoren (rechts außen). Sie ähnelt stark der giftigen Korallenschlange (*Micrurus hippocrepis*, rechts).

Sich tot stellen Bei Gefahr zischt die Östliche Hakennatter (oben) und greift mit geschlossenem Maul an. Lässt sich ein Feind dadurch nicht abschrecken, krümmt sich die Schlange und verzerrt den Körper; das Maul steht offen und aus der Kloake kommt stinkende Flüssigkeit. Nach einigen Minuten rollt sie auf den Rücken und liegt schlaff mit offenem Maul, als ob sie tot wäre. Wenn man die Schlange allerdings umdreht, wendet sie sich sofort wieder auf den Rücken.

***Altersangabe** Die Klapper wächst bei jeder Häutung jeweils um einen Ring. Das kann 1- bis 6-mal pro Jahr sein.*

Schlange im Gras Wenn die Bullennatter (*Pituophis melanoleucus*) bedroht wird, hebt sie ihren Kopf vom Boden und stößt Luft aus den Tracheen aus. Dadurch wird ein Knorpel so in Schwingung versetzt, dass er einen kräftigen zischenden Laut von sich gibt. Gleichzeitig wird der Schwanz bewegt, der in trockenen Blättern oder Gräsern ein rasselndes Geräusch macht. Diese beiden Effekte zusammen schrecken die meisten Feinde ab.

Drohgebärde Die giftige Wassermokassinschlange (*Agkistrodon piscivorus*) reißt ihr Maul auf, um das schneeweiße Innere zu zeigen. Das macht Feinde auf ihre Anwesenheit und akute Gefahr aufmerksam. Auch ungiftige Wasserschlangen haben eine ähnliche Zeichnung und ahmen ihr Verhalten nach.

AUF EINEN BLICK

Familie Colubridae Etwa 63 % aller Schlangenarten gehören zu dieser Familie, in der alle möglichen Fortpflanzungsstrategien und Lebensräume vertreten sind. Sie teilt sich in sechs locker definierte Gruppen: Natricinae sind die kleinsten Schlangen im Wasser oder an Land; die größte Gruppe, Colubrinae, lebt überall außer im Wasser; zur meist oviparen Gruppe Xenodontinae zählen kleine Neuweltarten aus den Tropen; Dipsadinae sind in Mittel- und Südamerika in verschiedenen Lebensräumen vielfältig vertreten; Homalopsinae umfasst elf Gattungen verschiedener Wasserschlangen aus Nordaustralien und Asien und Aparallactinae sind kleine Schlangen, die von Afrika südlich der Sahara bis Nahost verbreitet sind.

Gattungen 320
Arten 1904

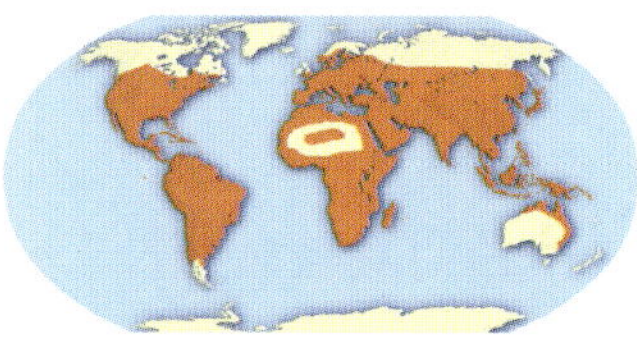

Weltweit, außer Antarktis und Polargebiete

Handel *Die kräftig gefärbte Kornnatter (*Elaphe guttata*) ist seit über 50 Jahren im Heimtierhandel wegen ihrer attraktiven Farben und ihres sanften Verhaltens begehrt. Heute stammen die meisten verkauften Schlangen aus Zuchten.*

NATTERNGIFT

Menschen ignorieren oft die Tatsache, dass die meisten Natternarten Gift in der Duvernoy-Drüse produzieren. Das Gift wird freigesetzt und fließt entlang von Furchen an den senkrechten Giftzähnen hinten im Maul. Da das Gift nicht durch hohle Giftzähne mit Druck in die Wunde gepresst wird (wie bei Vipern und Giftnattern), gelangt nur etwa die Hälfte in die Wunde.

Gefährlich *Wenn das Natterngift über die hinteren Zähne in eine Wunde gelangt, kann es tödlich sein. Selbst Reptilienforscher starben, weil sie die Wirksamkeit des Gifts unterschätzt haben.*

Indochinesische Rattenschlange
Ptyas korros, Familie Colubridae

Pfeilnatter
Dolichophis jugularis, Familie Colubridae

Äskulapnatter
Elaphe longissima, Familie Colubridae

Kutschenpeitschennatter
Masticophis flagellum, Familie Colubridae

Gelbgrüne Zornnatter
Hierophis viridiflavus, Familie Colubridae

Rote Bambusnatter
Elaphe porphyracea, Familie Colubridae

Rotschwanznatter
Gonyosoma oxycephala, Familie Colubridae

Schlanknatter
Platyceps najadum, Familie Colubridae

Hühnerfresser
Spilotes pullatus, Familie Colubridae

Schönnatter
Orthriophis taeniurus, Familie Colubridae

Indigoschlange
Drymarchon corais,
Familie Colubridae

Gefleckte Buschschlange
Philothamnus semivariegatus,
Familie Colubridae

Graugebänderte Königsnatter
Lampropeltis alterna,
Familie Colubridae

Chinesische Schneckennatter
Pareas chinensis,
Familie Colubridae

Milchschlange
Lampropeltis triangulum,
Familie Colubridae

Milchschlange (Jungtier)
Lampropeltis triangulum,
Familie Colubridae

Äskulaps Falsche Korallenschlange
Erythrolamprus aesculapii,
Familie Colubridae

Gewöhnliche Eierschlange
Dasypeltis scabra,
Familie Colubridae

Sandrennnatter
Psammophis schokari,
Familie Colubridae

Bei der Eidechsennatter stehen die Giftzähne hinten, ihr Gift kann dem Menschen gefährlich werden

Eidechsennatter
Malpolon monspessulanus,
Familie Colubridae

AUF EINEN BLICK

Indigoschlange Die große tagaktive Schlange ist wegen der schwarz-blauen Färbung und der ruhigen Art im Heimtierhandel sehr gefragt. Sie frisst Schildkröteneier, Reptilien, Amphibien, Vögel, Kleinsäuger und Schlangen.

- Bis 2,7 m
- Am Boden
- Ovipar
- 15–26
- Selten

SO-USA, Mexiko bis Paraguay

Milchschlange Die weit verbreitete Art besitzt 24 Unterarten. Viele Arten tragen als Schutz ähnliche Muster wie die Korallenschlangen.

- Bis 1,2 m
- Am Boden
- Ovipar
- 8–12
- Häufig

Östl. USA, Mexiko bis Venezuela und Ecuador

Sandrennnatter Die schlanke, schnelle, tagaktive Schlange sucht in ihrem Wüstenlebensraum nach Beute. Die Giftzähne sitzen hinten im Kiefer.

- Bis 1,6 m
- Am Boden
- Ovipar
- 8–16
- Häufig

NW-Indien, Afghanistan, Pakistan bis N-Afrika

SPEZIALISIERTE EIERFRESSER

Afrikanische Eierschlangen haben an den Wirbeln stumpfe Dornen, um die Eier zu öffnen, während sie durch Muskelkontraktionen verschlungen werden. Die leere Schale wird ausgewürgt.

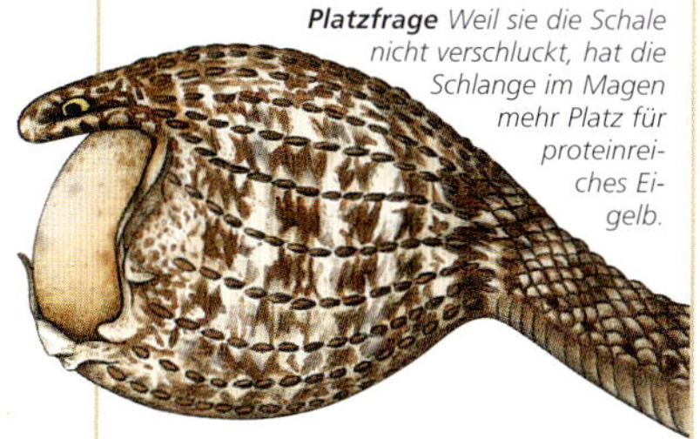

Platzfrage *Weil sie die Schale nicht verschluckt, hat die Schlange im Magen mehr Platz für proteinreiches Eigelb.*

SCHUTZSTATUS

Erholt In den 1970er-Jahren wurde die seltene Graugebänderte Königsnatter in Texas unter Schutz gestellt. Das beliebte Heimtier wurde seitdem von Hobbyzüchtern so oft gezüchtet, dass der Bestand sich erholt hat und keinen Schutz mehr braucht.

AUF EINEN BLICK

Great-Plains-Erdtrugnatter Die scheue Art bewohnt Gebiete mit Schwemmsand, Wüstenebenen, Gebüsch und steinige Hänge. Sie jagt am liebsten in der Nacht und frisst Hundertfüßer, Spinnen, Grillen, Heuschrecken und Insektenlarven.

- Bis 50 cm
- Am Boden
- Ovipar
- Unbekannt
- Selten

SW-USA und NW-Mexiko

Gefleckte Bronzenatter Sie lebt überwiegend auf Bäumen im Regenwald, in Kokosplantagen und städtischen Gebieten. Sie frisst Frösche und Echsen, darunter Flugdrachen (Draco).

- Bis 1 m
- Am Boden/auf Bäumen
- Ovipar
- Unbekannt
- Häufig

Indien, Myanmar, W-Malaysia, Indon., S-China

Ringhalsnatter Wird die kleine Schlange angegriffen, versteckt sie den Kopf und hebt den Schwanz. Dabei zeigt sie ihre leuchtend orangefarbene Unterseite. Sie frisst Schnecken, Käfer, Frösche, Salamander und Schlangen.

- Bis 71 cm
- An Land
- Ovipar
- 1–7
- Häufig

SO-Kanada, USA, N-Mexiko

STRUMPFBANDNATTER

In Kanada überwintert die Gewöhnliche Strumpfbandnatter (*Thamnophis sirtalis*) in Massenansammlungen in frostfreien Bodenschichten. Im Frühling erscheinen Tausende gleichzeitig, erwärmen sich in der Sonne und paaren sich. Bis zu 100 Männchen folgen der Duftspur eines paarungsbereiten Weibchens. Nach der Paarung hinterlässt das Männchen einen Samenpfropfen im Weibchen, damit sein Sperma die Eier vor dem Eindringen fremder Spermien befruchten kann.

Mehrere Väter *DNA-Studien haben gezeigt, dass ein Wurf oft von mehreren Vätern stammt.*

Achtstreifen-Kukrinatter
Oligodon octolineatus, Familie Colubridae

Der Name Kukrinatter bezieht sich auf die hinten stehenden Giftzähne, die den Kukri-Messern der nepalesischen Gurkha-Soldaten ähneln

Great-Plains-Erdtrugnatter
Sonora semiannulata, Familie Colubridae

Gefleckte Bronzenatter
Dendrelaphis pictus, Familie Colubridae

Gekrönte Schnauzennatter
Lytorhynchus diadema, Familie Colubridae

Kopfbinden-Zwergnatter
Eirenis modestus, Familie Colubridae

Gewöhnliche Strumpfbandnatter
Thamnophis sirtalis, Familie Colubridae

Laotische Wolfszahnnatter
Lycodon laoensis, Familie Colubridae

Ringhalsnatter
Diadophis punctatus, Familie Colubridae

Calamaria septemtrionalis, Familie Colubridae

Die Hundskopf-Wassertrugnatter verträgt Salzwasser

Enhydris enhydris
Die gestreifte Wassertrugnatter ist für die Schlangenleder-Industrie von Bedeutung

1 **Blaunacken-Kielrückennatter**
Macropisthodon rhodomelas, Familie Colubridae

2 **Rothals-Wassernatter**
Rhabdophis subminiatus, Familie Colubridae

3 **Ringelnatter**
Natrix natrix, Familie Colubridae

4 **Siegelringnatter**
Nerodia sipedon, Familie Colubridae

5 **Königinnennatter**
Regina septemvittata, Familie Colubridae

6 **Boa-Wassertrugnatter**
Homalopsis buccata, Familie Colubridae

7 **Hundskopf-Wassertrugnatter**
Cerberus rynchops, Familie Colubridae

8 **Fühlerschlange**
Erpeton tentaculatum, Familie Colubridae

9 **Gestreifte Wassertrugnatter**
Enhydris enhydris, Familie Colubridae

AUF EINEN BLICK

Ringelnatter Eine der wenigen Reptilienarten, die nördlich des Polarkreises und über 2000 m Höhe vorkommt. Frösche sind ihre Hauptnahrung. Wenn der Froschbestand zurückgeht, gibt es auch weniger Ringelnattern.

Tot oder lebend? *Wenn Ringelnattern angegriffen werden, blasen sie sich auf, zischen, beißen und geben übel riechendes Sekret ab. Schließlich bleiben sie schlapp liegen, als ob sie tot wären.*

- Bis 2 m
- Land, Wasser
- Ovipar
- 15–35
- Häufig

Europa, W-Asien, NW-Afrika

Königinnennatter Sie ist in Teilen ihres Verbreitungsgebietes durch Umweltverschmutzung und Lebensraumzerstörung gefährdet. Sie lebt in kühlen, klaren Bächen und sucht unter Steinen nach jungen Flusskrebsen.

- Bis 93 cm
- Im Wasser
- Ovovivipar
- 5–23 lebende Junge
- Daten ungenügend

SO-Kanada, O-USA

Boa-Wassertrugnatter Die nachtaktive Wasserschlange frisst Fische und Frösche. Sie hat gut entwickelte Duvernoy-Drüsen und gefurchte Zähne hinten im Kiefer. Mit dem Drüsensekret wird die Beute gelähmt, die dann leichter zu verzehren ist.

- Bis 1,2 m
- Im Wasser
- Vivipar
- Unbekannt
- Häufig

SO-Asien

Gestreifte Wassertrugnatter Diese tropische Wasserschlangenart frisst vor allem Flussfische und verträgt kein Salzwasser. Sie ist die häufigste Wasserschlange in den meisten Feuchtgebieten Südostasiens, aber durch das Vordringen von Salzwasser in ihren Lebensraum durch El Niño gefährdet.

- Bis 81 cm
- Im Wasser
- Vivipar
- Unbekannt
- Häufig

SO-Asien

AUF EINEN BLICK

Mangroven-Nachtbaumnatter Sie besitzt ein schwach wirksames Gift, das für Menschen tödlich sein kann. Sie lebt teils auf Bäumen und frisst Kleinsäuger, Spitzhörnchen, Vögel und andere Schlangen in Mangrovensümpfen.

- Bis 2,5 m
- Wasser, Bäume
- Ovipar
- 7–14
- Häufig

SO-Asien

Boomslang Diese Giftschlange ist die gefährlichste Natter. Die Giftzähne sitzen hinten im Kiefer, aber ihr Gift ist wirksamer als das von Kobras oder Vipern und ruft innere Blutungen hervor. Sie ist sehr aktiv und frisst Chamäleons und Baumleguane, Nestlinge und Vogeleier.

- Bis 1,8 m
- Auf Bäumen
- Ovipar
- 10–25
- Häufig

Afrika südlich der Sahara

Kap-Baumnatter Ihre Giftzähne, mit denen sie auch Menschen tödliche Bisse zufügt, stehen hinten im Kiefer. Das Gift führt zu inneren Blutungen. Sie besitzt im Hals spezielle Knorpel, dank derer sie sich bei Bedrohungen wesentlich größer machen kann.

- Bis 1,6 m
- Auf Bäumen
- Ovipar
- 4–13
- Häufig

Afrika südlich der Sahara

ERZSPITZSCHLANGE

Die tagaktive Art jagt ihre Beute auf den unteren Ästen neotropischer Wälder, von wo sie leicht bodenlebende Echsen erwischt. Sie frisst auch baumlebende Echsen, Frösche, Vögel und Säugetiere.

Taktik
Bei der Erzspitzschlange stehen die Giftzähne hinten im Kiefer. Sie tötet ihre Beute, um sie leichter fressen zu können – ohne Gefahr, dass sie wieder zu Boden fällt.

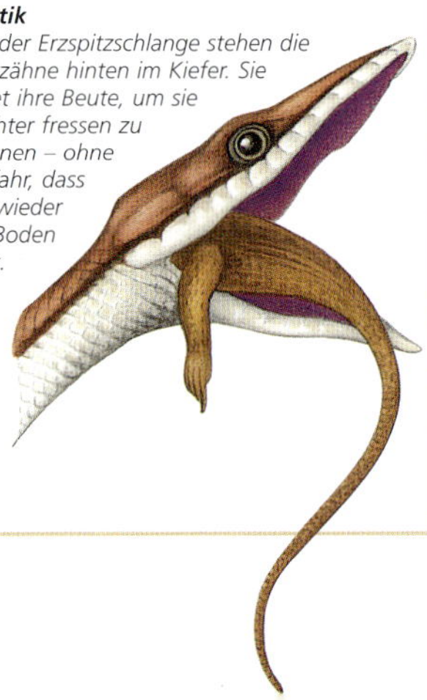

Nachtaktiver Jäger von Vögeln und Echsen; leicht giftig

1 Mangroven-Nachtbaumnatter
Boiga dendrophila, Familie Colubridae

2 Erzspitzschlange
Oxybelis aeneus, Familie Colubridae

3 Baumschnüffler
Ahaetulla nasuta, Familie Colubridae

4 Boomslang
Dispholidus typus, Familie Colubridae

5 Paradies-Schmuckbaumnatter
Chrysopelea paradisi, Familie Colubridae

6 Kap-Baumnatter
Thelotornis capensis, Familie Colubridae

7 Europäische Katzennatter
Telescopus fallax, Familie Colubridae

8 Mondnatter
Oxyrhopus petola, Familie Colubridae

NAHRUNGSSTRATEGIEN

Alle Schlangen sind Fleischfresser. Die Vielfalt an Beutegrößen und -arten reicht von Termiten bis zu Krokodilen. Kleine Schlangen, die sich von Wirbellosen ernähren, finden ihre Beute mit Hilfe des Geruchs- und Sehsinns. Sie greifen die Tiere oft im Nest an. Schlangen „erschnuppern" mit der Zunge, wo die Beute sich aufgehalten hat, und folgen ihr oder erwarten ihre Rückkehr. Viele große Vipern und Würgeschlangen lauern entlang der Wege von Nagetieren auf Beute. Zornnattern und Braunschlangen mit ihren großen Augen jagen andere Schlangen und Echsen auf Sicht. Das Gift, das Vipern, Giftnattern und einige Trugnattern ihrer Beute injizieren, hilft bei der Verdauung, weil das Gift Enzyme enthält. Viele große Schlangen fressen nur einige Male im Jahr, doch mitunter hat die Mahlzeit ein größeres Gewicht als sie selbst.

Verräterische Wärme *Der Rautenpython (Morelia spilota) kann dank seiner wärmeempfindlichen Gruben warmblütige Objekte entdecken und erkennen, bevor er diese sieht.*

Schlangenfresser Viele Schlangen, etwa Korallenschlangen, Königsnattern und Indigonattern (im Bild oben die Königskobra) fressen andere Schlangen. Schlangen sind leicht zu verschlucken und ihr Protein ist gut verdaulich.

Eierfresser Die Afrikanische Eierschlange (*Dasypeltis scabra*) hat hinter den Augen Drüsen, die beim Schlucken Flüssigkeit zum Anfeuchten der Eierschale liefern. Sie kann Eier bis zum Dreifachen ihres Durchmessers verschlingen.

Zuschlagen Die Greifschwanz-Lanzenotter (*Bothriechis schlegelii*, oben) lauert auf Bäumen auf Beute, die sie rasch an Aussehen, Geruch und Infrarotsignalen erkennt. Blitzschnell schlägt sie zu, wenn ein Vogel, eine Fledermaus, eine Echse, ein Frosch oder wie hier ein Nager vorbeikommt.

Fischzug Das leichte Gift aus der Duvernoy-Drüse reicht aus, um einen Fisch zu lähmen. Die Ringelnatter (*Natrix natrix*, oben) kann ihre Beute dann leichter schlucken. Alle Schlangen verschlingen ihre Beute ganz.

Ersticken Viele Schlangen, nicht nur Pythons, Boas und Anakondas, umschlingen ihre Beute, um sie zu töten. Die Amethystpython (*Morelia amethistina*, links) fängt Beute mit den Zähnen und legt einige Schlingen um sie. Die Schlingen werden enger, wenn das Tier ausatmet, und es stirbt den Erstickungstod. Normalerweise werden dabei keine Knochen gebrochen.

AUF EINEN BLICK

Catesbys Dickkopfnatter Diese nachtaktive Schlange lauert Schnecken auf und holt das Feisch mit den Zähnen des Unterkiefers aus der Schale.

- Bis 71 cm
- Am Boden/auf Bäumen
- Ovipar
- 1–5
- Häufig

Amazonien (Nördl. Südamerika)

Farbwechsel *Junge Mussuranas leuchten in bunten warnenden Farben. Mit zunehmendem Alter wird daraus eine unscheinbare schwarze Farbe.*

Bergsipo Bei Gefahr legt sie ihren Kopf und Hals möglichst flach und verbreitert den Hals. Hinten im Kiefer sitzen Giftzähne, daher kann ihr Biss gefährlich sein.

- Bis 1,2 m
- An Land
- Ovipar
- 9–26
- Häufig

Amazonien (Nördl. Südamerika)

Falsche Wasserkobra Ihr Biss ist nicht tödlich giftig, doch hat er bei Menschen ernste Nebenwirkungen, daher sollte man vorsichtig sein. Erwachsene Tiere beißen und umschlingen Säugetiere und Vögel, verschlucken jedoch Frösche und Fische sofort.

- Bis 2,8 m
- Im Wasser
- Ovipar
- 20–36
- Häufig

Nördl. Südamerika

SCHUTZSTATUS

340 Arten der Colubridae stehen auf der Roten Liste der IUCN in folgenden Gefährdungsgraden:

1	Ausgestorben
7	Vom Aussterben bedroht
21	Stark gefährdet
16	Gefährdet
13	Potenziell gefährdet
76	Daten ungenügend
206	Nicht gefährdet

Catesbys Dickkopfnatter
Dipsas catesbyi, Familie Colubridae

Bergsipo
Chironius monticola, Familie Colubridae

Riemennatter
Imantodes cenchoa, Familie Colubridae

Gewöhnliche Haubennatter
Xenodon severus, Familie Colubridae

Mussurana
Clelia clelia, Familie Colubridae

Gebänderte Hakennatter
Lystrophis semicinctus, Familie Colubridae

Östliche Hakennatter
Heterodon platyrhinos, Familie Colubridae

Regenbogennatter
Farancia erytrogramma, Familie Colubridae

Falsche Wasserkobra
Hydrodynastes gigas, Familie Colubridae

Uräusschlange
Naja haje,
Familie Elapidae

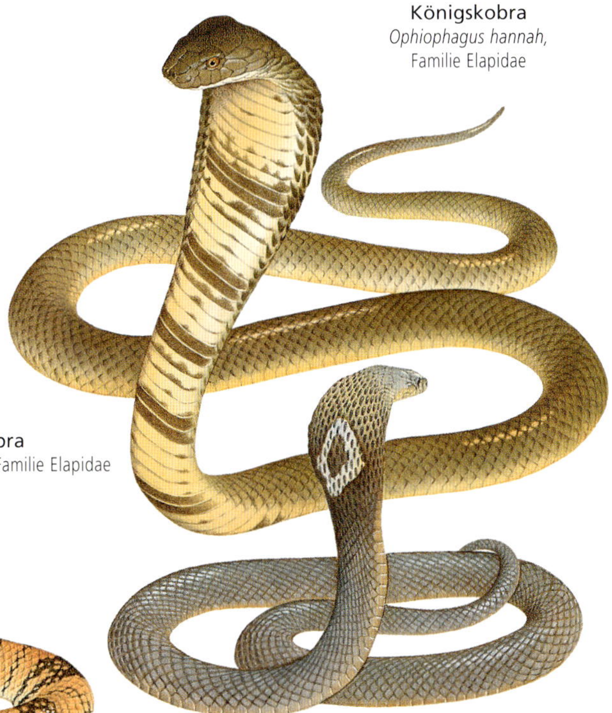

Königskobra
Ophiophagus hannah,
Familie Elapidae

Monokelkobra
Naja kaouthia,
Familie Elapidae

Wasserkobra
Boulengerina annulata, Familie Elapidae

Das Gift kann ohne ärztliche Behandlung zu Blindheit führen

Afrikanische Speikobra
Naja nigricollis,
Familie Elapidae

Grüne Mamba
Dendroaspis viridis,
Familie Elapidae

Schwarze Mamba
Dendroaspis polylepis,
Familie Elapidae

Eine der schnellsten Schlangen, Messungen ergaben bis zu 20 km/h

Blaue Bauchdrüsenotter
Calliophis bivirgatus,
Familie Elapidae

Gelber Bungar
Bungarus fasciatus,
Familie Elapidae

AUF EINEN BLICK

Familie Elapidae Zu dieser Familie gehören Kobras, Bungars, Seeschlangen, Korallenschlangen und Todesottern. Alle sind giftig, ihre feststehenden Giftzähne sitzen vorn im Kiefer. Auf Bäumen leben nur Mambas und einige Kobra-Arten. Viele lebhaft gefärbte Arten graben oder leben in der Laubstreu. Alle landlebenden Arten sind Eier legend oder lebend gebärend, Seeschlangen bringen ihre Jungen im Wasser zur Welt.

Gattungen 62
Arten 325

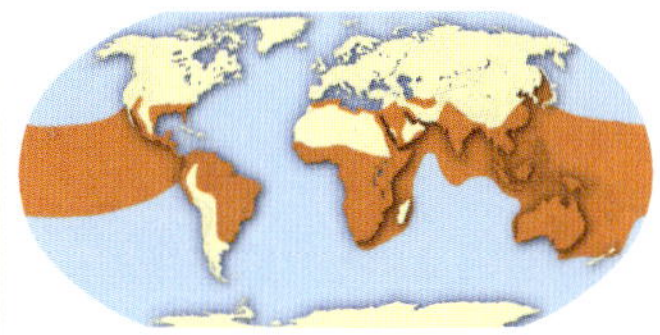

Weltweit außer Antarktis und Atlantik

Speikobra Diese Art beißt normalerweise nicht, doch sie kann mit ihrem Gift über eine Entfernung von 2,6 m direkt ins Auge des Angreifers zielen.

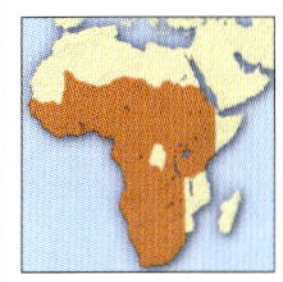

- Bis 2,2 m
- Am Boden
- Ovipar
- 10–22
- Häufig

Afrika südlich der Sahara

Schwarze Mamba Sie besitzt genug Nervengift, um 10 erwachsene Menschen zu töten. Sie ist eine der mutigsten und schnellsten Schlangen. Sie kann bis zu 40 % ihrer Länge nach vorn schnellen (die meisten Arten nur 25 %).

- Bis 4,2 m
- Am Boden/auf Bäumen
- Ovipar
- 12–14
- Häufig

Afrika

SPEIKOBRAS

Jeder Giftzahn trägt eine Öffnung an der Vorderseite oberhalb der Spitze. Zum besseren Zielen besitzt er an der Innenseite spiralförmige Furchen, die dem Gift einen Drall verleihen.

Sicheres Spucken
Speikobras meiden den Kontakt mit möglichen Angreifern, indem sie ihnen Gift in die Augen spritzen. So verhindern sie Verletzungen am Maul und an den Giftzähnen.

AUF EINEN BLICK

Harlekin-Korallenschlange Trotz ihres Nervengifts ist diese kleine Schlange für Menschen kaum gefährlich. Verschiedene ungiftige Schlangen tragen die gleiche farbige Zeichnung wie sie.

- Bis 1,2 m
- Am Boden
- Ovipar
- 3–13
- Häufig

SO-USA und O-Mexiko

Micrurus mipartitus Die Eier werden im Januar abgelegt. Im März schlüpfen die etwa 17 cm langen Jungen. *Pliocercus euryzona* in Costa Rica ähnelt im Muster stark dieser Schlange.

- Bis 1,1 m
- Am Boden
- Ovipar
- 15–18
- Selten

Südl. Mittel- und Nordwestl. Südamerika

Todesotter Diese nachtaktive Schlange verbringt den Tag versteckt unter Sand oder Laubstreu, oft am Fuß von Bäumen oder Büschen. Todesottern besitzen Giftzähne und tödliches Gift.

- Bis 1 m
- An Land
- Ovovivipar
- 10–20
- Häufig

Australien und Papua-Neuguinea

SCHLANGENAUGEN

An den Augen kann man die Lebensweise einer Schlange erkennen. Kleine Augen lassen auf Grabtiere schließen. Nachtaktive Arten haben senkrechte ovale Pupillen, tagaktive Jäger besitzen große, runde Augen.

SCHUTZSTATUS

Seeschlangen *Laticauda crockeri* aus Ozeanien steht auf der Roten Liste der IUCN als gefährdet. Sie ist die einzige Art der Unterfamilie Hydrophiinae, die genannt ist, und die einzige Seeschlangen-Art, die vor allem in Süßwasser lebt. Ihre Gefährdung resultiert aus dem kleinen Verbreitungsgebiet auf den Salomonen.

Harlekin-Korallenschlang
Micrurus fulvius,
Familie Elapidae

Arizona-Korallenschlange
Micruroides euryxanthus,
Familie Elapidae

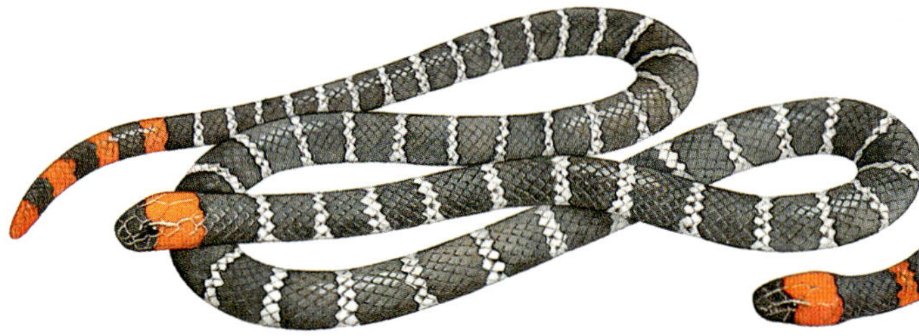

Micrurus mipartitus, Familie Elapidae

Vielstreifen-Korallenschlange
Micrurus multifasciatus,
Familie Elapidae

Ostafrikanische Strumpfbandotter
Elapsoidea loveridgei,
Familie Elapidae

Die scheue, nachtaktive Ostafrikanische Strumpfbandotter frisst Echsen; sie ist giftig, aber es sind nur wenige Fälle von gebissenen Menschen bekannt

Kap-Zwergschildkobra
Aspidelaps lubricus,
Familie Elapidae

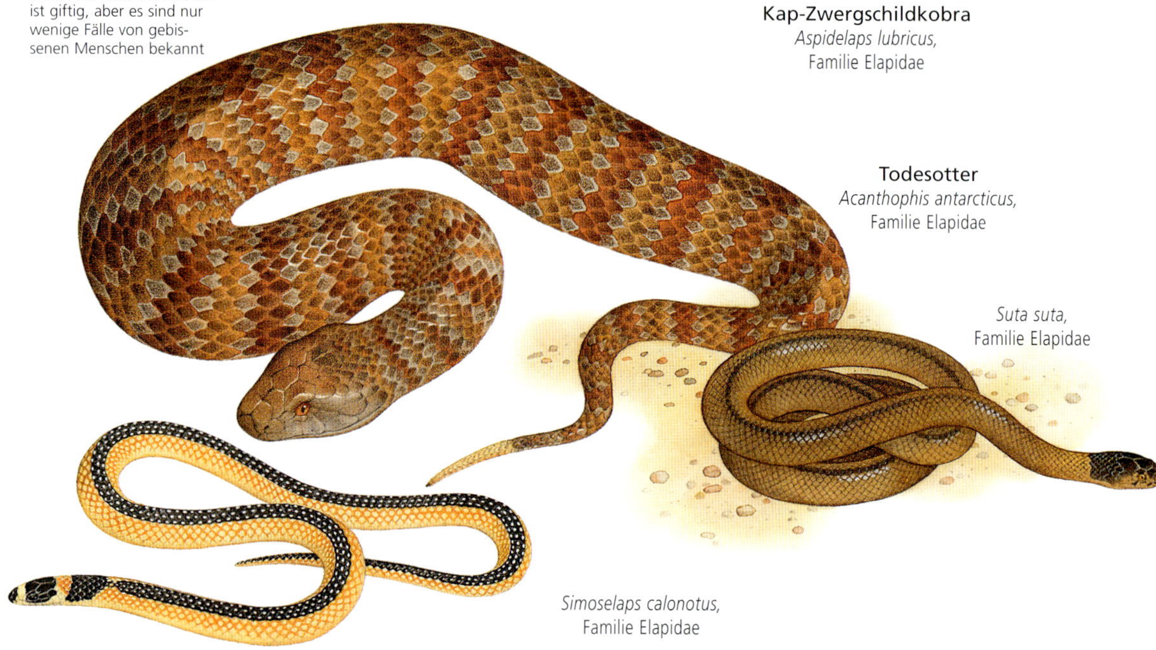

Todesotter
Acanthophis antarcticus,
Familie Elapidae

Suta suta,
Familie Elapidae

Simoselaps calonotus,
Familie Elapidae

Taipan
Oxyuranus scutellatus, Familie Elapidae

Schwarze Tigerotter
Notechis ater, Familie Elapidae

Mulgaschlange
Pseudechis australis, Familie Elapidae

Gewöhnlicher Plattschwanz
Laticauda laticauda,
Familie Elapidae

Westliche Braunschlange
Pseudonaja nuchalis,
Familie Elapidae

Braune seeschlange
Aipysurus laevis, Familie Elapidae

Plättchen-Seeschlange
Pelamis platurus, Familie Elapidae

Schildkrötenköpfige Seeschlange
Emydocephalus annulatus,
Familie Elapidae

Hydrophis ornatus, Familie Elapidae

In der Körpermitte sind die Schuppen von *Hydrophis ornatus* sechseckig

AUF EINEN BLICK

Taipan Aufgrund der Tödlichkeit ihres Gifts ist sie die gefährlichste Schlange der Welt. Sie lebt in feuchten Tropenwäldern, aber auch in der offenen Savanne und frisst Kleinsäuger.

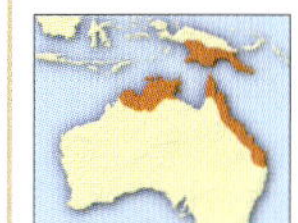

Bis 2 m
Am Boden
Ovipar
3–20
Häufig

S-Neuguinea, Indonesien und Australien

Gewöhnlicher Plattschwanz Im Gegensatz zu anderen Seeschlangen sind Plattschwänze ovipar und legen ihre Eier an Land ab. Sie kommen auch oft an Land, um große Mahlzeiten zu verdauen – auch das unterscheidet sie von anderen Seeschlangen. Einige ihrer Muskeln sind gut an die Fortbewegung an Land angepasst.

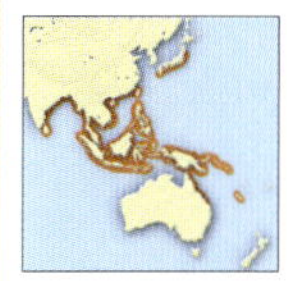

Bis 1 m
Im Wasser
Ovipar
1–10
Häufig

Indischer und Pazifischer Ozean

SEESCHLANGEN

Seeschlangen rechnete man früher als eigene Familie Hydrophiidae, doch heute zählen sie zur Familie Elapidae. Alle sind giftig und alle – außer den Plattschwänzen – bringen im Meer lebende Junge zur Welt. Alle besitzen einen seitlich abgeflachten Körper, einen paddelförmigen Schwanz und verkümmerte Schuppen am Bauch. An Land bewegen sie sich ungelenk. Es gibt 70 Arten in 15 Gattungen, ihr Verbreitungsgebiet liegt auf Papua-Neuguinea, Australien und im tropischen Pazifik und Indischen Ozean.

Vorteilhaft *Seeschlangen besitzen ein starkes Nervengift, das Fische rasch lähmt. Dann können sie ihre Beute ins Maul schieben, ohne die Gefahr, dass sie auf den Meeresboden sinken.*

SCHUTZSTATUS

26 Arten der Familie Elapidae sind auf der Roten Liste der IUCN gelistet:

8 Gefährdet
2 Potenziell gefährdet
4 Daten ungenügend
12 Nicht gefährdet

AUF EINEN BLICK

Familie Viperidae Alle Arten dieser Familie sind giftig und besitzen bewegliche Giftzähne. Die meisten der 0,3 bis 3,75 m langen Tiere besitzen einen dicken Körper und einen dreieckigen Kopf. Jungtiere fressen häufig Amphibien, Echsen oder Schlangen, erwachsene Tiere bevorzugen Säugetiere oder Vögel. Grubenottern (Klapperschlangen und Verwandte) verfügen zwischen Nase und Auge über eine spezielle Grube zum Aufspüren von Infrarotstrahlen.

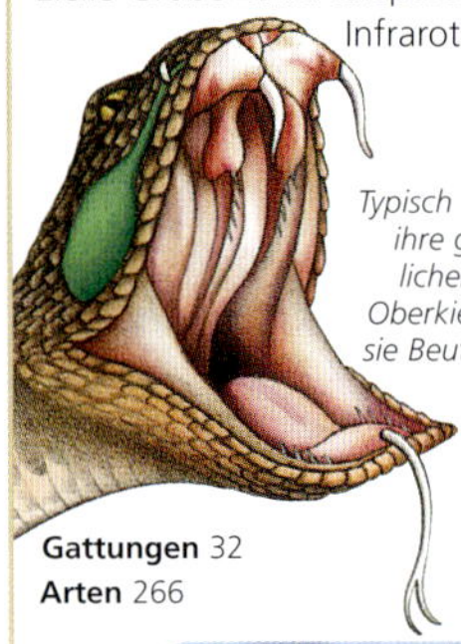

Giftzähne *Typisch für Vipern sind ihre großen beweglichen Giftzähne im Oberkiefer, mit denen sie Beute und Feinden ein hoch wirksames Gift injizieren können.*

Gattungen 32
Arten 266

Mittel- und Südamerika, Afrika, Europa, Asien

SEITENWINDER

Die Gehörnte Klapperschlange (*Crotalus cerastes*) windet sich seitlich durch den losen Sand. Kopf und Hals werden zur Seite geworfen, während der Körper am Boden bleibt. Sobald Kopf und Hals wieder im Sand landen, gehen Körper und Schwanz hinterher. Berührt der Schwanz den Boden, heben sich Kopf und Hals wieder, so entsteht eine windende Bewegung.

Seitenwinden *Vipern in den Wüsten Afrikas und Klapperschlangen in den Wüsten Nordamerikas entwickelten das Seitenwinden als Fortbewegung im losen Sand.*

Wald-Krötenviper
Causus lichtensteinii,
Familie Viperidae

Kreuzotter
Vipera berus,
Familie Viperidae

Persische Trughornviper
Pseudocerastes persicus,
Familie Viperidae

Wagners Bergotter
Vipera wagneri,
Familie Viperidae

Rauschuppige Buschviper
Atheris squamigera,
Familie Viperidae

Sandrasselotter
Echis carinatus,
Familie Viperidae

Kettenviper
Daboia russelii,
Familie Viperidae

Fea-Viper
Azemiops feae,
Familie Viperidae

Hornviper
Cerastes cerastes, Familie Viperidae

Levanteotter
Macrovipera lebetina, Familie Viperidae

Nashornviper
Bitis nasicornis,
Familie Viperidae

Atlasotter
Macrovipera mauritanica,
Familie Viperidae

Gabunviper
Bitis gabonica, Familie Viperidae

Tropische
Klapperschlange/Cascabel
Crotalus durissus,
Familie Viperidae

Eigentliche
Zwergklapperschlange
Sistrurus miliarius,
Familie Viperidae

Kupferkopf
Agkistrodon contortix,
Familie Viperidae

Felsenklapperschlange
Crotalus lepidus,
Familie Viperidae

Mexikanische
Mokassinschlange
Agkistrodon bilineatus,
Familie Viperidae

Texas-
Klapperschlange
Crotalus atrox
Familie Viperidae

AUF EINEN BLICK

Nashornviper Diese schwere Viper trägt zwei oder drei Hörner an der Spitze ihrer Schnauze. Sie ist giftig, aber nicht aggressiv. Sie lauert ihrer Beute, meist Säugetiere, auf.

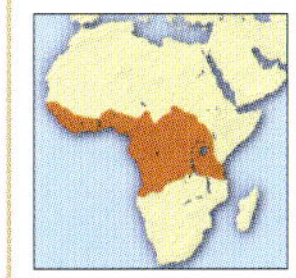

Bis 1,2 m
Am Boden
Vivipar
6–35 lebende Junge
Häufig

Zentral- und W-Afrika

Eigentliche Zwergklapperschlange Die Gattung *Sistrurus* ist durch neun große Schuppen am Oberkopf gekennzeichnet. Jungtiere besitzen eine leuchtend gelbe Schwanzspitze, die sie als Köder für kleine Beute einsetzen.

Bis 80 cm
Am Boden
Vivipar
6–10 lebende Junge
Häufig

SO-USA

Texas-Klapperschlange Sie ist eine der häufigsten Klapperschlangen in den USA und verantwortlich für mehr Bisse als irgendeine andere Schlange. Sie ernährt sich vorwiegend von Nagetieren, Jungtiere fressen Echsen.

Bis 2,3 m
Am Boden
Vivipar
4–25 lebende Junge
Häufig

SW-USA und NW-Mexiko

KLAPPERN

Klapperschlangen haben an der Schwanzspitze eine Klapper. Sie besteht aus verzahnten Keratin-Segmenten. Bei jeder Häutung kommt ein neues Segment hinzu. Wenn der Schwanz vibriert, schlagen die hohlen Segmente aneinander und lassen das Feinde abschreckende Rasseln erklingen.

SCHUTZSTATUS

81 Arten der Viperidae sind auf der Roten Liste der IUCN gelistet:

7	Vom Aussterben bedroht
9	Stark gefährdet
10	Gefährdet
5	Potenziell gefährdet
5	Daten ungenügend
45	Kaum gefährdet

AUF EINEN BLICK

Tiger-Klapperschlange Die kleine, nachtaktive Art ruht tagsüber oft auf den Bauen von Buschratten (*Neotoma*). Nachts frisst sie Nagetiere und Echsen. Sie ist zwar klein, besitzt aber lange Giftzähne und ein hoch wirksames Gift.

- Bis 92 cm
- Am Boden
- Vivipar
- 2–5 lebende Junge
- Häufig

Sonora-Wüste (SW-USA und NW-Mexiko)

Massasauga Massasauga bedeutet in der Sprache der Chippewa „große Flussmündung". Ihr bevorzugter Lebensraum sind Wälder im Überschwemmungsbereich großer Flüsse. Sie jagt im Sommer Nagetiere und Frösche und überwintert in Krebshöhlen. Wenn sie ihre kleine Klapper bewegt, klingt das wie das Zirpen einer Grille.

- Bis 76 cm
- Am Boden
- Vivipar
- 8–20 lebende Junge
- Selten

SO-Kanada, NO-USA bis NW-USA, N-Mexiko

Schwarzschwanz-Klapperschlange Im Frühjahr folgen die Männchen den chemischen Signalen der Weibchen. Werbung und Paarung dauern oft mehrere Tage. Weibchen bringen im August Junge zur Welt und bleiben bis zur ersten Häutung bei ihnen. Die Schlangen folgen dem Geruch ihrer Beute zu deren Bau oder Nest und warten, bis das Opfer zurückkommt.

- Bis 1,3 m
- Am Boden
- Vivipar
- 3–13 lebende Junge
- Häufig

SW-USA und NW-Mexiko

Wald-Klapperschlange Diese Art hat Gemeinschaftsbaue in Felsen, meist an der Südseite von Hügeln oder Bergen. Die Paarung und die Geburt der Jungen finden im Frühjahr statt, bevor die Schlangen die Baue verlassen. Die Jungen folgen im Herbst der Duftspur der Erwachsenen, um die Baue zu finden. Diese Art lebt vor allem am Boden, doch man hat auch schon Tiere auf unteren Ästen und bei jüngsten Forschungen sogar in den Kronen beim Jagen auf Eichhörnchen gefunden.

- Bis 1,5 m
- Am Boden
- Vivipar
- 6–15 lebende Junge
- Häufig

NO-USA

Tiger-Klapperschlange
Crotalus tigris, Familie Viperidae

Der einfarbig schwarze Schwanz war namengebend

Schwarzschwanz-Klapperschlange
Crotalus molossus, Familie Viperidae

Massasauga
Sistrurus catenatus, Familie Viperidae

Prices Klapperschlange
Crotalus pricei, Familie Viperidae

Kantenkopf-Klapperschlange
Crotalus willardi, Familie Viperidae

Mojave-Klapperschlange
Crotalus scutulatus, Familie Viperidae

Gefleckte Klapperschlange
Crotalus mitchelli, Familie Viperidae

Prärie-Klapperschlange
Crotalus viridis, Familie Viperidae

Wald-Klapperschlange
Crotalus horridus, Familie Viperidae

Waglers Lanzenotter
Tropidolaemus wagleri, Familie Viperidae

Gebänderte Lanzenotter
Bothriopsis taeniata, Familie Viperidae

Weißlippen-Bambusotter
Cryptelytrops albolabris, Familie Viperidae

Gelbgefleckte Palmlanzenotter
Bothriechis aurifer, Familie Viperidae

Malaiische Mokassin-Grubenotter
Calloselasma rhodostoma, Familie Viperidae

Brazils Lanzenotter
Bothrops brazili, Familie Viperidae

Indische Nasenotter
Hypnale hypnale, Familie Viperidae

Buschmeister
Lachesis muta, Familie Viperidae

Jararacussu
Bothrops jararacussu, Familie Viperidae

Stülpnasen-Lanzenotter
Porthidium nasutum, Familie Viperidae

AUF EINEN BLICK

Waglers Lanzenotter Man erkennt sie an den gekielten Schuppen am Kinn. Sie hat lange Giftzähne; ihr Gift zerstört Gewebe- und andere Zellen.

- Bis 1 m
- Auf Bäumen
- Vivipar
- 3–10 lebende Junge
- Häufig

SO-Asien

Buschmeister Er ist die größte Giftschlange Amerikas und die größte Viper der Welt. Sie lauern ihrer Beute auf; sie legen eine kurze Strecke zurück und warten dann in Ruhe tage- oder wochenlang auf eine Mahlzeit. Ihre Eier legen sie oft in Säugetierbaue.

- Bis 4,3 m
- Auf Bäumen
- Ovipar
- 8–13 lebende Junge
- Selten

Amazonasbecken (Nördl. Südamerika)

Stülpnasen-Lanzenotter Wenn diese kräftig gebauten Schlangen zubeißen, scheint ihr ganzer Körper zu springen. In Wirklichkeit ist es nur etwa die halbe Körperlänge, die sich bewegt. Sie schlucken oft Beute, die mehr wiegt als sie selbst.

- Bis 50 cm
- Am Boden
- Vivipar
- 6–9 lebende Junge
- Häufig

Mittelamerika bis Kolumbien und Ecuador

GRUBENOTTER

Grubenottern besitzen ein Organ, mit dem sie Infrarotstrahlen erkennen. Damit können sie eine Maus auf 7 m Entfernung lokalisieren, deren Körpertemperatur nur 1 °C höher liegt als die Umgebungstemperatur.

AMPHIBIEN

AMPHIBIEN

STAMM	Chordata
KLASSE	Amphibia
ORDNUNGEN	3
FAMILIEN	46
GATTUNGEN	434
ARTEN	ca. 6300

Amphibien stammen von frühen Quastenflossern ab. Sie entwickelten sich vor 360 Millionen Jahren und waren die ersten Wirbeltiere, die sich an Land niederließen. Es gibt drei Ordnungen. Die regenwurmähnlichen Blindwühlen (Gymnophiona) haben zugespitzte Köpfe, aber keine Gliedmaßen. Schwanzlurche (Caudata) haben zylindrische Körper, lange Schwänze, deutlich erkennbare Köpfe und gut entwickelte Beine. Froschlurche (Anura) zeichnen sich durch stämmige, schwanzlose Körper, die in den Kopf übergehen, und gut entwickelte Beine aus. Amphibien sind ektotherm. Frosch- und Schwanzlurche legen Eier, während einige Blindwühlenarten lebende Junge zur Welt bringen.

Blindwühlen Die Ringelwühle (*Siphonops annulatus*) ist ein unterirdisch lebendes Tier mit den für diese Lebensformen typischen Merkmalen. Sie hat zwar keine Beine, aber einen verstärkten, zugespitzten Kopf, einen durch Muskelringe unterteilten Körper, der ans Graben angepasst ist, und verkümmerte Augen. Auch einige Salamanderarten verbringen die meiste Zeit unter der Erde.

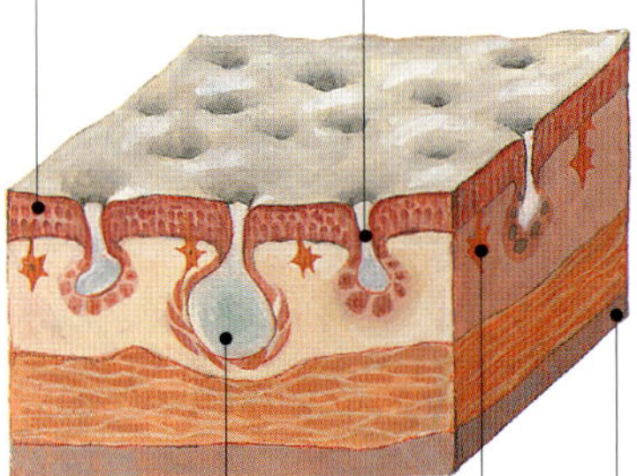

Ein bemerkenswertes Organ Die Haut von Amphibien dient nicht nur zum Schutz des Gewebes und der inneren Organe. Sie wird durch eine Schleimdrüse feucht gehalten, hilft bei der Regelung des Wasserhaushalts und ermöglicht das Atmen. Der Schleim hat eine keimtötende Wirkung. Einige Amphibienarten, gewöhnlich diejenigen, die grelle Warnfarben tragen, sondern Gifte aus, die unangenehm schmecken oder sogar toxisch sind.

LEBEN AUF DEM LAND

Die wichtigsten Merkmale, die den Amphibien die Landbesiedelung ermöglicht haben, sind: eine Zunge zum Befeuchten der Nahrung; Augenlider, um die Hornhaut zu schützen und mit Drüsensekret anzufeuchten; eine äußere Schicht aus toten Hautzellen, die regelmäßig abgestreift wird; äußere Trommelfelle; ein Kehlkopf, der Laute produziert; und das Jacobsonsche Organ für den Geruchs- und Geschmackssinn.

Die Amphibienhaut spielt eine wichtige Rolle bei der Regulierung des Wasserhaushalts. Die Durchlässigkeit der Haut eines Frosches wechselt je nach Aktivität. Sucht er Nahrung an Land, kann die Haut sehr viel Wasser aufnehmen. Im Wasser ist die Durchlässigkeit stark herabgesetzt. Einige landlebende Frösche haben im Beckenbereich ein gut durchblutetes Hautstück, mit dem sie Wasser von jeder feuchten Stelle aufnehmen können. Frösche, die im Wasser überwintern, verändern die Durchlässigkeit ihrer Haut, um die Wasseraufnahme zu reduzieren. Wüstenlebende Kröten können in ihrer Blase eine Harnstofflösung lagern und ins Gewebe abgeben, um die osmotischen Eigenschaften der Haut so zu verändern, dass sie Wasser aus trockener Erde aufnimmt.

Adulte Amphibien sind Fleischfresser, einige Froscharten fressen Früchte. Die meisten Amphibienlarven sind carnivor und ernähren sich von Wirbellosen, Kaulquappen und kleinen Fischen. Froschkaulquappen fressen meist pflanzliches Material und sind daher für die adulten Tiere keine Nahrungskonkurrenten.

Nachwachsende Körperteile Verliert ein Molch, wie zum Beispiel dieser Kammmolch (oben die Larvenform), einen Körperteil, wächst dieser wieder nach. Diese Fähigkeit besitzen vor allem die hinteren Körperpartien sowie generell juvenile Individuen.

Froschauge Amphibienaugen sind wie die Augen anderer Landwirbeltiere mit Hornhaut, Regenbogenhaut, Linse und Netzhaut ausgestattet. Die meisten Amphibien haben ein unbewegliches oberes und ein bewegliches unteres Augenlid, dessen oberer Teil oft durchsichtig ist. Frösche und Kröten können Farben sehen. Außerdem verwenden Frösche ihre Augen, um durch Absenken der Augäpfel die Nahrung vom Maul die Kehle hinunterzudrücken.

EVOLUTION DER AMPHIBIEN

Die Evolutionsbiologen wissen nicht genau, von welchen frühen Fischen die Amphibien abstammen. Ihre Vorfahren sind wahrscheinlich unter den quastenflossigen Rhipidistien zu finden, einer im Süßwasser lebenden Fischgruppe aus dem Devon (vor 408–360 Millionen Jahren). Auf diese Verwandtschaft weisen mehrere gemeinsame Merkmale hin, die bei anderen Fischgruppen in der Form nicht vorhanden sind. Die frühesten Amphibien waren die Labyrinthidonten, deren älteste Fossilien aus dem späten Devon in Grönland gefunden wurden. Sie hatten fischähnliche Schwänze und an den Wangen Reste eines knöchernen Kiemendeckels. Zu dieser Gruppe zählten Reptiliomorphe, von denen Reptilien, Vögel und Säugetiere abstammen, und Batrachomorphe, die Vorfahren der Amphibien.

FRÜHE FORMEN

Lebenden Amphibienarten weisen kaum physische Ähnlichkeiten mit ihren frühesten Vorfahren auf. Besonderheiten im Skelettaufbau wie z. B. bestimmte Schädelmerkmale, die mit der Struktur des Mittelohrs zusammenhängen, bezeugen den gemeinsamen Stammbaum.

Die drei lebenden Ordnungen sind vermutlich Nachfahren der ausgestorbenen batrachomorphen Ordnung Temnospondyli. Ein früher Vertreter der Amphibien war der überwiegend an Land lebende *Dendrerpeton*, der angeblich seismische Vibrationen hören konnte. *Eryops*, ein in Sümpfen lebender Räuber, der besser schwimmen als laufen konnte, war mit 1,5 Metern das größte bekannte Landtier des Perm (vor 290–248 Millionen Jahren). Im Verlauf der folgenden 40 Millionen Jahren überfluteten die Meere die nördlichen Kontinente, und viele Amphibien wuchsen zu erstaunlicher Größe heran. Allein der Kopf der beiden Amphibienarten *Metoposaurus* und *Cyclotosaurus* hatte eine Länge von 1 Meter. Riesenkreaturen wie diese endeten jedoch in evolutionären Sackgassen.

Die frühesten Froschlurche entstanden vor etwa 245 Millionen Jahren. Schwanzlurche erscheinen in den Fossilfunden vor 150 Millionen Jahren und Blindwühlen vor ungefähr 65 Millionen Jahren.

Früher Frosch *Messelobatrachus* (oben) war ein im Wasser lebender Frosch, der im frühen Eozän lebte, als beinahe auf der ganzen Erde tropisches Klima herrschte. Seine versteinerten Überreste wurden in den Ablagerungen eines vor 50 Millionen Jahren ausgetrockneten Sees in der deutschen Fossilienfundstätte Grube Messel entdeckt.

Übergangsleben Der frühe Quastenflosser *Eusthenopteron* (unten) ähnelte womöglich den Vorfahren der ersten Amphibien. Er hatte Kiemen und Lungen, konnte also Luft atmen. Seine Flossen bestanden wie diejenigen, aus denen sich die Gliedmaßen der Vierfüßer entwickelten, aus muskulösen Fortsätzen mit knöchernen Stützelementen.

SYSTEMATIK

Lissamphibia, die lebenden Amphibien, bestehen aus drei Ordnungen: Frösche und Kröten (Anura; Froschlurche); Salamander und Molche (Caudata; Schwanzlurche) und Blindwühlen (Gymnophiona). Amphibien sind monophyletisch, d. h. sie stammen alle von einem gemeinsamen Vorfahren ab. Ihr Hauptmerkmal ist die schuppenlose Haut. Durch die wachsende Informationsmenge und die Entdeckung neuer Arten verändert sich die biologische Systematik laufend. Die wissenschaftliche Bezeichnung des Zipfelkrötenfrosches (rechts) wurde seit der erstmaligen Beschreibung im Jahre 1858 beispielsweise sechsmal geändert. Mehrere Male wurden dabei zwei Arten der Gattung *Megophrys*, die sehr ähnlich aussehen, irrtümlich miteinander verwechselt.

REICH
Animalia
Zipfelkrötenfrosch, Tiger, Koralle, Schwamm, Echse, Hai

STAMM
Chordata
Zipfelkrötenfrosch, Hauskatze, Grizzlybär, Mensch

KLASSE
Amphibia
Zipfelkrötenfrosch, alle Frösche, alle Kröten, Salamander, Molche, Blindwühlen

ORDNUNG
Anura (Froschlurche)
Zipfelkrötenfrosch, alle Frösche, alle Kröten

FAMILIE
Megophryidae
Zipfelkrötenfrosch, *Atympanophrys shapingensis*, Chinesischer Krötenfrosch

GATTUNG
Megophrys
Zipfelkrötenfrosch, Chinesischer Krötenfrosch

ART
Megophrys nasuta
Zipfelkrötenfrosch

	AMPHIBIEN
Klasse Amphibia	
	Ordnung Caudata Salamander und Molche
	Ordnung Gymnophiona Blindwühlen
	Ordnung Anura Frösche und Kröten

Ordnung Anura, Seite 100

BIOLOGIE UND VERHALTEN

Die meisten Amphibien sind nachtaktiv und bewegen sich nur bei feuchtem Wetter. Dennoch haben sich manche Arten Verhaltensweisen angeeignet, die zur Wasserspeicherung und Regulierung der Körpertemperatur dienen. Tagaktive Frösche in kälteren Klimazonen sonnen sich vor der Nahrungssuche, um ihre Körpertemperatur zu erhöhen. Einige Arten müssen immer wieder ins Wasser, um nicht auszutrocknen und um sich abzukühlen. Der Nordamerikanische Ochsenfrosch reguliert die Körpertemperatur durch seine Position zur Sonne und das Verdunsten von Schleimabsonderungen. Wenn sie sich aufwärmen wollen, sind Graue Baumfrösche (*Hyla versicolor*) graubraun. Sobald ihnen warm genug ist und sie das Licht eher reflektieren, als aufnehmen wollen, nehmen sie eine hellgrüne Färbung an.

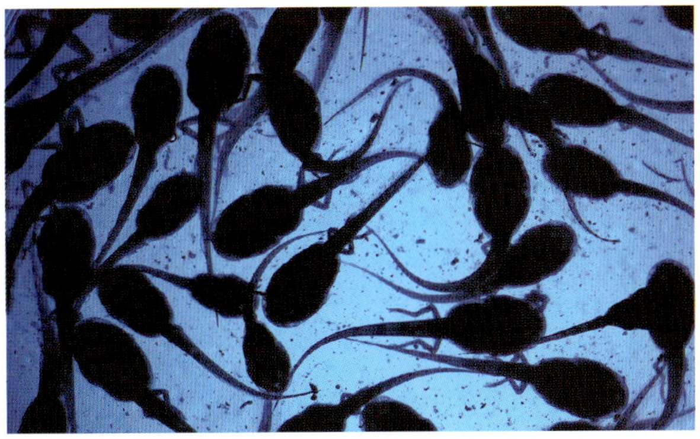

VERTEIDIGUNG

Viele Amphibien stellen sich bei Gefahr tot. Kröten blähen ihren Körper auf und recken ihn in die Höhe, um größer zu erscheinen. Manche Arten richten ihre Paratoiddrüsen auf Angreifer und bespritzen sie mit einem schwachen Gift.

Einige südamerikanische Südfrösche (Leptodactylidae) haben Leistendrüsen, die aussehen wie Augen eines größeren Tieres. Manche große Frösche springen Angreifer an und schnappen nach ihnen. Viele Frösche stoßen zur Abschreckung laute Rufe aus, wenn sie gepackt werden, und warnen ihre Artgenossen.

Bei einigen Salamandern ist der Schwanz mit Giftdrüsen ausgestattet, während diese Drüsen bei anderen auf dem Kopf sitzen. Bricht ein Schwanzstück unter dem Griff eines Beuteräubers ab, kann der Salamander fliehen, während der Angreifer vom zuckenden Schwanzteil abgelenkt wird. Der Schwanz des Salamanders wächst wieder nach.

Unabhängiger Nachwuchs Viele Kaulquappen suchen an sonnigen Tagen seichtes Wasser auf, um auf diese Weise ihre Körpertemperatur zu erhöhen. Einige sind für potenzielle Räuber giftig, was sie meist durch grelle Warnfarben anzeigen. Andere bilden große Schulen, die wie ein weitaus größeres Tier aussehen und Raubtiere abschrecken.

Froschapotheke Die bunten Farben des Goldbaumsteigers Mittel- und Südamerikas warnen vor den giftigen Hautabsonderungen. Für die medizinische Forschung wird eine Substanz in seiner Haut als Schmerzmittel untersucht, das zweihundertmal wirksamer ist als Morphium und keine Nebenwirkungen haben soll.

Jungbrunnen Die Larven des Westlichen Tigerquerzahnmolchs entwickeln sich in fünf Monaten zu adulten Tieren. Diese Art ist neotenisch, d. h. unter bestimmten Bedingungen behalten einige Individuen Kiemen und andere Larvenmerkmale. Obwohl sie sich fortpflanzen, vollenden sie nicht ihre Metamorphose zum Landtier. Ihr Lebensraum bleibt das Wasser.

GEFÄHRLICHE RÄUBER

Die meisten Amphibien lauern ihrer Beute auf und schlagen zu, sobald sie sich in Reichweite befindet. Einige große Froscharten, wie zum Beispiel die südamerikanischen Hornfrösche, locken ihre Beute an, indem sie mit den langen Zehen der Hinterbeine winken. Tagaktive Frösche, wie die kleinen Pfeilgiftfrösche der amerikanischen Tropen, jagen aktiv Insekten.

Wechselnde Namen Trivialnamen verändern sich oft. Die links abgebildete Art ist als Baumhöhlen-Krötenlaubfrosch, Amazonas-Milchfrosch und Blauer Milchfrosch bekannt. Ihr wissenschaftlicher Name lautet *Trachycephalus resinifictrix*.

PAARUNGSRUFE

Die meisten Froschlurchmännchen stoßen artspezifische Anzeigerufe aus, die von anderen Individuen derselben Art erkannt werden. Viele Froscharten in kälteren Klimazonen haben kurze Fortpflanzungszeiten, in denen die Männchen zu Teichen und Tümpeln wandern und nur leise, einfache Rufe von sich geben, um Weibchen anzulocken. Tropische und subtropische Frösche haben lautere Rufe, mit denen sie auch ihr Revier abgrenzen.

Obwohl einige Salamander bellen und kreischen können, geben sie keine Paarungsrufe von sich. Einige Arten markieren ihr Revier durch eine Duftspur und zeigen ein auffälliges Paarungsverhalten. Männliche Rotrücken-Waldsalamander haben am Kinn eine Drüse, mit der sie Hormone absondern, die direkt in das Gehirn der Weibchen gelangen und sie zur Paarung anregen. Die einzigen Froscharten, die ein ausgeprägtes Paarungsverhalten aufweisen, sind zungenlose Wasserfrösche.

BRUTPFLEGE

Einige landlebende Froschlurche kümmern sich sehr um ihren Nachwuchs. Die Weibchen der südamerikanischen Beutelfrösche transportieren ihre Eier in einem Rückenbeutel. Männliche Nasenfrösche sammeln die schlüpfenden Kaulquappen ein und tragen sie, bis sie voll entwickelt sind, in einem Kehlsack. Bei den australischen Magenbrüterfröschen verschlucken die Weibchen die befruchteten Eier. Die Kaulquappen vollenden ihre Entwicklung im Magen, der während der Brutzeit seine Funktion einstellt. Die Kaulquappen der in Südamerika in Teichen und Tümpeln ablaichenden Froscharten leben in Schulen. Ihre Mütter beschützen sie aggressiv vor potenziellen Räubern. Einige Frösche im tropischen Regenwald füttern ihre in Baumhöhlen oder Bromelien lebenden Kaulquappen mit unbefruchteten Eiern. Die Weibchen vieler landlebender Salamanderarten bewachen ihre Eier bis zum Schlüpfen.

Eierwache Die meisten Amphibien, die ihre Eier im Wasser ablegen, überlassen sie den Launen der Umgebung. Bei den Arten, die an Land ablaichen, bleibt oft ein Elternteil bei den Eiern, um sie zu bewachen und zu verhindern, dass sie von Räubern gefressen werden.

Balz Dieser männliche Kammmolch (unten) zeigt sich im Brutkleid. Normalerweise sehen die Geschlechter sehr ähnlich aus, aber zur Paarungszeit vergrößern sich die Rücken- und Schwanzkämme der Männchen. Nach der Paarung werden die Eier einzeln auf Pflanzen abgelegt.

LEBENSRÄUME UND ANPASSUNGEN

Weil Amphibien ektotherm (wechselwarm) sind und ihre Körpertemperatur überwiegend von den Umweltbedingungen abhängt, können nur wenige Arten in kalter Umgebung leben. In der Antarktis sowie im äußersten Norden von Europa, Asien und Nordamerika kommen sie in der Natur nicht vor. Auch auf den meisten Inseln leben keine Amphibien, denn sie benötigen Süßwasser und überleben eine Verdriftung über weite Salzwasserstrecken nicht. Blindwühlen sind in den Tropen überall zu finden, nicht jedoch auf Madagaskar, Neuguinea und in Australien. Schwanzlurche sind in den gemäßigten Zonen der Nordhalbkugel weit verbreitet. Obwohl sie recht klein sind, übersteigt ihre Biomasse in einigen nördlichen Wäldern die der dort lebenden Säugetiere. Die Familie der Lungenlosen Salamander erreicht im tropischen Mittel- und Südamerika ihre größte Artenvielfalt. Frösche sind weltweit verbreitet, die meisten Arten leben aber in den Tropen. In manchen Gebieten des Amazonas-Regenwaldes leben mehr Amphibienarten als in den Vereinigten Staaten.

Baumbrüter Viele Frösche befestigen ihre Eier an Blättern, und die Kaulquappen fallen ins darunterliegende Wasser. Andere legen ihre Eier in mit Wasser gefüllte Baumhöhlen oder Bromelien. So müssen sie für die Fortpflanzung die Bäume nicht verlassen.

Jugendform Der Grüne Wassermolch lebt in den ersten Monaten im Wasser. Dann entwickeln sich die Lungen, und er wird zum landlebenden Jungmolch. Nach zwei Jahren und einer weiteren Verwandlung kehrt er zur Fortpflanzung ins Wasser zurück.

LEBENSRAUMVIELFALT

Die meisten Salamander und Blindwühlen sowie etwa die Hälfte aller Froscharten sind Bodenbewohner. Blindwühlen verbringen den Großteil ihrer Zeit unter der Erde und sind an diese Lebensweise angepasst. Eine südamerikanische Unterfamilie (*Typhlonectinae*) lebt ständig im Wasser von Seen und Flüssen. Viele Frosch- und einige Salamanderarten sind baumlebend.

Zwar können alle adulten Froschlurche schwimmen, aber die Vertreter zweier Froschfamilien weisen besonders spezialisierte Anpassungen auf. Südamerikanische Harlekinfrösche haben sehr kräftige Hinterbeine und Schwimmhäute auf ihren großen Füßen, die unter der Oberfläche rudern, während die Augen aus dem Wasser ragen. Afrikanische Krallenfrösche, Wabenkröten sowie deren südamerikanische Verwandte haben Schwimmhäute, leicht abgeplattete Körper und kleine Augen. Sie leben auf dem Grund von Tümpeln und kommen nur zum Luftschnappen an die Oberfläche. Trocknet der Tümpel aus, vergraben sie sich im Schlamm, wo sie auf den nächsten Regen warten. Die Frösche der Gattung *Eleutherodactylus* legen ihre Eier in feuchte Erdnester, die von den Männchen bis zum Schlüpfen der Miniaturfrösche bewacht werden, denn bei diesen Arten gibt es kein freies Kaulquappenstadium.

WASSERLEBENDE AMPHIBIEN

Vier nordamerikanische Schwanzlurchfamilien leben ständig im Wasser: Olme, Riesensalamander und Schlammteufel, Aalmolche sowie Armmolche. Auch die Riesensalamander Chinas und Japans sowie der südosteuropäische Grottenolm sind wasserlebend. Der Grottenolm und einige nordamerikanische Wassersalamander sind neotenisch: Sie verwandeln sich nie vollständig in die adulte Form, atmen durch Kiemen und besitzen larvenähnliche Schwanzflossen.

Arm- und Aalmolche haben keine Gliedmaßen und schwimmen wie Schlangen. Im Gegensatz dazu haben Olme und Riesensalamander zwar normale Beine, aber leicht abgeflachte Körper. Molche leben meist auf dem Grund von Flüssen und Seen.

Die meisten Frösche aus der Gattung *Rana* besitzen kräftige Hinterbeine und Schwimmhäute, um vom Land ins Wasser springen und schwimmen zu können. Kröten aus der Gattung *Bufo* haben kleine Hinterbeine, die für das Hüpfen an Land geschaffen sind. Sie besitzen keine Schwimmhäute und sind daher nicht gut ans Schwimmen angepasst. Eine Unterfamilie der Blindwühlen (Typhonectinae), die in Südamerika verbreitet ist, lebt ständig im Wasser.

BAUMLEBENDE AMPHIBIEN

Die Finger- und Zehenspitzen vieler baumlebender Frösche sind zu Haftscheiben umgebildet, die es ihnen ermöglichen, an senkrechten Flächen hochzuklettern. Die schlanken Körper und langen Gliedmaßen sind an das Klettern auf Ästen und Blättern angepasst. Bei denVertretern der Gattung *Phyllomedusa*, die in den amerikanischen Tropen verbreitet ist, sind die mittleren Zehen und Finger verlängert und wie die Daumen von Primaten den äußeren Zeigefingern entgegenstellbar. Diese Frösche können damit beim Klettern nach Ästen greifen. Einige südostasiatische Laubfrösche haben Häute zwischen den Zehen sowie zusätzliche Hautfransen entlang der Gliedmaßen. Mit Hilfe dieser flügelähnlichen Gebilde können diese Arten über beträchtliche Distanzen hüpfen oder sogar von Baum zu Baum gleiten.

Einige Krötenlaubfrösche in den amerikanischen Tropen haben ein verhärtetes Hautstück auf dem Kopf, das fest mit den darunterliegenden Knochen verwachsen und wenig durchblutet ist. Um den Wasserverlust in Trockenzeiten zu vermindern, klettern sie rücklings in mit wenig Wasser gefüllte Höhlen oder Bromelien. Dabei biegen sie den Kopf in rechtem Winkel ab, um nicht herunterzufallen.

Die Herausforderung, sich auf Bäumen fortzupflanzen, hat bei vielen Froscharten zu äußerst effektiven Anpassungen geführt. Bei einigen amerikanischen Beutelfröschen entwickeln sich die befruchteten Eier bis zum Schlüpfen der Miniaturfrösche in einem Beutel auf dem Rücken der Mutter.

Die kleinen Pfeilgiftfrösche (Dendrobatidae) suchen ihre Nahrung auf dem Boden des mittel- und südamerikanischen Regenwaldes. Bei den meisten Arten bewachen die Männchen die in Bodennestern abgelegten Eier bis zum Schlüpfen. Danach tragen manche Arten die Kaulquappen auf dem Rücken in die Bäume und legen sie in mit Wasser gefüllte Höhlen, wo sie ihre Entwicklung vollenden. Im Gegensatz dazu verbringen viele Laubfrösche (Hylidae) die meiste Zeit auf Bäumen. Sie verlassen diese nur, um sich am Boden in temporären Tümpeln fortzupflanzen.

Täuschungsmanöver Die Gattung *Bombina* setzt sich aus Arten zusammen, die in Gruppen im Wasser leben. Bei Gefahr biegen sie den Rücken nach hinten und präsentieren ihre grell gefärbte Unterseite, um den Angreifer zu verwirren.

Drücken und ziehen Blindwühlen winden sich zieharmonikaartig durch die Erde, wobei immer ein Teil des Körpers auf dem Boden bleibt, während die angrenzenden Abschnitte gleichzeitig nach vorne gedrückt und gezogen werden.

IM BODEN LEBENDE AMPHIBIEN

Blindwühlen sind innerhalb der Amphibien am besten ans Graben angepasst. Sie sind wurmähnlich und haben in Muskelabschnitte unterteilte Körper mit harten Schädeln. Die Augen sind mit Haut oder Knochen überwachsen und daher blind. Zum Aufspüren ihrer Beute haben sie chemosensorische Kopftentakel.

Viele Froschgruppen besitzen am inneren Rand der hinteren Füße große, spatenähnliche Schwielen aus Keratin, mit denen sie sich blitzschnell in weichem Schlamm vergraben können. Andere Frösche haben zugespitzte, schwielige Schnauzen und graben mit dem Kopf voran. Manche vergraben sich tagsüber, während sich andere nur eingraben und ihre Körperfunktionen verlangsamen, um längere Trockenzeiten zu überstehen. Um nicht auszutrocknen, füllen sie ihre Harnblase mit Wasser. Einige Frösche sondern Schleim ab, der hart wird und eine schützende Hülle bildet. Die Arten der australischen Wüste sind bekannt dafür, dass sie über ein Jahr lang unter der Erde überleben können.

BEDROHTE AMPHIBIEN

Seit 1980 sind vermutlich 168 Amphibienarten ausgestorben. Glaubt man den Zahlen der IUCN, so steht einem Drittel aller Amphibien (etwa 2000 Arten) dasselbe Schicksal bevor. Die Zukunft von weiteren 1400 Arten ist ungewiss, weil die bisher gesammelten Forschungserkenntnisse ungenügend sind, um Rückschlüsse auf ihren derzeitigen Status in der Natur ziehen zu können. Der Rückgang der Bestandszahlen bei Amphibien ist schon beunruhigend genug, aber die Auswirkungen, die dieser Verlust auf alle anderen Lebensformen hat, ließen bei wissenschaftlichen Vereinigungen und Umweltbewegungen die Alarmglocken läuten. Wegen ihrer durchlässigen Haut reagieren Amphibien sehr empfindlich auf Umweltveränderungen, was sie zu ausgezeichneten Indikatoren für die Qualität von Lebensräumen macht. Nach den jüngsten Studien werden die Umweltbedingungen auf der Erde deutlich schlechter. Heute untersuchen mehr Herpetologen als je zuvor die Amphibien, weshalb es möglich ist, dass diese Rückgänge auf natürlichen Populationsschwankungen beruhen.

ALARMIERENDE VERLUSTE

Es gibt mehrere mögliche Ursachen für den seit Mitte der 1970er-Jahre weltweit beobachteten Verlust vieler Amphibien. Eine infektöse Pilzerkrankung mit dem Namen Chytridiomykose ist vermutlich ein Hauptverursacher für den Rückgang der Amphibienfauna Australiens, der Karibik und Amerikas, aber auch in Afrika, Europa und Asien gab es kleinere Epidemien. Die Krankheit wird durch den Chytridpilz ausgelöst, der die Durchlässigkeit der Haut zerstört und unweigerlich zum Erstickungstod führt. Seit kurzem vermutet man, dass dieser Pilz in den 1930er-Jahren in Afrika aufgekommen ist. Durch die Verwendung des Afrikanischen Krallenfrosches (*Xenopus laevus*) bei der Entwicklung von Schwangerschaftstests und den Verkauf im Terrarienhandel hat sich der Pilz über die ganze Welt verbreitet.

Der Verlust und die Veränderung der Lebensräume sowie das Entnehmen bunter Frosch- und Salamanderarten für den internationalen Heimtierhandel stellen weitere ernsthafte Gefährdungen dar.

Auch der globale Klimawandel und die damit in Zusammenhang stehenden steigenden Temperaturen, die hohe UV-Belastung durch die dünner werdende Ozonschicht sowie die Verschmutzung mit Pestiziden und Herbiziden haben zu einem Rückgang der Amphibienbestände geführt. Die tropischen Entwicklungsländer, vor allem in Mittel- und Südamerika, verzeichnen zur Zeit die schlimmsten Verluste.

Isolierte, kleine Populationen werden eher durch Seuchen oder Naturkatastrophen ausgelöscht als große. Einige bedrohte Arten finden sich nur noch in unberührter Natur. Daher ist es nicht klar, ob alle Amphibienverluste auf die Aktivitäten der Menschen zurückzuführen sind.

Medizin Hautabsonderungen von Kröten und Fröschen, wie diesem australischen Goldlaubfrosch (oben), rücken immer mehr in den Fokus als Quellen für potenzielle Heilmittel, was ein wichtiges Argument zur Erhaltung der Artenvielfalt darstellt. Aber viele Arten sterben aus, ehe die medizinische Forschung ihr Potenzial untersuchen kann.

Geheimnisvolle Verluste Goldkröten (unten) leben in den Nebelwäldern der mittelamerikanischen Berge. Zur Paarungszeit versammeln sie sich an Tümpeln und Bächen. In den 1980er-Jahren zählten sie zu den vielen Hochlandarten, die weltweit einen katastrophalen Bestandsrückgang verzeichneten. Einige dieser Arten starben offensichtlich aus.

SCHWANZLURCHE

KLASSE Amphibia
ORDNUNG Caudata
FAMILIEN 10
GATTUNGEN 67
ARTEN ca. 560

Salamander, Molche, Olme und Armmolche gehören zur Ordnung Caudata. Alle besitzen einen Schwanz, und die meisten haben vier Beine. Die meist sehr scheuen Tiere leben am Boden in Laubstreu oder in faulenden Baumstämmen, unter der Erde, in Bromelien oder unter Wasser. Einige leben an Land, kehren aber zur Fortpflanzung ins Wasser zurück. Obwohl man sie selten sieht, sind sie ziemlich häufig. In einigen Laubwäldern Nordamerikas übersteigt die Biomasse der Schwanzlurche die der Vögel und Säugetiere. Alle Schwanzlurche und ihre Larven sind Fleischfresser. Sie selbst wiederum dienen größeren Raubtieren, wie Schlangen, Vögeln und Säugetieren, als Beute.

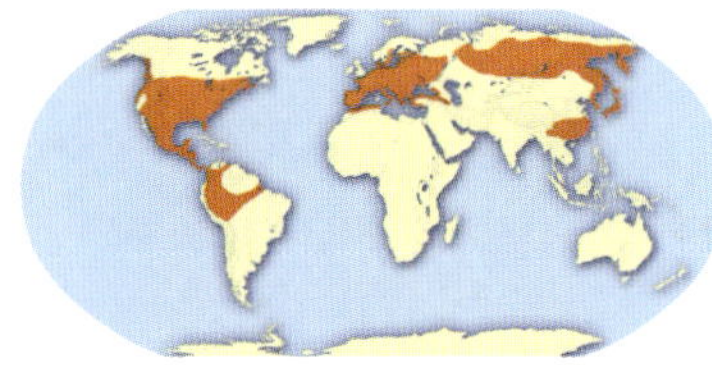

Verbreitung Schwanzlurche sind in Nord- und Mittelamerika, im nördlichen Südamerika, in Europa, Nordafrika und Asien weit verbreitet.

Warnfarben Der Rote Wiesensalamander (*Pseudotriton ruber*) lebt im oder unterm Moos oder unter flachen Steinen an Quellen oder Bächen. Er bevorzugt kühles, klares Wasser, das durch Wiesen und Wälder fließt. Viele Salamander-Arten sind leuchtend bunt, um ihre Hauptfeinde – Vögel – zu warnen, dass sie übel schmecken.

Vierzehensalamander *Hemidactylium scutatum* legt bis zu 24 Eier unter Stämme oder ins Moos an klaren Bächen. Das Weibchen bewacht sie bis zum Schlüpfen; die Larven wachsen im Wasser heran.

Schwanzlurch-Skelett Neben der Stützfunktion für Kopf, Schulter- und Beckengürtel ist die Wirbelsäule so flexibel, dass sie seitliche und Bewegungen nach unten und oben ausführen kann. Schwanzlurche haben 10 bis 60 Wirbel oberhalb und verschieden viele unterhalb des Kreuzbeins, dazu eine Reihe von Schwanzwirbeln.

STILLE FLEISCHFRESSER

Schwanzlurche entwickelten für ein Leben an Land vier Beine und einen Schwanz. Einige Arten – die Armmolche – sind im Lauf der Zeit ins Wasser zurückgekehrt, um dauerhaft dort zu leben.

Schwanzlurche ähneln den fossilen Amphibien stärker als Froschlurche. Die Haut von Schwanzlurchen ist im Allgemeinen glatt, feucht und flexibel; die meisten erwachsenen Tiere atmen auch durch die Haut. Viele Arten besitzen zudem Lungen. Bei den wenigen Familien, denen die Lungen fehlen, läuft die gesamte Atmung über die Haut. Beim Wachsen häuten Schwanzlurche sich in regelmäßigen Abständen. Nach der Häutung fressen sie ihre alte Haut auf, die leicht verdaulich ist.

Alle Schwanzlurche und ihre Larven sind Fleischfresser. Erwachsene Tiere verzehren Insekten, Spinnen, Schnecken, Würmer und andere Wirbellose. Die Larven ernähren sich von Moskitolarven und anderen kleinen Insekten. Wenn sie größer werden, fressen sie auch größere Beute, darunter Kaulquappen und die Larven von Libellen, von denen sie noch kurz zuvor selbst gefressen wurden. Einige Arten können blitzschnell ihre Zunge auf halbe Körperlänge ausstrecken, um ihre Beute einzufangen.

Salamander haben eine feuchte, glitschige Haut, Molche – im Wasser und an Land – eine eher raue, trockene. Einige Molcharten leben als Erwachsene an Land und gehen nur zur Fortpflanzung ins Wasser, bei anderen Arten sind auch adulte Tiere wasserlebend. Der Grünliche Wassermolch lebt im Wasser und an Land. Die wasserlebenden Larven werden zu landlebenden Jungtieren, die nach ein bis zwei Jahren zur Fortpflanzung ins Wasser zurückkehren.

Schlammteufel
Cryptobranchus alleganiensis

Großer Armmolch
Siren lacertina

Chinesischer Riesensalamander
Andrias davidianus

Augenlider fehlen

Kleiner Armmolch
Siren intermedia

Zweizehen-Aalmolch
Amphiuma means

Gestreifter Zwergarmmolch
Pseudobranchus striatus

Die fiedrigen Auswüchse unterhalb des Kopfs sind externe Kiemen

AUF EINEN BLICK

Schlammteufel Er lebt unter Felsen und in Bächen, wo er Krebse, Weichtiere und kleine Fische fängt. Die Art ist harmlos, aber äußerst schleimig. Um sie zu fassen, muss man fest ihren Kopf umgreifen.

- Bis 74 cm
- Im Wasser
- Herbst
- Häufig

Östl. USA

Großer Armmolch Obwohl die meisten Schwanzlurche stimmlos sind, jault der Armmolch, wenn er zum ersten Mal gegriffen wird. Er gibt auch klickende Geräusche von sich, die vielleicht der Kommunikation dienen.

- Bis 98 cm
- Im Wasser
- Unbekannt
- Häufig

Südöstl. USA

Chinesischer Riesensalamander Das Weibchen legt in einer Unterwasser-Höhle bis zu 500 Eier ab. Das Männchen besamt die Eier außerhalb des Weibchens und bewacht sie bis zum Schlüpfen nach 50 bis 60 Tagen.

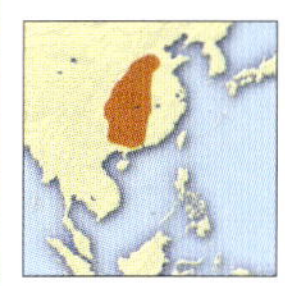

- Bis 1,8 m
- Im Wasser
- Herbst
- Daten ungenügend

O- und Zentral-China

FORTPFLANZUNG

Bei der Paarung setzen Männchen von Arten, bei denen die Befruchtung im Weibchen stattfindet, Samenpakete ab, die das Weibchen mit der Kloake aufnimmt. Arten mit direkter Entwicklung legen die Eier in feuchten Bereichen ab; das Weibchen bewacht die Eier, bis eine Miniaturausgabe des adulten Tiers schlüpft. Aus Eiern, die im Wasser an Pflanzen befestigt werden, schlüpfen nach ein bis zwei Wochen frei schwimmende Larven. Die Entwicklung einiger Arten führt nie über das letzte Larvenstadium hinaus.

Nach der Balz
Zur Paarung setzt das Männchen sein Samenpaket unter dem Weibchen ab. Dieses nimmt es mit der Kloake auf, und die Eier werden im Inneren befruchtet.

AUF EINEN BLICK

Gefleckter Furchenmolch Typisch für ihn sind die großen roten äußeren Kiemen. Er frisst nachts Krustentiere, Insekten, Larven, Fische, Würmer sowie andere Amphibien. Die Weibchen bewachen und belüften ihre Eier.

- Bis 48 cm
- Im Wasser
- Herbst
- Häufig

N- und Zentral-USA

Grottenolm Lebt in unterirdischen Höhlen; er ist blind mit verkümmerten Augen unter der pigmentlosen Haut. Die Entwicklung endet mit dem Larvenstadium. Er legt bis 70 Eier oder bringt wenige lebende Junge zur Welt.

- Bis 30 cm
- Im Wasser
- Frühjahr
- Gefährdet

Adriaküste und NO-Italien

Chinesischer Winkelzahnmolch Der bodenbewohnende Molch wandert zur Paarung an Bäche oder Teiche. Weibchen locken Männchen durch optische und chemische Reize.

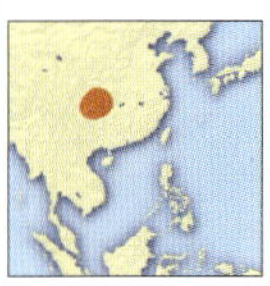

- Bis 10 cm
- Am Boden
- Frühjahr
- Stark gefährdet

Provinz Hubei (S-China)

SCHUTZSTATUS

Rückläufig 54 Schwanzlurcharten sind auf der Roten Liste der IUCN als vom Aussterben bedroht gelistet, 109 als stark gefährdet. Ein Beispiel ist der Lerma-Querzahnmolch (*Ambystoma lermaense).* Er wurde seit Jahren nicht mehr gesehen und ist wahrscheinlich ausgestorben. Diese Art war am Lerma-See in Mexiko endemisch und fiel einem Dammbau und der Wasserverschmutzung zum Opfer.

Der Sardische Gebirgsmolch (*Euproctus platycephalus*) ist der meist gefährdete Schwanzlurch Europas, da in den 1950er-Jahren in seinem Verbreitungsgebiet die Wasserläufe gegen Malaria mit DDT behandelt wurden. Außerdem führte man Forellen ein, die in Nahrungskonkurrenz zu ihm stehen. Durch den Ackerbau sank auch der Wasserspiegel rapide ab.

Gefleckter Furchenmolch
Necturus maculosus

Grottenolm
Proteus anguinus

Sibirischer Froschzahnmolch
Ranodon sibiricus

Sibirischer Winkelzahnmolch
Salamandrella keyserlingii

Fischers Krallenfingermolch
Onychodactylus fischeri

Wushan-Salamander
Liua shihi

Chinesischer Winkelzahnmolch
Hynobius chinensis

Afghanischer Gebirgsmolch
Batrachuperus mustersi

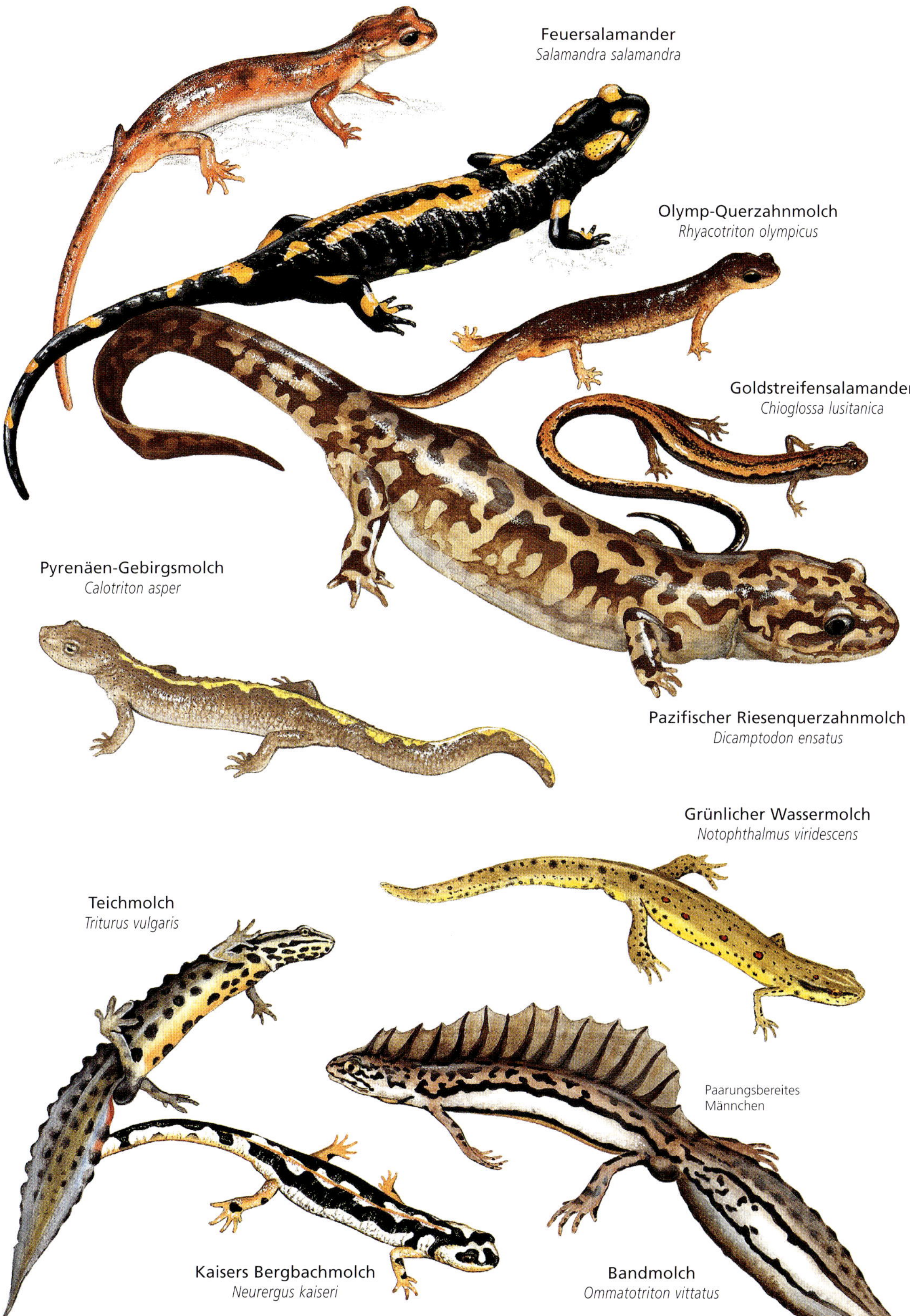

AUF EINEN BLICK

Feuersalamander Der Eier legende Salamander paart sich an Land. Wenn die Embryonen reif sind, legt das Weibchen 20 bis 30 von einer Membran umhüllte Eier im Wasser ab und die Jungen schlüpfen sofort. Die Larven brauchen zwei bis sechs Monate, bis sie sich zur landlebenden Form entwickeln.

- Bis 25 cm
- Land, Wasser (Larven)
- Frühling
- Häufig

Europa und W-Asien

Pazifischer Riesenquerzahnmolch Die Weibchen bewachen ihre 50 oder mehr Eier, die unter Steinen in Bächen liegen, bis zu sechs Monate lang. Die landbewohnenden adulten Tieren klettern mitunter in Gebüsch bis zu 2,4 Meter Höhe über dem Boden.

- Bis 36 cm
- Land, Wasser
- Frühjahr
- Häufig

NW-USA

Teichmolch Während der Paarungszeit entwickeln die Männchen vom Kopf bis zum Schwanz einen wellenförmigen Kamm und einen Hautsaum an den hinteren Zehen. Sie bleiben von März bis Juli in den Paarungsteichen und leben dann wieder an Land.

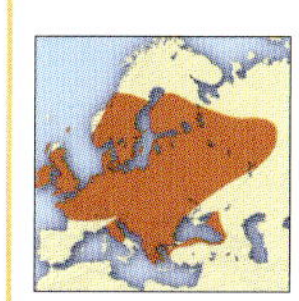

- Bis 11,5 cm
- Land, Wasser
- Frühjahr
- Daten ungenügend

Europa und W-Asien

NEOTENIE

Neotenie bedeutet, dass Tiere ihre wasserlebende Larvenform mit Kiemen auch im adulten Alter behalten. Dies geschieht meist bei Arten, die in sauerstoffarmem Wasser leben. Einige Arten sind immer neotenisch. Der Axolotl ist neotenisch, wenn in seinem Lebensraum Jod fehlt.

Salamander
Dieses Wort stammt aus dem Griechischen und bedeutet „Feuerechse", weil man die Tiere aus Baumstämmen kriechen sah, die ins Feuer geworfen wurden.

AUF EINEN BLICK

Ringelquerzahnmolch Diese Art hat eine leuchtende Bänderzeichnung, einen schieferfarbenen Bauch und einen hellgrauen Streifen an den Seiten des schmalen Körpers.

- Bis 23 cm
- Wasser, im Boden
- Herbst
- Häufig

S-USA

Tigersalamander Sie leben fast das ganze Jahr über unter der Erde. Mit dem Frühjahrsregen kommen sie heraus, um sich zu paaren. Nach der Eiablage in Teichen oder Sümpfen kehren sie ins Erdreich zurück.

- Bis 33 cm
- Wasser, im Boden
- Frühes Frühjahr
- Häufig

S-Kanada bis Mexiko

Marmorquerzahnmolch Diese Tiere treffen sich von September bis Dezember in großer Zahl und legen bis zu 230 Eier in trockenen Senken ab. Die Weibchen winden sich um die Eier, um sie vor Feinden und dem Austrocknen zu schützen, bis Regen die Teiche füllt.

- Bis 13 cm
- Boden, Wasser
- Herbst
- Häufig

SO-USA

Japanischer Feuerbauchmolch Männchen dieser Art unterscheiden sich von den Weibchen durch eine verdickte Kloake. Paarungsbereite Männchen haben eine bläulich schimmernde Schwanzspitze.

- Bis 13,2 cm
- Im Wasser
- Frühjahr
- Häufig

Japan

Nordvietnamesischer Warzenmolch Die größte Art der Gattung kennzeichnet ein Muster aus orange-gelben oder rötlichen Flecken am Bauch, die wiederum braun oder schwarz gefleckt sind.

- Bis 20 cm
- Im Wasser
- Frühjahr
- Gefährdet

Nordvietnam

AUF EINEN BLICK

Alligatorsalamander Diese aggressive Art besitzt einen stark verknöcherten Schädel, kräftige Kiefer, vergrößerte Kiefermuskeln und vergrößerte, abgeflachte einhöckrige Zähne. Viele Tiere tragen Narben, die wohl häufig aus Rangkämpfen mit Rivalen stammen.

- Bis 10 cm
- Land, Bäume
- Frühjahr
- Häufig, zurückgehend

Küstengebirge in Kalifornien (USA)

Tennessee-Höhlensalamander Diese Art ist vorwiegend neotenisch, obwohl einige Individuen sich in die Erwachsenenform umwandeln und ihre Kiemen verlieren. Sie hat verkümmerte Augen und nur wenig Pigmente in der Haut.

- Bis 23 cm
- Im Wasser
- Frühjahr
- Gefährdet

Zentral-Tennessee, N-Alabama (USA)

Silberwaldsalamander Man hat festgestellt, dass es sich bei den bekannten 13 Populationen um eigene Arten handelt. Alle sondern klebriges Sekret ab.

- Bis 20 cm
- An Land
- Frühjahr
- Häufig

SO-USA

LUNGENLOSE SALAMANDER

Die Familie Plethodontidae ist die vielfältigste Familie der Schwanzlurche mit 382 Arten. Der Rotwangen-Waldsalamander (*Plethodon jordani*) lebt in Laubstreu oder faulenden Bäumen am feuchten Waldboden in den Appalachen im Osten der USA. Er ist an einen kühlen, feuchten Lebensraum in Höhen bis 1993 Metern angepasst. Dank einer gut durchbluteten Hautoberfläche kann er durch die Haut und die Mundschleimhaut atmen.

Begehrte Farben
Den Rotwangen-Waldsalamander gibt es in einer Reihe von Farbvarianten. Andere Arten ahmen die Rotwangen-Variante nach, weil sie ihre Feinde durch einen sehr üblen Geschmack abschreckt.

AMPHIBIEN-LEBENSZYKLEN

Die meisten Amphibien haben einen zweiteiligen Lebenszyklus, zu dem Paarungsritual, Abgabe von Spermien und Eiern, äußere Befruchtung, Larvenstadium im Wasser und Metamorphose zum erwachsenen Tier gehören. Abweichungen sind innere Befruchtung, direkte Entwicklung, Gebären lebender Junger, Neotenie oder Brutpflege. Die Variationsbreite reicht von unzähligen kleinen Eiern ohne Brutpflege bis zu wenigen großen Eiern mit Brutpflege.

Dicke Eierpakete Das Eierpaket des Jefferson-Querzahnmolchs (*Ambystoma jeffersonianum*) ist, nachdem die Eier Wasser aufgenommen haben, deutlich größer als das adulte Tier. Diese Art betreibt keine Brutpflege.

1. Paarung *Das Männchen greift das Weibchen um die Mitte. Das Weibchen trägt das Männchen, bis es zur Eiablage bereit ist. Das Männchen verteilt dann seine Spermien über die abgelegten Eier.*

2. Entwicklung der Eier *Die Eier treiben in großen Massen, während sich darin die Embryonen entwickeln. Die Eier sind von einer gelatineartigen Substanz bedeckt, die sich ausdehnt, wenn sie mit Wasser in Berührung kommt.*

3. Kaulquappen schlüpfen *Nach zwei Wochen schlüpfen die Kaulquappen. Sobald sich das Maul entwickelt, fressen sie Algen. Die Kaulquappen atmen zunächst durch äußere Kiemen, später durch innere Kiemen.*

4. Entwicklung der Kaulquappen *Lungen bilden sich nach drei Wochen, und Beine entstehen nach vier Wochen – zuerst die Hinterbeine. Der Schwanz der Kaulquappen schrumpft, und die Kiemen bilden sich zurück.*

5. Völliger Wechsel *Nach sechs Wochen ist die Metamorphose von der Kaulquappe zum erwachsenen Frosch abgeschlossen. Der junge Frosch beginnt, Insekten zu jagen.*

Lebenszyklus eines Schwanzlurchs Pheromone stimulieren das Paarungsverhalten. Männchen legen Spermienpakete unter dem Weibchen ab. Dieses nimmt das Sperma mit der Kloake auf, befruchtet die Eier in seinem Inneren und legt die Eier dann im Wasser oder auf feuchtem Boden ab. Wasserlebende Larven schlüpfen im Wasser; bei an Land abgelegten Eiern entfällt das Larvenstadium.

Sichere Entwicklung Beutelfrösche (*Gastrotheca*) haben einen oder zwei Beutel, ähnlich wie die Beuteltiere. Sie öffnen sich am Rücken zur Kloake. Die Eier werden in den Beutel gelegt, und das Männchen befruchtet sie. So entwickeln sich die Eier in feuchter und sicherer Umgebung. Die Jungen schlüpfen je nach Art als Kaulquappen oder Fröschchen.

Lebenszyklus der Frösche Frösche und Kröten besitzen einen komplexen Lebenszyklus. Männchen rufen, um Weibchen anzulocken. Sie besamen die Eier, nachdem das Weibchen die Eier abgelegt hat. Die Eier nehmen Wasser auf und entwickeln sich in wenigen Tagen zu frei schwimmenden Kaulquappen, die sich pflanzlich ernähren. Nach Wochen, Monaten oder Jahren (je nach Art) vollzieht sich die Metamorphose der Kaulquappen zu kleinen Abbildern der adulten Tiere. Dann dauert es Monate oder Jahre, bis das fleischfressende Tier geschlechtsreif ist.

BLINDWÜHLEN

ASSE	Amphibia
RD.	Gymnophiona
MILIEN	6
ATTUNGEN	33
RTEN	ca. 170

Blindwühlen haben unterschiedliche Lebensräume an Land und im Wasser besiedelt. Sie zeigen Spezialisierungen an eine grabende Lebensweise, die man bei keinem anderen Wirbeltier findet: Fühler, die chemische Reize wahrnehmen. Außerdem Muskeln zum Schließen des Kiefers und am Kopf verknöcherte Haut. Die Größe adulter Tiere reicht von knapp 7 cm bis 1,6 m. Einige Arten sind ovipar, andere haben eine direkte Entwicklung, mehr als die Hälfte sind vivipar. Sie fressen Regenwürmer, Käferlarven, Termiten und Grillen.

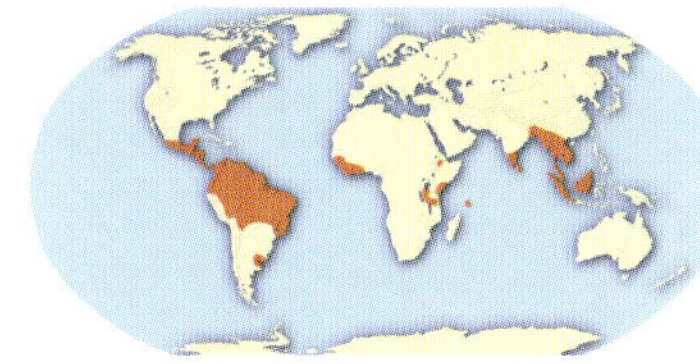

Verbreitung Blindwühlen sind begrenzt auf die tropischen Gebiete Indiens, Südchinas, Malaysias, der Philippinen, Afrikas sowie Mittel- und Südamerikas. In Europa, Australien und der Antarktis sind keine Arten bekannt.

Schädel einer Blindwühle Der Körperbau der Blindwühlen ist mit dem massiven Kopf ans Graben angepasst. Die Tiere sind stromlinienförmig, aber kräftig, um sich durch den Boden zu graben. Sie kommen im Boden durch Wellenbewegungen voran: Die Muskeln ziehen sich vom Kopf zum Schwanz nacheinander zusammen. Dabei bietet der Körper der Erde oder dem Wasser Widerstand, die Wühlen bewegen sich fort.

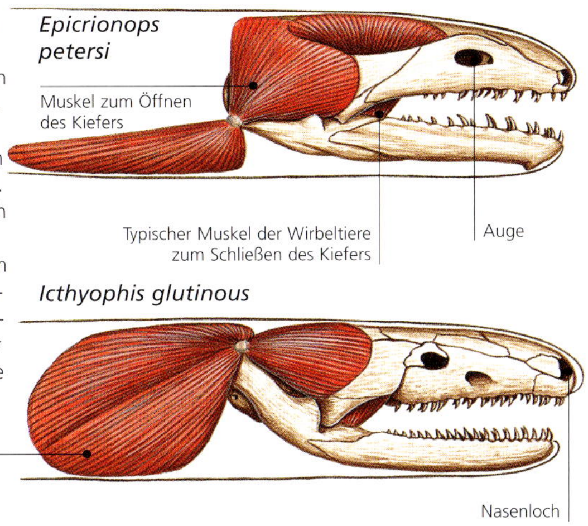

Sensible Fühler Alle Arten der Familie Caeciliidae (Erdwühlen) sind deutlich in Ringe gegliedert. Deshalb verwechseln manche Leute sie mit Regenwürmern. Blindwühlen besitzen zu beiden Seiten des Kopfs einziehbare Fühler, die ihnen bei der Suche nach Beute helfen. Sie übermitteln chemische Reize in die Nasenhöhle.

Ringelwühle
Siphonops annulatus

Ichthyophis bannanicus

Plattschwanz-Schwimmwühle
Typhlonectes compressicauda

JUNGE BLINDWÜHLEN

Die Thomé-Blindwühle (*Schistometopum thomense,* unten) ist vivipar. Die Eier entwickeln sich sicher in den Eileitern. Nach dem Schlüpfen ernähren sich die Larven sieben bis zehn Monate lang von nährstoffreichen Sekreten, die Drüsen in den Eileitern absondern. Die leuchtende Färbung warnt potenzielle Feinde, dass sie durch Hautsekrete schlecht schmecken.

Ausgleich
Vivipare Blindwühlen haben weniger Junge als Eier legende Arten, betreiben aber mehr Brutpflege.

FROSCHLURCHE

KLASSE Amphibia
ORDNUNG Anura
FAMILIEN 30
GATTUNGEN 388
ARTEN 5570

Die größte Ordnung der Amphibien umfasst rund 5 500 bekannte Arten. Froschlurche gibt es in allen Formen und Größen, von der winzigen Kröte *Brachycephalus didactylus* in Brasilien, die kaum 1 cm misst, bis zum afrikanischen Goliathfrosch (*Conraua goliath*), der 30 cm lang ist und 3,3 kg wiegt. Froschlurche erkennt man leicht an ihren langen Hinterbeinen, dem kurzen Rumpf, der feuchten Haut und dem Fehlen eines Schwanzes. Sie sind die einzigen Amphibien, die zur Fortpflanzungszeit ihre Stimme einsetzen. Die größte Gattung der Froschlurche – *Eleutherodactylus* (Antillen-Pfeiffrösche) – ist auch die zahlenmäßig umfangreichste Gattung aller Wirbeltiere.

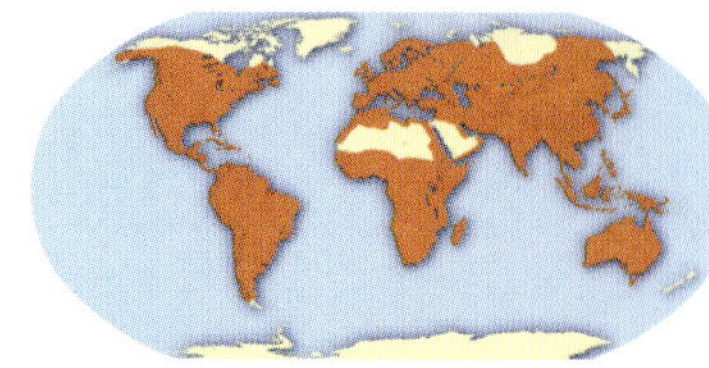

Verbreitung Froschlurche gibt es auf allen Kontinenten außer in der Antarktis. Mehr als 80 % der Arten sind tropisch; an einem Ort hat man 67 Arten gefunden. Zwei Arten gibt es auch nördlich des Polarkreises.

Fliegende Frösche Zwischen den Zehen des Java-Flugfroschs (*Rhacophorus reinwardtii*) liegen Schwimmhäute, die einen Gleitflug von Ast zu Ast ermöglichen. Die Anpassung ist für ein Leben in der Kronenschicht des Regenwaldes wichtig.

Zungenschlag Froschlurche wie die Japanische Erdkröte *Bufo japonicus* (oben) besitzen eine lange, klebrige Zunge. Damit fangen sie ihre Beute. Hat die Kröte das Insekt im Maul, blinzelt sie und ihre Augen drücken die Nahrung aus dem Maul in den Hals hinunter. Männchen setzen die Zunge auch im Kampf ein, sie schlagen damit bei Revierkämpfen oder bei Auseinandersetzungen mit Rivalen um ein Weibchen zu.

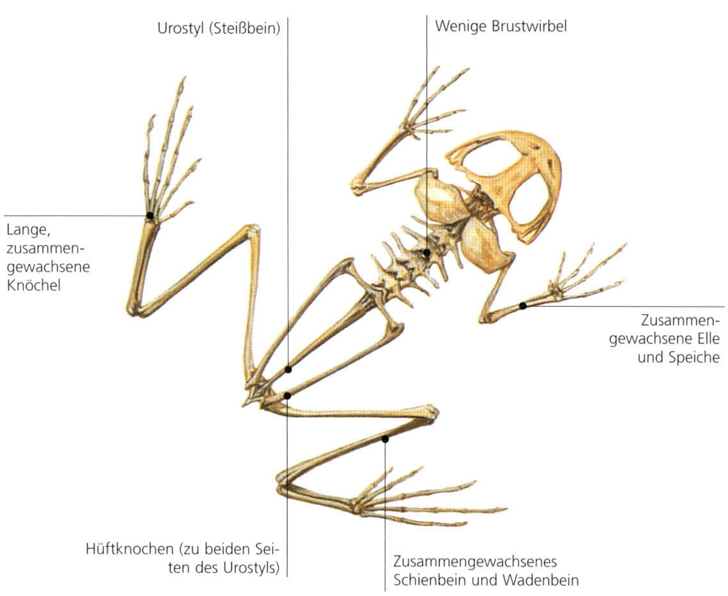

Froschskelett Die Wirbelsäule der Froschlurche ist auf neun oder weniger Wirbel reduziert. Elle und Speiche sowie Schien- und Wadenbein sind zusammengewachsen; die Knöchel sind verlängert und bestehen aus zwei miteinander verwachsenen Teilen. Die Wirbel unterhalb des Kreuzbeins sind zum stabförmigen Urostyl verwachsen. Die langen Hinterbeine geben dem Frosch die Sprungkraft. Der kurze, kompakte Körper lässt sich leicht vorwärts bewegen. Der verstärkte Beckengürtel und die Vorderbeine fangen den Aufprall der Landung ab.

GESANGS-WETTBEWERB

Charakteristisch für Froschlurche ist die Stimme des Männchens, das nach einer Partnerin ruft. Die Rufe kündigen das Frühjahr in gemäßigten Zonen und die Regenzeit in den Tropen an. Jede Froschart hat einen eigenen, von allen anderen verschiedenen Ruf. Weibchen können am Ruf die Größe und damit die potenzielle Vitalität des Männchens erkennen. Nur die Männchen rufen. Außer den Weibchen werden jedoch auch Feinde aufmerksam, vor allem Fledermäuse.

Bei manchen Arten sind Standorte, von denen aus sich gut rufen lässt, sehr begehrt und werden gegenüber anderen Männchen heftig verteidigt. Um Kämpfe zu vermeiden, warten sogenannte Satelliten-Männchen still neben rufenden Männchen und hoffen, ein Weibchen abzufangen. So verringern sie die Gefahr, von einer Fledermaus gefressen zu werden, und verbrauchen weniger Energie, weil sie weder rufen noch gegen ein dominantes Männchen kämpfen müssen.

Die oben genannten Charakteristika gelten für Frösche mit einer lang dauernden Paarungszeit. Viele Arten, die sogenannten Explosiv-Laicher, kommen mit den ersten Starkregen-

Ruf nach der Partnerin Während der Fortpflanzungszeit rufen männliche Froschlurche, um Weibchen zu locken. Jede Art hat ihren typischen Ruf. Diese Kreuzkröte (*Bufo calamita*, oben) hat ihre Schallblase aufgeblasen und stößt trillernde Laute aus.

Energiebündel Dank ihrer langen Hinterbeine können Frösche – wie der in Nordamerika sehr weit verbreitete Leopardfrosch (*Rana pipiens,* rechts) – mit weiten und zum Teil auch sehr hohen Sprüngen ihren Fressfeinden entfliehen.

fällen in Massen zu den Laichgewässern und paaren sich in zwei bis drei Tagen, dann ziehen sie sich bis zum nächsten Jahr zurück. Diese Arten rufen meist laut und durchdringend und legen tausende kleiner Eier. Damit die Eier nicht von Feinden im Wasser gefressen werden, legen viele Laubfrösche (*Hylidae*) ihre Eier auf Pflanzen oberhalb des Gewässers ab. Schlüpfen die Kaulquappen, fallen sie ins Wasser und entwickeln sich dort weiter. Viele *Osteocephalus*-Arten legen große befruchtete Eier in Baumlöcher. Das Weibchen kehrt regelmäßig zurück, um als Nahrung für die Kaulquappen unbefruchtete Eier ins Wasser abzugeben. Viele Baumsteiger-Arten (*Dendrobatidae*) bewachen ihre Eier an Land, bis die Jungen schlüpfen, und tragen die Kaulquappen zum Wasser, auf Bäume oder in Bromelien. Viele Arten der Antillen-Pfeiffrösche (*Eleutherodactylus*) haben terrestrische Gelege mit 15 bis 25 großen, dotterreichen Eiern, aus denen sich direkt kleine Frösche entwickeln. Bei Geburtshelfer- und Wabenkröten sowie magenbrütenden Fröschen tragen die Weibchen die Eier mit sich, bis die jungen Frösche schlüpfen. Einige Arten der Süd- und Ruderfrösche bauen Schaumnester und legen ihre Eier darin ab.

Frösche reagieren empfindlich auf Umweltverschmutzung. Seit den 1970er-Jahren hat man weltweit festgestellt, dass die Froschpopulationen zurückgingen und dass viele Arten vom Aussterben bedroht waren. Dies kann auf verschiedene Faktoren zurückgehen, darunter Umweltverschmutzung, Pestizide, UV-Strahlen, globale Erwärmung, geringere Niederschlagsmengen und geringere Luftfeuchtigkeit. Gegenwärtig scheint die Pilzkrankheit Chytridiomykose die größte Bedrohung zu sein. Der Pilz dringt durch die Haut in den Körper des Froschs ein und schädigt sein Immunsystem.

SCHUTZSTATUS

Die 5207 Arten Froschlurche, die auf der Roten Liste der IUCN stehen, sind in den Gefährdungsgraden:

32	Ausgestorben
386	Vom Aussterben bedroht
627	Stark gefährdet
541	Gefährdet
311	Potenziell gefährdet
1241	Daten ungenügend
2069	Nicht gefährdet

AUF EINEN BLICK

Hamilton-Frosch Männchen dieser Art besitzen keinen lauten Ruf zum Anlocken des Weibchens in der Paarungszeit. Ihre Rufe entstehen durch Resonanz in Kopf und Körper, nicht durch Schwingungen der Stimmbänder.

- Bis 5 cm
- Am Boden
- Frühjahr
- Stark gefährdet

Stephens und Maud Island (Neuseeland)

Chinesische Rotbauchunke Sie ist in ihrem Verbreitungsgebiet sehr häufig und stellt in manchen Gebieten bis zu einem Drittel aller Froschlurche. In Brutgebieten können bis zu neun dieser Unken pro Quadratmeter zu finden sein.

- Bis 6 cm
- Am Boden
- Sommer
- Häufig

Russland, Korea, China

Schwanzfrosch Unter Froschlurchen einmalig ist die innere Befruchtung. Ein kleiner Auswuchs an der Kloake dient den Männchen als Begattungsorgan. Die Weibchen legen die Eier im Flussbett ab. Die Kaulquappen reifen in 1–4 Jahren zu Jungtieren und sind nach weiteren 7–8 Jahren geschlechtsreif.

- Bis 5 cm
- Land, Wasser
- Sommer
- Häufig

NW-USA

FROSCHLURCH-PAARUNG

Meist findet die Besamung der Eier statt, während die Frösche einander umklammern (Amplexus). Während das Weibchen die Eier ablegt, gibt das Männchen sein Sperma darüber. *Eleutherodactylus coqui* und einige andere landlebende Arten begatten einander durch Aneinanderlegen der Kloaken; nur der Schwanzfrosch besitzt ein spezielles Organ.

Frösche im Amplexus
Das Weibchen trägt das Männchen an eine für die Eiablage geeignete Stelle.

Iberische Geburtshelferkröte
Alytes cisternasii

Gelbbauchunke
Bombina variegata

Hamilton-Frosch
Leiopelma hamiltoni

Hochstetters Frosch
Leiopelma hochstetteri

Geburtshelferkröte
Alytes obstetricans

Chinesische Rotbauchunke
Bombina orientalis

Der Bauch und die Unterseite der Gliedmaßen sind rot, um Feinde zu warnen

Gemalter Scheibenzüngler
Discoglossus pictus

Schwanzfrosch
Ascaphus truei

Korsischer Scheibenzüngler
Discoglossus montalentii

Atympanophrys shapingensis

Zipfelkrötenfrosch
Megophrys nasuta

Westlicher Schlammtaucher
Pelodytes punctatus

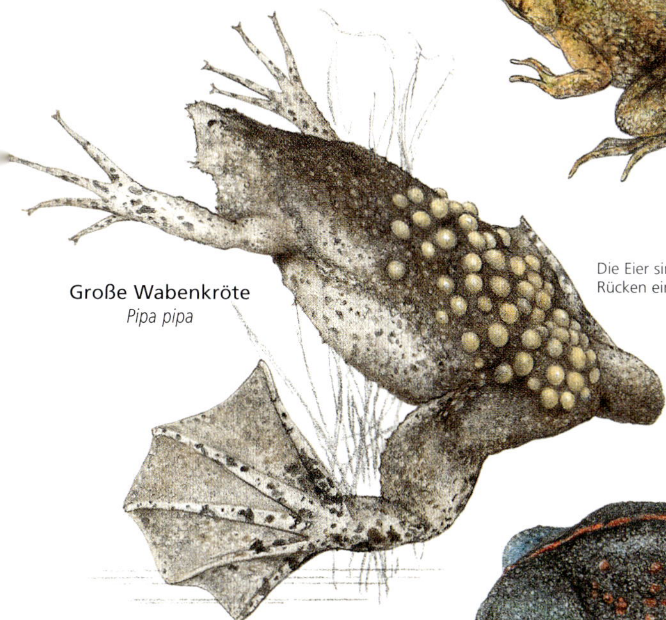

Große Wabenkröte
Pipa pipa

Gebirgsschaufelfuß
Spea multiplicata

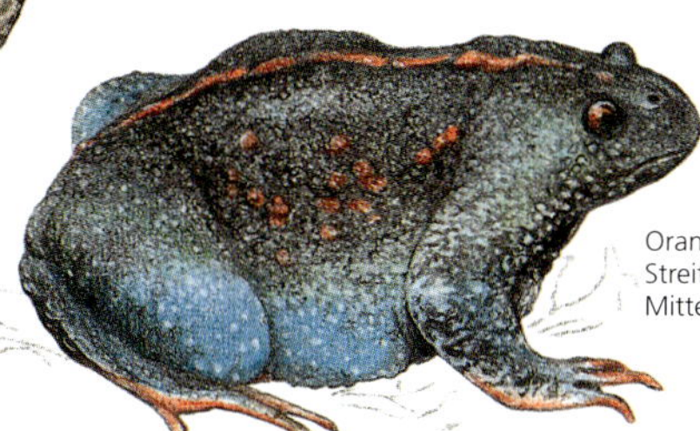

Nasenkröte
Rhinophrynus dorsalis

Müllers Krallenfrosch
Xenopus muelleri

Kap-Krallenfrosch
Xenopus gilli

Syrische Schaufelkröte
Pelobates syriacus

AUF EINEN BLICK

Westlicher Schlammtaucher Die Männchen rufen von unterhalb der Wasseroberfläche. Die Kaulquappen sind größer als die adulten Tiere, bis zu sechs cm lang. Die Eier werden in Schnüren an Wasserpflanzen abgelegt.

- Bis 5 cm
- Land, Wasser
- Frühjahr
- Häufig

Span., Portugal, Frankr., W-Belgien, NW-Italien

Große Wabenkröte Während des Amplexus legt das Weibchen ein Ei nach dem anderen. Das Männchen befruchtet jedes und befestigt es am Rücken des Weibchens, wo die Eier in wabenförmigen Taschen versinken. Nach drei bis vier Monaten schlüpfen die Jungtiere.

- Bis 20 cm
- Im Wasser
- Frühjahr
- Häufig

Nördliches Südamerika

Gebirgs-Stachelfuß In der sommerlichen Regenzeit, während der auch die Fortpflanzung stattfindet, ist diese Art nachtaktiv. Meist lebt sie in Bauen, die sie in weiche Erde gräbt.

- Bis 5 cm
- An Land, im Boden
- Sommer
- Häufig

S-USA, N-Mexiko

Kap-Krallenfrosch Veränderungen in den sauren Schwarzwasserteichen, in denen er lebt, erlaubte es auch dem Glatten Krallenfrosch (*Xenopus laevis*), sich dort anzusiedeln. Beide Arten paaren sich miteinander, dies ergibt sterile Hybriden, die den Bestand gefährden.

- Bis 5 cm
- Im Wasser
- Winter
- Gefährdet

Südwestliches Südafrika

Nasenkröte Er verbringt die meiste Zeit unter der Erde und taucht nur nach Starkregen zur Paarung auf. Beim Rufen sind die Körper der Männchen so aufgeblasen, dass sie Ballons ähneln.

- Bis 9 cm
- An Land, im Boden
- Sommer
- Häufig

Texas (USA) bis Costa Rica

AUF EINEN BLICK

Schildkrötenfrosch Er gräbt kopfunter mit den kräftigen Vorderbeinen in Termitennestern, um die Tiere zu fressen. Von rufenden Männchen schaut oft nur der Kopf aus dem Boden. Bis zu 40 große Eier werden unterirdisch abgelegt.

- Bis 6 cm
- An Land, im Boden
- Regenzeit
- Selten

SW-Australien

Katholikenfrosch Die grabende Art ist den Großteil des Lebens unter der Erde und kommt nur nach Regen zur Paarung in temporären Tümpeln heraus. Beim Rufen treiben Männchen auf dem Wasser. Die Eier werden im Wasser abgelegt.

- Bis 5,5 cm
- An Land, im Boden
- Regenzeit
- Häufig

SO-Australien

Limnodynastes interioris Adulte Tiere verbringen den Tag und die trockenen Monate unter der Erde. Männchen rufen von Wasserpflanzen oder von Bauen im Ufer aus. Die Eiablage findet in überfluteten Bauen statt.

- Bis 9 cm
- Im Wasser, im Boden
- Frühjahr, Sommer
- Selten

SO-Australien

MAGENBRÜTER

Das Magenbrüter-Weibchen (*Rheobatrachus silus*) schluckt befruchtete Eier oder Larven, die sich in seinem Magen entwickeln. Die Produktion von Salzsäure im Magen ist während dieser Zeit eingestellt. Die Kaulquappen entwickeln sich dank der Nährstoffe im Dotter, daher fehlen die Lippenzähne.

Heraufgekrochen *Die Jungen entwickeln sich sechs bis sieben Wochen im Magen der Mutter und kriechen dann ans Tageslicht.*

Pseudophryne australis

Roses Gespenstfrosch
Heleophryne rosei

Mit den spatelförmigen Zehen klettert er auf Steine hinauf

Schildkrötenfrosch
Myobatrachus gouldii

Thomassets Seychellenfrosch
Sooglossus thomasseti

Katholikenfrosch
Notaden bennettii

Natal-Gespenstfrosch
Heleophryne natalensis

Limnodynastes interioris

Unterscheidet sich vom *Heleioporus australiacus* durch die fehlenden schwarzen Stacheln an Rücken und Hals

Heleioporus barycragus

AUF EINEN BLICK

Surinam-Hornfrosch Kommt Beute an ihm vorbei, macht er einen kleinen Satz nach vorn und öffnet das riesige Maul. Die Beute wird als Ganzes verschluckt.

- Bis 12 cm
- Am Boden
- Regenzeit im Herbst
- Häufig

Amazonien (Südamerika)

Südamerikanischer Ochsenfrosch Sein Ruf ist ein laut pfeifendes Heulen. Bis zu 3000 Eier werden in eine Mulde am Waldboden gelegt. Regen spült die kannibalischen Kaulquappen in nahe Bäche oder Sümpfe.

- Bis 18 cm
- Am Boden
- Herbst
- Häufig

Honduras bis Bolivien

Chaco-Pfeiffrosch Der große, stämmige, wasserlebende Frosch hat einen abgeflachten Körper. Der Kopf ist groß, breit und massiv, er nimmt ein Drittel der Körperlänge ein.

- Bis 10 cm
- Im Wasser
- Sommer
- Häufig

Gran Chaco (Argentinien, Bolivien, Paraguay)

TROCKENZEITEN ÜBERLEBEN

Die trockenen Wintermonate verbringen Schmuckhornfrösche unbeweglich in der Erde, dabei umgibt sie eine harte Schale aus nicht abgestoßener Haut. Dieser „Kokon" schützt das Tier vor zu großem Wasserverlust und lässt es bis zur Regenzeit überleben. In den feuchten Sommermonaten in Südamerika, die von Oktober bis Februar dauern, überfluten Starkregen den Gran Chaco und schaffen temporäre Tümpel zur Nahrungssuche und zur Fortpflanzung.

Eingegraben
Schmuckhornfrösche bleiben in der Erde, bis es zu Beginn der nassen Sommermonate regnet.

AUF EINEN BLICK

Coqui Der Name der Art kommt vom hohen, zirpenden Ruf des Männchens, der wie „coqui" klingt. Die an Land abgelegten Eier entwickeln sich direkt. Die Art wurde in Florida und in Hawaii eingeführt.

- Bis 5,5 cm
- Land, Bäume
- Ganzjährig
- Häufig

Puerto Rico (Karibik)

Mexikanischer Klippenfrosch Aus der Entfernung hört sich der Ruf dieser Art wie Gebell an, in der Nähe ist es ein kehliger Laut. Weibchen kreischen, wenn man sie fasst. Wenn sie gefangen werden, blasen sie sich enorm auf.

- Bis 9,5 cm
- An Land
- Frühjahr
- Häufig

SW-USA bis Zentral- und W-Mexiko

Eleutherodactylus peruvianus Diese Art entwickelt sich direkt. Die Eier werden in feuchten Lagen in Laubstreu abgelegt. Die Männchen, die deutlich kleiner sind als die Weibchen, rufen Tag und Nacht am Waldboden.

- Bis 3 cm
- Am Boden
- Regenzeit im Herbst
- Häufig

W-Amazonien (Brasil., Bolivien, Peru, Ecuador)

Adenomera andreae Weibchen legen 20 unpigmentierte Eier in ein Schaumnest. Die Kaulquappen entwickeln sich im Nest und ernähren sich vom Dotter. Männchen rufen aus feuchten Mulden.

- Bis 3 cm
- Am Boden
- Frühjahr
- Häufig

Amazonien (Nördliches Südamerika)

Lithodytes lineatus Die knallroten Flecken an den Lenden und auf der Rückseite der Schenkel zeigt der Frosch, wenn er sich bewegt. Seine Zeichnung ahmt die der Pfeilgiftfrosch-Art *Allobates femoralis* nach. Die Eier werden in Schaumnestern abgelegt.

- Bis 5 cm
- Am Boden
- Winter
- Häufig

Nördliches Südamerika

VORDRINGEN DER AGA-KRÖTE

Kröten-Alptraum Die Zuckerrohrfelder waren nicht eingezäunt, so dass die Kröten sich in der Umgebung ausbreiteten. Sie sind heute so zahlreich, dass manche Gärten sich nachts in eine wabernde Krötenmasse verwandeln und die Straßen von zerquetschten Amphibien übersät sind.

Erfolgsgeschichten über die Einführung der Aga-Kröte (*Bufo marinus*) auf den Zuckerrohrfeldern von Puerto Rico, um schädliche Insekten zu dezimieren, brachten Zuckerrohrbauern in Queensland, Australien, dazu, 100 erwachsene Kröten einzuführen und sie zu vermehren. 1935 setzten sie 62000 Jungtiere in Queensland aus, um den Käfer *Dermolepida albohirtum* in den Griff zu bekommen. Da die Aga-Kröte keine natürlichen Feinde in Australien hat, wuchs der Bestand explosionsartig zu einer Plage. Die Kröten fressen alle Tiere, die kleiner sind als sie selbst. Sie stehlen sogar Hunden das Futter aus dem Napf. Brasilianische Forscher suchen nach einem Mittel gegen die Plage.

Aga-Kröten-Gift Werden Aga-Kröten bedroht, blasen sie den Körper auf und schwitzen aus den Ohrdrüsen eine milchige, gummiartige Flüssigkeit aus. Im Extremfall kann das Sekret dem Angreifer bis auf 92 cm entgegengeschossen werden, doch es ist erst giftig, wenn es geschluckt wird. Das Gift wurde als halluzinogene Droge verwendet.

Nachwuchs Die Aga-Kröte paart sich in Australien ganzjährig in temporären Teichen, Seen und Bächen. Sie kann bis zu 13000 Eier auf einmal produzieren. Ihre Kaulquappen entwickeln sich sehr rasch und haben nur geringe Ansprüche an ihren Lebensraum: Wasser und Algen. Es dauert zwar einige Jahre, bis eine Aga-Kröte geschlechtsreif wird, doch sie lebt 20 Jahre. Der Ruf der Aga-Kröte zur Paarungszeit stört die Rufe der heimischen Frösche.

Maßlose Fresser Die Aga-Kröte wird bis zu 23 cm lang und kann mehr als 1 kg wiegen. Sie frisst fast alles, was kleiner ist als sie selbst, darunter auch viele nützliche Frösche. Die oben abgebildete Kröte frisst einen Schlafbeutler.

Tödliches Mahl Die Ohrdrüse der Aga-Kröte sondert ein Sekret ab, das für manche Tiere tödlich ist. Die rechts abgebildete Kröte hat ihre Ohrdrüsen auf die sich nähernde Schlange ausgerichtet. Der Bestand an australischen Schlangen, die normalerweise einheimische Amphibien fressen, geht zurück, weil sie am Gift der Aga-Kröte sterben. Auch Vögel, Dingos, Warane und weitere Amphibien betrachten die Aga-Kröte als mögliche Beute. Fische sterben, weil sie die giftigen Kaulquappen verzehren. Und das Problem ist nicht auf Gebiete beschränkt, wo die Kröte eingeführt wurde: Man vermutet, dass eine Gruppe peruanischer Indios starb, weil sie eine Suppe aus Eiern der Aga-Kröte aß.

AUF EINEN BLICK

Colorado-Kröte Die Hautdrüsen dieser Kröte produzieren ein Gift, das auch bei Menschen zu Halluzinationen führt. In den USA ist die Substanz verboten – es gab schon Verhaftungen, weil Menschen die Kröte „melkten".

- Bis 20 cm
- Am Boden
- Sommer
- Häufig

SW-USA und NW-Mexiko

Schwarznarbenkröte Sie war häufig, doch durch Lebensraumverlust wegen Dürre, Rodung, Bewässerung, Pestiziden, Düngern und Umweltverschmutzung geht der Bestand zurück.

- Bis 15 cm
- Am Boden
- Sommer
- Zurückgehend

SO-Asien

AMPHIBIEN-EIER

Amphibien-Embryonen sind in eine gelatinöse Membran gehüllt, doch es fehlt die schützende Schafshaut. Da die Eier ohne Schale sind, müssen sie vor dem Austrocknen geschützt werden. Die Eier enthalten Nährstoffe für die Kaulquappen. Bei einigen Arten enthalten die Eier ausreichend Dottermasse, wodurch sich die Embryonen direkt zu Miniatur-Adulten entwickeln.

Eine Kaulquappe entwickelt sich im Ei
Damit Froschlurch-Eier nicht austrocknen, müssen sie feucht gehalten werden.

SCHUTZSTATUS

Die 476 Arten der Bufonidae auf der Roten Liste der IUCN stehen unter folgenden Gefährdungsgraden: 5 ausgestorben, 1 in freier Wildbahn ausgestorben, 84 vom Aussterben bedroht, 70 stark gefährdet, 51 gefährdet, 27 potenziell gefährdet, 66 Daten ungenügend, 172 nicht gefährdet.

Blomberg-Kröte
Bufo blombergi

Rokoko-Kröte
Bufo paracnemis

Aga-Kröte
Bufo marinus

Zipfelkröte
Bufo superciliaris

Pantherkröte
Bufo regularis

Brust und Unterleib sind weiß

Kubanische Riesenkröte
Bufo pelticephalus

Berberkröte
Bufo mauritanicus

Erhöhtes Warzenmuster

Colorado-Kröte
Bufo alvarius

Schwarznarbenkröte
Bufo melanostictus

Pedostibes everetti

Bufo ceratophrys

Rote Kröte
Schismaderma carens

Grüne Kröte
Bufo retiformis

Blattkröte
Bufo margaritifer

Rotpunkt-Kröte
Bufo punctatus

Zwei Farbvarianten des Bunten Stummelfußfroschs

Bunter Stummelfußfrosch
Atelopus varius

Eichenkröte
Bufo quercinus

Wechselkröte
Bufo viridis

AUF EINEN BLICK

Bufo ceratophrys Die tagaktive Kröte lebt am Waldboden, jagt Termiten und legt ihre Eier in Waldbächen ab.

- Bis 8,2 cm
- Am Boden
- Unbekannt
- Häufig

NW-Amazonien (Südamerika)

Wechselkröte Diese Art bildet große Populationen in Gebieten, die vom Menschen verändert wurden – oft größere Populationen als in naturbelassenen Gegenden. Sie leben oft in verlassenen Bauen von Nagetieren. Im dicht besetzten Lebensraum kommen bis zu 100 Tiere auf 100 qm vor.

- Bis 12 cm
- Am Boden
- Frühjahr
- Häufig

Europa bis Asien

Bunter Stummelfußfrosch Bei dieser Art dauert der Amplexus besonders lang. Das Weibchen trägt das Männchen einige Tage bis zu einem Monat, bis etwa 20 Eier abgelegt sind.

- Bis 5 cm
- An Land, im Wasser
- Herbst
- Vom Aussterben bedroht

S-Costa-Rica, Panama, N-Kolumbien

KRÖTEN UND FRÖSCHE

In Europa und Nordamerika haben Kröten (Familie Bufonidae) kurze Beine zum Hüpfen, trockene, warzige Haut und leben an Land. Frösche (Familie Ranidae) haben lange, schlanke Beine für große Sprünge, feuchte Haut und leben mehr im Wasser. Doch die Begriffe „Frosch" und „Kröte" werden in verschiedenen Weltgegenden unterschiedlich gebraucht. In Afrika bezeichnet man den glatten, feuchten, wasserlebenden Kap-Krallenfrosch (*Xenopus gilli*) als Krallenkröte.

Verwirrung
Südafrikaner nennen Bufo pardalis *(oben) zwar Leopardenfrosch, doch er gehört zur Krötenfamilie Bufonidae.*

AUF EINEN BLICK

Days Papualaubfrosch Dieser Frosch verfügt über riesige Augen mit einer senkrechten ovalen Pupille. Man findet ihn auf Steinen und Pflanzen an schnell fließenden Bächen im Regenwald bis auf 1200 m Höhe.

- Bis 6 cm
- Auf Bäumen
- Frühjahr, Sommer
- Stark gefährdet

NO-Australien

Litoria raniformis Männchen lassen beim Treiben im Wasser ein tiefes, lang anhaltendes Knurren ertönen. Die Eier werden in einer treibenden Gallertmasse abgelegt, die später sinkt. Die Art frisst andere Frösche und sogar Artgenossen.

- Bis 10 cm
- An Land, im Wasser
- Sommer
- Stark gefährdet

SO-Australien und Tasmanien

Cyclorana brevipes Der robuste grabende Frosch hat eine auffällige, stark variierende Zeichnung. Der Rücken ist dunkelbraun mit silbrig-braunen Flecken. Meist verläuft am Rücken ein silbrigbrauner Streifen; der Bauch ist weiß.

- Bis 5 cm
- An Land, im Boden
- Unbekannt
- Häufig

NO-Australien

Großer Harlekinfrosch Er hat große Füße mit Schwimmhäuten und eine sehr glitschige Haut. Die Kaulquappen sind dreimal so groß wie die erwachsenen Tiere, bis zu 25 cm lang.

- Bis 7,5 cm
- Im Wasser
- Regenzeit
- Häufig

Amazonien (Südamerika) bis N-Argentinien

Wasserreservoirfrosch Die Art verbringt die langen Trockenzeiten, die einige Jahre dauern können, in Bauen tief unter der Erde. Sie umgibt sich mit einer Art Kokon aus abgestoßenen Schichten ihrer eigenen Haut.

- Bis 6 cm
- An Land, im Boden
- Variabel
- Häufig

Zentral-Australien

Days Papualaubfrosch
Nyctimystes dayi

Litoria gracilenta

Litoria citropa

Litoria raniformis

Korallenfinger
Litoria caerulea

Goldlaubfrosch
Litoria aurea

Cyclorana brevipes

Großer Harlekinfrosch
Pseudis paradoxa

Füße mit großen Schwimmhäuten

Wasserreservoirfrosch
Cyclorana platycephala

Cruziohyla craspedopus

Warziger Makifrosch
Phyllomedusa sauvagii

Panzerkopflaubfrosch
Triprion spatulatus

Phyllomedusa palliata

Osteocephalus leprieurii

Rotaugenlaubfrosch
Agalychnis callidryas

Hypsiboas geographicus

Giftlaubfrosch
Trachycephalus venulosus

Jordans Helmkopflaubfrosch
Trachycephalus jordani

Hypsiboas boans

AUF EINEN BLICK

Warziger Makifrosch Dieser Laubfrosch umgibt sich mit einem wachsartigen Sekret, um sich feucht zu halten. Er legt die Eier auf ein Blatt und rollt es mit seinem Wachs-Sekret ein.

- Bis 8,5 cm
- Auf Bäumen
- Regenzeit
- Häufig

Gran Chaco (N-Paraguay, N-Argentinien, O-Bolivien, S-Brasilien)

Panzerkopflaubfrosch Die Haut an seinem Kopf ist mit den Schädelknochen verwachsen. Zieht er sich in Baumlöcher oder Felsspalten zurück, schließt er das Loch mit dem Kopf, um Austrocknung und Angriffe zu verhindern.

- Bis 7,5 cm
- Am Boden, auf Bäumen
- Sommer
- Häufig

W-Mexiko

Rotaugenlaubfrosch Die Art legt grüne Eier auf Pflanzen oder Felsen oberhalb von Teichen. Die Kaulquappen schlüpfen und fallen ins Wasser, wo sie sich weiterentwickeln. Männchen sind mit einem Jahr geschlechtsreif.

- Bis 7,5 cm
- Auf Bäumen
- Sommer
- Häufig

S-Mexiko bis Kolumbien

FROSCHFÜSSE

Frösche haben an den Vorderfüßen je vier und an den Hinterfüßen je fünf Zehen. Die Form entspricht der Lebensweise: mit Schwimmhäuten oder mit Haftscheiben an den Zehen zum Klettern oder mit abgewandelten Krallen zum Graben.

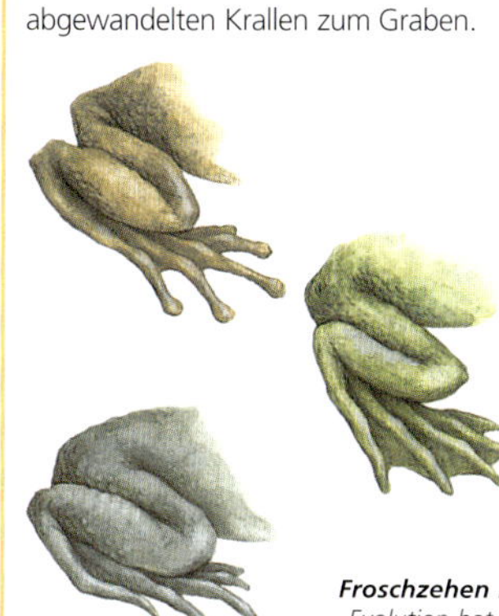

Froschzehen *Die Evolution hat bei Baumfröschen aus nicht näher verwandten Familien, wie Hylidae und Rhacophoridae, Zehen mit Haftscheiben hervorgebracht.*

AUF EINEN BLICK

Centrolene prosoblepon Die Art ruft ein dreifaches hohes „tick" oberhalb von Bächen. Sie befestigt die Eier an Blättern, die über einem Bach hängen. Kaulquappen halten sich mit ihrem Saugmaul an Steinen fest.

- Bis 2,5 cm
- Auf Bäumen
- Sommer
- Häufig

N-Nicaragua bis Kolumbien und Ecuador

Bellender Laubfrosch Dieser Frosch lässt den lauten, rauen Territorialruf aus 9 oder 10 Elementen von hoch oben in den Baumwipfeln erschallen. Sein Paarungsruf ist ein einfaches „dunk" oder „tunk". Das Weibchen legt die Eier einzeln auf den Boden eines Teichs.

- Bis 7 cm
- Am Boden, auf Bäumen
- Frühjahr, Sommer
- Häufig

SO-USA

Europäischer Laubfrosch Sein Bestand geht in West- und Mitteleuropa wegen Lebensraumverlusts, Umweltverschmutzung und Klimaveränderungen zurück.

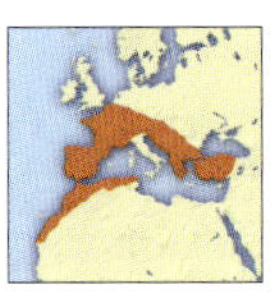

- Bis 5 cm
- Am Boden, auf Bäumen
- Frühjahr
- Häufig

Europa, W-Asien, NW-Afrika

Beutelfrosch Während der Paarung schiebt das Männchen die befruchteten Eier in einen Beutel auf dem Rücken des Weibchens. Dort findet eine direkte Entwicklung statt.

- Bis 7 cm
- Am Boden, auf Bäumen
- Frühjahr, Sommer
- Häufig

Amazonien (Peru, Bolivien)

SCHUTZSTATUS

Die 804 Arten der Hylidae auf der Roten Liste der IUCN stehen in folgenden Gefährdungsgraden:

1	Ausgestorben
66	Vom Aussterben bedroht
57	Stark gefährdet
34	Gefährdet
23	Potenziell gefährdet
174	Daten ungenügend
449	Nicht gefährdet

Centrolene prosoblepon

Namensgebend für die Glasfrösche wie *Centrolene prosoblepon* ist die durchscheinende Unterseite

Bromelien-Laubfrosch
Dendrosophus ebraccatus

Surinam-Clownfrosch
Dendrosophus leucophyllatus

Bellender Laubfrosch
Hyla gratiosa

Lebt auf Bäumen oder in Bauen unter der Erde

Nordamerikanischer Laubfrosch
Hyla cinerea

Hemiphractus proboscideus

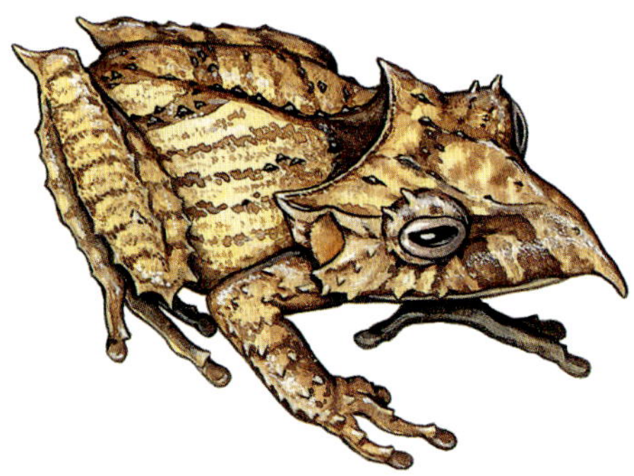

Mexikanischer Baumfrosch
Smilisca baudinii

Europäischer Laubfrosch
Hyla arborea

Beutelfrosch
Gastrotheca marsupiata

Weibchen ohne Eier im Beutel

Schmuck-Chorfrosch
Pseudacris ornata

Auffällige Haut Die Zeichnung des Surinam-Clownfrosches erinnert an das Muster einer Giraffe. Andere Laubfrösche sind weniger auffällig. Große Zehenscheiben und lockere Haut am Bauch erlauben es dem Frosch, sich an glatten Oberflächen festzuhalten.

LAUBFRÖSCHE

Zur Familie Hylidae – Laubfrösche – gehören 847 Arten in 48 Gattungen, die vor allem in Nord- und Südamerika sowie Australien leben. Einige sind auch in Europa und Asien beheimatet. Ihre Größe reicht von 12 mm bei *Litoria microbelos* bis zu 14 cm bei *Osteopilus vastus*. Die meisten Laubfrösche sind Baumbewohner, doch einige leben auch am Boden, im Wasser oder unter der Erde. Die meisten haben zu Haftscheiben verbreiterte Fingerspitzen, die als eine Art Saugnäpfe dienen. Fast alle Arten sind stark abgeflacht und stromlinienförmig, mit langen Beinen zum Springen von Ast zu Ast. Laubfrösche haben waagrechte ovale Pupillen, mit Ausnahme der Gattung Phyllomedusa, die senkrechte Pupillen besitzt.

Grabtier Der Grablaubfrosch (*Smilisca fodiens*) lebt in vielen Lebensräumen, die jahreszeitlich überschwemmt werden. Er ist gut an die grabende Lebensweise angepasst und verbringt die Trockenzeit unterirdisch in Ruhe. Nur nach Starkregen paart er sich.

Borneo-Flugfrosch
Der Borneo-Flugfrosch (*Rhacophorus pardalis*) lebt auf Höhen von 200 bis 1700 m. Er ist 6,5 cm lang. Die Art legt von März bis Mai bis zu 50 Eier in einer Schaummasse auf Bäumen oberhalb von Tümpeln ab. Sie kommt auf den Philippinen, auf Borneo und Sumatra vor.

Sicherer Griff Die Art *Phyllomedusa tarsius* ist nachtaktiv und lebt im Regenwald des Amazonasgebietes auf Bäumen. Der erste Finger des Vorderfußes steht gegenständig, so können diese Frösche wie Primaten kleine Äste umfassen, wenn sie sich langsam und sicher – selbst bei Wind und Regen – durch die Kronenschicht des Regenwaldes bewegen. Sie besitzen runde Ohrdrüsen, die sich mindestens bis zur Körpermitte erstrecken.

Anhänglich
Glasfrösche rufen von der Blattoberseite an Bäumen direkt über Bächen. Auf der Unterseite derselben Blätter befestigen sie ihre Eier.

Fortpflanzung auf Bäumen Männchen besitzen artspezifische Rufe, mit denen sie Weibchen anlocken. Die Umklammerung bei der Paarung stimuliert das Weibchen zur Eiablage, was meist im Wasser geschieht. Daraus entwickeln sich frei schwimmende Kaulquappen. Viele Arten legen die Eier an Pflanzen oberhalb von Wasser ab. So fallen die Kaulquappen nach dem Schlüpfen ins Wasser, wo sie sich weiterentwickeln. Einige Arten legen die Eier in Bromelien ab und die Kaulquappen entwickeln sich dort. Bei *Osteocephalus oophagus* bewachen die Männchen nach der Eiablage das Gelege, die Weibchen legen unbefruchtete, dotterreiche Eier, von denen sich die Kaulquappen im Lauf ihrer weiteren Entwicklung ernähren.

AUF EINEN BLICK

Platypelis milloti Der Ruf dieser Art ist ein pfeifender Ton, der nur 55 bis 65 Millisekunden anhält. Er wird mehr als 100-mal pro Minute wiederholt. An den Händen fehlen Schwimmhäute, an den Füßen sind Ansätze vorhanden.

- Bis 3 cm
- Am Boden, auf Bäumen
- Unbekannt
- Stark gefährdet

NW-Madagaskar

Chiasmocleis ventrimaculata Diese Art lebt mit Taranteln in deren Bauen und frisst die Ameisen, deren Beute Taranteleier sind. Nachts sitzen die Frösche am Eingang der Baue zwischen den Beinen der Spinnen.

- Bis 2,5 cm
- Am Boden
- Sommer
- Häufig

O-Ecuador, SO-Peru, NW-Bolivien

Tomatenfrosch Die leuchtend rote Farbe dieses Frosches ist eine klare Warnung für mögliche Feinde, dass er giftig ist. Ein weißes klebriges Sekret aus der Haut schreckt Schlangen ab und löst bei Menschen Allergien aus.

- Bis 10 cm
- Am Boden, im Wasser
- Sommer
- Gefährdet

NO-Madagaskar

KURZKOPFFRÖSCHE AFRIKAS

Kurzkopffrösche (Gattung *Breviceps*) haben einen kurzen Kopf und einen stämmigen Körper. Nur bei heftigen Regengüssen erscheinen sie an der Oberfläche. Die Rufe der Männchen sind laut und bellend. Ein klebriges Hautsekret befestigt sie während der Umklammerung am Weibchen. Die Tiere legen ihre Eier unterirdisch, die jungen Frösche entwickeln sich, ohne Wasser zu brauchen.

Aufgeblasen wie ein Ballon
Männchen der Art Breviceps macrops *blähen ihren Körper enorm auf, wenn sie nach Weibchen rufen.*

Ornament-Engmaulfrosch
Microhyla ornata

Platypelis milloti

Bunter Engmaulfrosch
Scaphiophryne gottlebei

Chiasmocleis ventrimaculata

Zweistreifiger Wendehalsfrosch
Phrynomantis bifasciatus

In Verteidigungshaltung, mit gesenktem Kopf und gestreckten Hinterbeinen

Dermatonotus muelleri

Gastrophryne olivacea

Tomatenfrosch
Dyscophus antongilii

Indischer Ochsenfrosch
Kaloula pulchra

Männchen tragen die gleiche Zeichnung wie Weibchen, sind aber etwas kleiner

Bunter Baumsteiger
Oophaga histrionica

Glanzschenkel-Baumsteiger
Allobates femoralis

Mannophryne trinitatis

Genetzter Baumsteiger
Ranitomeya reticulata

Gelbgebänderter Baumsteiger
Oophaga leucomelas

Erdbeerfröschchen
Oophaga pumilio

Lehmanns Baumsteiger
Dendrobates lehmanni

Hat große Haftscheiben an den Zehen, um auf Bromelien zu klettern

Goldbaumsteiger
Dendrobates auratus

Blauer Baumsteiger
Dendrobates tinctorius (azureus)

Schrecklicher Blattsteiger
Phyllobates terribilis

AUF EINEN BLICK

Bunter Baumsteiger Das Männchen ruft von Ästen aus einer Höhe von bis zu 1 m Höhe. Das Männchen sitzt auf dem Weg zur Eiablage oft auf dem Rücken des Weibchens. Ihr langes Werberitual, das zwei bis drei Stunden dauert, umfasst eine Folge von Sitzen, Verbeugen, Kauern, Berühren und Umkreisen.

- Bis 4 cm
- Am Boden, auf Bäumen
- Regenzeit
- Häufig

Kolumbien, Ecuador

Genetzter Baumsteiger Weibchen legen zwei bis drei Eier von 2 mm Durchmesser. Obwohl die Art vorwiegend am Waldboden lebt, springen die Männchen auf Baumstümpfe und bringen ein bis zwei Kaulquappen zu Bromelien.

- Bis 2 cm
- Am Boden, auf Bäumen
- Regenzeit
- Häufig

NO-Peru, W-Brasilien

Blauer Baumsteiger Weibchen legen Eier im Wasser ab, damit Männchen sie befruchten. Die Männchen bewachen meist die Eier, bis die Kaulquappen sich nach 12 Tagen entwickeln. Mit 12 Wochen werden aus ihnen die Jungtiere.

- Bis 5 cm
- Am Boden
- Regenzeit
- Selten

Surinam

PFEILGIFTFRÖSCHE

Ureinwohner tauchen ihre Pfeilspitzen in das Sekret der Pfeilgiftfrösche. Das Gift blockiert die neuromuskulären Funktionen und führt zu Lähmungen, ja sogar zum Tod. Um in der Haut diese Gifte produzieren zu können, müssen die Frösche Ameisen fressen und deren Ameisensäure aufnehmen.

AUF EINEN BLICK

Blauer Riedfrosch Diese Frösche kommen häufig in Dünen, Savannen und gerodeten Lebensräumen an der Ostküste Madagaskars vor. Sie sind nachtaktiv in der Vegetationsschicht am Rand oder überhalb flacher Sümpfe und Tümpel. Während des Tags suchen sie Zuflucht in nahen Tümpeln und tauchen unter, wenn ein Feind sich nähert. Die Eier werden im Wasser abgelegt.

- Bis 4 cm
- An Land
- Ganzjährig
- Häufig

Madagaskar

Mantella expectata Die Art wurde anhand von Individuen beschrieben, die in den Heimtierhandel kamen, für den sie noch immer zu Beginn der Regenzeit (Oktober bis Dezember) in großer Zahl gesammelt werden. Bei den ersten Regenfällen kommen die in Massen ablaichenden Frösche aus ihren Verstecken und sind daher sehr leicht zu fangen.

- Bis 3,2 cm
- Am Boden
- Regenzeit
- Vom Austerben bedroht

Madagaskar

Semnodactylus wealii Die Männchen rufen von erhöhten Standorten der Vegetation, am Ufer oder teilweise untergetaucht zwischen Wasserpflanzen. Ihr Ruf ist laut, er ähnelt dem Geräusch, wenn ein Korken aus einer Flasche gezogen wird. Alle 3 bis 5 Sekunden ertönt ein Ruf von 1 Sekunde Dauer.

- Bis 4,4 cm
- Am Boden
- Regenzeit
- Häufig

Östliches und südöstliches Südafrika

SCHUTZSTATUS

In Gefahr Mindestens 386 Arten der Froschlurche stehen als vom Aussterben bedroht auf der Roten Liste der IUCN, viele wegen direkter Eingriffe des Menschen: Lebensraumzerstörung, Wasserverschmutzung und Einsatz von Herbiziden und Pestiziden. Selbst der Bestand der Goldkröte (*Bufo periglenes*), die in Schutzgebieten auf Berggipfeln lebt, ist in jüngster Zeit zurückgegangen. Dies ist wohl auf globale Erwärmung und Waldrodung zurückzuführen, die Einfluss auf die lokalen Regenmengen und damit auf den Nebelwald haben.

AUF EINEN BLICK

Amerikanischer Sumpffrosch Er produziert ein giftiges Hautsekret, das die menschliche Haut reizt und für kleine Tiere, vor allem Amphibien, tödlich ist. Viele Schlangen machen einen Bogen um diese Frösche. Leopardfrösche (*Rana pipiens*) ahmen die Zeichnung nach, um nicht zur Beute von Schlangen zu werden.

- Bis 7,5 cm
- Am Boden, im Wasser
- Frühjahr
- Häufig

O-USA

Rana palmipes Diese wasserlebende Art sucht Tag und Nacht am Ufer von Flüssen, Tümpeln und Seen nach Nahrung. Sie frisst Wirbellose und Wirbeltiere, wie Insekten, andere Frösche und kleine Vögel, sowohl im Wasser als auch an Land.

- Bis 11,5 cm
- Im Wasser
- Regenzeit
- Häufig

Mittelamerika bis Peru und Brasilien

Nordamerikanischer Ochsenfrosch Er frisst alles, was sich bewegt und was er schlucken kann. Er wurde eingeführt und bedroht heimische Amphibien- und Reptilienarten. Kaulquappen entwickeln sich in zwei Jahren, adulte Tiere werden nach einigen Jahren geschlechtsreif.

- Bis 20 cm
- Im Wasser
- Sommer
- Häufig

O-USA

MASSENABLAICHEN

Der Grasfrosch paart sich in großer Zahl an 2–3 Tagen im Frühjahr. Dabei legt jedes Weibchen etwa 400 Eier in Paketen. Die Eier nehmen UV-Strahlen auf, so erhöht sich die Wassertemperatur und die Eier entwickeln sich schneller.

Alle auf einmal
Massenhafte Eiablage verringert die Gefahr, dass ein Fressfeind alle Eier frisst, weil er nicht so viel auf einmal vertilgen kann.

AUF EINEN BLICK

Limnonectes malesianus Diese Art lässt sich gut von *Limnonectes blythii* unterscheiden: durch den scharfen Winkel, den die dunkle Linie hinter dem Auge macht, und durch den deutlichen schwarzen Fleck am Ohr.

- Bis 10 cm
- Am Boden
- Unbekannt
- Potenziell gefährdet

W-Malaysia, Singapur, Sumatra, Borneo, Java

Cacosternum capense Er lebt in überschwemmtem Grasland, Mulden der Dünen und auf Ackerland mit schlecht entwässertem Lehmboden.

- Bis 4 cm
- Am Boden
- Winter
- Gefährdet

Südafrika

MISSBILDUNGEN

Frösche zeigen ein erschreckend klares Warnsignal: Bei chemischer Umweltverschmutzung tauchen Tiere mit stark missgebildeten Körpern auf. Ein Teil der chemischen Umweltverschmutzung ist dem Progesteron aus Antibabypillen zuzuschreiben, das in den Kläranlagen nicht vollständig aus dem Wasser gefiltert wird.

Vielbeiniger Frosch
Dieser Frosch entwickelte durch die chemische Verschmutzung des Fortpflanzungstümpels zusätzliche Beine.

SCHUTZSTATUS

Die 666 Ranidae-Arten auf der Roten Liste der IUCN stehen in folgenden Gefährdungsgraden:

2	Ausgestorben
19	Vom Aussterben bedroht
61	Stark gefährdet
82	Gefährdet
60	Potenziell gefährdet
147	Gaten ungenügend
295	Nicht gefährdet

Amolops viridimaculatus

Staurois tuberilinguis

Strongylopus bonaespei

Maskarenenfrosch
Ptychadena mascareniensis

Cacosternum capense

Knollige Drüsen auf dem Rücken und an den Flanken

Tomopterna cryptotis

Limnonectes malesianus

Afrikanischer Schmuckfrosch
Hildebrandtia ornata

Punktierter Ferkelfrosch
Hemisus guttatus

Wahlbergs Langfingerfrosch
Arthroleptis wahlbergii

Weißbart-Ruderfrosch
Polypedates leucomystax

Nyctixalus pictus

Typische schwarze Membran zwischen den Zehen mit den großen Schwimmhäuten

Wallace-Flugfrosch
Rhacophorus nigropalmatus

Theloderma asperum

Boophis madagascariensis

Grauer Baumfrosch
Chiromantis xerampelina

Afrikanischer Haarfrosch
Trichobatrachus robustus

Stark durchblutete warzige Fortsätze an den Hinterbeinen

Polypedates otilophus

AUF EINEN BLICK

Weißbart-Ruderfrosch Dieser Frosch ist sehr erfolgreich, weil er sich gut an menschliche Lebensräume anpasst. Sein Schaumnest findet man in Badezimmern, Wassertanks, Bewässerungskanälen oder an jeder feuchten Stelle.

- Bis 8 cm
- Auf Bäumen
- April bis Dezember
- Häufig

SO-Asien

Wallace-Flugfrosch Das Weibchen bildet aus Eileitersekret ein Schaumnest auf Zweigen und Blättern über Wasser. Wenn die Kaulquappen aus den Eiern schlüpfen, beginnt das Nest sich aufzulösen und sie fallen ins Wasser.

- Bis 10 cm
- Auf Bäumen
- Regenzeit
- Häufig

Indonesien, Malaysia, Thailand

Afrikanischer Haarfrosch Die warzigen Fortsätze in der Haut des Männchens vergrößern die Oberfläche für die Atmung. Das brauchen sie wegen der kleinen Lungen und des kräftigen Körpers. Kaulquappen haben Zähne und fressen Fleisch.

- Bis 11 cm
- Am Boden
- Unbekannt
- Häufig

Guinea, Kamerun, Kongo, Nigeria

KONTROLLIERTER STURZ

Frösche können mit ihren vergrößerten Schwimmhäuten kontrolliert fallen, um Fressfeinden zu entgehen oder sich fortzubewegen. Sie sind in der Lage die Richtung des Falls zu steuern.

Große Schwimmhäute *Der Java-Flugfrosch* (Rhacophorus reinwardtii) *setzt die Füße mit den großen Schwimmhäuten bei seinen Sprüngen von Baum zu Baum ein.*

WIRBELLOSE

WIRBELLOSE

WIRBELLOSE
STÄMME > 30
KLASSEN > 90
ORDNUNGEN > 370
ARTEN > 1,3 Millionen

Wirbellose stellen zwar mehr als 95 Prozent aller bekannten Tierarten, unterscheiden sich von den anderen Tieren jedoch dadurch, dass ihnen ein bestimmtes Merkmal fehlt: Sie besitzen weder eine Wirbelsäule noch Knochen oder Knorpel. Obwohl der Begriff Wirbellose allgemein gebraucht wird, besitzt er keinen wissenschaftlichen Wert. Alle Wirbeltiere zählen zu demselben Stamm, während die Gruppe der Wirbellosen aus mehr als 30 Stämmen besteht.

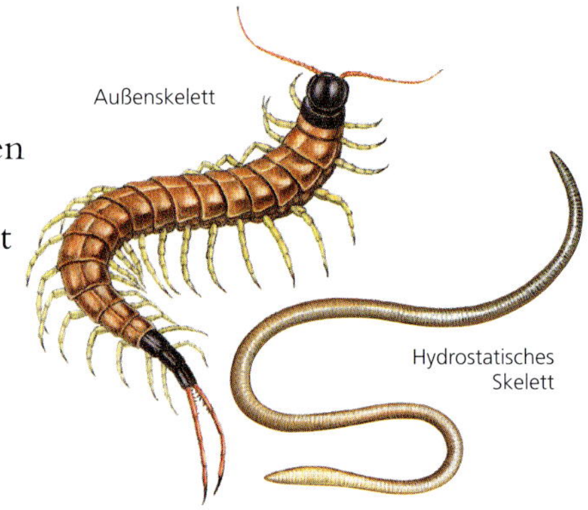

Skelette Skelette von Wirbellosen besitzen keine Knochen. Ein inneres, mit Flüssigkeit gefülltes hydrostatisches Skelett stützt den Körper von Würmern und anderen Wirbellosen, die in feuchten Umgebungen leben. Dank ihrer Außenskelette konnten Gliederfüßer, wie z. B. Hundertfüßer, das Land besiedeln.

FORMENVIELFALT

Die Gruppe der Wirbellosen besteht aus so unterschiedlichen Organismen wie porösen Schwämmen, im Wasser treibenden Quallen, parasitären Plattwürmern, durch Rückstoß angetriebenen Tintenfischen, hartschaligen Krabben und fliegenden Schmetterlingen. Wirbellose entstanden in den Meeren, wo noch immer die größte Artenvielfalt zu finden ist. Sie kommen in allen Land- und Wasserlebensräumen vor, in Luftströmungen über dem Mount Everest ebenso wie in hydrothermalen Tiefseespalten.

Die meisten Wirbellosen sind klein, oft mikroskopisch. Aber einige Arten erreichen gewaltige Ausmaße wie der bis zu 18 Meter lange und 900 kg schwere Riesenkalmar.

Wirbellose weisen zwei grundlegend unterschiedliche Baupläne auf. Arten mit sternförmiger Symmetrie, wie Quallen und Seeanemonen, haben einen runden Körper mit einer Mundöffnung in der Mitte. Andere Gruppen, wie Insekten und Würmer, haben eine zweiseitige Symmetrie mit erkennbarem Kopf.

Wirbellose besitzen zwar keine Knochen, werden jedoch durch eine skelettartige Struktur gestützt, denn obwohl viele weich zu sein scheinen, werden sie wie alle Tiere von Proteinfasern zusammengehalten. Viele Würmer verfügen über ein hydrostatisches Skelett, wobei eine Flüssigkeit im Körperinneren unter Druck gehalten wird. Schwämme und Stachelhäuter haben Außenskelette mit harten Bestandteilen wie Kieselerde und Kalziumkarbonat, die das Gewebe stützen. Die meisten Weichtiere sowie alle Gliederfüßer besitzen ein Außenskelett, das bei Weichtieren aus einer harten Schale besteht, während es bei Gliederfüßern in Segmente geteilt und beweglich ist.

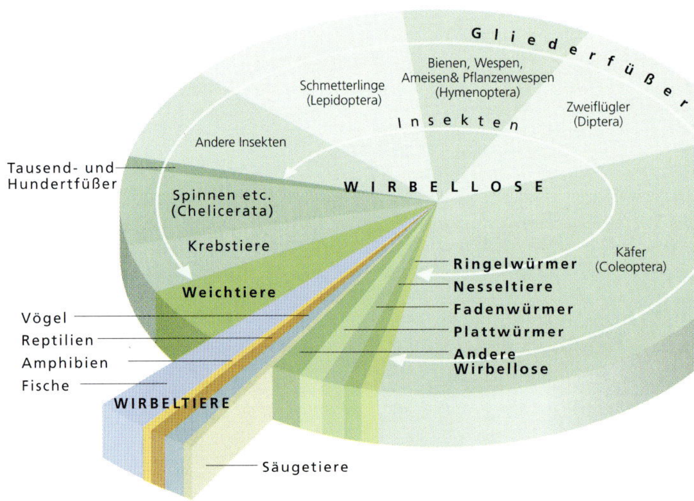

Artenzahlen Die überwältigende Mehrheit aller Tierarten sind Wirbellose (siehe links). Bisher wurden 1,75 Millionen Lebewesen beschrieben, aber Biologen schätzen, dass weitere 5 bis 10 Millionen auf ihre Entdeckung warten, vor allem Insekten und andere Wirbellose. Eine Million Insekten wurden bereits bestimmt, aber möglicherweise gibt es noch weitere 30 Milionen Arten.

Die meisten Wirbellosen pflanzen sich auf geschlechtliche Weise fort und produzieren zahllose befruchtete Eier, die oft sich selbst überlassen werden. Einige Arten entwickeln sich aus unbefruchteten Eiern, andere vermehren sich durch Teilung oder Sprossung, wobei einzelne Körperteile zum Nachwuchs werden. Die Jungen vieler Wirbelloser weisen einen ähnlichen Körperbau auf wie ihre Eltern, während andere zuerst ein Larvenstadium und eine Umgestaltung durchmachen müssen, um zu adulten Tieren zu werden. Eine derartige Metamorphose ist ein typisches Merkmal vieler Insektenfamilien.

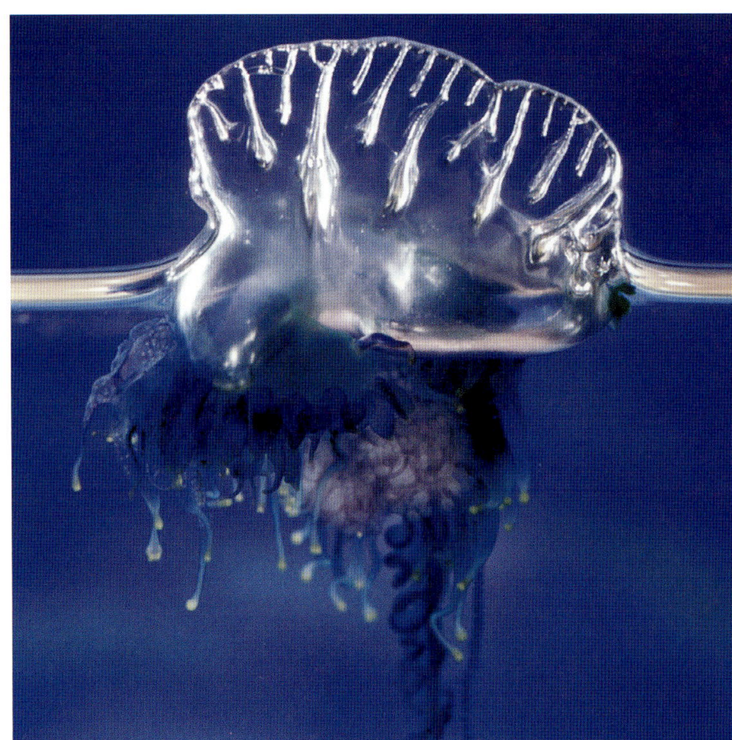

Fortbewegungsweisen Portuguiesische Galeeren legen – im Meer treibend, den Launen der Winde und Strömungen ausgesetzt – oft weite Strecken zurück. Ihre nahen Verwandten, die Seeanemonen, haben es schon schwerer. Sobald sie ausgewachsen sind, bleiben sie meist an einer Stelle verankert und bewegen ihre Tentakeln. Im Larvenstadium ihres Lebenszyklus treiben sie jedoch verstreut in den Meeresströmungen.

EVOLUTION DER WIRBELLOSEN

Grabspuren und Gänge in altem Gestein belegen, dass die ersten wirbellosen Formen vor einer Milliarde Jahren auftraten. Die ersten Körperfossilien vielzelliger Lebewesen sind etwa 600 Millionen Jahre alt und stammen aus dem ausgehenden Präkambrium. Sie zählen zu einer Gruppe von Organismen mit weichen Körpern, die im Meer lebten und nach den ersten Funden in den im Süden von Australien liegenden Ediacara-Hügeln unter dem Begriff Ediacara-Fauna zusammengefasst werden. Damals lebten auch äußerst bizarre Formen, die man aus keiner anderen Zeit kennt. Andere erinnern an heutige Wirbellose wie Würmer, Quallen und Gliederfüßer. Ihre verwandtschaftlichen Beziehungen zu den heute lebenden Tieren sind weiterhin unklar und sind Thema einer anhaltenden wissenschaftlichen Debatte.

KAMBRISCHE EXPLOSION

Im Kambrium, vor 570 bis 530 Millionen Jahren, kam es zu einem sprunghaften und bisher unübertroffenen Anstieg der Artenvielfalt. Die Vorfahren von beinahe allen lebenden wirbellosen Tierstämmen, also des Großteils aller heutigen Tierarten, tauchen in den Fossilfunden erstmals im Kambrium auf, einem Erdzeitalter, das nur etwa 40 Millionen Jahre dauerte.

Von besonderer Wichtigkeit sind die frühesten Anzeichen von harten Schalen und Außenskeletten. Die längst ausgestorbenen Trilobiten, frühe Gliederfüßer mit ungewöhnlich gut entwickelten Augen, haben sich während dieser Periode rasch vermehrt. Dies gilt auch für Schwämme und Stachelhäuter, die mit mehreren artenreichen Klassen vertreten waren, von denen jedoch nur die Klasse der Haarsterne (Crinoidea) bis heute überlebt hat. Im Kambrium gab es unter den Weichtieren Kopf- und Bauchfüßer, aber diese Tiergruppe erlebte erst später ihre Blütezeit. Die ersten Chordatiere traten auf, ferne Vorfahren unserer eigenen Spezies und aller anderen Wirbeltiere. Aber es gab auch viele seltsam anmutende Lebensformen, die keiner bekannten Gruppe angehören und möglicherweise evolutionäre Sackgassen darstellen.

Vorherrschende Formen In den Meeren des Kambrium waren Trilobiten (unten) weit verbreitet, aber vor 250 Millionen Jahren starben sie aus. Ihr Körper war in drei Abschnitte unterteilt: Ein schildartiger Kopf mit Augen und Fühlern, ein biegsamer Rumpf und ein Schwanz aus verwachsenen Teilen.

Evolution in Aktion Kurze Lebenszyklen und hohe Fortpflanzungsraten scheinen die Evolution der Wirbellosen zu beschleunigen. Das beste Beispiel liefern Birkenspanner (oben), die mit den Generationen dunkler wurden, um ihre Tarnung an die immer stärker verschmutzte Umwelt anzupassen.

Lichida Agnostida Proetida

Lebende Fossilien Mit 3,5 Milliarden Jahren sind Stromatoliten die ältesten Fossilien der Welt. Diese frühen, Riff bildenden Lebensformen bestanden aus Kolonien von Zyanobakterien (Blaualgen), die vermutlich über einen Zeitraum von zwei Milliarden Jahren die dominante Lebensform auf der Erde waren. Der Sauerstoff, den diese Organismen bei der Photosynthese freisetzten, baute eine Atmosphäre auf, und es kamen die ersten Vorfahren der Wirbellosen auf. In der westaustralischen Shark Bay haben Stromatoliten bis heute überlebt.

SYSTEMATIK

Über 95 Prozent aller Tierarten sind Wirbellose, deren gemeinsames Merkmal die fehlende Wirbelsäule ist. Die Wirbellosen sind nach ihrem Körperbau in mehr als 30 Stämme unterteilt. Die Merkmale, durch die ein Stamm definiert ist, reichen von Körpern, die aus losen Zellverbänden zusammengesetzt sind (Schwämme), über Gewebebildung (Nesseltiere) bis zur Entwicklung von Organen (Plattwürmer). Die Errungenschaft einer mit Flüssigkeit gefüllten Körperhöhle war ein springender Punkt in der Evolution, die es Faden- oder Ringelwürmern sowie anderen Wurmstämmen ermöglichte, sich mittels eines hydraulischen Systems fortzubewegen, das durch den Flüssigkeitsdruck angetrieben wird. Während diese Stämme weiche Körper besitzen, werden andere durch verschiedene Skelette gestützt und geschützt, wie zum Beispiel die Schalen von Weichtieren oder die Außenskelette von Gliederfüßern.

Stacheliger Stamm Anemonen wurden aufgrund ihres blütenähnlichen Aussehens ursprünglich als „Zoophyten" oder „Tierpflanzen" klassifiziert. Heute bilden Anemonen, Quallen, Korallen und Hydrozoen den Stamm der Nesseltiere (Cnidaria). Der Name weist auf die mikroskopischen Nesselzellen hin, mit denen diese Tiere ihre Beute bei Berührung lähmen.

Witwenspinnen Diese als Rote Witwe bekannte Spinne (oben rechts) ist relativ nahe mit der tödlichen Schwarzen Witwe verwandt. Witwenspinnen, bei denen die Weibchen die Männchen auffressen, bilden die Gattung *Latrodectus*, die zur Familie der Haubennetzspinnen oder Theridiidae zählen.

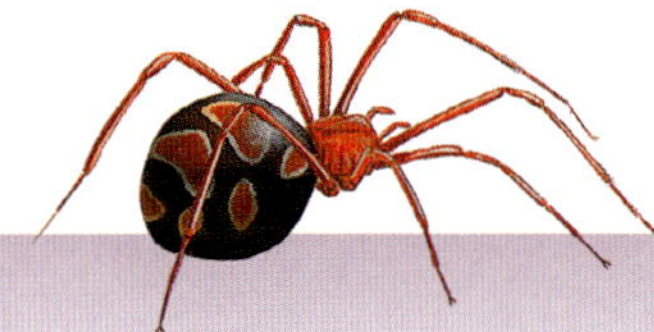

REICH
Animalia
Rote Witwe, Seestern, Libelle, Schwamm, Känguru

STAMM
Arthropoda
Rote Witwe, Schmetterling, Krabbe, Skorpion, Tausendfüßer

KLASSE
Arachnida
Rote Witwe, Schwarze Witwe, Weberknecht, Skorpion, Zecke

ORDNUNG
Araneae
Rote Witwe, Schwarze Witwe, Vogelspinne, Wolfsspinne

FAMILIE
Theridiidae
Rote Witwe, Schwarze Witwe, Radnetzspinne,Knopfspinne

GATTUNG
Latrodectus
Rote Witwe, Schwarze Witwe

ART
Latrodectus bishopi
Rote Witwe

Stamm Chordata
Wirbellose Chordatiere

Unterstamm Tunicata (Urochordata)
Manteltiere

Unterstamm Cephalochordata
Schädellose

Stamm Porifera
Schwämme

Stamm Cnidaria
Nesseltiere (Seeanemonen, Korallen, Quallen u. a.)

Stamm Plathelminthes
Plattwürmer

Stamm Nematoda
Fadenwürmer

Stamm Mollusca
Weichtiere (Muscheln, Schnecken, Tintenfische u. a.)

Stamm Annelida
Ringelwürmer

Stamm Arthropoda
Gliederfüßler

Unterstamm Chelicerata
Scherenfüßer

Klasse Arachnida
Spinnentiere

Klasse Merostomata
Pfeilschwänze

Klasse Pycnogonida
Asselspinnen

Unterstamm Myriapoda
Tausend- und Hundertfüßer

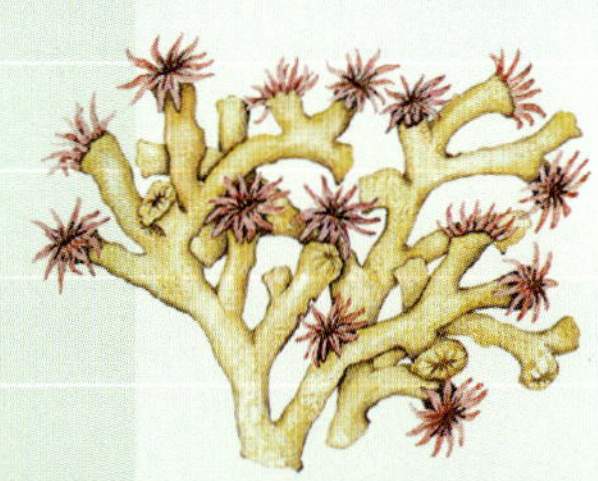

Stamm Cnidaria, Seite 132

Stamm Mollusca, Seite 137

Klasse Arachnida, Seite 148

Unterstamm Crustacea
Krebstiere

Unterstamm Hexapoda
Hexapoden oder Sechsfüßer

Klasse Insecta
Insekten

Ordnung Odonata, Seite 166

Ordnung Odonata
Libellen

Ordnung Mantodea
Fangschrecken

Ordnung Blattodea
Schaben

Ordnung Isoptera
Termiten

Ordnung Orthoptera
Heu- oder Springschrecken

Ordnung Hemiptera
Schnabelkerfe

Ordnung Coleoptera
Käfer

Ordnung Coleoptera, Seite 175

Ordnung Diptera
Zweiflügler

Ordnung Lepidoptera
Schmetterlinge

Ordnung Hymenoptera
Hautflügler (Bienen, Ameisen u. a.)

Ordnung Embioptera
Embien oder Tarsenspinner

Ordnung Dermaptera
Ohrwürmer

Ordnung Thysanura
Silberfischchen

Ordnung Phasmatodea
Gespenst- oder Stabschrecken

Ordnung Lepidoptera, Seite 182

Ordnung Archaeognatha
Felsenspringer

Ordnung Raphidioptera
Kamelhalsfliegen

Ordnung Ephemeroptera
Eintagsfliegen

Ordnung Megaloptera
Schlammfliegen

Ordnung Phthiraptera
Tierläuse

Ordnung Psocoptera
Staubläuse

Ordnung Siphonaptera
Flöhe

Ordnung Thysanoptera
Fransenflügler

Ordnung Neuroptera
Echte Netzflügler

Ordnung Mecoptera
Schnabelfliegen

Ordnung Plecoptera
Stein- oder Uferfliegen

Ordnung Trichoptera
Köcherfliegen

Ordnung Zoraptera
Bodenläuse

Ordnung Siphonaptera, Seite 192

Ordnung Grylloblattodea
Grillenschaben

Ordnung Strepsiptera
Fächerflügler

Klasse Collembola
Springschwänze

Klasse Protura
Beintastler

Klasse Diplura
Doppelschwänze

Stamm Echinodermata
Stachelhäuter (Seesterne, Seeigel, Seewalzen u. a.)

Stamm Echinodermata, Seite 195

Stamm Nemertea
Schnurwürmer

Stamm Entoprocta
Kelchwürmer

Stamm Tardigrada
Bärtierchen

Stamm Ctenophora
Rippenquallen

Stamm Rotifera
Rädertierchen

Stamm Hemichordata
Kragentiere oder Kiemenlochtiere

Stamm Chaetognatha
Pfeilwürmer

Stamm Gastrotricha
Bauchhärlinge

Stamm Kinorhyncha
Hakenrüssler

Stamm Phoronida
Hufeisenwürmer

Stamm Onychophora
Stummelfüßer

Stamm Gastrotricha, Seite 198

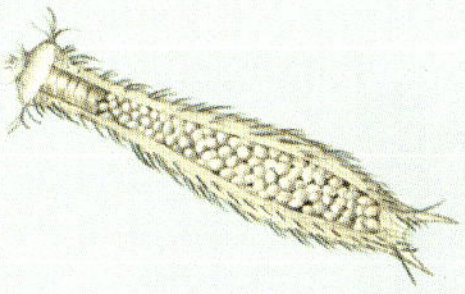

Stamm Brachiopoda
Armfüßer

Stamm Bryozoa
Moostierchen oder Kranzfüßer

Stamm Sipuncula
Spritzwürmer

Stamm Echiura
Igelwürmer

Stamm Loricifera
Korsetttierchen

Stamm Priapulida
Priapswürmer

Stamm Nematomorpha
Saitenwürmer

Stamm Acanthocephala
Kratzwürmer

Stamm Pogonophora
Bartwürmer

Stamm Gnathostomulida
Kiefermündchen

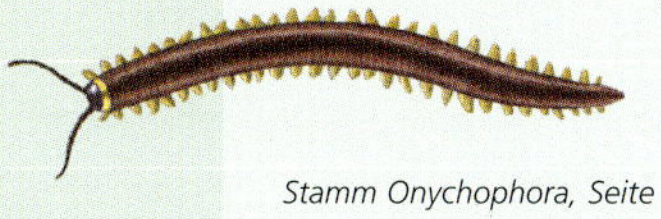

Stamm Onychophora, Seite 199

Stamm Cycliophora
Cycliophora

Stamm Placozoa
Placozoa

Stamm Orthonectida
Gerade Schwimmer

Stamm Rhombozoa
Rautentiere

BIOLOGIE UND VERHALTEN

Die meisten Verhaltensweisen von Wirbellosen beruhen auf Instinkten, die mit der Nahrungssuche, dem Schutz vor Räubern und der Fortpflanzung in Verbindung stehen. Einige dieser angeborenen Verhaltensweisen sind äußerst komplex, wie zum Beispiel die soziale Organisation von Honigbienen. Aber viele Wirbellose sind in der Lage, ihr Verhalten zu ändern, wie beispielsweise Kraken, die aus früheren Erfahrungen lernen. Wirbellose besitzen zahlreiche unterschiedliche sensorische Strukturen, die ihnen das Sehen, Riechen, Tasten und Hören ermöglichen. Viele leben im Verborgenen und verstecken sich in Pflanzen, abgestorbenem Laub oder unter der Erde. Manche zeigen außergewöhnliche Formen der Tarnung, z. B. Spinnen, die wie Vogelkot aussehen und sogar danach riechen, oder Stab- und Blattheuschrecken, die wie die Pflanzen aussehen, von denen sie sich ernähren.

Kommunizierende Düfte Wie die meisten Motten kommuniziert der afrikanische Mondspinner *(Argema Mimosae)* mit seinen Artgenossen durch Pheromone. Weibchen sondern diese Duftstoffe ab, um Männchen von ferne anzulocken, worauf sie von den Männchen mit Pheromonen stimuliert werden.

Seidene Fallen Taranteln und Vogelspinnen spinnen im Gegensatz zu anderen Spinnen keine Netze. Die Seidenvogelspinne ist eine langlebige, nachtaktive Jagdspinne, die in einem unterirdischen Bau lebt. Mit der Seide verschließt sie im Winter von innen ihre Behausung und lebt von Fettreserven.

Giftwarnung Im Fleisch oder in manchen Körperteilen einiger Wirbelloser befindet sich Gift, um Räuber abzuschrecken. Viele Arten, wie diese Nacktschnecke (unten), reichern in ihrem Körper Gift an, indem sie andere giftige Wirbellose fressen. Sie sind oft grell gefärbt, um mögliche Angreifer zu warnen.

FRESSEN UND GEFRESSEN WERDEN

Wirbellose bilden einen wichtigen Bestandteil der meisten Nahrungsketten. Zooplankton, das sich von Phytoplankten ernährt, und pflanzenfressende landlebende Wirbellose bilden das erste Glied zwischen den primären Produzenten (Pflanzen) und den Konsumenten (Tiere).

Wirbellose zählen auch zu den aktivsten Vertilgern pflanzlicher und tierischer Überreste. Viele Wirbellose leben als Parasiten, wobei sie sich vom Blut oder Gewebe ihrer Wirtstiere ernähren. Die Nahrung vieler Wirbeltiere besteht wiederum aus Wirbellosen. Das Fleisch vieler wirbelloser Tiere wie Austern, Krabben, Tintenfische oder Hummer wird auch von Menschen als Delikatesse angesehen.

LEBENSRÄUME UND ANPASSUNGEN

Bei jeder neuen Generation einer Art kommt es zu genetischen Veränderungen. Deshalb können sich Tiere mit hoher Fortpflanzungsrate, wie die meisten Wirbellosen, rascher auf Umweltveränderungen einstellen als weniger fruchtbare Arten. Das erklärt teilweise die Tatsache, dass sich Wirbellose an alle verfügbaren Lebensräume anpassen konnten und sowohl in der Tiefsee, als auch im Hochgebirge, unter dem Eis der Polkappen, in heißen Quellen und in Salzseen zu finden sind.

Nebelfänger Die afrikanische Namibwüste wird allmorgendlich vom Nebel befeuchtet. Der Schwarzkäfer (links) hebt sein Hinterteil in die Höhe, der Nebel kondensiert auf seinem Rücken und die Tröpchen rieseln entlang kleiner Furchen zu seiner Mundöffnung.

Wirbellose Baumeister Korallenriffe werden von winzigen Wirbellosen gebildet, die man Polypen nennt. Ihre Larven treiben in den Meeresströmungen, ehe sie sich auf schon bestehenden Kolonien niederlassen oder neue Riffe aufbauen.

ANFÄNGE IM OZEAN

Wirbellose bilden einen wichtigen Bestandteil der artenreichsten Lebensräume unseres Planeten. Alle Riffsysteme der Erde basieren auf wirbellosen Lebensformen. Tierisches Leben entstand in den Ozeanen, wo auch heute noch die meisten wirbellosen Arten zu finden sind. Viele Gruppen wie Schwämme, Nesseltiere oder Stachelhäuter leben ausschließlich im Meer. Schwämme tauchen in den Fossilbefunden erstmals im Kambrium auf und haben sich seit 600 Millionen Jahren kaum verändert. Anhand von Schwämmen, die neben anderen Fossilien in erhaltenen Riffen zu finden sind, können Wissenschaftler die alten Ökosysteme Stück für Stück zusammensetzen.

Gliederfüßer waren die ersten Tiere, die das Meer verließen, um an Land zu leben. Ihr außerordentlicher Erfolg beruht größtenteils auf ihren zähen, wächsernen Außenskeletten. Vor ungefähr 350 Millionen Jahren wagten sich die ersten Skorpione an Land. Kurz darauf folgten ihnen die ersten Insekten, die heute allgegenwärtig sind und nur in den Meeren vergleichsweise selten anzutreffen sind.

Der Erfolg der Insekten gründet auf ihrem Lebenszyklus, denn die Verwandlung in die adulte Form stellt sicher, dass junge und erwachsene Tiere einer Art unterschiedliche Lebensräume nutzen. Auch was Futter und Verstecke angeht, stehen sie so nicht miteinander in Konkurrenz.

WASSERLEBENDE WIRBELLOSE

Zu den Wasserlebensräumen zählen Meere, Flussdeltas, Flüsse, Bäche sowie Süß- oder Salzwasserseen. Am Anfang der Nahrungskette stehen einzellige Algen (Phytoplankton), von denen sich das Zooplankton ernährt. Die meisten wirbellosen Stämme haben Vertreter, die einen Teil ihres Lebens als Zooplankton verbringen. Größere Wirbellose filtern das Zooplankton aus dem Wasser, während andere Arten größere Pflanzen fressen, sich gegenseitig jagen oder als Aasfresser von im Boden abgelagerten Überresten leben. Das Sonnenlicht bzw. dessen Fehlen üben einen direkten Einfluss auf das Leben im Wasser aus.

IN WÜSTEN LEBENDE WIRBELLOSE

Die meisten wüstenbewohnenden Wirbellosen sind Insekten, die zu den vorherrschenden Tiergruppen der Wüstenregionen zählen. Angepasste Verhaltensweisen sind für das Überleben in der Wüste ebenso wichtig wie physiologische Spezialisierungen. Wirbellose Wüstentiere sind meist nachts aktiv oder in den kühleren Morgen- bzw. Abendstunden. Während des Tages verbergen sie sich in unterirdischen Bauen. Das zähe, wasserundurchlässige Außenskelett der Gliederfüßer reduziert den Wasserverlust und ermöglicht vielen Insekten, Spinnentieren, Hundertfüßern und Skorpionen das Überleben in trockenen Regionen.

WIRBELLOSE IN MANGROVENSÜMPFEN

Mangroven befestigen die von den Wellen geschützten Küstenlinien im Bereich von Flussdeltas, Buchten und Lagunen. Beinahe drei Viertel aller tropischen Küsten sind mit einem dünnen Band dieses wertvollen Lebensraumes umgeben, der früher weithin vernachlässigt und als unproduktiv bzw. übel riechend betrachtet wurde. Die Bäume und Büsche der Mangrovenwälder sind salzresistent und haben kurze Wurzeln.

Mangrovensümpfe sind reich an Nährstoffen und bieten geschützte Lebensbedingungen, weshalb sie von vielen Tieren als Kinderstube für ihre Larven und Jungen genutzt werden. Die vorherrschende Tiergruppe sind jedoch Wirbellose wie Würmer, Krebs- und Weichtiere. Einige leben im Sediment vergraben und gewinnen ihre Nährstoffe wie Regenwürmer aus der Erde. Andere kommen ins seichte Wasser, um sich vom Algenfilm zu ernähren, der den Grund bedeckt, oder von angeschwemmten toten Pflanzen und Tieren. Die Wirbellosen der Mangrovensümpfe werden bei Flut von Fischen gefressen und bei Ebbe von Schreitvögeln, die im flachen Wasser nach Futter suchen.

PARASITISCHE WIRBELLOSE

Alle tierischen Parasiten sind Wirbellose wie Egel, Band- und Fadenwürmer oder blutsaugende Gliederfüßer wie Läuse und Flöhe. Parasiten leben auf der Haut oder im Inneren ihres Wirtes, wo sie sich von verdautem Futter oder Gewebe ernähren. Um den bei der Ansiedelung in einem Wirtstier auftretenden Gefahren entgegenzuwirken, vermehren sich Parasiten sehr stark, was sowohl durch geschlechtliche als auch ungeschlechtliche Fortpflanzung erreicht wird. Einige Parasiten verweilen untätig in Eiern oder Blasen und warten darauf, zufällig verschluckt zu werden, während andere einen Wirt suchen und durch dessen Haut eindringen. Einige Parasiten benutzen Zwischenwirte und können auf diese Weise in der Nahrungskette von einem Wirt zum nächsten gelangen.

WIRBELLOSE IN DEN POLARREGIONEN

Die Antarktis ist der kälteste, windigste und trockenste Kontinent. Die Arktis ist beinahe ebenso unwirtlich. Dennoch leben in den polaren Gewässern erstaunlich viele Wirbellose wie Riesenschwämme, Seeanemonen und einige Würmer, die in ihren Körperflüssigkeiten meist über eine Art Frostschutzmittel verfügen. Zahllose winzige Krebstiere, der sogenannte Krill, bilden die Basis wichtiger Nahrungsketten an den Polen, von denen einige auch wichtig für die Fischerei-Industrie sind.

Senkrechtes Leben Dem Boden um die Wurzeln von Mangroven fehlt Sauerstoff. Pneumatophoren wachsen über die Oberfläche hinaus, versorgen die Wurzeln mit Sauerstoff und sind der Lebensraum vieler Wirbelloser, wie dieser Mangrovenkrabbe.

Schlupfwespen Parasitische Wespen legen ihre Eier oft in noch lebende Raupen, die sie zuvor mit Stichen gelähmt haben. Auf diese Weise steht den raupenähnlichen Larven gleich nach dem Schlüpfen frisches Fleisch zur Verfügung.

Unter dem Eis Auf dem Meeresgrund lebende Arten wie Seeanemonen und Schwämme (links) können in den relativ ruhigen polaren Gewässern überleben.

WALDBEWOHNENDE WIRBELLOSE

Wirbellose sind für die Gesundheit aller Wälder der Erde wichtig, vor allem Insekten, die zweifellos weit mehr Blätter, Rinde, Pflanzensaft und Früchte vertilgen als die großen Säugetiere. Aber Insekten, Tausendfüßer, Regenwürmer und andere Wirbellose fressen auch gewaltige Mengen an toter Vegetation. Insektenlarven spielen eine bedeutende Rolle bei der Verwertung von Tierkadavern. Pilze und Bakterien setzen Mineralien und Nährstoffe frei, die von den Pflanzen verwertet werden. Viele Wirbellose in den Wäldern der gemäßigten Zonen führen ein jahreszeitenabhängiges Leben. Im Winter verbergen sie sich monatelang an geschützten Orten und fallen in eine Art Erstarrung, um im Frühling wieder zu erwachen und mit ihren Aktivitäten zu beginnen.

Netzbaumeister Die Radnetzspinnen der Gattung *Gasteracantha* (oben) sind für ihre senkrechten Netze bekannt, die sie in allen Wäldern der Erde spinnen. Unachtsame Waldspaziergänger geraten immer wieder in ihre zähen, klebrigen Netze, die oft an Räder einer Pferdekutsche erinnern.

BEDROHTE WIRBELLOSE

Bei der Beurteilung des Schutzstatus von Wirbellosen gibt es zwei Hauptprobleme, von denen das erste darin besteht, dass nach Ansicht vieler Biologen erst ein Bruchteil aller Arten beschrieben wurde. Außerdem sind Wirbellose für gewöhnlich klein und leben im Verborgenen, weshalb Schätzungen der Populationsgrößen oft sehr ungenau sind. Als Folge davon sind Wirbellose auf der Roten Liste der IUCN unterrepräsentiert, und lediglich 800 Arten sind als stark gefährdet oder als vom Aussterben bedroht gelistet. Der Schutzstatus der meisten Wirbellosen unserer Erde bleibt unbekannt. Die Auswertung der Daten über diejenigen Wirbellosen, deren Schutzstatus bereits ermittelt wurde, ist jedoch äußerst ernüchternd. Analysten behaupten, dass drei Viertel von annähernd einer Million der bisher beschriebenen Insektenarten, 86 Prozent der Krebstiere und beinahe die Hälfte aller bekannten Weichtierarten gefährdet sind.

Große Bedrohung Die im Pazifischen und Indischen Ozean heimische Große Riesenmuschel (oben und unten) kann eine Länge von 1,2 m und ein Gewicht von etwa 227 kg erreichen, womit sie das größte zweischalige Weichtier der Welt ist. Die Art ist als gefährdet gelistet, weil sie in großen Mengen zum Verzehr, wegen ihrer Schalen oder für den Aquariumhandel eingesammelt wird. Das illegale Einsammeln stellt eine große Bedrohung für die Riesenmuschel dar.

VERSCHWINDENDE ARTEN

Viele Menschen bewundern die faszinierenden Formen und Anpassungen von Säugetieren, wie Geparden, Blauwalen oder Eisbären, und setzen sich leidenschaftlich für den Schutz dieser Tiere ein. Unglücklicherweise hegen weitaus weniger Menschen ähnliche Gefühle für Wirbellose. Aber es gibt zwei gute Gründe dafür, warum wir über den Verlust von Wirbellosen ebenso beunruhigt sein sollten wie über den Rückgang von Wirbeltieren.

Erstens beherbergt die Wirbellosenfauna der Erde einzigartige Gene, also viele einmalige Substanzen, von denen einige möglicherweise als sichere und einfache Heilmittel in der Humanmedizin eingesetzt werden können. Die Pharmakonzerne der Welt sind vor allem an Wirbellosen interessiert, die im Meer leben, z. B. Schwämme, Würmer und Weichtiere. Zweitens reagieren Wirbellose sensibel auf Umweltveränderungen wie Verschmutzung, Lebensraumzerstörung und Klimaverschiebung, weshalb sie ausgezeichnete Bioindikatoren für die Gesundheit eines Ökosystems sind.

Der gegenwärtige Rückgang der Wirbellosen sollte eine Warnung sein, die uns an den dünnen Faden erinnert, an dem das Überleben unserer eigenen Art hängt. Es ist unwahrscheinlich, dass das Aussterben einer einzigen wirbellosen Art eines Ökosystems dieselben Folgen mit sich bringt wie die Ausrottung eines Säugetiers oder anderen großen Wirbeltiers. Aber die Anzahl der verschwindenden Wirbellosen ist besorgniserregend, und es kommt selten vor, dass nur eine wirbellose Art eines Ökosystems ausstirbt, denn wie umfallende Dominosteine verschwinden meist mehrere Arten zugleich.

Was können wir also tun? Wir müssen die Lebensräume erhalten und schützen, vor allem vor Waldrodungen, Trockenlegungen von Feuchtgebieten und Umweltverschmutzung.

Sammelbare Schönheit *Trogonoptera brookiana* zählt zu den schönsten Schmetterlingen der Welt. Vogelflügler („Birdwings") sind bei Sammlern sehr beliebt, und der Handel mit diesen Schmetterlingen hat dazu geführt, dass mehrere Arten in die Rote Liste der IUCN aufgenommen wurden. Das Überleben dieser Art ist jedoch zur Zeit noch nicht gefährdet.

WIRBELLOSE CHORDATIERE

STAMM Chordata	
UNTERSTÄMME 3	
KLASSEN 4	
ORDNUNGEN 9	
FAMILIEN 47	
ARTEN > 3000	

Der Stamm Chordata umfasst drei Unterstämme. Den größten bilden alle Wirbeltiere (Säugetiere, Vögel, Reptilien, Amphibien, Fische). Die anderen beiden – hier vorgestellten – Unterstämme sind marine Wirbellose: die Manteltiere (Tunicata, Urochordata) mit rund 3000 Seescheiden-Arten und deren Verwandten sowie die Schädellosen (Cephalochordata) mit etwa 30 Lanzettfischchen-Arten. Wirbellose Chordatiere besitzen keine Wirbelsäule, sondern nur einen biegsamen Skelettstab (Chorda dorsalis). Er ist bei Wirbeltierembryonen noch vorhanden, wird aber resorbiert und durch die Wirbelsäule ersetzt. Wirbeltiere scheinen sich aus wirbellosen Chordatieren entwickelt zu haben.

Aus der Tiefe Das räuberische Manteltier (*Megalodicopia hians*) lebt am Boden der Tiefsee. Schwimmt ein kleines Tier wie ein Krill in die Mundöffnung, wird diese schnell geschlossen, um die Beute zu fangen.

Kolonien Dieses Bild zeigt mehrere Kolonien der Seescheiden-Art *Botrylloides magnicoecum*. Die dunklen Punkte sind die Einström- bzw. Ansaugöffnungen. Die siebartige Platte ist jeweils die gemeinsame Ausström- bzw. Auslassöffnung der Kolonie.

Goldseescheide
Polycarpa aurata,
Unterstamm Tunicata

Feuerwalze
Pyrosoma atlanticum,
Unterstamm Tunicata

Die Feuerwalzen, die zu den Schwimmtunikaten zählen, bilden röhrenförmige Kolonien, filtrieren Nahrung aus dem Wasser und bewegen sich durch den Ausstoß aus der Ausströmöffnung fort

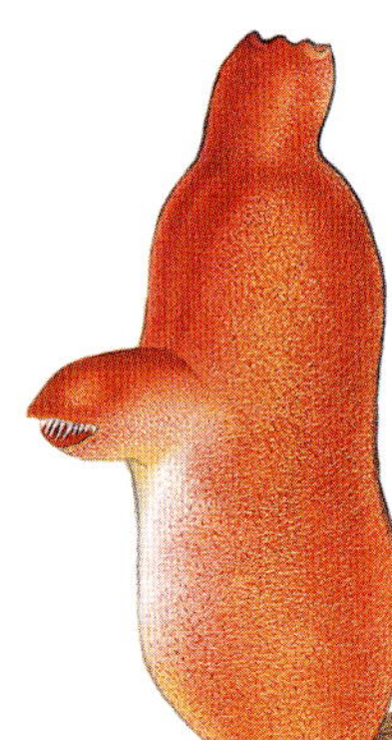

Wenn eine Seescheide ihre Einströmöffnung zusammenzieht, um sie zu schließen, schießt ein Wasserstrahl aus ihrer Ausströmöffnung

Rote Seescheide
Halocynthia papillosa,
Unterstamm Tunicata

Europäisches Lanzettfischchen
Branchiostoma lanceolatum,
Subphylum Cephalochordata

In Asien zählen Lanzettfischchen zu den Speisefischen

Sternseescheide
Botryllus schlosseri,
Unterstamm Tunicata

Botryllus schlosseri lebt in Kolonien, in der Gruppen von Individuen wie Blütenblätter um eine Ausströmöffnung angeordnet sind

Glaskeulen-Seescheide
Clavelina lepadiformis,
Unterstamm Tunicata

FIXIERT ODER FREI

Wenn die Seescheiden aus dem Ei schlüpfen, sind sie kaulquappenähnliche Larven mit einer Chorda dorsalis. Die Larven heften sich am Meeresboden fest, resorbieren ihren Schwanz und die Chorda, wobei der Mund an das freie Ende wandert. Die sessilen (festsitzenden) Seescheiden sind sackförmig. Wasser tritt durch eine Ansaug- bzw. Einströmöffnung ein und durch eine Auslass- bzw. Ausströmöffnung aus. Dabei passiert das Wasser einen durchlöcherten Pharynx (Schlund), wo mit Hilfe von Schleim Nahrungspartikel herausgefiltert werden. Seescheiden leben einzeln oder in Kolonien – meist sessil. Einige Arten verbringen ihr ganzes Leben frei schwimmend. Fast alle sind Zwitter, die zur Fortpflanzung Eier und Spermien ins Wasser abgeben.

Lanzettfischchen schwimmen gut, bleiben aber meist in flachen Gewässern teilweise im Sand oder Kies eingegraben, wobei nur der Kopf herausschaut. Sie filtern ähnlich wie Seescheiden ihre Nahrung aus dem Wasser. Sie sind getrenntgeschlechtig; die Eier werden außerhalb des Körpers befruchtet.

SCHWÄMME

TAMM	Porifera
LASSEN	3
RDNUNGEN	18
AMILIEN	80
RTEN	ca. 9000

Schon vor über 2000 Jahren hat Aristoteles die Schwämme den Tieren zugeordnet, aber seine Annahme blieb bis 1765 unbestätigt. Bis dahin hielt man sie wegen ihrer Unbeweglichkeit und ihrer verzweigten Form für Pflanzen. Schwämme sind im Tierreich einzigartig. Ihnen fehlen Nervensystem, Muskeln und Magen. Ihre Zellen bilden weder Gewebe noch Organe, sind jedoch für bestimmte Funktionen spezialisiert, wie Nahrungsaufnahme, Verdauung, Verteidigung oder Skelettbildung. Die Zellen können durch einen Schwamm wandern und sich von einem Typ in den anderen umwandeln, wodurch sich der Schwamm vollständig regenerieren kann – sogar aus einzelnen Zellen.

Elektrisch Obwohl sie keine Nerven haben, reagieren Glasschwämme (Klasse Hexactinellida) auf Störungen, indem sie elektrische Impulse durch ihren Körper senden, worauf sich das Filtersystem schließt.

Stützstacheln Ein Schwammskelett besteht aus Spicula (lat.: Stacheln, Pfeil), die im ganzen Schwamm verteilt sein können oder zu Fasern zusammengefasst sind. Dieses Bild zeigt nadel- und sternförmige Spicula bei hundertfacher Vergrößerung.

Knospung Ein Teil der Schwämme vermehrt sich asexuell: Einige Arten teilen sich, andere bilden Knospen (ganz rechts), die abbrechen und zu neuen Schwämmen heranwachsen. Schwämme können auch Dauerknospen oder Zellansammlungen abgeben. Dauerknospen sind in einem Ruhestadium und wachsen nur unter günstigen Bedingungen zu einem Schwamm heran.

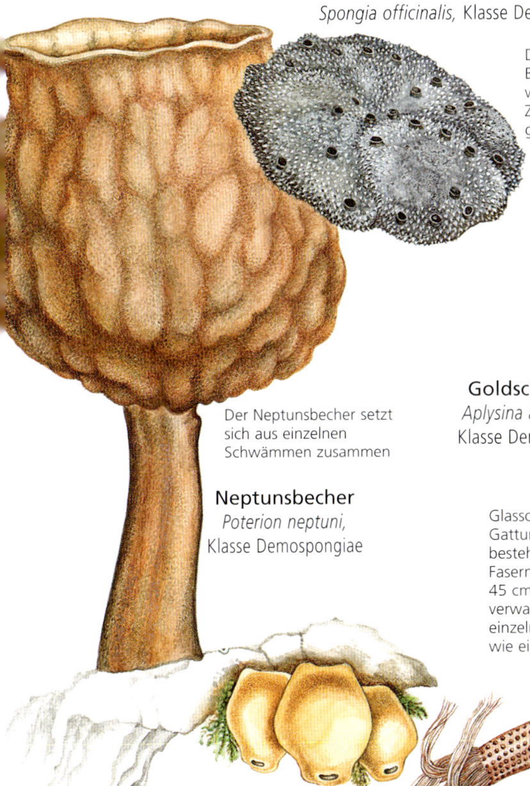

Gewöhnlicher Badeschwamm
Spongia officinalis, Klasse Demospongiae

Die Art ist bekannt als Badeschwamm und wurde zu diesem Zweck kommerziell genutzt

Der Neptunsbecher setzt sich aus einzelnen Schwämmen zusammen

Neptunsbecher
Poterion neptuni, Klasse Demospongiae

Goldschwamm
Aplysina aerophoba, Klasse Demospongiae

Grantia compressa, Klasse Calcarea

Glasschwämme der Gattung *Euplectella* bestehen aus glasartigen Fasern, die zu bis zu 45 cm langen Gebilden verwachsen sind. Die einzelne Faser ist so dünn wie ein Menschenhaar

Gießkannenschwamm
Euplectella aspergillum, Klasse Hexactinellida

NAHRUNGSFILTRIERER

Schwämme sind zwischen 1 cm und 2 m lang und können die Form von Bäumen, Sträuchern, Vasen, Fässern, Bällen, Kissen oder Teppichen haben oder formlose Massen bilden. Sie kommen in jedem marinen Lebensraum vor, vom Flachwasser bis in die Tiefsee. Wenige Arten haben sich in Seen und Flüssen angesiedelt.

Das Skelett der Schwämme besteht aus Mineralien und/oder Proteinen. Kalkschwämme (Klasse Calcarea) haben ein Skelett aus Kalk, bei Glasschwämmen (Klasse Hexactinellida) ist es aus Silikat. Arten der Klasse Demospongiae (Hornkieselschwämme), zu der über 90% der Schwammarten gehören, haben ein Skelett aus Silikat und/oder Protein.

Schwämme filtern Mikroorganismen aus dem Wasser, das durch winzige Poren (Ostien) eindringt, ein Kanalsystem durchläuft und durch das Osculum (große Öffnung) wieder ausgestoßen wird. Kragenzellen im Schwamminneren schlagen mit peitschenförmigen Geißeln, um eine gleichmäßige Strömung aufrechtzuerhalten. Einige fleischfressende Schwämme fangen mit hakenähnlichen Filamenten Krebstiere.

Die meisten Schwämme sind Zwitter. Sie geben Spermien ins Wasser ab, die zu anderen Schwämmen treiben, um dort die Eier zu befruchten. Die Larven schwimmen für kurze Zeit frei, bevor sie sich an einem Substrat anheften und zum erwachsenen Schwamm entwickeln.

NESSELTIERE

STAMM	Cnidaria
KLASSEN	4
ORDNUNGEN	27
FAMILIEN	236
ARTEN	ca. 9000

Der Stamm Cnidaria (Nesseltiere) umfasst vorwiegend marine Wirbellose wie Seeanemonen, Korallen, Quallen und Hydroidpolypen. Alle sind Fleischfresser, die mit Hilfe brennender Nesselzellen Beute überwältigen und Feinde abwehren. Eine gastrovaskuläre Körperhöhle fungiert als Verdauungsapparat und Hydroskelett. Die Nahrung wird über eine Mundöffnung (häufig von Tentakeln umgeben) aufgenommen, durch die auch Abfallstoffe abgegeben werden. Es gibt zwei Nesseltier-Formen: Die Polypen sind zylindrisch und festsitzend, Mund und Tentakel liegen am freien Ende. Medusen sind frei schwimmend und schirmförmig, Mund und Tentakel weisen nach unten.

Fixiert Die Juwelen-Anemone (*Corynactis viridis*) besitzt bis zu 100 Tentakel, die in drei Ringen um die Mundöffnung angeordnet sind. Die Seeanemone ist mit einer Art Saugscheibe am Substrat befestigt und bewegt sich selten, manche können ganz langsam gleiten.

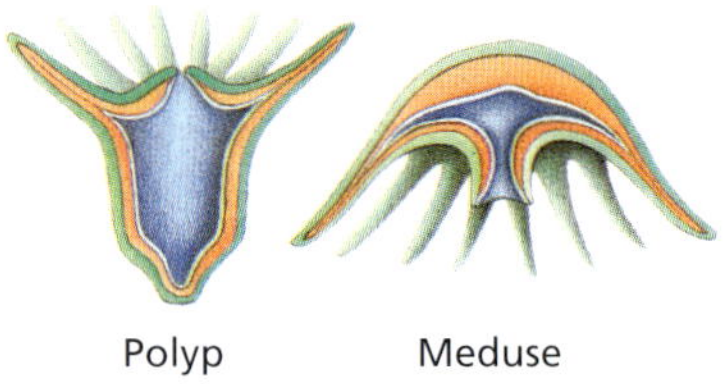

Sandwich Zwischen den beiden Zellschichten eines Nesseltieres, dem Ektoderm und dem Entoderm, befindet sich eine Gallertschicht, die Mesogloea (in der Zeichnung orange). Bei Polypen ist die Mesogloea dünn, bei Medusen macht sie den größten Teil des Tieres aus.

Treibend Mit 45 cm Durchmesser bietet die Art *Pelagia panopyra* Fischen und Krebsen Unterschlupf. Wie andere Quallen hat sie nur einen schwachen Antrieb und lässt sich vorwiegend mit der Strömung treiben.

Süßwasserqualle
Craspedacusta sowerbyi, Klasse Hydrozoa

Netz-Feuerkoralle
Millepora dichotoma, Klasse Hydrozoa

Wird von Tauchern oft fälschlicherweise für eine echte Koralle gehalten. Die Feuerkoralle besitzt ein verkalktes Außenskelett, an dem man sich verletzen kann, und Nesselzellen, die Hautreizungen hervorrufen können

Die Kolonie setzt sich aus dicht stehenden federartigen Individuen zusammen

Gymnangium montagui, Klasse Hydrozoa

Grüner Süßwasserpolyp
Chlorohydra viridis, Klasse Hydrozoa

Ungeteilter Röhrenpolyp
Tubularia indivisa, Klasse Hydrozoa

POLYPEN UND MEDUSEN

Im Süßwasser gibt es nur wenige Nesseltiere, die meisten leben im Meer in allen Breiten und Zonen, wobei die größte Anzahl in flachen tropischen Gewässern vorkommt. Sie fressen hauptsächlich vorbeiziehende Fische und Krebstiere. Die Nesselzellen befinden sich meist auf den Tentakeln und enthalten einen aufgerollten Faden mit Widerhaken, der herausgeschossen wird, um die Beute zu fangen und zu lähmen. Anschließend befördern die Tentakel die Nahrung in den Mund.

Während Korallen und Seeanemonen nur als Polypen existieren, wechseln viele andere Nesseltiere während ihres Lebens zwischen Polyp und Meduse. In der Regel bringen Polypen ungeschlechtlich Medusen hervor, während diese geschlechtlich Larven erzeugen, die zu Polypen heranwachsen. Polypen und einige Medusen bilden Knospen oder teilen sich. Lösen sich die Nachkommen von den Eltern, werden sie zu Klonen, bleiben sie angeheftet, bilden sie Kolonien wie in den Korallenriffen. In einigen Kolonien ist jedes Mitglied spezialisiert, z. B. auf Fressen, Verteidigung, Fortpflanzung oder Bewegung.

Saugschirmqualle
Cassiopeia andromeda,
Klasse Scyphozoa

Sitzt fest auf sandigem Meeresboden

Portugiesische Galeere
Physalia physalis,
Klasse Hydrozoa

Die Portugiesische Galeere ist eine frei schwimmende Kolonie aus einer Meduse, die das gasgefüllte „Floß" bildet. Daran hängen lange Tentakel, an denen Polypen sitzen. Diese haben unterschiedliche Aufgaben, z. B. Beutefangen, Fortpflanzung oder Verdauung

Physophora hydrostatica,
Klasse Hydrozoa

Segelqualle
Velella velella, Klasse Hydrozoa

Existiert nur als Polyp, der an Algen angeheftet ist, als Meduse kommt die Art nicht vor

Haliclystus auricula, Klasse Scyphozoa

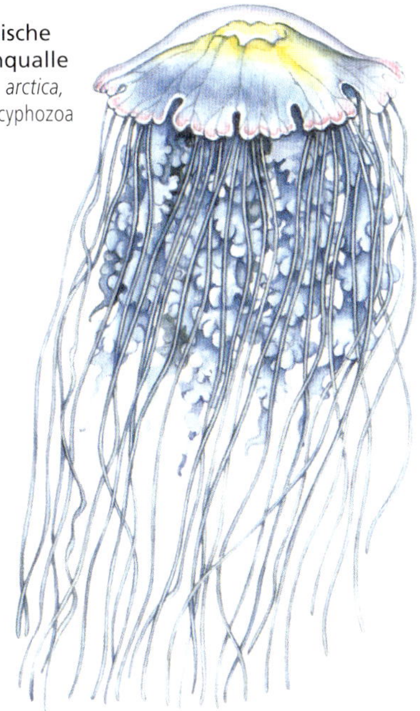

Arktische Riesenqualle
Cyanea arctica,
Klasse Scyphozoa

Seewespe
Chironex fleckeri,
Klasse Cubozoa

Eine Seewespe enthält so viel Gift, dass sie damit 60 Menschen töten kann

Meerhand (Tote Seemannshand)
Alcyonium digitatum, Klasse Anthozoa

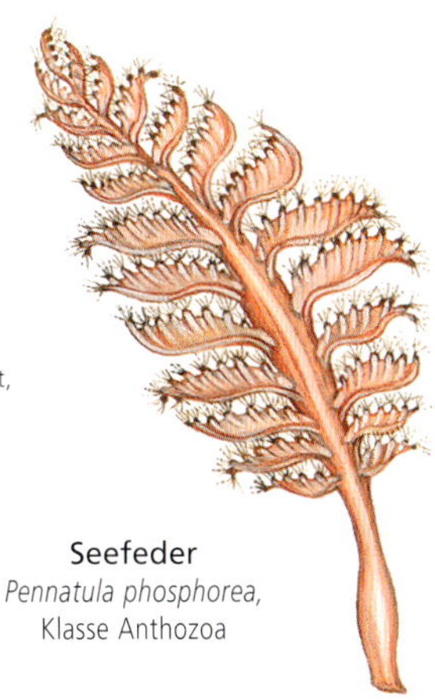

Seefeder
Pennatula phosphorea,
Klasse Anthozoa

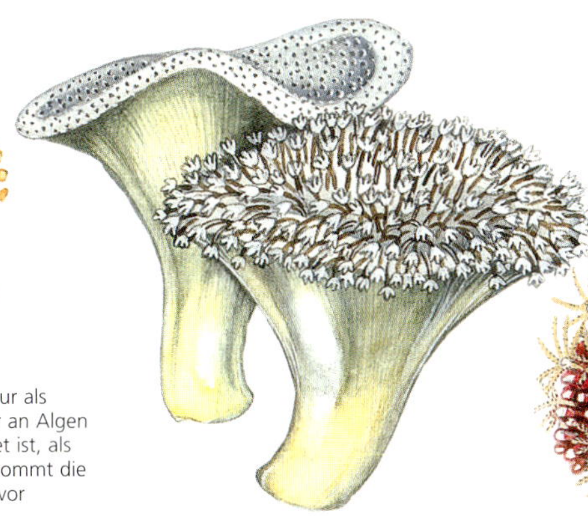

Pilzlederkoralle
Sarcophyton glaucum,
Klasse Anthozoa

Orgelkoralle
Tubipora musica, Klasse Anthozoa

AUF EINEN BLICK

Klasse Scyphozoa Die Schirmquallen verbringen den größten Teil ihres Lebens als Medusen. Diese Medusen erzeugen Larven, die sich am Meeresboden als winzige Polypen ansiedeln. Die Polypen teilen sich dann horizontal, brechen ab und werden wiederum zu Medusen. Die meisten Quallen sind frei schwimmend. Durch Pulsieren des Schirmes entsteht ein schwacher Antrieb.

Arten 200

Weltweit; im Meer

Häufige Qualle
Die Ohrenqualle (Aurelia aurita) kommt weltweit an den Küsten vor und wird häufig an den Strand gespült.

Klasse Hydrozoa Hierzu gehören Arten, die während ihres Lebens sowohl Polypen als auch Medusen sind. Häufig sind die Medusen zu Knospen auf den Polypen reduziert. Viele Arten bilden Kolonien, wobei die Individuen oft auf bestimmte Aufgaben spezialisiert sind.

Arten 3300

Weltweit

Süßwasserhydra
Der Graue Süßwasserpolyp (Pelmatohydra oligactis) lebt in Seen und Teichen. Seine Tentakel können bis zu 25 cm lang werden.

Klasse Cubozoa Von oben gesehen haben die Würfelquallen eine quadratische Form, die sie von echten Quallen unterscheidet. Sie sind auch schneller und wendiger. Zu ihnen gehören einige der tödlichsten Arten des Meeres.

Arten 36

Weltweit; Meere der Tropen u. gemäß. Zone

JUNGE NESSELTIERE

Bei der geschlechtlichen Fortpflanzung erzeugen Nesseltiere eine winzige Planula-Larve, die am Boden entlangkriecht oder mit Hilfe ihrer schlagenden Zilien (Härchen) schwimmt. Nach einer Zeit verwandelt sich die Planula in einen Polypen, indem sie ihr Vorderende am Boden anheftet und am freien Ende Tentakel bildet. Für Korallen und Seeanemonen ist das Larvenstadium die einzige Chance, um sich zu verbreiten.

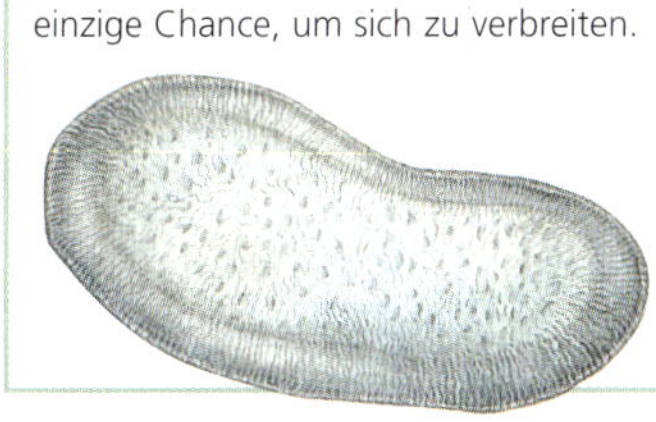

AUF EINEN BLICK

Klasse Anthozoa Anthozoen verbringen ihr adultes Leben als festsitzende Polypen – meist in Kolonien. Die Klasse umfasst u. a. die Riff bildenden echten Korallen, die nackten Seeanemonen, die ledrigen Weichkorallen, Seefächer, Hornkorallen und Seefedern. Echte Korallen bilden ein Exoskelett, die anderen haben ein Endoskelett.

Arten 6500

Weltweit; im Meer

Formen *Die Nordsee-Zylinderrose (*Cerianthus lloydi*, unten) und die Seefeder-Art* Pennatula grisea *(rechts) verdeutlichen die Formenvielfalt der Anthozoen.*

GREAT BARRIER REEF

Das Great Barrier Reef erstreckt sich über mehr als 2240 km entlang der Nordostküste Australiens. Es ist das größte Riffsystem der Erde und zugleich das größte von Tieren geschaffene Bauwerk. Es entstand über Jahrmillionen aus den Kalkskeletten echter Korallen. Symbiontische Algen leben in den Korallenpolypen und liefern die meiste Energie für die Korallen. Die Korallen leben nur in klaren, flachen Gewässern, wo die Algen die Photosynthese ausführen können.

Voller Leben *Mit 400 Korallenarten, 1500 Fischarten und 4000 Weichtierarten konkurriert die Artenvielfalt des Great Barrier Reef mit dem tropischen Regenwald.*

SCHUTZSTATUS

Sterbende Riffe Korallen reagieren extrem empfindlich auf Umweltbelastungen, schon aufgrund kleiner Veränderungen von Temperatur, Salz- oder Stickstoffgehalt des Wassers können sie sterben. Daher sind sie sehr verwundbar durch Meeresverschmutzung und -erwärmung. Auch Tourismus, Ausbeutung und eingeschleppte Arten fordern ihren Tribut. Die Hälfte aller Riffe könnte in den nächsten 50 Jahren sterben.

Doldenkoralle
Lobophyllia hemprichii, Klasse Anthozoa

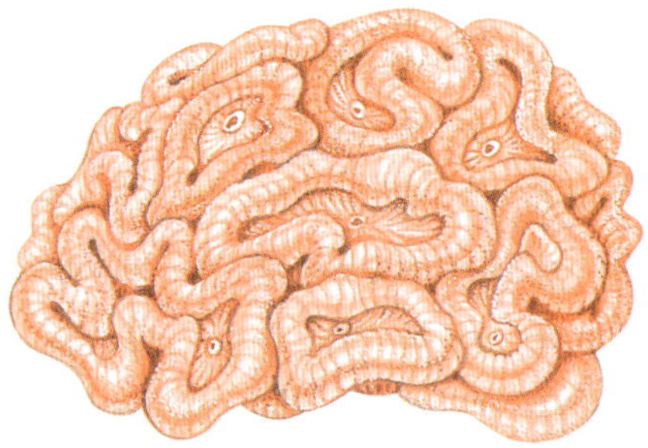

Einzelne Polypen bilden eine Kolonie, deren Aussehen einem Hirn ähnelt

Porites porites, Klasse Anthozoa

Blasenkoralle
Plerogyra sinuosa, Klasse Anthozoa

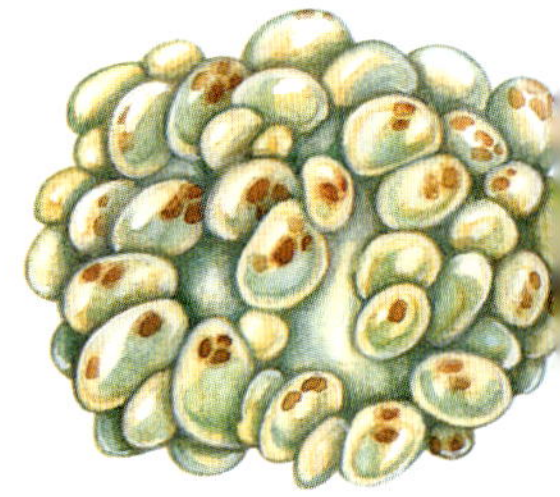

Antipathes furcata, Klasse Anthozoa

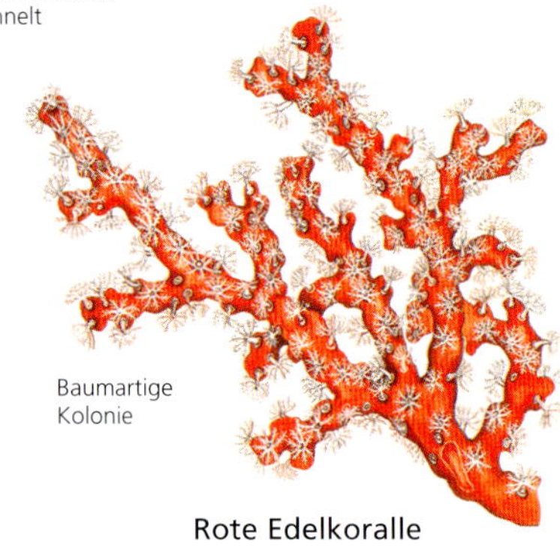

Baumartige Kolonie

Rote Edelkoralle
Corallium rubrum, Klasse Anthozoa

Bei Ebbe werden die Tentakel eingezogen

Pferdeanemone (Purpurrose)
Actinia equina, Klasse Anthozoa

Lophelia pertusa, Klasse Anthozoa

Lophelia pertusa ist eine Kaltwasserkoralle, die in den Tiefen des Nordatlantiks Riffe bildet

Netzgorgonie
Gorgonia flabellum, Klasse Anthozoa

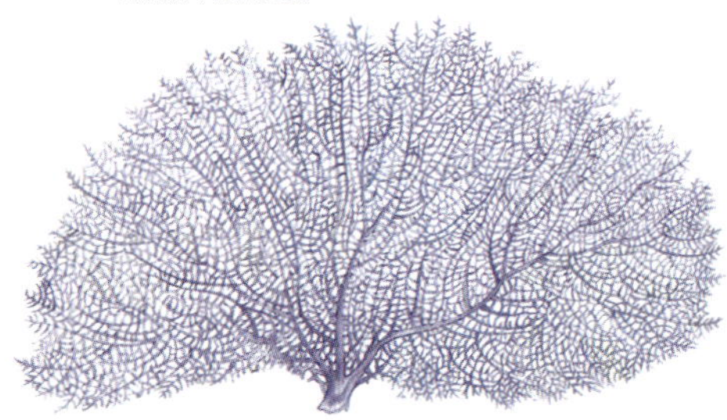

Der Stiel steckt tief in Spalten oder ist in Schlamm oder Sand vergraben

Seemannsliebchen
Cereus pedunculatus, Klasse Anthozoa

Gemeine Pilzkoralle
Fungia fungites, Klasse Anthozoa

Caryophyllia smithi, Klasse Anthozoa

PLATTWÜRMER

TAMM	Plathelminthes
LASSEN	4
RDNUNGEN	35
AMILIEN	360
RTEN	16000

Die Vielfalt der Plattwürmer reicht von mikroskopisch kleinen frei lebenden Arten bis zu 30 m langen Bandwürmern, die in Menschen und Tieren leben. Als die einfachsten Tiere mit Bilateralsymmetrie haben sie weder eine Körperhöhle noch ein Atmungs- und Kreislaufsystem. Einige parasitische Arten besitzen nicht einmal ein Verdauungssystem. Bei den meisten Arten erfolgen Nahrungsaufnahme und Ausscheidung über eine Darmöffnung. Der kaum ausgeprägte Kopf enthält ein Gehirn und viele der Sinnesorgane, darunter die Ocellen (einfache Augen), die Hell und Dunkel erkennen, und Rezeptoren, die Chemikalien, Schwerkraft und Wasserbewegungen wahrnehmen.

Lange Kolonie Die Bandwurm-Art *Hymenolepis diminuta* parasitiert in Ratten. Bei 50facher Vergrößerung und verstärkter Farbe sind die einzelnen Proglottiden (Glieder) und die Saugorgane gut zu erkennen.

PARASITISCHES LEBEN

Während Arten der Monogenea in ihrem Leben nur einen Wirt haben, nutzen die meisten parasitischen Plattwürmer verschiedene Wirte in verschiedenen Lebensstadien.

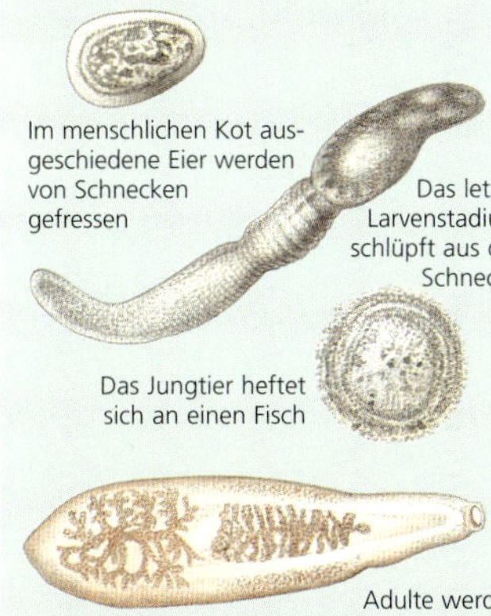

Chinesischer Leberegel *Wasserschnecken fressen die Eier von Opisthorchis sinensis (Klasse Trematoda). Das letzte Larvenstadium heftet sich an Fische, die von Menschen gegessen werden. Die Eier des adulten Egels werden mit menschlichen Fäkalien ausgeschieden.*

Kriechendes Blatt Bis auf einige kleine zylindrische Arten sind Plattwürmer abgeflacht. Viele marine Arten, z. B. *Pseudoceras dimidiatus*, besitzen eine Blattform.

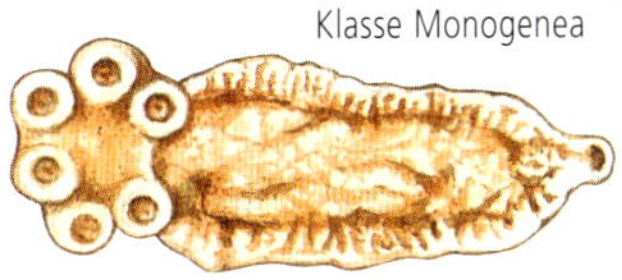

Polystoma integerrimum, Klasse Monogenea

Lebt parasitisch in Fröschen

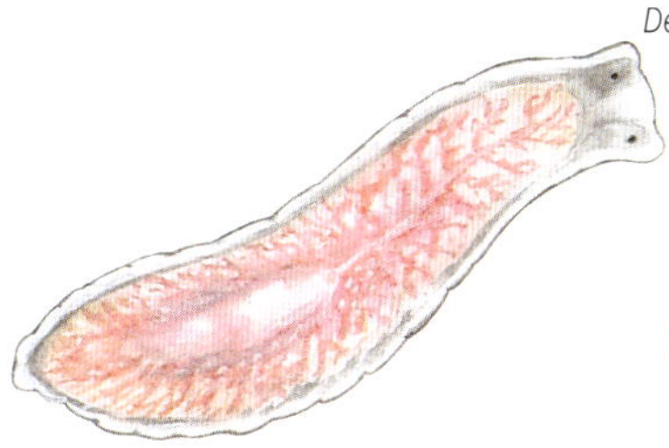

Milchweißer Strudelwurm *Dendrocoelum lacteum*, Klasse Turbellaria

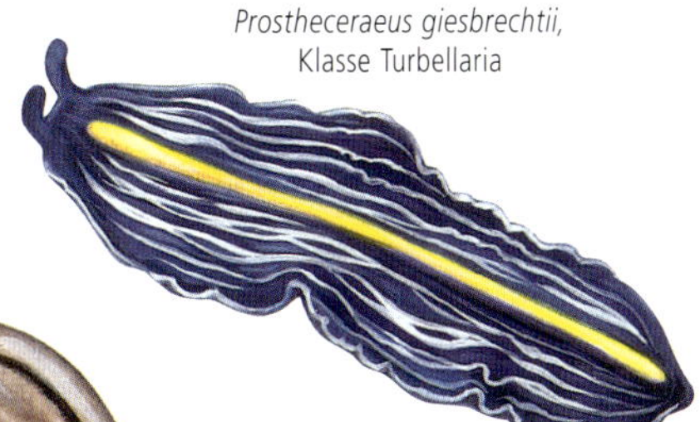

Variabler Strudelwurm *Prostheceraeus giesbrechtii*, Klasse Turbellaria

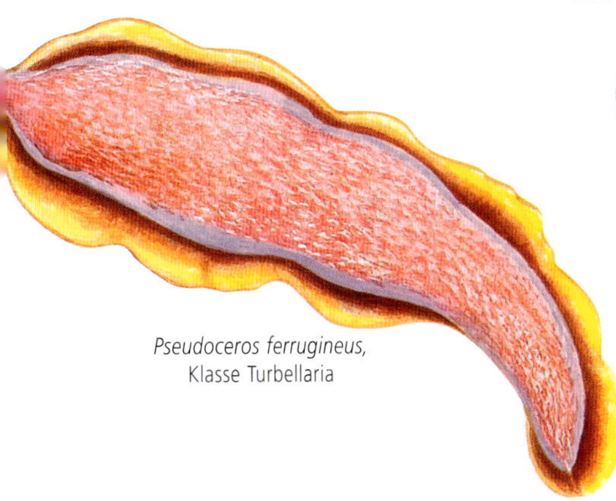

Pseudoceros ferrugineus, Klasse Turbellaria

Bipalium kewense, Klasse Turbellaria

Der ursprünglich im südostasiatischen Regenwald beheimatete Plattwurm hat sich über Pflanzen auf der ganzen Welt verbreitet

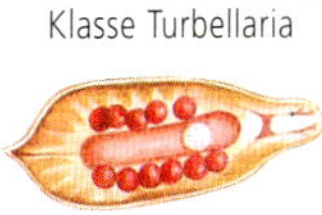

Mesostoma ehrenbergi, Klasse Turbellaria

Convoluta convoluta, Klasse Turbellaria

Lebt in Symbiose mit Algen-Arten der Gattung *Lichmophora sp.*

LEBENSWEISEN

Plattwürmer werden in vier Klassen eingeteilt: Strudelwürmer (Turbellaria) sind vorwiegend frei lebend – meistens im Meer, manche auch in Seen, Teichen und Flüssen. Einige vertragen sowohl Salz- als auch Süßwasser oder kommen an Land in feuchten Lebensräumen vor. Die Strudelwürmer ernähren sich von Wirbellosen. Sie bewegen sich auf von speziellen Drüsen erzeugten Schleimspuren, angetrieben durch das Schlagen der Zilien (Härchen).

Die anderen drei Klassen sind zumindest während einer Phase ihres komplexen Lebenszyklus parasitisch: Monogenea sind kleine Plattwürmer, die am Hinterende eine Verdickung mit einem Saugnapf und/oder Haken haben, mit dem sie sich an die Kiemen von Fischen oder die Harnlblase von Fröschen heften. Die meisten Plattwürmer gehören zu den Trematoden. Die Adulten parasitieren in Wirbeltieren: Sie saugen sich im Darm und anderen Organen fest. Die zur Klasse Cestoda zählenden Bandwürmer sind Endoparasiten, die eine lange, sehr flache Kolonie aus Einzeltieren (Proglottiden, Bandwurmglieder) bilden. Fast alle Plattwürmer sind Zwitter.

FADENWÜRMER

STAMM Nematoda
KLASSEN 4
ORDNUNGEN 20
FAMILIEN 185
ARTEN > 20000

Obwohl eine Art von Fadenwürmern, die in Pottwalen parasitiert, 13 Meter lang werden kann, sind die meisten Arten des Stammes Nematoda mikroskopisch klein. Frei lebende Arten kommen in fast allen Wasser- und Landlebensräumen vor. Die im Boden lebenden spielen bei der Zersetzung von organischem Material eine wichtige Rolle. In den meisten Pflanzen und Tieren finden sich parasitische Fadenwürmer – mitunter in riesigen Mengen: In einem verfaulenden Apfel hat man schon 90000 Nematoden gefunden. Über die Hälfte der Erdbevölkerung ist von Spulwürmern, Hakenwürmern, Filarien, Peitschenwürmern und anderen Fadenwürmern befallen.

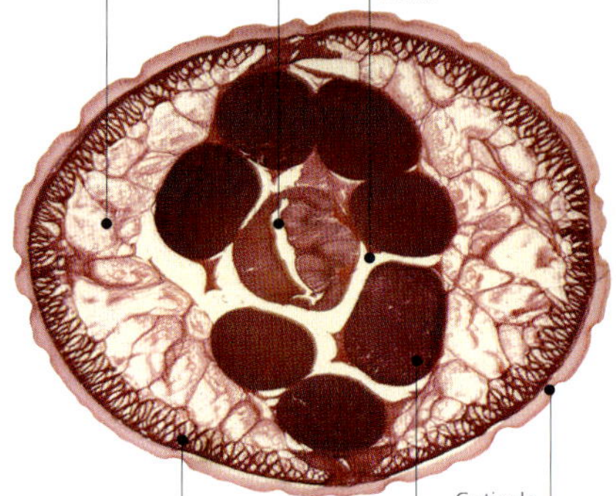

Einfach Der einfache Bauplan eines Fadenwurms (oben) ist nicht unbedingt ein Anzeichen für Primitivität, da er von komplexeren Vorfahren abstammen könnte.

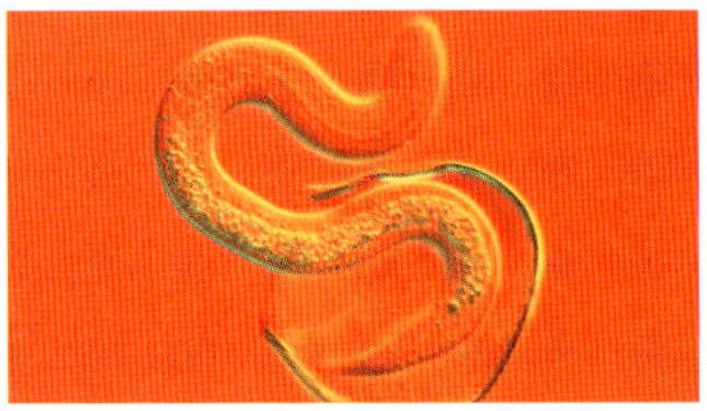

Fast wie die Alten Nach dem Schlüpfen besitzt dieser parasitische Fadenwurm alle Merkmale eines erwachsenen Tieres – bis auf die Fortpflanzungsorgane. Er häutet sich viermal, bis er erwachsen ist.

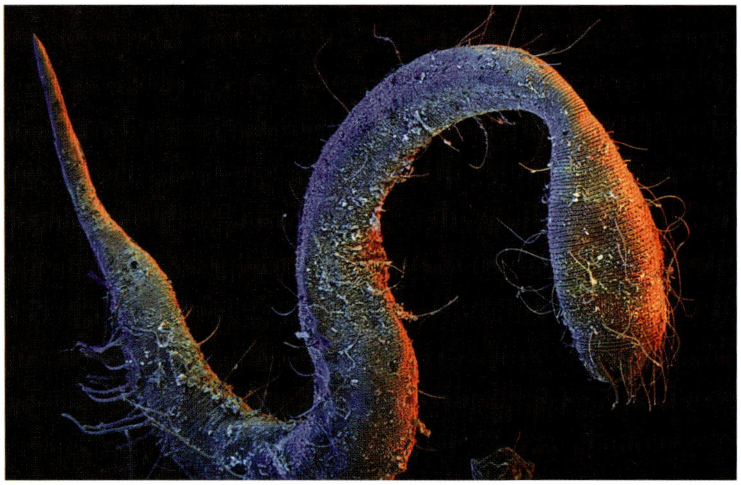

Anpassungsfähig Fadenwürmer können im Meer (rechts), im Süßwasser oder an Land leben. Sie kommen im Eis, in heißen Quellen und sogar in Säuren wie Essig vor.

UNVERWÜSTLICH

Fadenwürmer haben einen langen, schlanken, zylindrischen Köper und sehen häufig wie Fäden aus. Mit dieser Form können sie in winzigen Hohlräumen, z. B. zwischen Erdkörnchen, leben. Sie sind bilateralsymmetrisch und oft an beiden Enden zugespitzt. Die Epidermis (Haut) sondert eine zähe, aber flexible Cuticula ab. Fadenwürmer müssen sich häuten, wenn sie wachsen, meistens viermal, bis sie ausgewachsen sind.

Für die Fortbewegung sorgt eine zwischen Darm und Körperwand liegende Körperhöhle (Pseudocoel), die unter Druck stehende Flüssigkeit enthält. Wenn der Wurm seine Muskeln, die nur in Längsrichtung verlaufen, zusammenzieht, verursacht der Druck ein Biegen des Körpers von einer Seite zur anderen – eine Methode der Fortbewegung, die zwischen Erdpartikeln oder in einem Wasserfilm gut funktioniert.

Die durch den Mund aufgenommene Nahrung wird mit Hilfe des muskulösen Schlunds durch einen einfachen Darm gepumpt. Abfallstoffe werden durch einen Anus am Körperende abgegeben.

Unter ungünstigen Bedingungen, z. B. extremer Trockenheit, Hitze oder Kälte, fallen Fadenwürmer für Monate oder Jahre in eine Kryptobiose, einen todähnlichen Zustand. Verbessern sich die Bedingungen, „erwachen" sie wieder zum Leben.

Nur einige Fadenwürmer sind Zwitter, die Mehrzahl ist getrenntgeschlechtig. Bei der Kopulation hält sich das Männchen mit einem an seinem Hinterende befindlichen Haken am Weibchen fest.

Millionen Menschen sind von Fadenwürmern befallen, ohne dass sich Symptome zeigen. Nur bei wenigen Menschen treten Atembeschwerden oder Magen-Darm-Probleme auf

Spulwurm
Ascaris lumbricoides

Weizenälchen
Anguina tritici

Der Pflanzenparasit befällt die Samen von Weizen und Roggen, wodurch in Entwicklungsländern ganze Ernten vernichtet werden

Caenorhabditis elegans

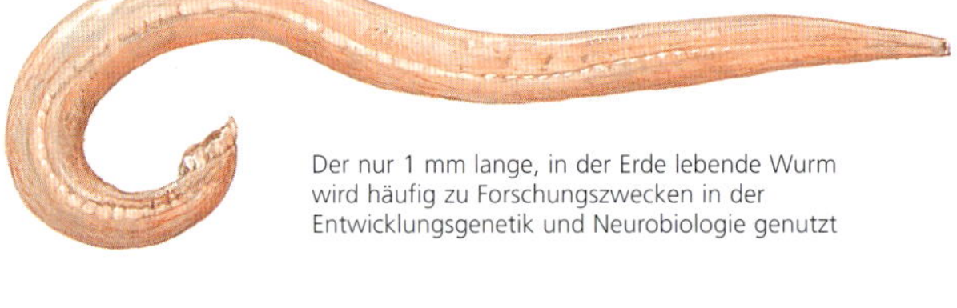

Der nur 1 mm lange, in der Erde lebende Wurm wird häufig zu Forschungszwecken in der Entwicklungsgenetik und Neurobiologie genutzt

Der Peitschenwurm lebt bei etwa 400 Millionen Menschen im Dickdarm und verbreitet sich durch die Eier, die mit den Fäkalien ausgeschieden werden

Peitschenwurm
Trichuris trichiura

WEICHTIERE

TAMM	Mollusca
LASSEN	7
RDNUNGEN	35
AMILIEN	232
RTEN	75 000

Die anpassungsfähigen Weichtiere haben die meisten ökologischen Nischen gefüllt. Sie leben überwiegend im Meer und sind in jeder Tiefe zu finden, besiedeln aber auch weltweit Süßgewässer und das Land. Die variantenreichen Lebensräume haben zu einer immensen Formenvielfalt geführt, von strahlgetriebenen Tintenfischen bis zu kriechenden Schnecken und festsitzenden Muscheln. Die meisten Weichtiere besitzen einen gut entwickelten Kopf, eine Körperhöhle mit den inneren Organen sowie eine spezielle Haut, den Mantel, der den Körper bedeckt und eine Kalkschale erzeugt. In einer Einstülpung, der Mantelhöhle, liegen die Kiemen. Der muskulöse Fuß sondert Schleim ab.

Bodenbewohner Die Nacktkiemer oder Seeschnecken sind schalenlose Schnecken mit gefiederten Außenkiemen. Hier frisst die Art *Chromodoris bullocki* an Korallen.

Giganten des Meeres Viele Weichtiere sind klein, sogar winzig, manche Arten haben jedoch eine enorme Größe. Die Große Riesenmuschel (unten), die größte Muschel, kann fast 1,5 m im Durchmesser erreichen. Im Vergleich zum Riesenkalmar mit 18 m Länge erscheint sie allerdings klein.

Farbwechsel Viele Kopffüßer können ihre Farbe und Zeichnung ändern, zur Tarnung oder Kommunikation bei Revierverhalten. Die beiden Männchen des Karibischen Riffkalmars (*Sepioteuthis sepioidea*) versuchen mit einer Zebrafärbung das Recht auf Paarung zu beanspruchen.

Während das Tier über den Meeresboden kriecht, bewegt sich der Mantel auf und ab, damit die Warnfarben deutlich zur Geltung kommen

Lilapunkt-Prachtsternschnecke
Chromodoris kuniei, Klasse Gastropoda

Die Landschnecke atmet durch eine Öffnung, die hinter dem Kopf liegt und zur Mantelhöhle führt

Blaue Nacktschnecke
Bielzia coerulans, Klasse Gastropoda

Amerikanische Stachelauster
Spondylus americanus, Klasse Bivalvia

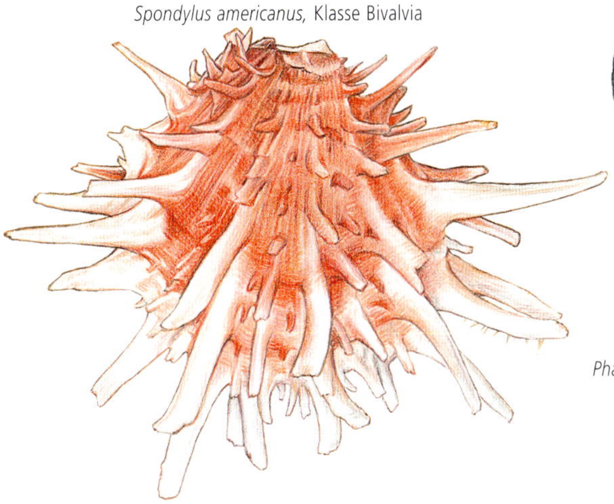

Helmschnecke
Phalium granulatum undulatum, Klasse Gastropoda

VIELFÄLTIGES AUSSEHEN

Weichtiere werden in acht Klassen eingeteilt: Wurmschnecken bilden eine kleine Klasse wurmähnlicher Tiere ohne Schale. Zu den Napfschalern zählen 20 Arten mit einer flachen, rundlichen Schale. Die Käferschnecken mit der Gattung Chiton sind durch acht Platten geschützt und kriechen auf einem Saugfuß. Kahnfüßer haben eine stoßzahnförmige Schale, mit der sie graben. Muscheln (Bivalvia) besitzen eine zweiteilige Schale mit Scharnier und einen winzigen Kopf. Die Schnecken der Klasse Gastropoda tragen eine spiralförmige Schale oder keine. Oktopusse, Kalmare und andere Tintenfische (Kopffüßer) verfügen über bewegliche Arme und sind oft schalenlos.

Das Fressverhalten der Weichtiere ist sehr unterschiedlich: Manche raspeln Algen von Felsen, andere fressen Blätter, filtern winzige Organismen aus dem Wasser oder überwältigen Beutetiere wie Krebse und Fische. Die Nahrung wird durch die Mundöffnung häufig mit Hilfe einer gezähnten Raspel (Radula) aufgenommen und durch ein komplexes Verdauungssystem geschleust, das in einen Anus mündet.

Die meisten Weichtiere sind getrenntgeschlechtlich. Einige geben ihre Eier und Spermien ins Wasser ab, während andere kopulieren. Die Larven schwimmen frei.

AUF EINEN BLICK

Klasse Monoplacophora Nur als fossile Schalen bis 1952 bekannt, besteht diese seltene Klasse aus kleinen, napfschneckenähnlichen Tieren, die im Meer von 200 m bis 7000 m Tiefe leben. Sie sind durch die Anzahl bestimmter Körperteile gekennzeichnet: Sie besitzen fünf oder sechs Kiemenpaare, sechs Nierenpaare und acht Paare von Rückziehmuskeln.

Arten 20

Atlantik, Pazif. und Ind. Ozean; am Meeresboden

Tiefsee-Kriecher *Monoplacophora wie* Neopilina galatheae *sind 2,5 cm lang und haben eine mützenförmige Schale. Mit einem großen, flachen Fuß kriechen sie über den Meeresboden.*

Klasse Polyplacophora Die flachen Käferschnecken sind zwischen 3 mm und 40 cm lang und haben eine Schale aus acht überlappenden Platten. Sie kriechen auf ihrem breiten, flachen Fuß und raspeln dabei häufig mit ihrer langen Radula Algen von Steinen und Schalen anderer Tiere. Bei Störungen heften sie sich mit Unterdruck fest, so dass sie sehr schwer abzulösen sind.

Arten 500

Weltweit; Gezeitenzone bis in die Tiefsee

Haftmechanismus *Wie bei anderen Käferschnecken ist die Schale der nordamerikanischen Art* Chaetopleura apiculata *von einem aus dem Mantel gebildeten Gürtel umgeben. Mit Hilfe dieses Gürtels und ihrem Fuß heftet sie sich z. B. an Felsen fest.*

Klasse Scaphopoda Die Kahnfüßer sind grabende Röhrenschnecken mit langer, röhrenförmiger, an beiden Enden offener Schale. Der muskulöse Fuß und das Köpfchen mit klebrigen Tentakeln ragt aus dem großen Ende der Schale heraus. Die Tiere fangen mit den Tentakeln winzige Organismen, die sie mit der Radula zerkleinern.

Arten 500

Weltweit; sandiger oder schlammiger Meeresboden

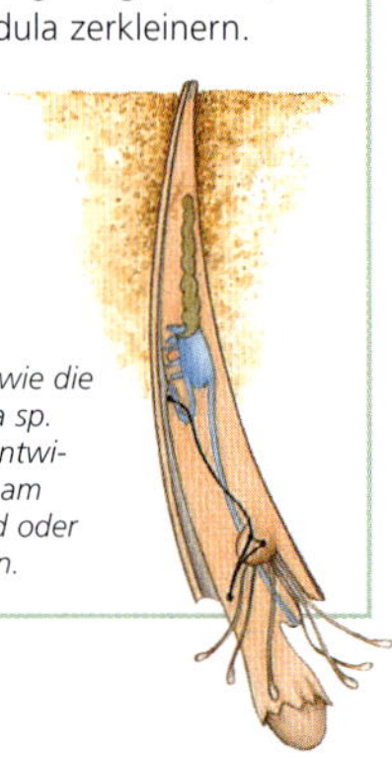

Grabfuß *Kahnfüßer wie die Vertreter von* Entalina *sp. benutzen ihren gut entwickelten Fuß, um sich am Meeresboden in Sand oder Schlamm einzugraben.*

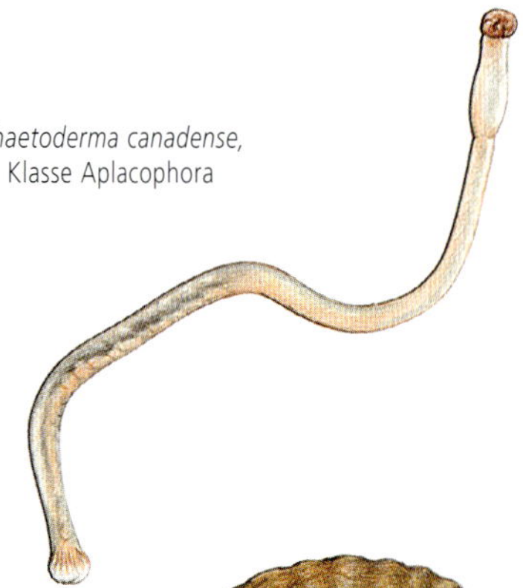

Chaetoderma canadense,
Klasse Aplacophora

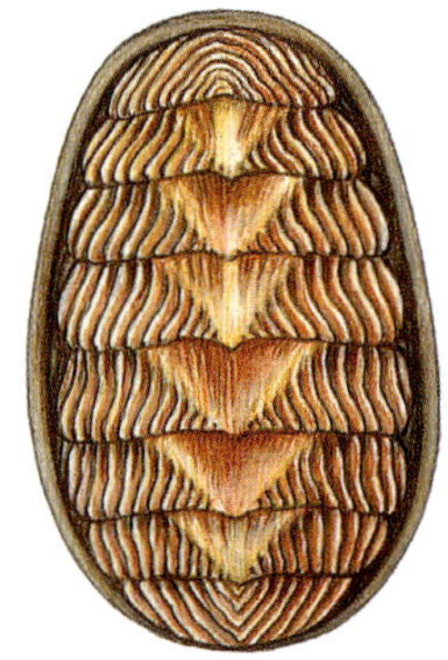

Weidet Algen von festsitzenden Wirbellosen wie Schwämmen und Moostierchen ab

Marmorierte Käferschnecke
Tonicella marmorea,
Klasse Polyplacophora

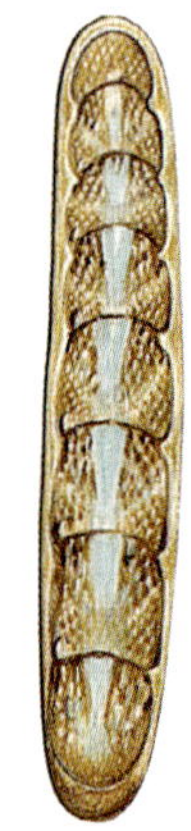

Stenochiton longicymba,
Klasse Polyplacophora

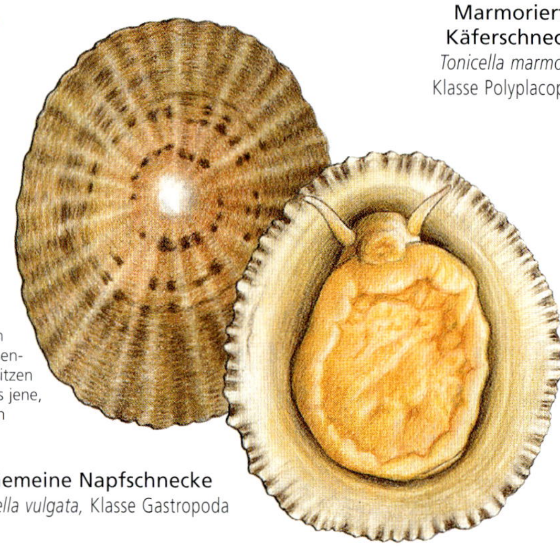

Napfschnecken, deren Lagerplatz an der Felsenküste höher liegt, besitzen eine höhere Schale als jene, die tiefer unten lagern

Gemeine Napfschnecke
Patella vulgata, Klasse Gastropoda

Olivenkäferschnecke
Chiton olivaceus,
Klasse Polyplacophora

Pictodentalium formosum,
Klasse Scaphopoda

Chiton tuberculatus,
Klasse Polyplacophora

Eine der häufigsten Käferschnecken-Arten in der Karibik

Elefantenzahn
Dentalium elephantinum,
Klasse Scaphopoda

Dentalium elephantinum ist jadegrün, die meisten anderen Röhrenschnecken-Arten sind weiß oder gelblich

Antalis tarentinum,
Klasse Scaphopoda

Die Länge der Röhrenschnecken reicht von 4 mm bis 15 cm

Stachelige Herzmuschel
Acanthocardia aculeata, Klasse Bivalvia

Gleichmäßig angeordnete scharfe Stacheln

Dattelmuschel
Pholas dactylus, Klasse Bivalvia

Bohrt sich in weiches Gestein, Lehm und Torf

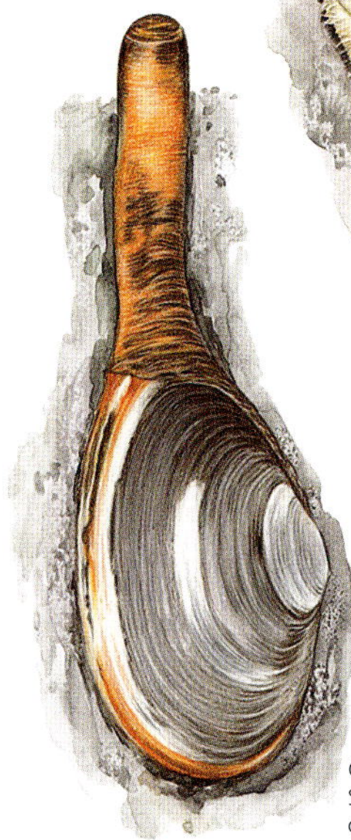

Sandklaffmuschel
Mya arenaria, Klasse Bivalvia

Gräbt sich in Sand, Schlamm oder Kies ein

Die etwa 10 cm lange Scheidenmuschel-Art bohrt sich bis zu 50 cm tief in den Sand

Gefurchte Scheidenmuschel
Solen vagina, Klasse Bivalvia

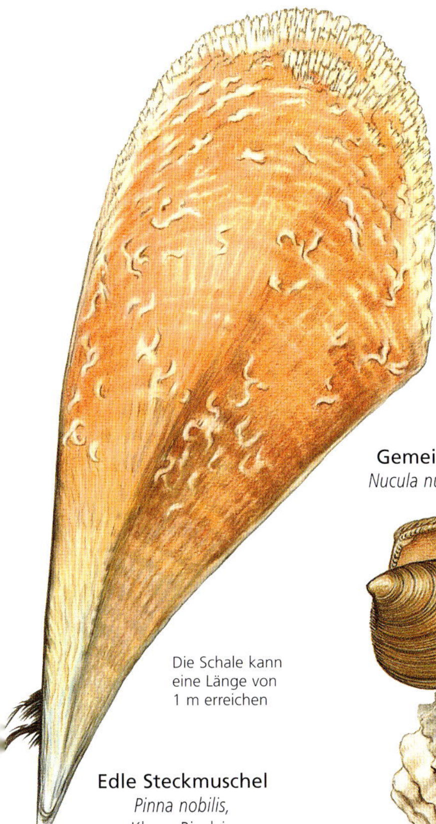

Die Schale kann eine Länge von 1 m erreichen

Edle Steckmuschel
Pinna nobilis, Klasse Bivalvia

Gemeine Nussmuschel
Nucula nucleus, Klasse Bivalvia

Europäische Auster
Ostrea edulis, Klasse Bivalvia

Miesmuschel
Mytilus edulis, Klasse Bivalvia

Abhängig von den regionalen Lebensbedingungen variieren Form, Größe und Farbe der Miesmuscheln

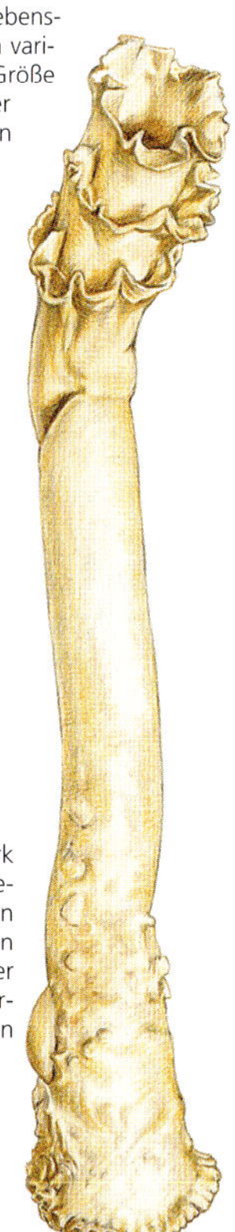

Kalkartiges Sekret bildet eine Röhre

Die stark zurückgebildeten Klappschalen sind mit der Röhre verschmolzen

Penicillus javanus, Klasse Bivalvia

Schwimmende Feilenmuschel
Lima hians, Klasse Bivalvia

Am Mantelrand sitzen viele kleine Tentakel

Große Teichmuschel
Anodonta cygnea, Klasse Bivalvia

Flussperlmuschel
Margaritana margaritifera, Klasse Bivalvia

AUF EINEN BLICK

Klasse Bivalvia Klaffmuscheln, Austern und andere Muscheln dieser Klasse leben in zweiteiligen Schalen mit Scharnier. Je nach Art graben sie sich ein, fixieren ihr Gehäuse auf einer Oberfläche, heften sich mit im Fuß gebildeten klebrigen Byssusfäden fest, leben frei auf dem Boden bzw. im Wasser oder parasitieren in anderen Wassertieren.

Arten 10 000

Weltweit

Brüter *Die Große Erbsenmuschel (*Pisidium amnicum*) brütet ihre Eier im Innern der Schale aus. Die Jungtiere sehen wie Miniaturen der Adulten aus.*

RIESENMUSCHEL

Die größte Muschel der Welt lebt auf den tropischen Korallenriffen des Indischen und Pazifischen Ozeans: Die Große Riesenmuschel (*Tridacna gigas*) wiegt bis zu 320 kg. Sie sitzt im Sediment und filtert Plankton aus dem Wasser. Die meisten Nährstoffe liefern ihr jedoch die Algen, die auf den vorstehenden dicken Wülsten ihres Mantels leben.

ZWEISCHALIGE MUSCHEL

Der Mantel der Muschel bildet eine Gewebeschicht, die beide Schalen auskleidet. Der klingenförmige Fuß wird häufig zum Graben benutzt. Die mit den Kiemen aus dem Wasser gefilterten Nahrungsteilchen werden von den Palpen (Tastspitzen) nach Größe sortiert.

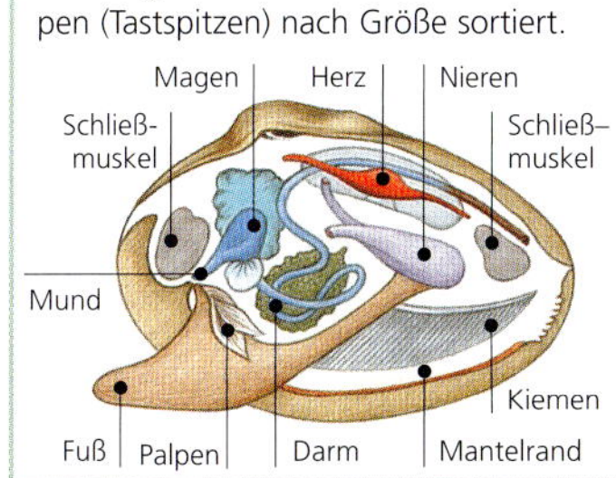

SCHUTZSTATUS

Unerwünscht In den 1980er-Jahren tauchte die in Europa beheimatete Wandermuschel (*Dreissena sp.*) erstmals in den Großen Seen auf; sie hat sich in vielen Seen und Flüssen der USA verbreitet. Da sie riesige Mengen Phytoplankton aus dem Wasser filtert, schädigt sie die Nahrungskette und ist so eine Bedrohung für einheimische Tiere dieser Biotope.

AUF EINEN BLICK

Klasse Gastropoda Diese größte Klasse der Weichtiere umfasst Gehäuse-, Nackt- und Napfschnecken sowie Nacktkiemer. Bis auf einige schalenlose Gastropoden besitzen die meisten eine spiralförmige Schale, in der sich der Körper befindet. Am Kopf der Schnecken sitzen Fühler. Die Mantelhöhle liegt oberhalb des Kopfes, wodurch dieser in die Schale eingezogen werden kann. Der muskulöse Fuß dient zum Kriechen, Schwimmen oder Graben.

Arten 60 000

Weltweit

Kannibalisch *Die Tulpenschnecke* Fasciolaria hunteria *kann sehr aggressiv sein. Sie frisst sogar Artgenossen.*

RADULA

Weichtiere tragen an der Mundöffnung ein zungenartiges Element: die Radula. Bei den Tiefseenapfschnecken (*Neomphalus sp.*) bildet die Radula durch eine harte, gezähnte Schicht eine Raspel zum Algenabschaben. Bei den Rissschnecken (*Scissurella sp.*) ist die Oberfläche der Radula gefiedert, um totes organisches Material vom Sand aufzunehmen. Bei einigen Fleisch fressenden Arten wie den Kegelschnecken (*Conus sp.*) ist die Radula zu einem spitzen Giftzahn geworden.

SCHNECKENHAUS

Obwohl Schneckenschalen sehr unterschiedlich aussehen können, ist die typische Form ein konischer Turm. Die Spiralform entsteht durch Anfügen von unterschiedlich viel neuem Material an der inneren und äußeren Lippe.

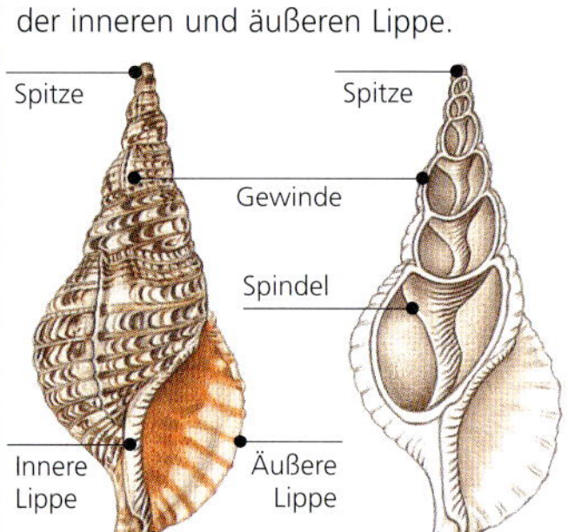

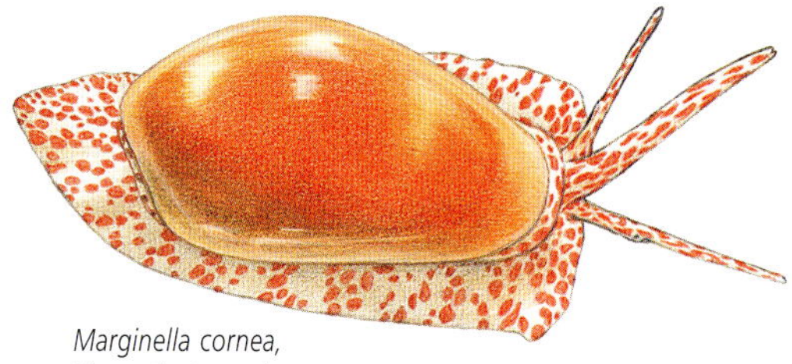

Marginella cornea, Klasse Gastropoda

Zweiaugen-Warzenschnecke
Phyllidia ocellata, Klasse Gastropoda

Kennzeichen der farblich variierenden Zweiaugen-Warzenschnecke sind die hellen Höcker und die wie Augen wirkenden Flecken

Janthina janthina, Klasse Gastropoda

Von schleimüberzogenen Blasen getragen, treibt die Schnecke an der Meeresoberfläche

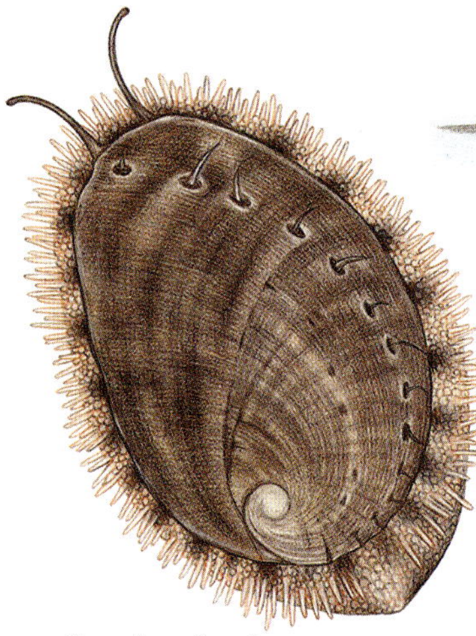

Gemeines Seeohr
Haliotis tuberculata, Klasse Gastropoda

Westindische Kronenschnecke
Melongena corona, Klasse Gastropoda

Brandhorn
Murex brandaris, Klasse Gastropoda

Aus dem Schleim des Brandhorns hat man in der Antike Purpurfarbstoff hergestellt, der so rar und teuer war, dass damit nur die Kleidung von Königen gefärbt wurde

Tritonshorn
Charonia tritonis, Klasse Gastropoda

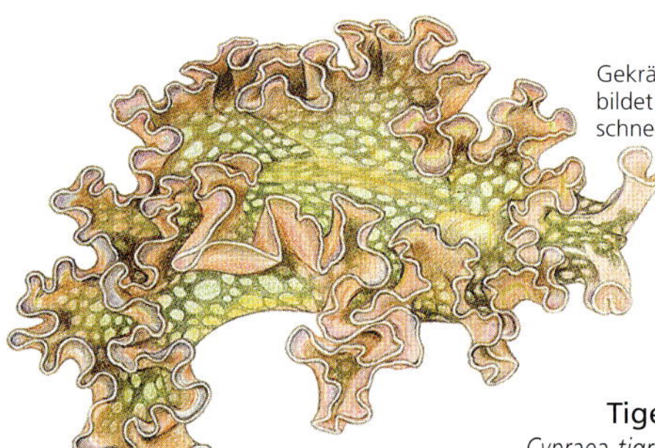

Blumenkohl-Sackzungenschnecke
Tridachia crispata, Klasse Gastropoda

Gekräuseltes Gewebe bildet bei dieser Nacktschnecke eine bizarre Körperform

Tigerschnecke
Cypraea tigris, Klasse Gastropoda

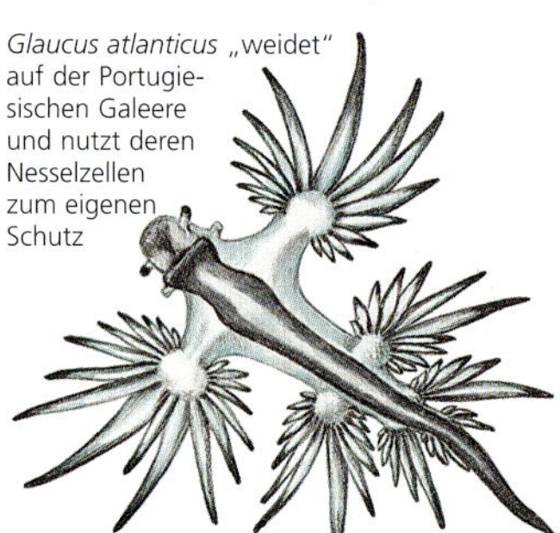

Glaucus atlanticus „weidet" auf der Portugiesischen Galeere und nutzt deren Nesselzellen zum eigenen Schutz

Glaucus atlanticus, Klasse Gastropoda

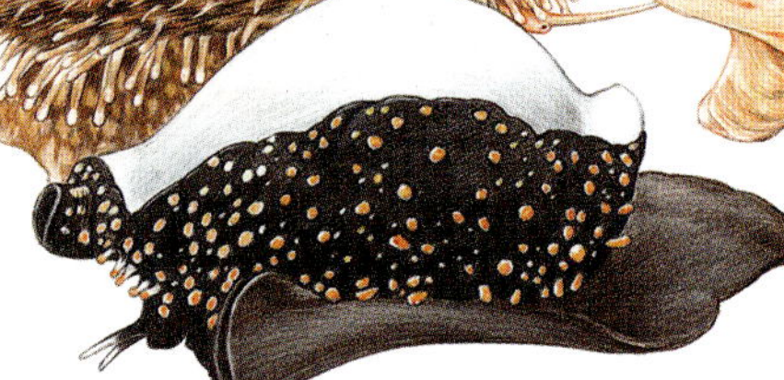

Eischnecke
Ovula ovum, Klasse Gastropoda

Fechterschnecke
Strombus gigas, Klasse Gastropoda

Große Rote Wegschnecke
Arion rufus, Klasse Gastropoda

Genetzte Ackerschnecke
Deroceras reticulatum,
Klasse Gastropoda

Baumschnegel
Lehmannia marginata,
Klasse Gastropoda

Wurmnacktschnecke
Boettgerilla pallens, Klasse Gastropoda

Ohrschlammschnecke
Lymnaea auricularia,
Klasse Gastropoda

Lebt in pflanzenreichen stillen Gewässern

Rötliche Daudebardie
Daudebardia rufa,
Klasse Gastropoda

Gemeine Flussnapfschnecke
Ancylus fluviatilis, Klasse Gastropoda

Grüne Manus-Baumschnecke
Papustyla pulcherrima,
Klasse Gastropoda

Gartenbänderschnecke
Cepaea hortensis, Klasse Gastropoda

Die Achatschnecke ist eine der größten Schnecken; sie wird bis zu 30 cm lang

Echte Achatschnecke
Achatina achatina,
Klasse Gastropoda

Weinbergschnecke
Helix pomatia,
Klasse Gastropoda

Weinbergschnecken werden seit vielen Jahrtausenden von Menschen gegessen

LEBEN AN LAND

Es gibt etwa 20000 Landschnecken-Arten. Bei den meisten wurden im Verlauf der Evolution die Kiemen durch Lungen ersetzt. Einige Arten besitzen sowohl eine Kiemenkammer als auch eine Lunge. Durch die Anpassung an das Leben an Land wurde die Schale leichter und schützt nun vor Austrocknung und Feinden. Der Mantel und der Schleim, der den Körper bedeckt, halten die Schnecke feucht. Bei zu trockenen Verhältnissen heften sich die Schnecken an Pflanzen oder andere feuchte Oberflächen und verfallen in einen Ruhezustand. Nacktschnecken leben vorwiegend in Spalten am Boden.

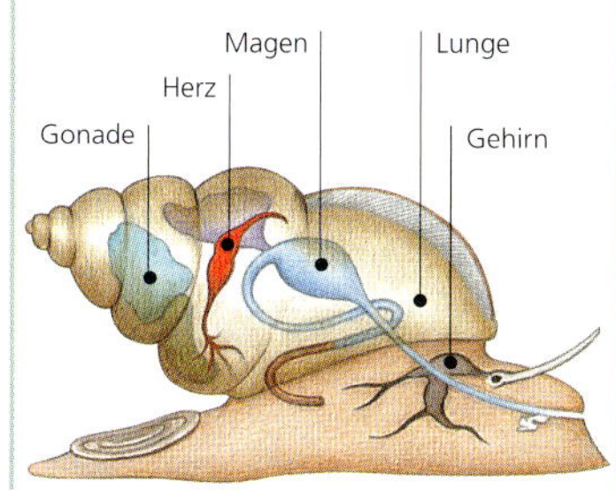

Lungenatmer *Die meisten Landschnecken haben keine Kiemen. Der Mantel ist mit Blutgefäßen gefüllt und dient als Lunge.*

PAARENDE ZWITTER

Landschnecken sind Zwitter, befruchten sich aber nicht selbst. Zur Paarung umkreisen sich die Tiere, berühren sich mit den Fühlern, umschlingen und beißen sich. Bei der Kopulation erfolgt dann ein Spermienaustausch, so dass die Eier beider Schnecken befruchtet werden.

Liebespfeile *Die Werbung einiger Landschnecken, z. B. bei Helix sp., ist bizarr. Beim Umschlingen schießt die eine Schnecke einen Kalkpfeil aus ihrem Körper in den des Partners. Der Pfeil scheint eine Substanz zu tragen, die den Spermien hilft, die weiblichen Fortpflanzungsorgane zu erreichen.*

SCHUTZSTATUS

Bedroht Nicht im Meer lebende Weichtiere scheinen die am stärksten bedrohte Tiergruppe zu sein. In den letzten 300 Jahren sind nachweislich 284 Arten ausgestorben – weit mehr als Säugetiere (74 ausgestorben) oder Vögel (129 ausgestorben). Obwohl die Meere keineswegs unberührt sind, wurden die Land- und Süßwasser-Lebensräume erheblich stärker durch den Menschen verändert, worunter die Bestände der Weichtiere sehr gelitten haben.

AUF EINEN BLICK

Klasse Kopffüßer Der Fuß der Kopffüßer liegt nahe dem Kopf und ist so modifiziert, dass er Arme, Tentakel und einen Trichter bildet. Der Nautilus hat eine große äußere Schale. Bei Sepien und Kalmaren ist die Schale reduziert und von Gewebe umgeben. Oktopusse sind schalenlos. Da Kopffüßer das höchstentwickelte Gehirn aller Wirbellosen besitzen, zeigen sie komplexe Verhaltensweisen und sind lernfähig.

Arten 600

Weltweit; im Meer

Räuber *Wie alle Kopffüßer ist der Europäische Kalmar (*Loligo subulata*) ein Fleischfresser. Er fängt die Beute mit seinen Armen, zerkleinert wird sie mittels Schnabel und Radula.*

NAUTILUS

Der Nautilus, der primitivste Kopffüßer, lebt in der letzten Kammer einer großen Schale. Die anderen Kammern sind mit Gas gefüllt. Das Tier verändert seinen Auftrieb, indem es Flüssigkeit in die Kammern lässt oder daraus entfernt.

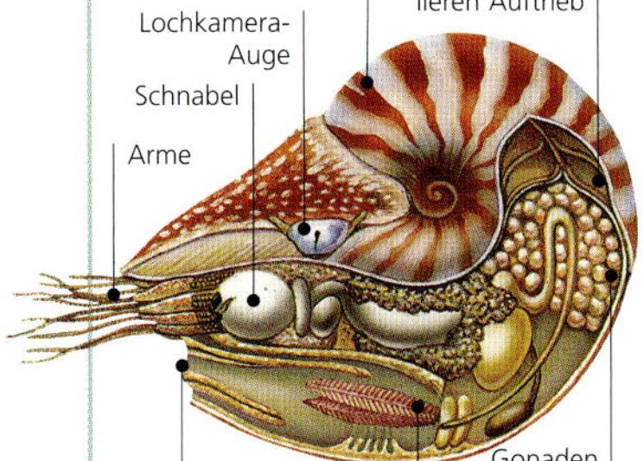

KOPFFÜSSER-AUGE

Die meisten Kopffüßer sehen ausgezeichnet. Wie die Wirbeltieraugen haben ihre Augen eine Hornhaut, Iris, Linse und Netzhaut. Menschen fokussieren ein Objekt, indem sie die Form der Linse verändern, die Kopffüßer dagegen bewegen die ganze Linse in Relation zur Netzhaut. Kontrolliert durch Gleichgewichtsorgane behält die schlitzförmige Pupille immer eine horizontale Position bei – unabhängig vom Winkel des Kopfes.

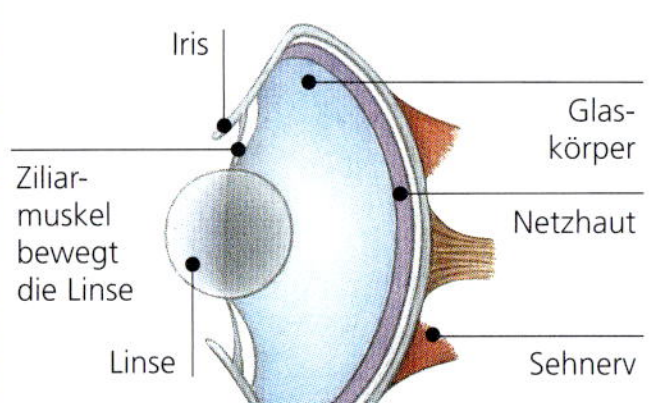

Kalmare besitzen acht Arme und zwei lange Tentakel, die alle dicht mit Saugnäpfen besetzt sind

Gemeiner Kalmar
Loligo vulgaris, Klasse Cephalopoda

Wie viele Kopffüßer verändert der Tintenfisch bei Gefahr seine Farbe, um sich zu tarnen. Um Angreifer zu irritieren, stößt er eine dunkle (sepiafarbene) Tinte aus

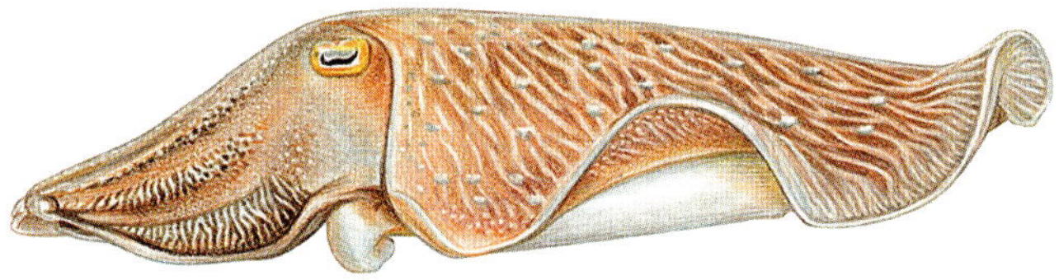

Gemeiner Tintenfisch
Sepia officinalis, Klasse Cephalopoda

Um Räubern zu entkommen, kann der Pfeilkalmar aus dem Wasser schießen und ein Stück darüber gleitfliegen

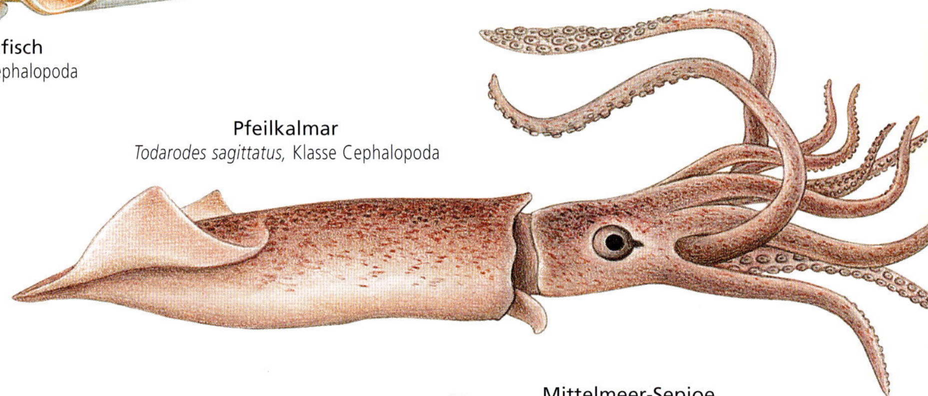

Pfeilkalmar
Todarodes sagittatus, Klasse Cephalopoda

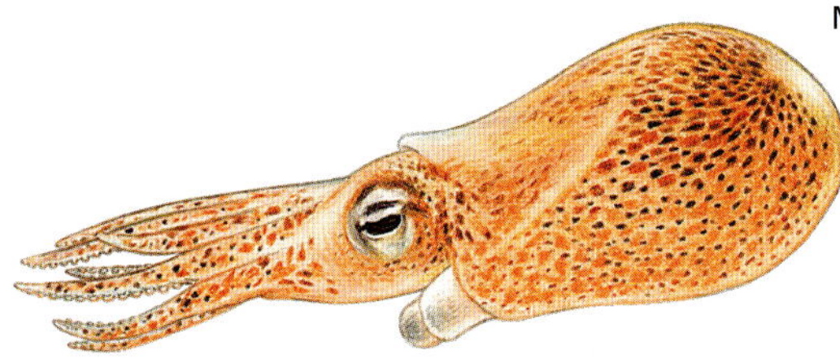

Mittelmeer-Sepioe (Zwergsepia)
Sepiola rondeleti, Klasse Cephalopoda

Spirula spirula ist das einzige heute noch lebende Mitglied der Familie Spirulidae

Die schneckenförmige, mit Kammern versehene innere Schale reguliert den Auf- und Abtrieb

Posthörnchen
Spirula spirula, Klasse Cephalopoda

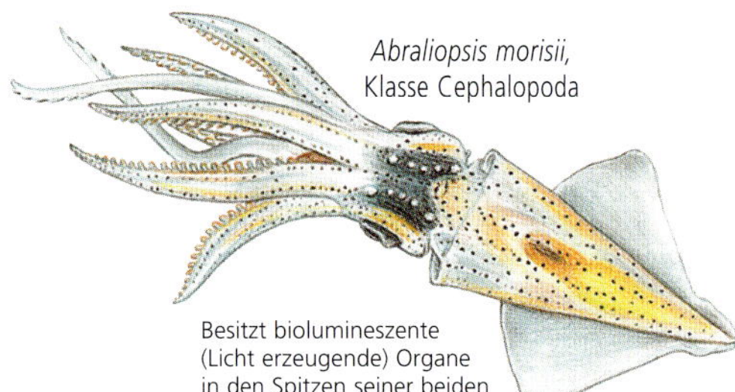

Abraliopsis morisii, Klasse Cephalopoda

Besitzt biolumineszente (Licht erzeugende) Organe in den Spitzen seiner beiden Tentakeln und im unteren Körperbereich

Die Vertreter der Gattung *Nautilus* besitzen etwa 90 klebrige Tentakel ohne Saugnäpfe

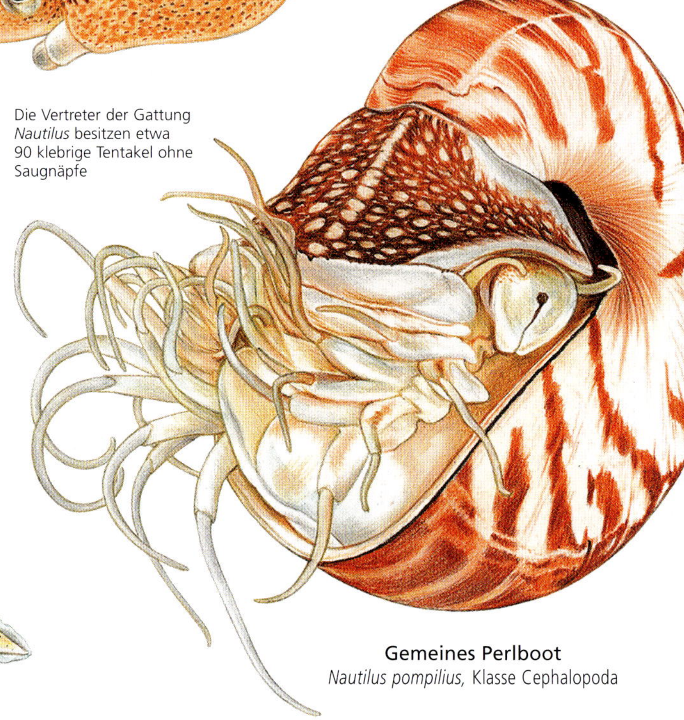

Gemeines Perlboot
Nautilus pompilius, Klasse Cephalopoda

Wunderlampe
Lycoteuthis diadema,
Klasse Cephalopoda

Amphitretus pelagicus,
Klasse Cephalopoda

Moschuskrake
Eledone moschata,
Klasse Cephalopoda

Das Weibchen des Papierboots, eines Oktopoden, bildet eine Schale mit papierähnlicher Struktur, in der es seine Eier ablegt und bewacht

Cirrothauma murrayi,
Klasse Cephalopoda

Oktopusse haben acht mit Saugnäpfen versehene Arme, aber keine Tentakel

Der Riesenkalmar gilt als der größte Vertreter der Wirbellosen, er kann vermutlich bis zu 18 m lang werden und ein Gewicht von 900 kg erreichen

Riesenkalmar
Architeuthis dux,
Klasse Cephalopoda

Papierboot
gonauta argo, Klasse Cephalopoda

Gemeine Krake
Octopus vulgaris,
Klasse Cephalopoda

Tiefseevampir
Vampyroteuthis infernalis,
Klasse Cephalopoda

Anglerkalmar
Chiroteuthis veranyi,
Klasse Cephalopoda

KOPFFÜSSER – FORTPFLANZUNG

Um einen Partner anzulocken, zeigen Kopffüßer-Männchen unterschiedliches Werbungsverhalten: Einige Tintenfische und Kalmare präsentieren beispielsweise ein bestimmtes Muster auf ihrem Körper, um Weibchen zu beeindrucken und Rivalen abzuschrecken. Das Männchen übergibt seine Spermien in einer Art Paket, der Spermatophore. Mit Hilfe eines umgewandelten Arms, dem Hectocotylus, überträgt es das Spermienpaket während der Kopulation in die Mantelhöhle des Weibchens. Bei dem winzigen Männchen des Papierbootes, das viel kleiner als das Weibchen ist, bricht der Hectocotylus vom Körper ab und kriecht in das Weibchen. Männliche Kopffüßer sterben in der Regel kurz nach der Paarung, und die Weibchen sterben nach der Eiablage. Die gekammerten Nautilus-Arten dagegen können sich mehrmals fortpflanzen und leben viel länger. Ihre Jungen sehen wie winzige Adulte aus.

Eiablage
Obwohl die Eier einiger Tintenfische frei schwimmen, heften die Weibchen in der Regel die Eier an Steine oder Seetang. Die Eier werden einzeln, in Trauben oder in Paketen abgelegt und sind von einer aushärtenden, gallertartigen Masse umhüllt. Das Papierboot-Weibchen befestigt seine Eier in einer papierartigen Schale und bewacht sie. Oktopus-Weibchen bleiben bei ihren Eiern, um ihnen Sauerstoff zuzufächeln.

DÜSENANTRIEB

Die meisten Kopffüßer schwimmen, indem sie einen Wasserstrahl aus der Mantelhöhle durch einen Trichter ausstoßen. Der höchst bewegliche Trichter kann nach vorne oder hinten weisen, so dass der Tintenfisch in jede Richtung schwimmen kann. In Verbindung mit ihrem stromlinienförmigen Körper können Tintenfische mit diesem Rückstoßantrieb ein Tempo von bis zu 40 km/h erreichen.

Sepien sind nicht so schnell, dafür aber sehr wendig. Bei Nautilus-Arten ist der Rückstoßantrieb schwächer ausgeprägt. Oktopusse können zwar einen Wasserstrahl erzeugen, kriechen aber eher mit ihren Armen über die Felsen. Tiefseeoktopusse schwingen ihre Schwimmarme und bewegen sich ähnlich wie Quallen.

RINGELWÜRMER

STAMM Annelida
KLASSEN 2
ORDNUNGEN 21
FAMILIEN 130
ARTEN 12 000

Der Körper der Ringelwürmer (Anneliden) ist langgestreckt und besteht aus Segmenten, die von außen wie Ringe aussehen. Jedes Segment besitzt seine eigene flüssigkeitsgefüllte Körperhöhle, die als Hydroskelett funktioniert, und jeweils ein Paar Ausscheidungs-, Bewegungs- und Atmungsorgane. Die Segmente sind jedoch durch gemeinsame Verdauungs-, Kreislauf- und Nervensysteme verbunden. Ringelwürmer kriechen oder schwimmen durch seitliches Schlängeln oder graben sich ein, indem sich Kontraktionswellen in Längsrichtung durch den Körper ziehen. Während manche Arten sich sehr aktiv fortbewegen, leben andere beständig in Höhlen oder Röhren.

Im Boden Lang, dünn, mit schmalem Kopf sind Regenwürmer zum Graben geschaffen. Bei einem Vorkommen von durchschnittlich 600 Tieren pro m² sind sie wichtig für die Durchlüftung und Fruchtbarkeit des Bodens.

Fest sitzend Fächerwürmer sind Anneliden, die angeheftet am Meeresboden leben. Der größte Teil des Körpers steckt in einer Röhre, die sie selbst abgesondert oder aus Sediment gebaut haben. Eine Krone aus feinen, mit winzigen schlagenden Härchen (den Zilien) bedeckten Tentakeln filtert Nahrungspartikel aus dem Wasser.

IM WASSER UND AN LAND

Ringelwürmer sind in allen Zonen der Meere, in Süßwasserseen und Flüssen sowie an Land zu finden. Es gibt Nahrungsfiltrierer, Blutsauger und Arten, die sich räuberisch oder von organischen Stoffen ernähren (Regenwürmer, die Sediment fressen und ihm Nährstoffe entziehen).

Viele Arten der Klasse Polychaeta (Borstenwürmer) leben im Meer und sind meist getrenntgeschlechtig. Sie schwimmen oder kriechen mit Hilfe von Parapodien (ruderförmigen Fortsätzen). In Röhren lebenden Arten mit einer für die Nahrungsaufnahme modifizierten Kopfregion fehlen die Parapodien.

Zur Klasse Clitellata (Gürtelwürmer) gehören landlebende und Süßwasserarten (Regenwürmer, Egel) sowie einige Meeresbewohner. Die meisten sind Zwitter, die ihre Spermien bei der Kopulation austauschen. Alle besitzen ein Clitellum, einen Ring aus Drüsenhaut, die einen Kokon für die Eier absondert.

Seemaus
Aphrodite aculeata, Klasse Polychaeta

Die Seemaus ist mit feinen, dicht stehenden Stacheln bedeckt

Medizinischer Blutegel
Hirudo medicinalis, Klasse Clitellata

Früher wurden Blutegel häufig eingesetzt, um mit Blutstau verbundene Krankheiten zu behandeln; heute leisten sie bei Schwellungen nach mikrochirurgischen Eingriffen gute Dienste

Blutegel haben in der Regel an beiden Enden Saugnäpfe

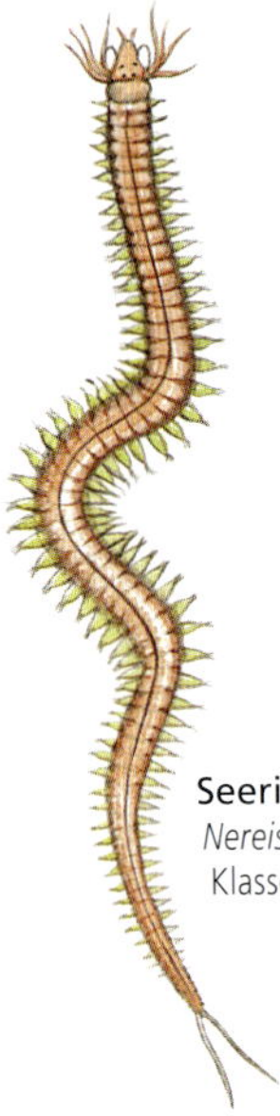

Seeringelwurm
Nereis diversicolor, Klasse Polychaeta

Samoa-Palolo
Eunice viridis, Klasse Polychaeta

Das mit Geschlechtszellen gefüllte Hinterteil dieses am Meeresboden lebenden Wurms löst sich vom Körper, schwimmt an die Oberfläche und stirbt nach dem Ablaichen ab.

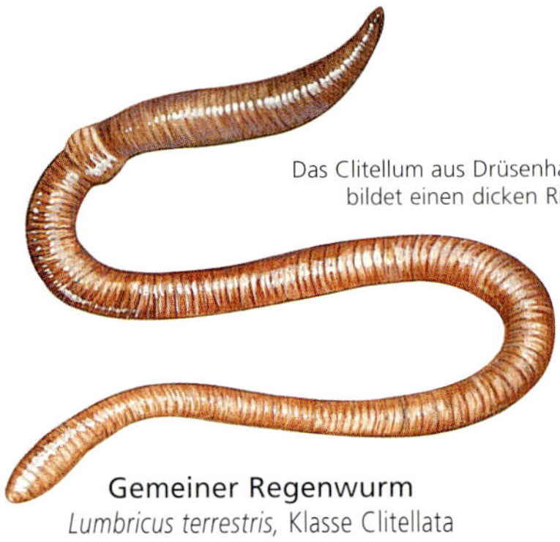

Das Clitellum aus Drüsenhaut bildet einen dicken Ring

Gemeiner Regenwurm
Lumbricus terrestris, Klasse Clitellata

Bei Störungen wird die fiedrige Krone sofort eingezogen

Schraubensabelle
Spirographis spallanzanii, Klasse Polychaeta

METAMORPHOSE

Während einige frisch geschlüpfte Wirbellose an Adulte erinnern, sehen die meisten nicht wie ihre Eltern aus und haben eine völlig andere Lebensweise. Um erwachsen zu werden, machen diese Jungtiere eine Verwandlung durch: die Metamorphose. Korallen, Muscheln, viele Krebstiere und die meisten Wirbellosen entwickeln sich nach einem kurzen Larvenstadium zu Adulten. Bei den meisten Insekten dauert dies länger. Manche Insektengruppen, z. B. Grillen, Wanzen, haben eine unvollständige Metamorphose: Das geschlüpfte Tier, die Nymphe, ähnelt dem Adulttier, hat aber bis zur letzten Häutung weder Flügel noch fertige Geschlechtsorgane. Bienen und Schmetterlinge durchlaufen eine vollständige Metamorphose mit einem Puppenstadium, in dem die Organe der Larve teils resorbiert, teils abgestoßen werden und die des Imagos aufgebaut werden.

Veliger-Larve Die frei schwimmenden Larven (Veliger-Larven) der Meeresschnecken nehmen ihre Nahrung mit Hilfe winziger Haare auf. Bei der Larve erscheinen allmählich Schale, Mantelhöhle und Fuß (oben), bis sie sich zum adulten Tier (unten) umgewandelt hat.

Zoëalarve Zehnfußkrebse wie z. B. Langusten schlüpfen als eine Art frei schwimmende, stachelige Larve (oben). Dieses Zoëalarve genannte Tier wandelt sich in eine postlarvale Megalopa um, die schon Anhängsel der Adulten hat. Es sinkt zum Meeresgrund ab und wird zum Bodenbewohner (unten).

Ei – Nympe – Imago Eine Libelle entwickelt sich durch unvollständige Metamorphose: **1.** Paarung von Männchen und Weibchen. **2.** Weibchen legt Eier ins Wasser bzw. in Pflanzenstängel. **3.** Nymphe schlüpft. **4.** Nymphe frisst Kaulquappen und Würmer und häutet sich mehrfach. **5.** Zur letzten Häutung klettert sie aus dem Wasser. **6.** Imago steigt aus der Nymphenhaut. **7.** Imago ruht, während die Flügel trocknen. **8.** Imago frisst fliegende Insekten; sucht an neuem Ort einen Paarungspartner.

GLIEDERFÜSSER

STAMM	Arthropoda
KLASSEN	22
ORDNUNGEN	110
FAMILIEN	2120
ARTEN	> 1,1 Mio.

Die Insekten, Spinnen, Krebse, Hundertfüßer und anderen Wirbellosen im Stamm Arthropoda (Gliederfüßer) machen 75% aller bekannten Tierarten aus, und viele Millionen sind noch unentdeckt. Gliederfüßer haben sich an alle ökologischen Nischen an Land, im Süßwasser und im Meer angepasst, daher weisen sie in ihrer Anatomie und Lebensweise eine enorme Vielfalt auf. Einige charakteristische Merkmale haben jedoch alle Arthropoden gemeinsam: Sie besitzen gegliederte Anhänge (wie etwa Beine) und einen segmentierten Körper. Von anderen Wirbellosen unterscheiden sie sich durch ihr hartes, aber flexibles Außenskelett (Exoskelett), das ihnen sowohl Schutz als auch Stabilität verleiht.

Fossile Meerestiere Mit mehr als 15000 bekannten Arten beherrschen die Trilobiten (oben) die Fossilfunde von vor etwa 500 Millionen Jahren. Diese Lebewesen starben vor etwa 250 Millionen Jahren aus.

Allgegenwärtig Etwa 90% aller Gliederfüßer sind Insekten. Überall auf dem Land und im Süßwasser – seltener im Meer – leben Insekten räuberisch, wie z. B. die Gottesanbeterin (links), oder ernähren sich von Nektar wie der Schwalbenschwanz.

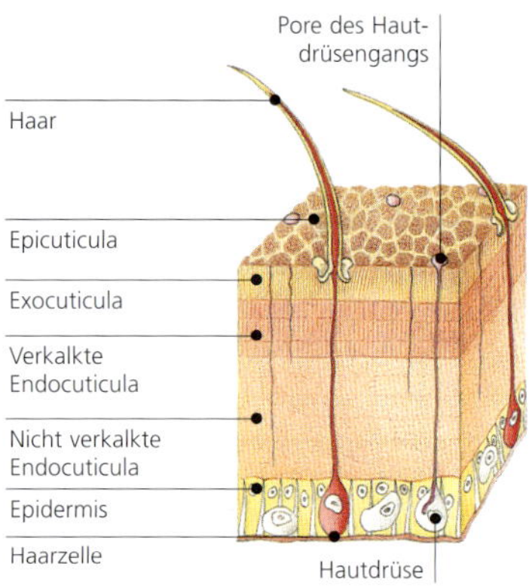

Arthropodenpanzer Das von Epidermiszellen gebildete Exoskelett der Gliederfüßer besitzt dünne Schichten aus Wachs und Protein (Epicuticula), unter denen mehrere Chitin- und Proteinschichten liegen. Wie alle Gliederfüßer muss die Weichkorallen-Spinnenkrabbe (*Hoplophrys oatesii*, rechts) ihr Exoskelett durch Häutungen erneuern, wenn sie wächst.

FRÜH AUFGETAUCHT

Die ersten Gliederfüßer erschienen vor etwa 530 Millionen Jahren in den Meeren. Zu ihnen zählten Krebstiere, Vorfahren der Pfeilschwanzkrebse und die ausgestorbenen Trilobiten. Diese frühen Arten hatten zahlreiche Körpersegmente, von denen jedes ein Paar Anhänge trug. Mit der Zeit spezialisierten sich die Anhänge für bestimmte Aufgaben – Bewegung, Nahrungsaufnahme, Sinneswahrnehmung und Kopulation. Durch Zusammenfassung von Segmenten entstanden Körperregionen (Tagma), z. B. Kopf, Thorax und Abdomen der Insekten.

Gliederfüßer waren die ersten Tiere, die das Meer verlassen und den Luftraum erobert haben. Skorpione sind vor 350 Millionen Jahren an Land gegangen, gefolgt von den ersten Insekten. Bald erschienen die ersten geflügelten Insekten. Der Erfolg der landlebenden Gliederfüßer beruht zum Teil auf ihrem wachsartigen Exoskelett, das sie vor Austrocknung schützt. Dank ihrer gegliederten Beine sind Arthropoden höchst mobil, wodurch sie leichter Nahrung und Paarungspartner finden, Feinden entkommen und neue Plätze besiedeln können.

Körperbau Vogelspinnen (links) und andere Spinnen haben acht Beine und einen zweigeteilten Körper, bestehend aus dem Cephalothorax (Kopf und Thorax sind verwachsen) und dem Abdomen. Insekten besitzen sechs Beine; ihr dreiteiliger Körper besteht aus Kopf, Thorax und Abdomen.

Tödliche Bisse Manche Gliederfüßer sind giftig; einige können sogar für Menschen tödlich sein. Höchst gefährlich sind die Krankheiten, die Blutsauger wie Mücken (unten) verursachen können. Diese Tiere übertragen Malaria- und andere Krankheitserreger von einem Wirbeltier zum anderen.

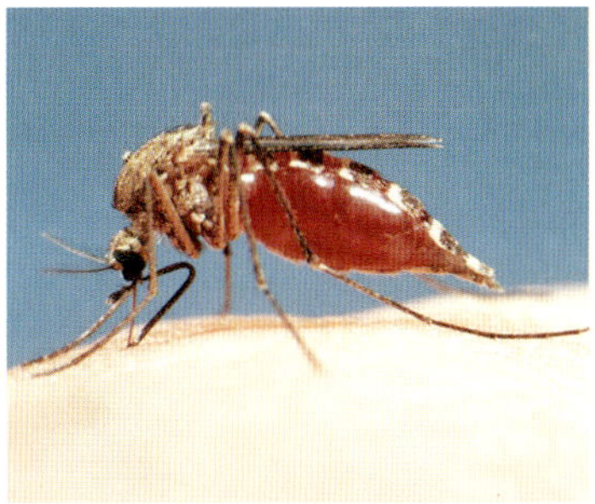

Gut zu Fuß Da ihre gelenkigen Beine gut ans Gehen, Rennen, Springen, Graben oder Schwimmen angepasst sind, können Gliederfüßer verschiedene Lebensräume besiedeln. Einige Gliederfüßer, z. B. Heuschrecken (rechts), haben Hörorgane an den Beinen.

Viele Gliederfüßer leben selbst räuberisch, aber fast alle werden von Wirbeltieren oder anderen Wirbellosen gefressen.

Die Komplexaugen vieler Gliederfüßer bestehen aus zahlreichen Linsen und können besonders gut Bewegungen wahrnehmen. Haare (Setae), Auswüchse und Schlitze an Antennen, Mundwerkzeugen und Beinen nehmen feinste Vibrationen wahr. Das Gehirn (Cerebralganglion) ist durch einen Nervenstrang mit den Ganglienzellen der Körpersegmente verbunden. In einem offenen Kreislaufsystem pumpt ein Herz die Hämolymphe (Blut und Lymphe), um die Organe zu umspülen.

Die meisten Gliederfüßer sind getrenntgeschlechtig, wobei die Eier von Spermien befruchtet werden. Oft werden Spermienpakete (Spermatophoren) übertragen und vom Weibchen erst „aktiviert", sobald es zur Fortpflanzung bereit ist.

Die Lebensstadien der Gliederfüßer sind unterschiedlich: Einige Arten sehen schon beim Schlüpfen wie kleine Adulte aus. Viele Insektenlarven ähneln ihren Eltern gar nicht und durchlaufen ein Puppenstadium, um sich in ein geflügeltes erwachsenes Tier zu verwandeln.

ATMUNGSSYSTEME

Das Exoskelett, das die Gliederfüßer schützt, ist in der Regel nicht gasdurchlässig. Einige winzige Gliederfüßer können direkt durch die Körperwand atmen, die meisten haben dafür aber spezielle Strukturen entwickelt. Wasserbewohner besitzen Kiemen, viele Spinnentiere verfügen über Fächerlungen, die sich im Verlauf der Evolution aus Kiemen entwickelt haben. Bei vielen landlebenden Gliederfüßern transportieren Tracheen (winzige Kanäle) die Luft in alle Körperteile.

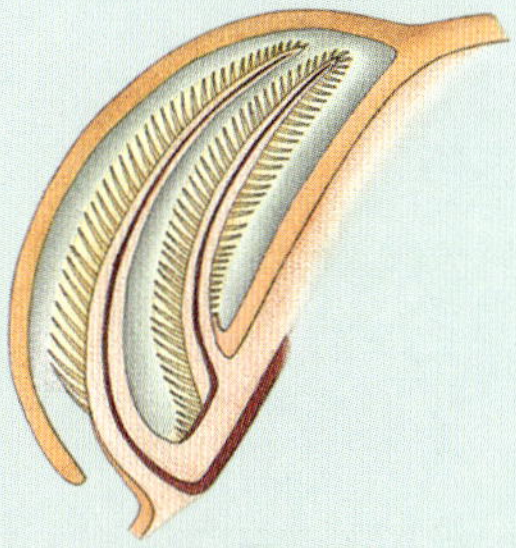

Kiemen *Sie nehmen Sauerstoff aus dem Wasser auf und sorgen zudem für einen ausgeglichenen Salzhaushalt. Bei Krebsen liegen die Kiemen außen – häufig auf den Beinen – und werden vom Exoskelett gut geschützt. Pfeilschwanzkrebse verfügen über Blattkiemen, bei denen die Blätter wie die Seiten eines Buches angeordnet sind.*

Fächerlungen *Sie sind den Blattkiemen der Pfeilschwanzkrebse am ähnlichsten und kommen bei vielen Spinnentieren vor. Während Blut durch den Hohlraum zirkuliert, wird der Raum zwischen den einzelnen Fächern von Luft durchströmt. Bei Spinnentieren findet man häufig eine Kombination aus Fächerlungen und Tracheen.*

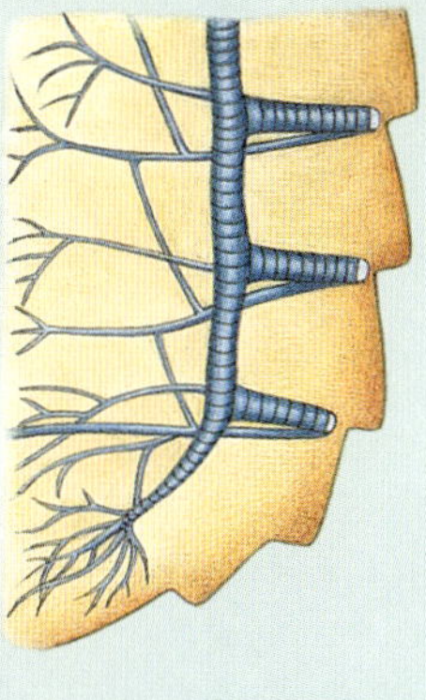

Tracheen *Insekten, Spinnentiere, Hundert- und Tausendfüßer haben Tracheen. Es sind Röhren, die Luft durch winzige Öffnungen im Exoskelett (Stigmen) aufnehmen und zu Geweben oder zum Blut transportieren. Die Stigmen können zum Schutz vor Verdunstung verschlossen werden.*

SPINNENTIERE

STAMM	Arthropoda
UNTERST.	Chelicerata
KLASSE	Arachnida
ORDNUNGEN	17
FAMILIEN	450
ARTEN	80000

Zur Klasse der Spinnentiere zählen Spinnen, Skorpione, Weberknechte, Milben und Zecken sowie einige weniger bekannte Gruppen. Abgesehen von einigen Familien von Wassermilben und einigen Arten von Wasserspinnen leben alle Spinnentiere an Land. Die meisten ernähren sich räuberisch von anderen Wirbellosen. Viele Spinnen fangen ihre Beute mit Hilfe selbst gesponnener Netze. Sowohl Skorpione als auch Spinnen injizieren ihrem Opfer ein Gift, um es zu lähmen oder zu töten. Die meisten Spinnentiere sind nicht in der Lage, feste Nahrung zu verschlucken, daher spritzen sie Verdauungsenzyme in ihre Beute und saugen dann die verflüssigte Nahrung auf.

Gute Sicht bei Tag Die meisten Spinnentiere sind nachtaktiv und ihre einfachen Augen können nur Helligkeit unterscheiden. Tagaktive Jäger wie die Springspinne (Familie Salticidae) sehen mit zwei Hauptaugen im Nahbereich sehr scharf.

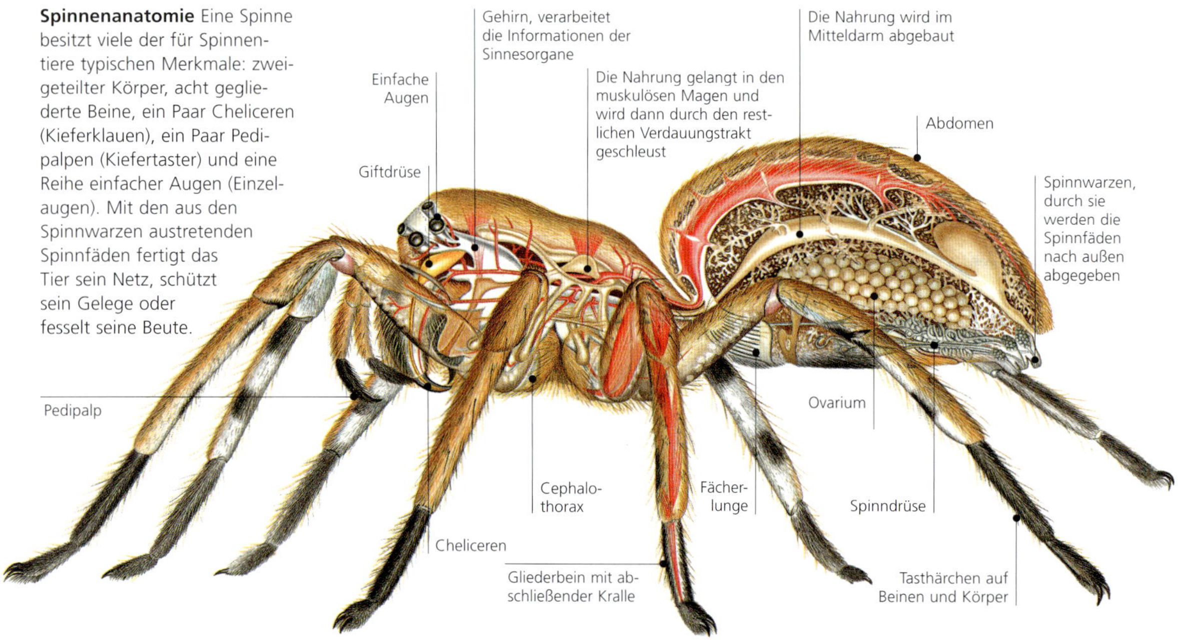

Spinnenanatomie Eine Spinne besitzt viele der für Spinnentiere typischen Merkmale: zweigeteilter Körper, acht gegliederte Beine, ein Paar Cheliceren (Kieferklauen), ein Paar Pedipalpen (Kiefertaster) und eine Reihe einfacher Augen (Einzelaugen). Mit den aus den Spinnwarzen austretenden Spinnfäden fertigt das Tier sein Netz, schützt sein Gelege oder fesselt seine Beute.

ACHTBEINIGE RÄUBER

Wie andere Gliederfüßer besitzen Spinnentiere ein hartes, aber flexibles Exoskelett und gegliederte Beine. Bei Milben und Zecken ist der Körper rundlich und ungeteilt. Andere Spinnentiere haben einen zweigeteilten Körper aus einem Cephalothorax mit Augen, Mundwerkzeugen und Beinen sowie einem Abdomen, das viele der inneren Organe enthält.

Im Gegensatz zu den sechsbeinigen Insekten verfügen Spinnentiere über acht Beine. Die Tiere tragen in der Nähe der Mundöffnung zwei Paar Anhänge. Ein Paar, die Cheliceren, ist pinzettenförmig oder dient dem Injizieren von Gift, um Beute zu überwältigen. Das andere Paar, die Pedipalpen, wird oft als Antenne für die Wahrnehmung verwendet. Skorpione und einige andere Spinnentiere fangen mit den Pedipalpen ihre Beute; Spinnenmännchen übertragen damit die Spermien auf das Weibchen.

Beim Auffinden von Beute und zur Gefahrenvermeidung verlassen sich Spinnentiere auf die feinen Tasthaare an Körper und Beinen. Über feine Schlitze in der Cuticula können Gerüche, Schwerkraft oder Vibrationen wahrgenommen werden. Spinnentiere atmen mit Fächerlungen oder Tracheen oder einer Kombination aus beiden.

Die Entwicklung der Spinnentiere erfolgt direkt, d. h. die Jungen schlüpfen als kleine Version ihrer Eltern. Das Wachstum ist mit einer Reihe von Häutungen verbunden.

Die meisten Spinnentiere sind Einzelgänger.

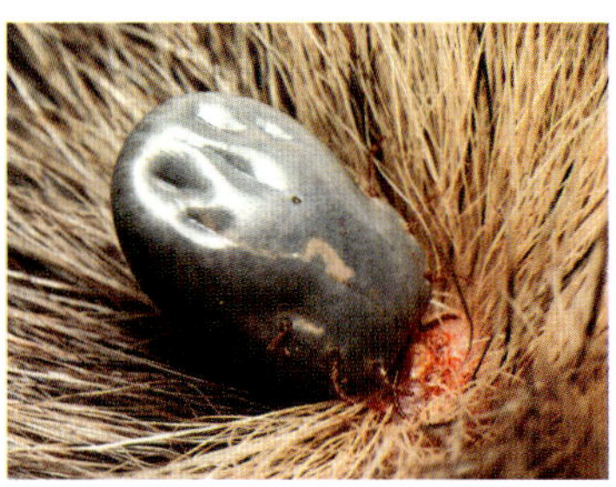

Blutsauger Während die meisten Spinnentiere räuberisch leben, sind Zecken und einige Milben Parasiten. Eine Zecke durchbohrt mit ihren hakenförmigen Mundwerkzeugen die Haut von Säugetieren und saugt deren Blut. Ist die Zecke voll gesogen, lässt sie sich fallen und häutet sich.

Stichwaffe Spinnen und Skorpione sind zwar gefürchtet, aber nur bei wenigen Arten ist der Biss oder Stich für einen Menschen tödlich. Der Stich des Großen Texas-Skorpions (*Hadrurus arizonensis*) ist sehr schmerzhaft, doch sein Gift ist harmlos.

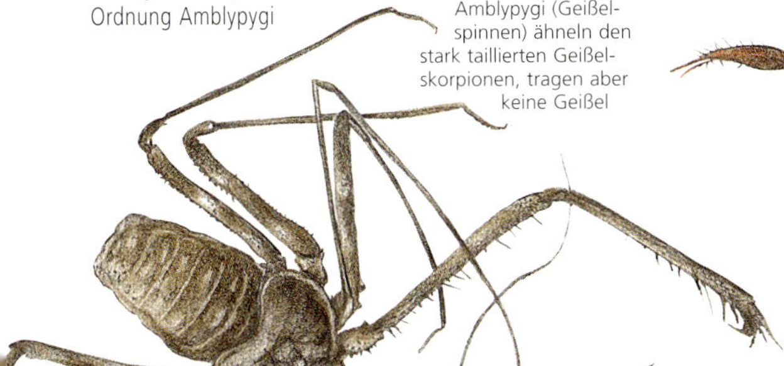

Phrynichus sp.,
Ordnung Amblypygi

Mitglieder der Ordnung Amblypygi (Geißelspinnen) ähneln den stark taillierten Geißelskorpionen, tragen aber keine Geißel

Bücherskorpion
Chelifer cancroides, Ordnung Pseudoscorpiones

Bücherskorpione findet man oft in Büchern und Möbeln

Feld- oder Felsenskorpion
Buthus occitanus,
Ordnung Scorpiones

Ricinoides sjoestedti,
Ordnung Ricinulei

Die Art gehört zu den Kapuzenspinnen, die mit einer „Klappe" ihre Mundregion bedecken können

Sahara-Dickschwanzskorpion
Androctonus australis,
Ordnung Scorpiones

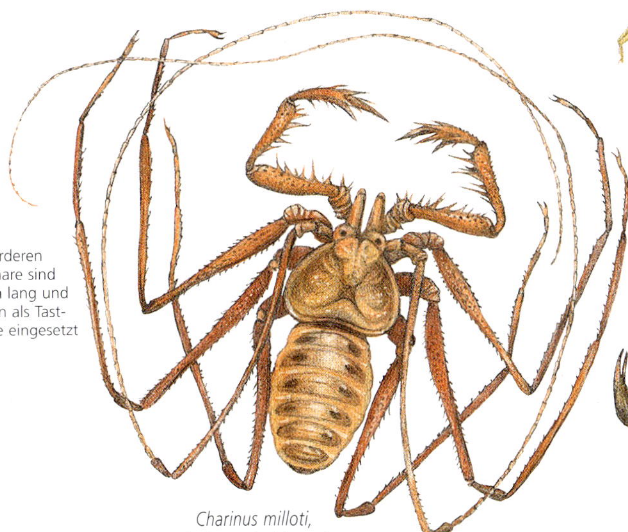

Die vorderen Beinpaare sind extrem lang und werden als Tastorgane eingesetzt

Charinus milloti,
Ordnung Amblypygi

Die Giftdrüsen befinden sich in den scherenförmigen Pedipalpen

Neobisium carcinoides,
Ordnung Pseudoscorpiones

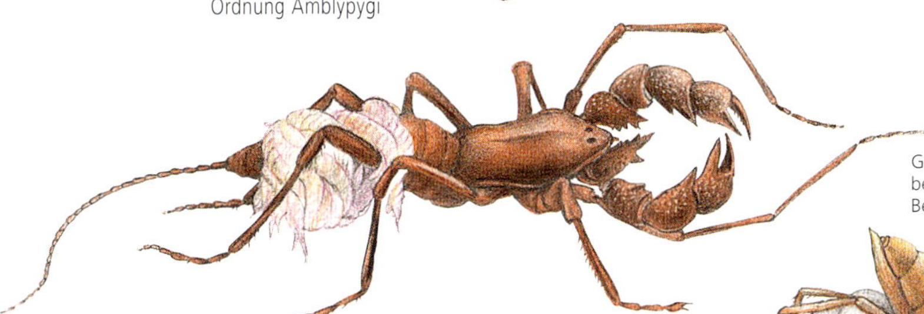

Geißelskorpione benutzen das erste Beinpaar als Fühler

Langschwänziger Fadenskorpion
Thelyphonus caudatus,
Ordnung Uropygi

Schizomus crassicaudatus,
Ordnung Schizomida

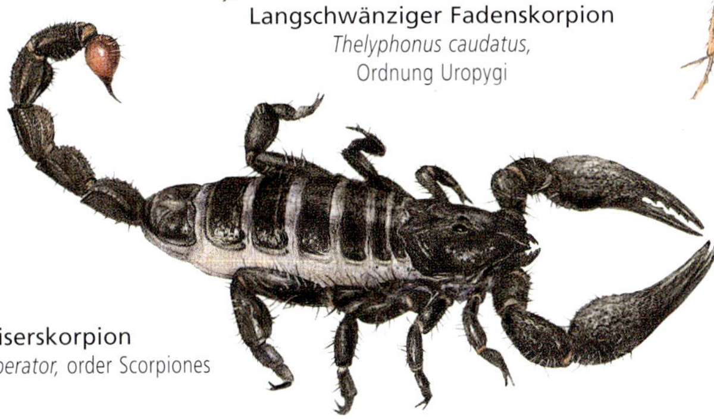

Kaiserskorpion
Pandinus imperator, order Scorpiones

Der Kaiserskorpion kann bis zu 60 g wiegen; er fängt kleine Wirbeltiere wie Mäuse oder Echsen und zerquetscht sie mit seinen scherenförmigen Pedipalpen

AUF EINEN BLICK

Ordnung Skorpiones (Skorpione) Im Unterschied zu anderen Spinnentieren haben Skorpione zwei große, mit Zangen bewehrte Pedipalpen und einen gegliederten Körper. Der an der Schwanzspitze sitzende Stachel dient zum Überwältigen der Beute und zur Verteidigung. Skorpione verstecken sich tagsüber in Spalten und jagen nachts.

Arten 1400

Wärmere Regionen; unter Steinen, Rinde

Hausgast *Der Dunkle Honduras-Skorpion* (Centruroides gracilis) *lebt vorwiegend in tropischen Wäldern. In Regionen, in die er eingeschleppt wurde, ist er auch in Häusern zu finden.*

Ordnung Uropygi (Geißelskorpione) Diese Spinnentiere ähneln Skorpionen, ihre Pedipalpen sind jedoch kräftiger und ihr langer Schwanz ist viel dünner. Bei Gefahr versprühen Geißelskorpione Säure aus einer Drüse an der Wurzel des peitschenförmigen Schwanzes.

Arten 100

Vorwiegend tropische Regionen; unter Steinen

Take-away-Mahlzeit *Die große Geißelskorpion-Art* Mastigoproctus giganteus *packt und zerkleinert ihre Beute mit den Pedipalpen, dann trägt sie ihre Mahlzeit in ihre Höhle, um sie dort zu verspeisen.*

BRUTPFLEGE

Die Weibchen der meisten Spinnentiere legen ihre Eier an einem sicheren Ort ab, z. B. in den Boden, und überlassen das Gelege sich selbst. Bei *Euscorpius carpathicus* (links) und anderen Skorpionen entwickeln sich jedoch die befruchteten Eier im Mutterleib, und die Jungen werden lebend geboren. In diesem Stadium sind sie recht hilflos, da sie keine Pedipalpen haben und nicht stechen können. Sie krabbeln auf den Rücken der Mutter, die sie bis zur ersten Häutung, die nach drei bis 14 Tagen erfolgt, umherträgt. Danach haben sie Pedipalpen und einen funktionierenden Stachel. Sie zerstreuen sich schnell, um ihr eigenes Revier einzunehmen, und bevor die Mutter sie auffrisst.

AUF EINEN BLICK

Ordnung Araneae (Echte Spinnen) Die Mitglieder dieser Ordnung besitzen Spinndrüsen, mit denen sie Netze und schützende Eikokons herstellen. Alle Spinnen sind Fleischfresser und ernähren sich hauptsächlich von anderen Wirbellosen, inklusive anderen Spinnen. Netzspinnen bauen Netze, um ihre Beute zu fangen, während Jagdspinnen aktiv jagen. Fast alle Spinnen sind giftig und injizieren mit Hilfe ihrer Cheliceren Gift in Beute oder Feinde. Die Tiere beißen Menschen meist nur, wenn sie sich bedroht fühlen. Nur etwa 30 Arten können Erkrankungen verursachen.

Arten 40 000

Weltweit; in allen terrestrischen Lebensräumen

Nächtliche Jagd *Wolfsspinnen wie* Trochosa terricola *sind nachtaktive Jäger. Sie spinnen keine Netze, um ihre wirbellosen Beutetiere zu fangen.*

SPINNENAUGEN

Die meisten Spinnen sind nachtaktiv und verlassen sich mehr auf den Tastsinn als auf das Sehen. Tagaktive Arten können ausgezeichnet Nahsehen. Spinnen besitzen vier Paare einfacher Augen, die in einem für die Familie charakteristischen Muster angeordnet sind.

Weitwinkel *Riesenkrabbenspinnen (Familie Heteropodidae) sind aktive Jäger. Ihre weit auseinander liegenden Augen sorgen für guten Rundumblick.*

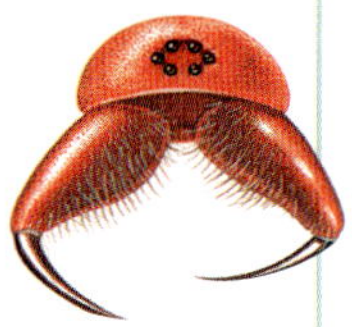

Nachtjäger *Sechsaugenspinnen (Familie Dysderidae) haben sechs winzige Augen statt der üblichen acht und verlassen sich beim Aufspüren der Beute auf ihren Tastsinn.*

Nahsicht *Krabbenspinnen (Familie Thomisidae) sind tagaktiv und bei der Insektenjagd auf gutes Nahsehvermögen angewiesen.*

Sicht im Dunkeln *Die Kescherspinnen (Familie Deinopidae) sehen mit ihren beiden riesigen Augen die Beute in fast völliger Dunkelheit.*

Veränderliche Krabbenspinne
Misumena vatia, Ordnung Araneae

Die Veränderliche Krabbenspinne frisst kleine Insekten, denen sie in Blüten auflauert

Liphistius malayanus, Ordnung Araneae

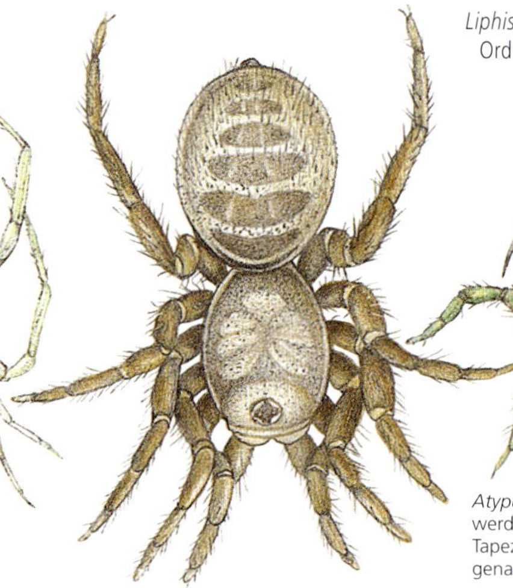

Mauer-Tapezierspinne
Atypus muralis, Ordnung Araneae

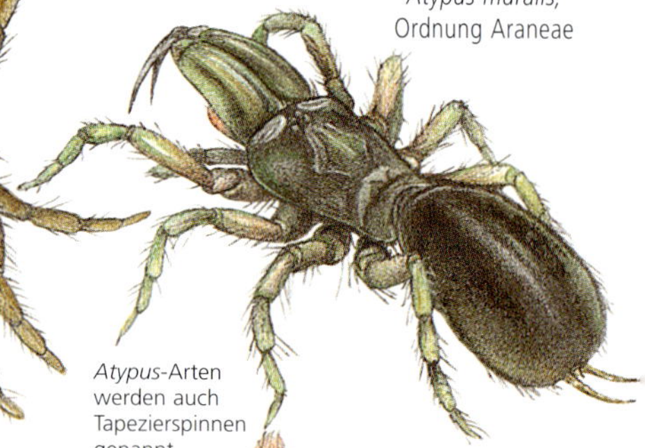

Atypus-Arten werden auch Tapezierspinnen genannt

Lebt im Regenwald in Baumwurzeln

Kraushaar-vogelspinne
Brachypelma albopilosa, Ordnung Araneae

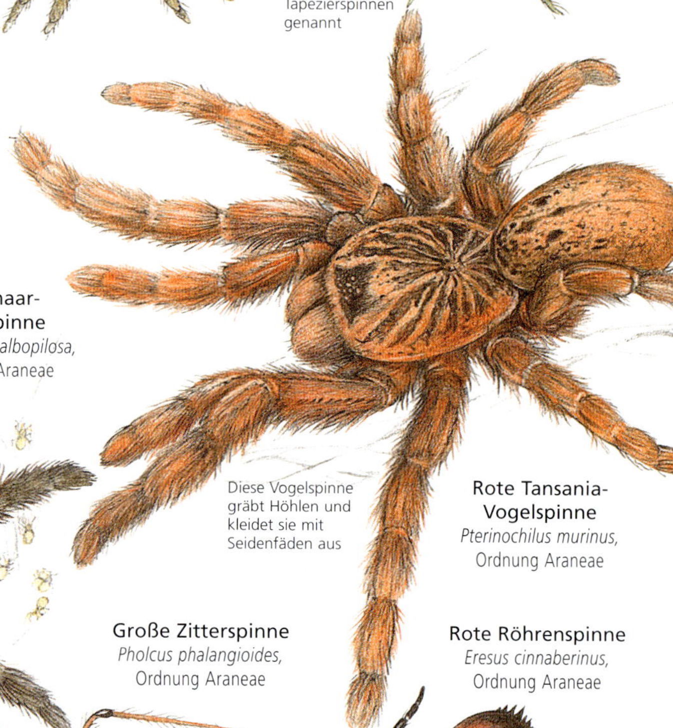

Diese Vogelspinne gräbt Höhlen und kleidet sie mit Seidenfäden aus

Rote Tansania-Vogelspinne
Pterinochilus murinus, Ordnung Araneae

Große Zitterspinne
Pholcus phalangioides, Ordnung Araneae

Rote Röhrenspinne
Eresus cinnaberinus, Ordnung Araneae

Lauert der Beute auf und kann dann mehr als 50-mal so weit springen, wie sie groß ist, um die Beute zu fangen

Zebraspringspinne
Salticus scenicus, Ordnung Araneae

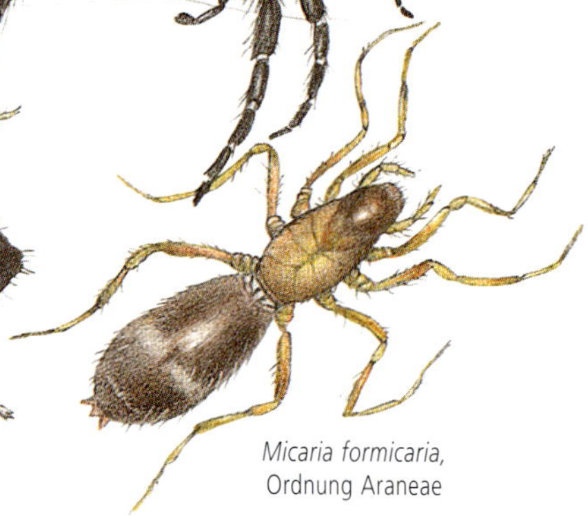

Micaria formicaria, Ordnung Araneae

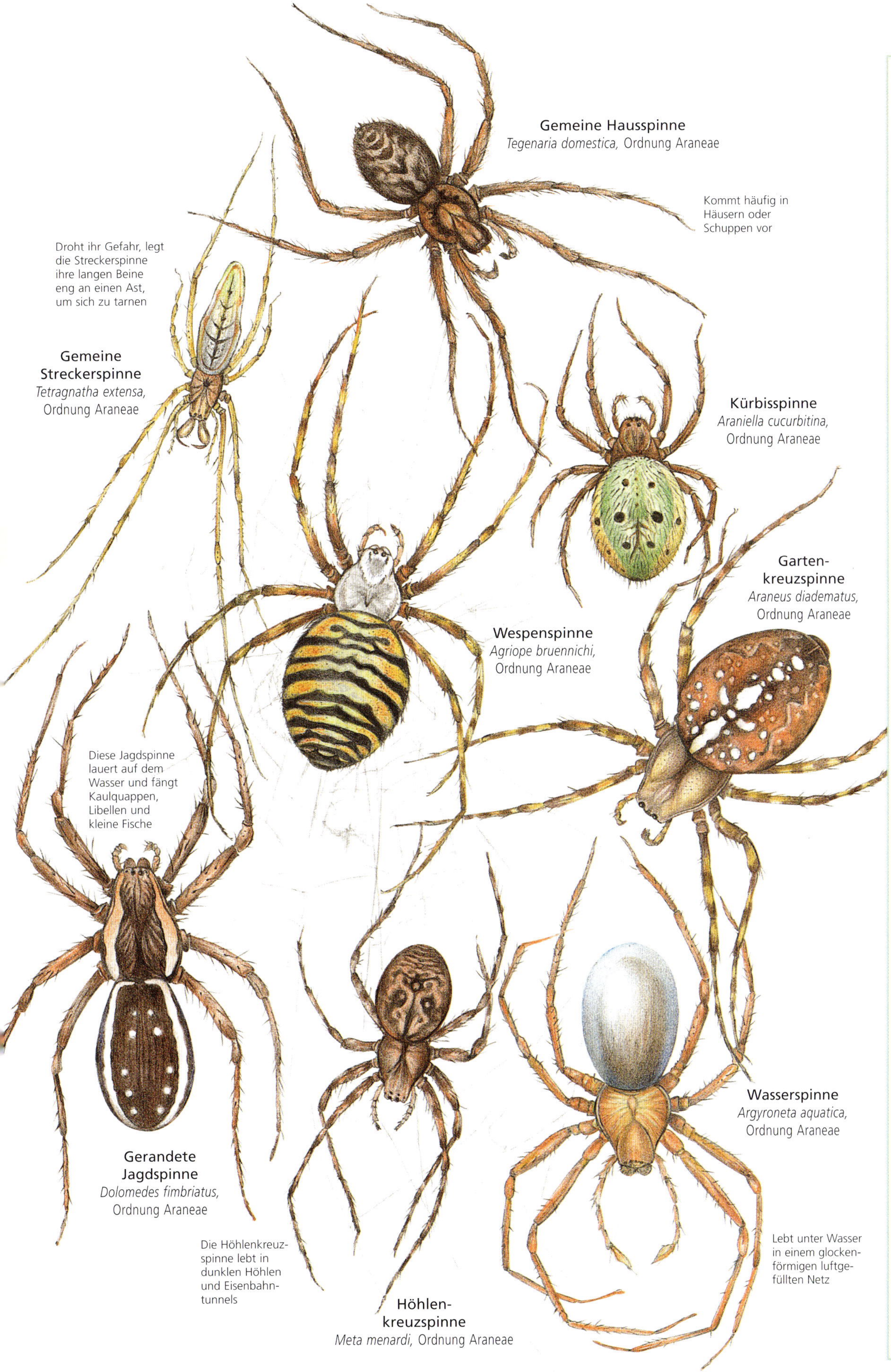

Gemeine Hausspinne
Tegenaria domestica, Ordnung Araneae

Kommt häufig in Häusern oder Schuppen vor

Droht ihr Gefahr, legt die Streckerspinne ihre langen Beine eng an einen Ast, um sich zu tarnen

Gemeine Streckerspinne
Tetragnatha extensa, Ordnung Araneae

Kürbisspinne
Araniella cucurbitina, Ordnung Araneae

Gartenkreuzspinne
Araneus diadematus, Ordnung Araneae

Wespenspinne
Agriope bruennichi, Ordnung Araneae

Diese Jagdspinne lauert auf dem Wasser und fängt Kaulquappen, Libellen und kleine Fische

Gerandete Jagdspinne
Dolomedes fimbriatus, Ordnung Araneae

Die Höhlenkreuzspinne lebt in dunklen Höhlen und Eisenbahntunnels

Höhlenkreuzspinne
Meta menardi, Ordnung Araneae

Wasserspinne
Argyroneta aquatica, Ordnung Araneae

Lebt unter Wasser in einem glockenförmigen luftgefüllten Netz

FANGMETHODEN

Nicht alle Spinnen warten darauf, dass sich Beute in ihren Netzen verfängt. Die Speispinne (*Scytodes thoracica*) hat einen vergrößerten Cephalothorax, der eine kombinierte Gift-Spinn-Drüse besitzt. Sie jagt in der Nacht und schleicht sich an ein Beutetier heran, bis sie in Spuckdistanz ist. Dann wirft die Spinne zwei giftige Spinnfäden und bedeckt ihr Opfer in einem Zick-Zack-Muster. Die Beute wird so am Boden festgeklebt und von dem Gift gelähmt.

Speispinne *Mit nur sechs kleinen Augen kann die Speispinne schlecht sehen, daher benutzt sie die Tasthaare an ihren Vorderbeinen, um ihre Beute, z. B. Fliegen und Nachtfalter, aufzuspüren.*

Bolaspinnen gehören zwar zur Familie Araneidae (Radnetzspinnen), bauen aber keine Netze. Stattdessen „angeln" sie ihre Beute mit einem Spinnfaden, an dessen Ende eine klebrige Kugel hängt (span. *bola*). Die Kugel scheint ein Pheromon zu enthalten, das dem Pheromon weiblicher Nachtfalter ähnelt. Wenn männliche Falter davon angelockt werden, bleiben sie an der Kugel kleben und die Spinne zieht sie an dem Faden zu sich heran.

Bolaspinne
Wenn die Bolaspinne einen sich nähernden Nachtfalter bemerkt, schwingt sie ihre Bola wie ein Lasso im Kreis. Man nennt sie daher auch Lassospinne.

Spinnen verschiedener Familien sehen äußerlich Ameisen verblüffend ähnlich. Sie erzeugen vermutlich sogar Pheromone, die es ihnen ermöglichen, in Ameisenkolonien einzudringen. Manche Spinnen nutzen ihre Tarnung, um die ahnungslosen Ameisen zu erbeuten. Andere genießen nur den Schutz vor Wespen und Vögeln, die Ameisen wegen der Ameisensäure, die diese bei Gefahr abgeben, meiden.

Brasilianische Ameisenspinne *Wie andere Ameisenspinnen hat* Aphantochilus rogersi *eine lange Taille und einen langen Cephalothorax, der teilweise in zwei Segmente geteilt ist, um den Eindruck eines dreigeteilten Insektenkörpers zu vermitteln. Die Beine des ersten Paares werden wie Antennen nach vorne gehalten.*

SEIDE UND NETZE

Nur einige Spinnenarten bauen Netze, doch alle produzieren Seide. Spinnenseide besteht aus dem Protein Fibroin und ist so stabil wie Nylon, aber elastischer. Eine Spinne kann bis zu acht Spinnwarzen in ihrem Abdomen haben, wobei jede eine andere Seidenart bildet. Eine Art dient als Schleppleine, die die Spinne hinter sich herzieht wie ein Kletterer das Sicherungsseil. Andere Seidenarten bilden den Kokon für die befruchteten Eier oder werden zum Einwickeln von Beutetieren verwendet. Spinnen-Männchen halten mit Spinnfäden ihre Spermienpakete fest. Jungspinnen lassen sich an Spinnfäden durch die Luft treiben, um sich zu verbreiten. Und Netzspinnen bauen ihre Seidennetze, um ihre Beute zu fangen.

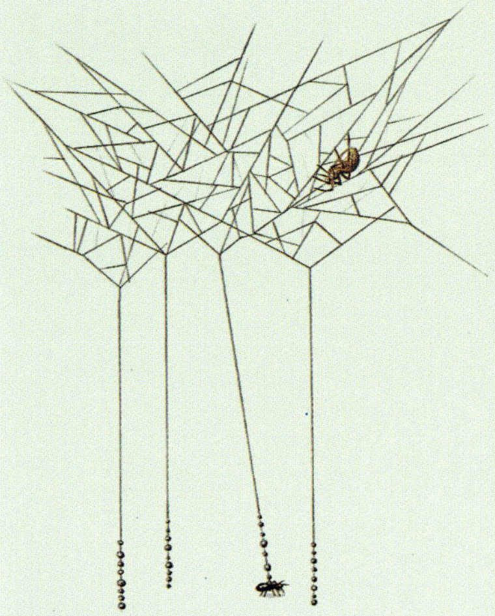

***Haubennetz** Dieses Netz besitzt gespannte Fangfäden mit klebrigen Enden, die am Boden befestigt sind. Läuft ein kriechendes Insekt in den Fangfaden, schnellt dieser nach oben und das Opfer baumelt in der Luft.*

Beutefang Spinnen der Gattung Deinopus bauen jede Nacht ein kleines Fangnetz und halten es in Erwartung einer Beute mit den Beinen. Kommt ein mögliches Opfer vorbei, schleudert die Spinne das Netz darüber, spinnt es schnell ein und beißt es dann.

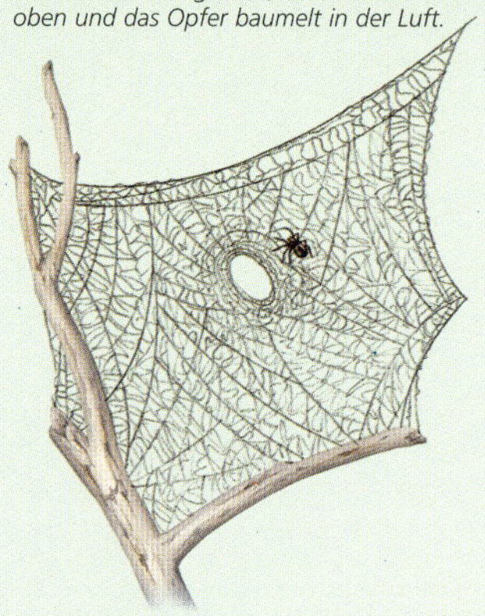

***Gespinstdecke** Dieses Fangnetz besteht aus feiner, wolliger Seide. Auch wenn sie nicht klebt, verwickeln sich die Insekten in den zahlreichen Fäden und bleiben gefangen, bis die Spinne sie verzehrt.*

***Baldachinnetz** Diese etwas unordentlich aussehende Netzart wird über niedrige Büsche hinweg gesponnen. Jedes Insekt, das sich in dem feinen Gespinst verfängt, fällt in ein darunter hängendes Netz.*

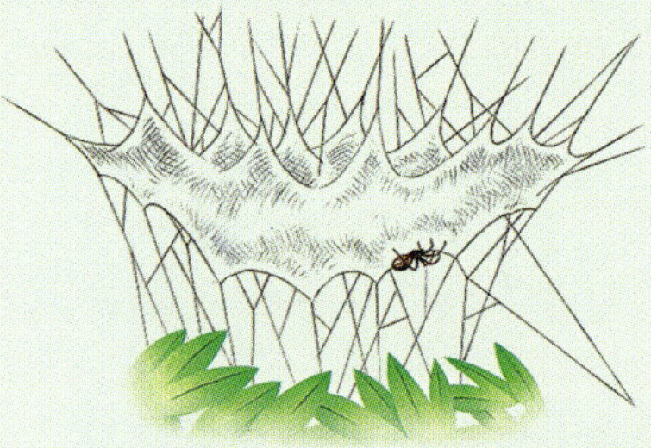

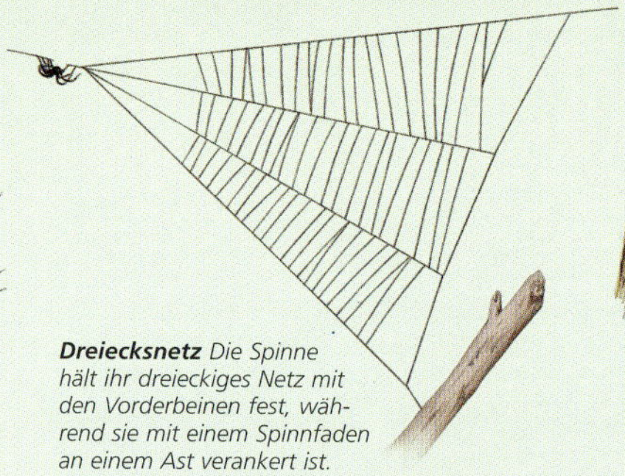

***Dreiecksnetz** Die Spinne hält ihr dreieckiges Netz mit den Vorderbeinen fest, während sie mit einem Spinnfaden an einem Ast verankert ist. Setzt sich ein Insekt auf das Netz, lockert die Spinne den Griff und die Beute verfängt sich in dem zusammenfallenden Netz.*

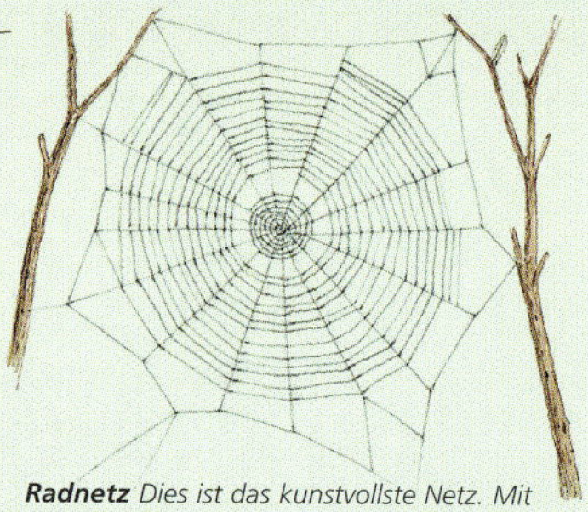

***Radnetz** Dies ist das kunstvollste Netz. Mit einem Minimum an Spinnfäden deckt es eine große Fläche ab. Ein Rahmen stützt eine durchgehende Spirale und die Speichen. Das Netz wird zwischen Zweigen gesponnen, um fliegende Insekten zu fangen.*

Sicherer Weg Spinnen wie diese Radnetzspinne (*Argiope sp.*, rechts) verfangen sich nicht im eigenen Netz, weil nur einige Fäden kleben und die Tiere wissen, wo sie hintreten dürfen.

Gemeinsam Die meisten Spinnen sind Einzelgänger, manche Arten teilen sich jedoch ein Nest. Einige bilden Kolonien, jagen und fressen zusammen. *Cryptophora sp.* z. B. frisst allein und bewacht ihr eigenes Netz, aber die Netze haben gemeinsame Gerüstfäden, so dass ein großes Gespinst entsteht (unten).

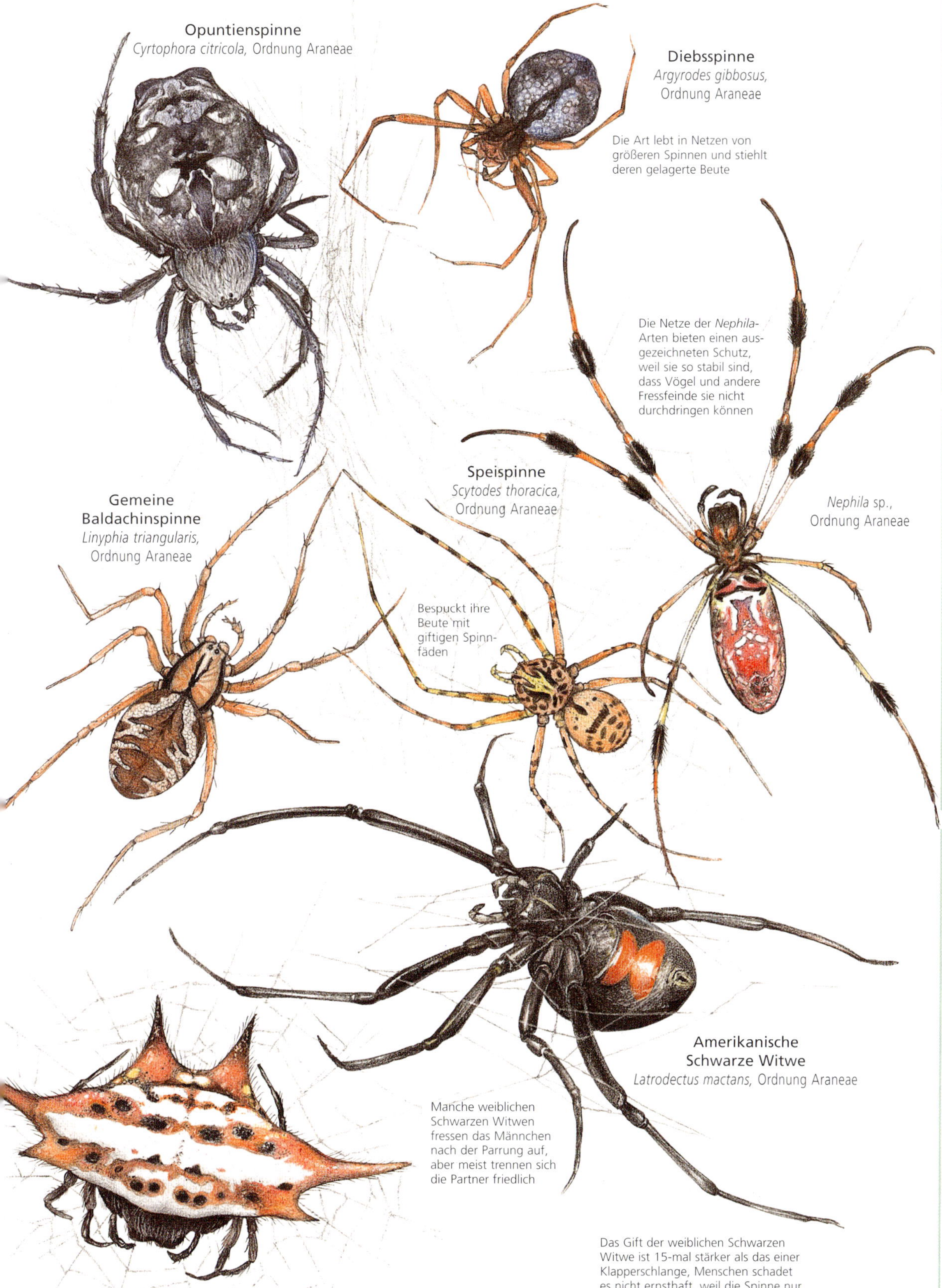

Opuntienspinne
Cyrtophora citricola, Ordnung Araneae

Diebsspinne
Argyrodes gibbosus, Ordnung Araneae

Die Art lebt in Netzen von größeren Spinnen und stiehlt deren gelagerte Beute

Die Netze der *Nephila*-Arten bieten einen ausgezeichneten Schutz, weil sie so stabil sind, dass Vögel und andere Fressfeinde sie nicht durchdringen können

Nephila sp., Ordnung Araneae

Gemeine Baldachinspinne
Linyphia triangularis, Ordnung Araneae

Speispinne
Scytodes thoracica, Ordnung Araneae

Bespuckt ihre Beute mit giftigen Spinnfäden

Amerikanische Schwarze Witwe
Latrodectus mactans, Ordnung Araneae

Manche weiblichen Schwarzen Witwen fressen das Männchen nach der Parrung auf, aber meist trennen sich die Partner friedlich

Das Gift der weiblichen Schwarzen Witwe ist 15-mal stärker als das einer Klapperschlange, Menschen schadet es nicht ernsthaft, weil die Spinne nur eine winzige Giftmenge injiziert

Stachelspinne
Gasteracantha sp., Ordnung Araneae

GIFTKLAUEN

Spinnen lähmen oder töten ihre Beute, indem sie diese mit den klauenförmigen Cheliceren stechen und ihnen Gift injizieren. Die Cheliceren werden auch manchmal zum Tragen von Beute und Eiern oder zum Graben benutzt.

Stichrichtung *Bei primitiven Spinnen wie Vogelspinnen stechen die Cheliceren senkrecht ins Opfer (oben links), bei den meisten anderen Arten schließen sie zangenartig (oben rechts).*

TÖDLICHES GIFT

Während viele Spinnen schmerzhaft beißen können, sind nur wenige so giftig, dass sie Menschen ernsthaft schaden. Zu den gefährlichsten Spinnen zählen Trichternetzspinnen, einige Taranteln, die Schwarze Witwe und die Einsiedlerspinne (*Loxosceles reclusa*).

Hochgiftig
Die Trichternetzspinne Atrax robustus *ist die giftigste Spinne. Zum Stechen der Beute oder zur Verteidigung richtet sie sich auf.*

PAARUNGSRITUALE

Ist ein Spinnen-Männchen paarungsbereit, füllt es seine Pedipalpen mit einer Spermienkapsel (Spermatophore) und sucht nach einer Partnerin. Dabei wird es von den Pheromonen, die paarungsbereite Weibchen abgeben, geleitet. Es gibt verschiedene Paarungsrituale: Bei einigen Spinnen führen die Männchen einen speziellen Tanz auf, bei anderen trommeln sie mit den Füßen auf den Boden oder zupfen an einem Faden, der am Netz des Weibchens hängt. Zur Befruchtung steckt das Männchen die Pedipalpen mit der Spermatophore in das Spermathek des Weibchens, eine Tasche im Körper, wo die Spermien lagern, bis die Eier abgelegt werden.

Auf Sicht *Da Springspinnen gut sehen, verwenden sie bei der Werbung visuelle Signale: Das Männchen vollführt einen komplexen Tanz.*

AUF EINEN BLICK

Ordnung Opiliones (Weberknechte oder Kankerspinnen) Die Mitglieder dieser Ordnung besitzen weder Giftdrüsen noch Spinnwarzen. Die meisten Arten haben lange, dünne Beine. Die Befruchtung erfolgt direkt: Das Männchen deponiert mit einem Penis die Spermien im Weibchen.

Arten 5000

Weltweit; im Laub und unter Steinen

Nahrungssuche *Der Gemeine Weberknecht* Phalangium opilio *jagt im Laub kleine Gliederfüßer. Er sucht auch häufig auf Feldfrüchten nach Schädlingen wie Blattläusen.*

Unterklasse Acari (Milben, Zecken) Diese Unterklasse ist in sieben Ordnungen unterteilt. Milben und Zecken sind die häufigsten Spinnentiere. Sie gedeihen in fast jedem Lebensraum, seien es Wüsten, Polarregionen, thermale Quellen oder Tiefseegräben. Einige Milbenarten sind so winzig, dass sie – meist unbemerkt – in menschlichen Haarfollikeln leben. Zecken sind meistens größer, aber selten länger als 1 cm. Milben und Zecken haben nur sechs Beine, wenn sie als Larven schlüpfen. Ein zusätzliches Paar bekommen sie als Nymphen, bevor sie ausgewachsen sind.

Arten 30 000

Weltweit

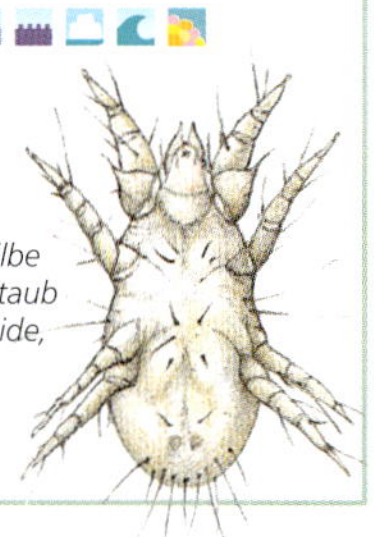

Im Staub *Die Mehlmilbe* (Acarus siro) *lebt im Staub von gelagertem Getreide, in Tierställen und in Lebensmittellagern.*

KRANKHEITSÜBERTRÄGER

Während die meisten Milben frei im Boden, in der Laubstreu und im Wasser leben, parasitieren einige auf Tieren oder Pflanzen. Milben und Zecken, die auf Wirbeltieren fressen, übertragen oft Bakterien und Viren, die bei Menschen gefährliche Krankheiten auslösen können. Einige Zeckenarten verursachen akute Entzündungen bei Menschen und Haustieren.

Gefährlich *Der Holzbock* (Ixodes ricinus), *der Vieh, Hunde und Menschen befällt, kann Lyme-Borreliose und andere Krankheiten übertragen.*

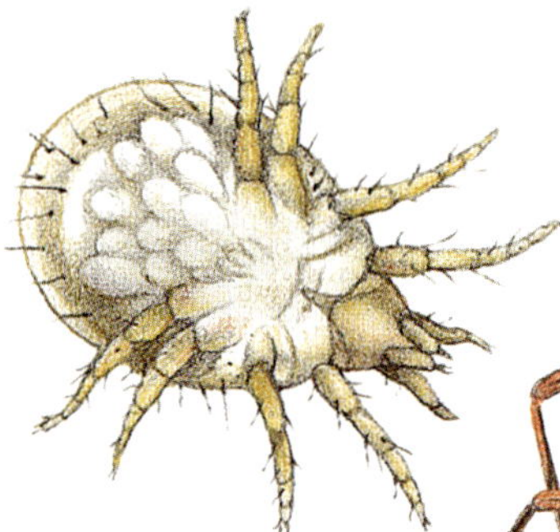

Wurzelmilbe
Rhizoglyphus echinopus, Unterklasse Acari

Mauer-Weberknecht
Opilio parietinus, Ordnung Opiliones

Weberknechte, z. B. *Opilio parientinus*, besitzen Wehrdrüsen, die einen stechenden Geruch absondern, wenn sich die Tiere bedroht fühlen

Gemeiner Weberknecht
Phalangium opilio, Ordnung Opiliones

Kleiner Brettkanker
Trogulus tricarinatus, Ordnung Opiliones

Kamelspinne
Galeodes arabs, Ordnung Solifugae

Die Kamelspinne ist eines der schnellsten Gliedertiere; sie rennt auf drei Beinpaaren, das vorderste Beinpaar wird als Tastorgan benutzt, um Beute wie Eidechsen und Mäuse aufzuspüren

Schneckenkanker
Ischyropsalis helwigii, Ordnung Opiliones

Schafzecke
Dermacentor marginatus, Unterklasse Acari

Phthiracarus sp., Unterklasse Acari

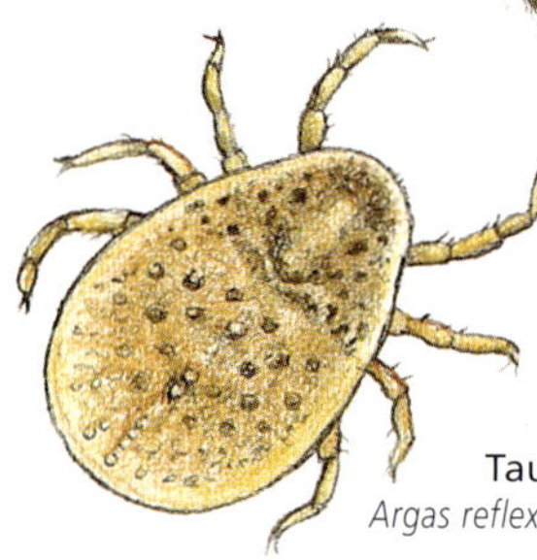

Taubenzecke
Argas reflexus, Unterklasse Acari

Die Taubenzecke kann Fieberanfälle verursachen und andere Krankheiten übertragen

Ctenoglyphus palmifer,
Unterklasse Acari

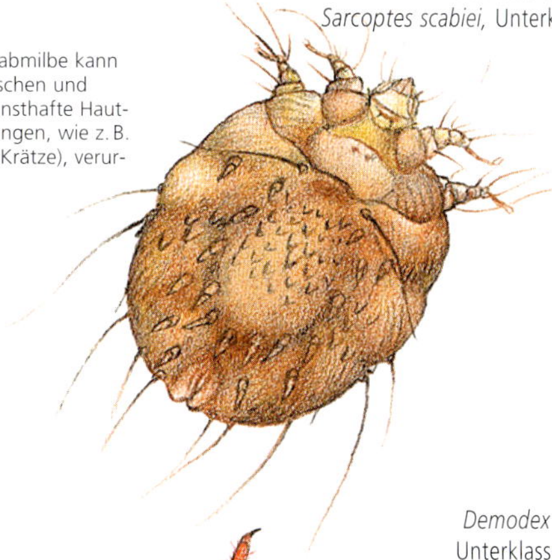

Krätzmilbe
Sarcoptes scabiei, Unterklasse Acari

Diese Grabmilbe kann bei Menschen und Tieren ernsthafte Hauterkrankungen, wie z. B. Skabies (Krätze), verursachen

Demodex canis,
Unterklasse Acari

Demodex canis ist eine Haarbalgmilbe, die Räude verursacht und hauptsächlich Hunde befällt

Birnenpockenmilbe
Eriophyes piri,
Unterklasse Acari

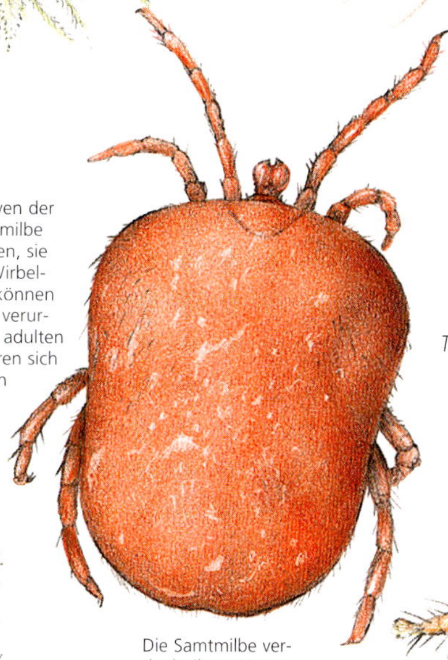

Nur die Larven der Roten Samtmilbe sind Parasiten, sie leben auf Wirbeltieren und können Hautjucken verursachen. Die adulten Tiere ernähren sich von Insekten

Rote Samtmilbe
Trombidium holosericeum,
Unterklasse Acari

Die Samtmilbe verdankt ihren Namen ihrer dichten scharlachroten Behaarung

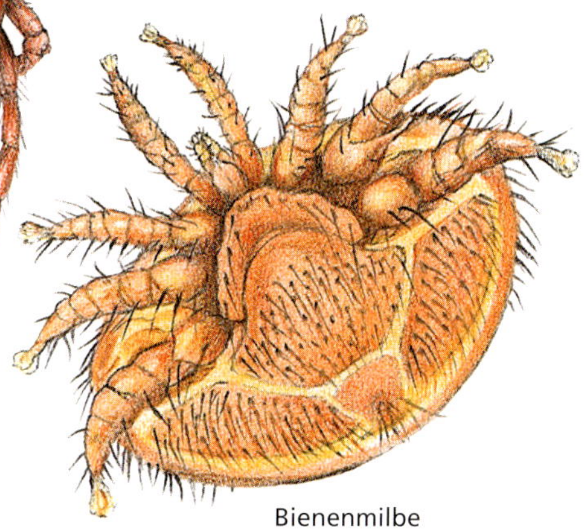

Bienenmilbe
Varroa jacobsoni, Unterklasse Acari

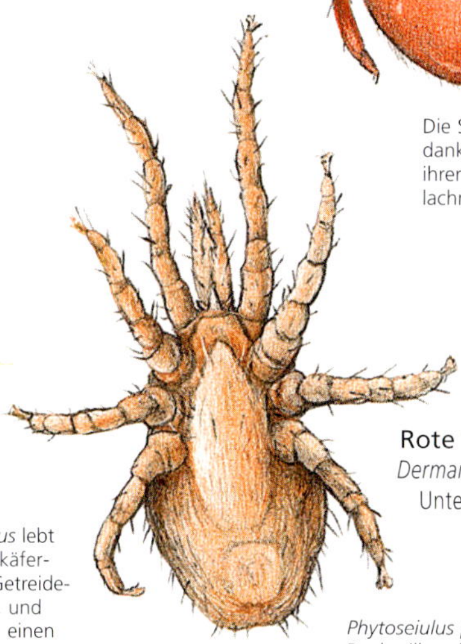

Rote Vogelmilbe
Dermanyssus gallinae,
Unterklasse Acari

Pyemotes ventricosus lebt als Parasit auf Kornkäferlarven, die z. B. in Getreidesilos zu finden sind, und kann bei Menschen einen juckenden Hautausschlag verursachen

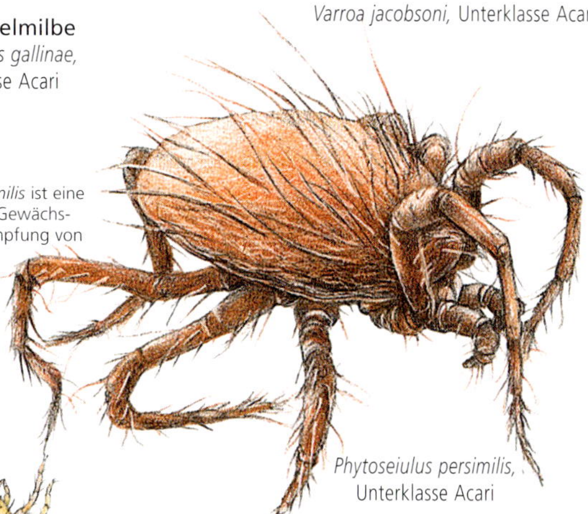

Phytoseiulus persimilis ist eine Raubmilbe, die in Gewächshäusern zur Bekämpfung von Spinnmilben, die sie gerne frisst, eingesetzt wird

Phytoseiulus persimilis,
Unterklasse Acari

Kornkäfermilbe
Pyemotes ventricosus,
Unterklasse Acari

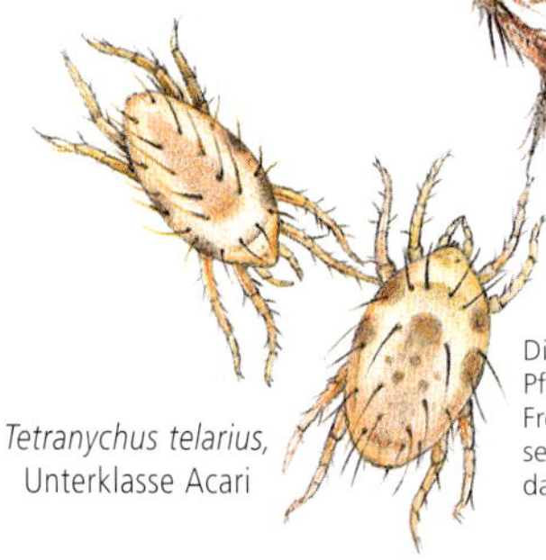

Tetranychus telarius,
Unterklasse Acari

Diese Spinnmilbe befällt Pflanzen; sie setzt sich zum Fressen an den Blattunterseiten fest und verursacht das Absterben der Blätter

WASSERMILBEN

Einige Milben sind an das Leben im Wasser angepasst. Sie kommen in jeder Art Süßgewässer vor, von Pfützen und Seen bis zu reißenden Flüssen. Einige leben auch im Watt, auf Korallenriffen und am Meeresboden, nur nicht im offenen Meer. Während halbaquatisch lebende Milben in vielen Gruppen dieser Unterklasse zu finden sind, sind die über 40 Familien der nur im Wasser lebenden Milben in der Unterabteilung Hydracarina zusammengefasst. Diese Milben legen ihre Eier unter Wasser ab, z. B. auf Steinen oder Pflanzen, in Schwämmen oder Muscheln. Die Larven leben parasitisch und heften sich an einen wirbellosen Wirt. Da der Wirt häufig ein fliegendes Insekt ist, z. B. eine Libelle, versorgt er die Larve nicht nur mit Nahrung, sondern transportiert sie auch in andere Gewässer. Als Nymphen und Adulte ernähren sich Wassermilben von anderen Milben, Wasserinsekten und Krebstieren.

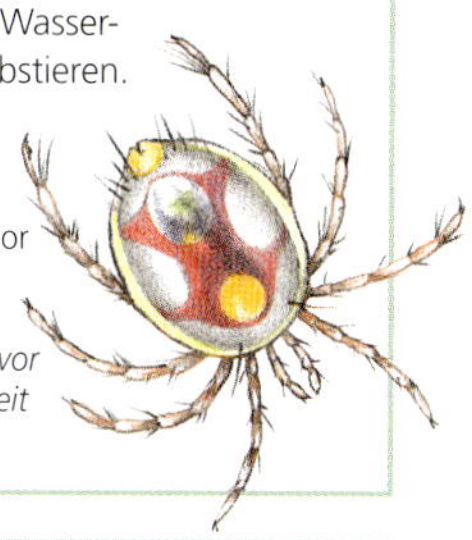

Warnleuchte *Wassermilben wie* Brachypoda versicolor *sind oft leuchtend gefärbt, um Fische und andere Feinde vor ihrer Ungenießbarkeit zu warnen.*

GEFAHR FÜR BIENEN

Ein Bienenvolk kann durch die Milbenart *Varroa jacobsoni* ernsthaft geschädigt oder sogar getötet werden. Das adulte Weibchen dieser Milbenart legt ihre Eier in eine Brutzelle der Bienen. Die Milbe und ihr Nachwuchs ernähren sich dann von den Bienenlarven. Die Milbennachkommen paaren sich noch in der Brutzelle. Die Männchen sterben, und die Weibchen heften sich an die jungen Bienen. Sie finden eine andere Brutzelle, in der sie ihre Eier ablegen. Aus den von Milben befallenen Bienenpuppen schlüpfen meist schwache, deformierte Bienen.

Gut versteckt Varroa jacobsoni *setzt sich meist zwischen die Körpersegmente der Biene, wo sie kaum zu sehen ist.*

SCHUTZSTATUS

Unbeachtet Der Artenschutz schenkt den Spinnentieren kaum Beachtung. Die IUCN hat nur 18 Arten beurteilt, die alle auf der Roten Liste stehen. Weitere Untersuchungen sind notwendig, denn die Spinnentiere sind zweifellos durch Lebensraumverlust, Pestizide und Einschleppung exotischer Arten bedroht.

PFEILSCHWÄNZE

STAMM Arthropoda	
UNTERST. Chelicerata	
KLASSE Merostomata	
ORDNUNG Xiphosura	
FAMILIE Limulidae	
ARTEN 4	

Die zur Klasse Merostomata gehörenden Pfeilschwanzkrebse sind näher mit den Spinnentieren als mit den Krebsen verwandt und haben sich in den letzten 200 Millionen Jahren kaum verändert. Die vier noch existierenden Arten leben im Meer vor den Ostküsten Nordamerikas und Asiens. Der Körper besteht aus dem Cephalothorax mit Cheliceren und fünf Beinpaaren und dem Abdomen – beide durch eine harte Schale geschützt. Mit den Cheliceren ergreift das Tier Würmer und andere Beutetiere am schlammigen Meeresgrund. Der bedrohliche Schwanzstachel, das Telson, dient nicht als Waffe, sondern hilft dem Tier, sich aufzurichten und durch den Schlamm zu pflügen.

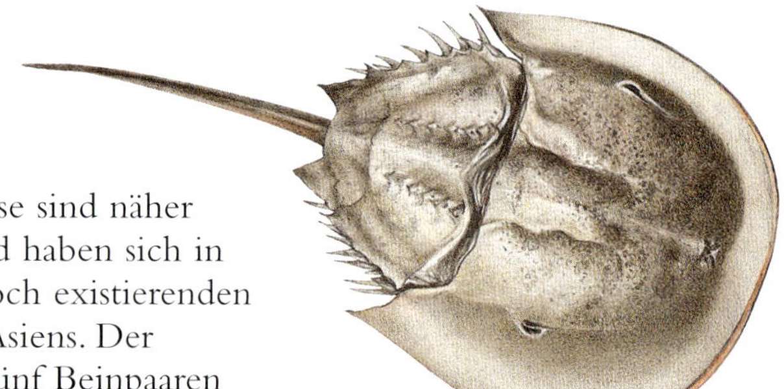

Kann bis zu 60 cm lang werden

Amerikanischer Pfeilschwanzkrebs
Limulus polyphemus

Fortpflanzung Im Frühjahr sammeln sich die Pfeilschwanzkrebse an den Stränden. Die Eier werden direkt unterhalb der Hochwasserlinie im Sand vergraben, wo sie feucht bleiben, aber von der Sonne gewärmt werden.

MEERE UND KÜSTEN

Pfeilschwanzkrebse verbringen die meiste Zeit am Meeresgrund in Tiefen von etwa 30 m, wo sie durch den Schlamm pflügen. Sie können auch laufen und auf dem Rücken schwimmen. Sie atmen durch Blattkiemen im Abdomen.

Die Fortpflanzung erfolgt im Frühjahr an der Küste: Das Männchen sitzt auf dem Rücken des Weibchens. Dieses gräbt Löcher in den Sand und legt in jedes bis zu 300 Eier, die das Männchen mit seinen Spermien bedeckt. Die Larven häuten sich 16-mal, bis sie nach 9 bis 12 Jahren erwachsen sind.

ASSELSPINNEN

STAMM Arthropoda	
UNTERST. Chelicerata	
KLASSE Pycnogonida	
ORDNUNG Pantopoda	
FAMILIEN 9	
ARTEN 1000	

Mit ihren langen Beinen ähneln Asselspinnen zwar den Spinnen, sie haben sich aber getrennt entwickelt und besitzen viele einzigartige Merkmale. Der Körper ist weitgehend zurückgebildet. Die kleine Kopfregion, das Cephalon, besitzt rüsselförmige Mundwerkzeuge, vier einfache, gestielte Augen und zwei Cheliceren (zum Greifen von Beute) sowie zwei Pedipalpen (als Sinnesorgane). Hier befinden sich auch das erste Laufbeinpaar und ein Paar von Anhängen, die zum Transport der Eier (Eiträger) dienen. Am segmentierten Rumpf, der in ein winziges Abdomen ausläuft, sitzen drei weitere Laufbeinpaare. Wegen des kleinen Abdomens sind Verdauungs- und Fortpflanzungsorgane in die Beine verlagert.

Antarktische Arten Die Asselspinne *Pycnogonum decalopoda* und die kleinere *P. nymphon* leben am Grund der Eismeere.

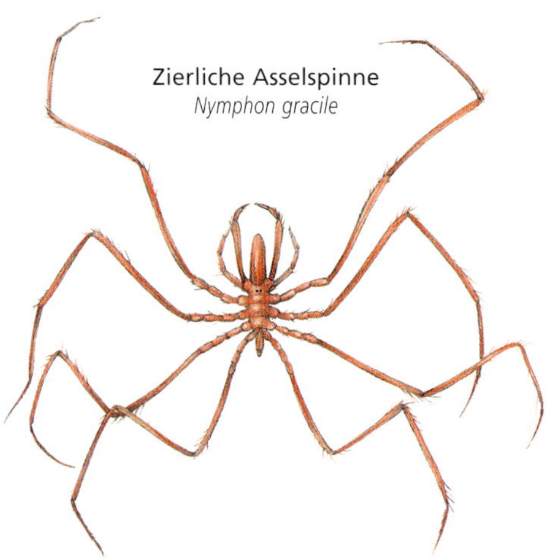

Zierliche Asselspinne
Nymphon gracile

Das Männchen kann gleichzeitig die Eier von vier verschiedenen Weibchen bis zum Schlüpfen der Larven tragen

Uferasselspinne (Küstenasselspinne)
Pycnogonum littorale

BODENBEWOHNER

Asselspinnen leben in jedem Ozean, von warmen, flachen Gewässern bis in die eisige Tiefe von 7000 m. Die meisten sind klein, einige Tiefseearten haben eine Beinspanne von 70 cm. Einige Asselspinnen können schwimmen, die meisten leben aber am Boden und ernähren sich von Wirbellosen, z. B. Korallen.

Bei der Paarung übernimmt das Männchen mit seinen Eiträgern die Eier aus der Genitalöffnung des Weibchens und trägt sie mit sich umher, bis die Larven schlüpfen.

TAUSENDFÜSSER

TAMM	Arthropoda
NTERSTAMM	Myriapoda
LASSEN	4
RDNUNGEN	20
AMILIEN	140
RTEN	13 500

Hundertfüßer (Klasse Chilopoda), Doppelfüßer (Klasse Diplopoda), Zwergfüßer (Klasse Symphyla) und Wenigfüßer (Klasse Pauropoda) gehören zu den Tausendfüßern. Alle besitzen einen langen, segmentierten Körper, einfache Augen, ein Paar gegliederte Fühler und viele Beinpaare. Hundertfüßer sind meist Fleischfresser und jagen im Laub nach Wirbellosen. Ihre Beute lähmen sie mit Giftklauen, die auf der Kopfunterseite sitzen. Doppelfüßer sind Pflanzenfresser, beißen nicht, rollen sich aber bei Gefahr zusammen und geben eine giftige Substanz ab. Zwergfüßer und Wenigfüßer sehen aus wie winzige Hundertfüßer, leben im Laub und im Boden und ernähren sich von verrottendem Pflanzenmaterial.

Tropische Arten In Tropenwäldern leben die meisten Hundertfüßer-Arten. Die Beine der Tiere können kurz und hakenförmig oder lang und dünn sein. Das letzte Extremitätenpaar kann fühlerartig wie bei *Scutigera sp.* (oben) oder scherenförmig sein.

Verteidigung Der Tausendfüßer *Narceus americanus* (oben) hat sich in die für Doppelfüßer typische Verteidigungsposition zusammengerollt, wobei nur noch die harten Platten des Exoskeletts nach außen weisen. Er kann zur Verteidigung auch eine ätzende Flüssigkeit absondern.

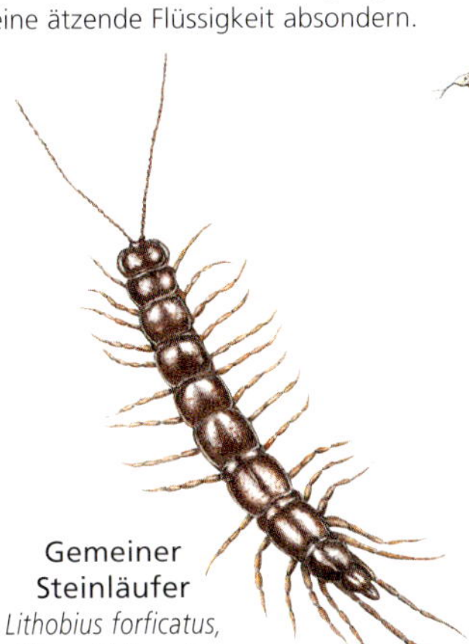

Gemeiner Steinläufer
Lithobius forficatus, Klasse Chilopoda

Das letzte Extremitätenpaar ist fühlerähnlich

Pauropus huxleyi, Klasse Pauropoda

Gürtelskolopender
Scolopendra cingulata, Klasse Chilopoda

Das letzte Extremitätenpaar ist scherenähnlich

Polyxenus lagurus, Klasse Diplopoda

Frisst bevorzugt junge, saftige Blätter von Nutzpflanzen; kann bei Massenbefall große Schäden anrichten

Getüpfelter Tausendfüßer
Blaniulus guttulatus, Klasse Diplopoda

Garten-Hundertfüßer
Scutigerella immaculata, Klasse Symphyla

BEINE OHNE ENDE

Hundertfüßer besitzen einen abgeflachten, wurmförmigen Körper. An jedem Körpersegment – außer am letzten – sitzt ein Beinpaar. Diese Tiere haben mindestens 15, maximal 191 Beinpaare. Die größte Hundertfüßer-Art ist *Scolopendra gigantea*. Sie lebt in den amerikanischen Tropen, kann bis 28 cm lang werden und jagt u. a. Mäuse und Frösche.

Der Körper des Tausendfüßers ist drehrund und besteht aus Doppelsegmenten, von denen die meisten ein doppeltes Beinpaar tragen. Die Arten der Doppelfüßer sind zwischen 2 mm und 28 cm lang. Sie haben bis zu 200 Beinpaare.

Zwergfüßer werden höchstens 1 cm lang und tragen zwölf Beinpaare. Wenigfüßer sind mit 2 mm noch kleiner und besitzen neun Beinpaare.

Die meisten Tausendfüßer sind nachtaktiv, leben in feuchten Wäldern, meist versteckt im Laub und Boden oder unter Steinen und Holz. Nur einige Arten leben in Grasland oder Wüsten.

Doppelfüßer legen ihre Eier meistens in Erdnester, während sich einige Hundertfüßer um ihre Eier wickeln, um sie zu schützen.

KREBSTIERE

STAMM	Arthropoda
UNTERSTAMM	Crustacea
KLASSEN	11
ORDNUNGEN	37
FAMILIEN	540
ARTEN	42 000

Vom nur 0,25 mm langen Wasserfloh bis zur riesigen Spinnenkrabbe mit einer Beinspanne von 3,7 m sind die Krebstiere eine äußerst vielfältige Tiergruppe. Obwohl einige Arten an Land leben, ist das Wasser das Lebenselement der Krebstiere und sie haben mit der Zeit jeden Lebensraum im Meer und Süßwasser besiedelt. Frei schwimmendes Plankton wie der Krill bildet die Basis einer langen Nahrungskette. Krabben und andere Bodenbewohner leben im Sediment oder krabbeln darüber. Entenmuscheln sitzen fest an einem Platz und filtern Nahrung aus dem Wasser. Es gibt sogar parasitische Krebstiere, von denen einige nicht mehr als Zellanhäufungen in einem Wirt sind.

Attraktive Schere Bei vielen Krebstieren ist das erste Beinpaar zu Scheren, so genannten Chelipeden, umgewandelt. Wird die männliche Winkerkrabbe (*Uca sp.*) geschlechtsreif, wächst die rechte Schere unverhältnismäßig groß heran und macht 65 % des Gesamtgewichtes des Tieres aus. Die Krabbe winkt mit der riesigen Schere, um Weibchen anzulocken und Rivalen einzuschüchtern. Sie erzeugt damit auch Laute, um Weibchen in ihre Höhle zu locken.

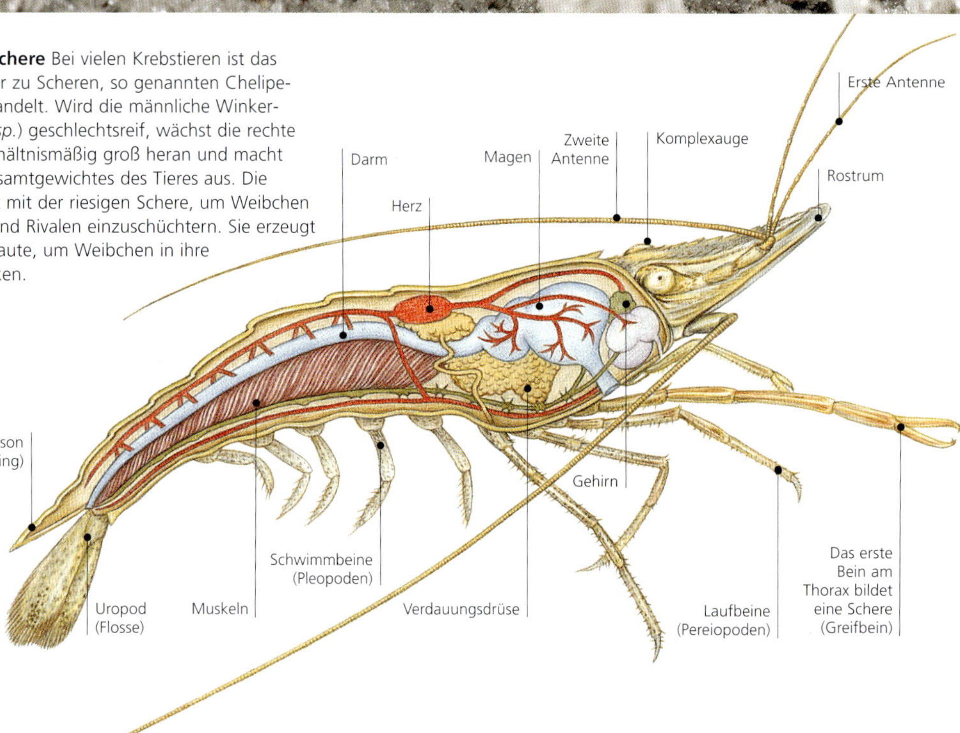

LANDBESIEDLER

Nur wenige Krebstiere leben an Land. Dort besiedeln sie feuchte Plätze, manche kehren zur Fortpflanzung ins Wasser zurück. Ans terrestrische Leben gut angepasst sind die Rollasseln der Familie Oniscoidea – es gibt sogar einige Wüstenarten. Manche rollen sich bei Gefahr zu einer Kugel zusammen (unten). Die geringe Verbreitung der Krebstiere in Landlebensräumen hängt mit dem Fehlen der wachsartigen, wasserdichten Cuticula zusammen und damit, dass diese Tiere mit Kiemen atmen müssen.

KREBSTIER-ANATOMIE

Wie andere Gliederfüßer besitzen Krebstiere einen segmentierten Körper, gegliederte Beine sowie ein Exoskelett, und sie wachsen durch Häutungen. Das Exoskelett kann dünn und flexibel sein wie bei den Wasserflöhen oder hart und verkalkt wie bei den Krabben. Der Körper besteht aus Kopf, Thorax und Abdomen. Bei vielen größeren Arten bilden Kopf und Thorax einen Cephalothorax, der von einem Rückenschild (Carapax) geschützt wird. Das Abdomen hat oft schwanzartige Anhänge (Endring oder Telson).

Der typische Krebskopf trägt zwei Antennenpaare, zwei (häufig gestielte) Komplexaugen und drei Paar beißende Mundwerkzeuge. Der Thorax und manchmal das Abdomen tragen meist zweiästige Gliedmaßen. Bei vielen Arten sind die Beine unterschiedlich spezialisiert, z. B. für das Laufen, Schwimmen, die Nahrungsaufnahme oder Verteidigung. Bei Krabben bildet das erste Beinpaar Scheren (Chelipeden).

Krebstiere legen ihre Eier ins Wasser ab oder brüten sie auf dem Körper aus. Nur bei einigen Arten schlüpfen frei schwimmende Nauplius-Larven. Die meisten Krebstiere kommen höher entwickelt oder bereits als Miniatur-Adulte auf die Welt.

Shrimp-Bauplan Garnelen haben zwei Paar Antennen, von denen eines sehr beweglich ist. Ihre beiden Komplexaugen bestehen aus etwa 30 000 Einzellinsen. Ihre Gliedmaßen sind spezialisiert. Das Blut wird von einem Herz gepumpt. Die Atmung erfolgt durch Kiemen an den Beinen.

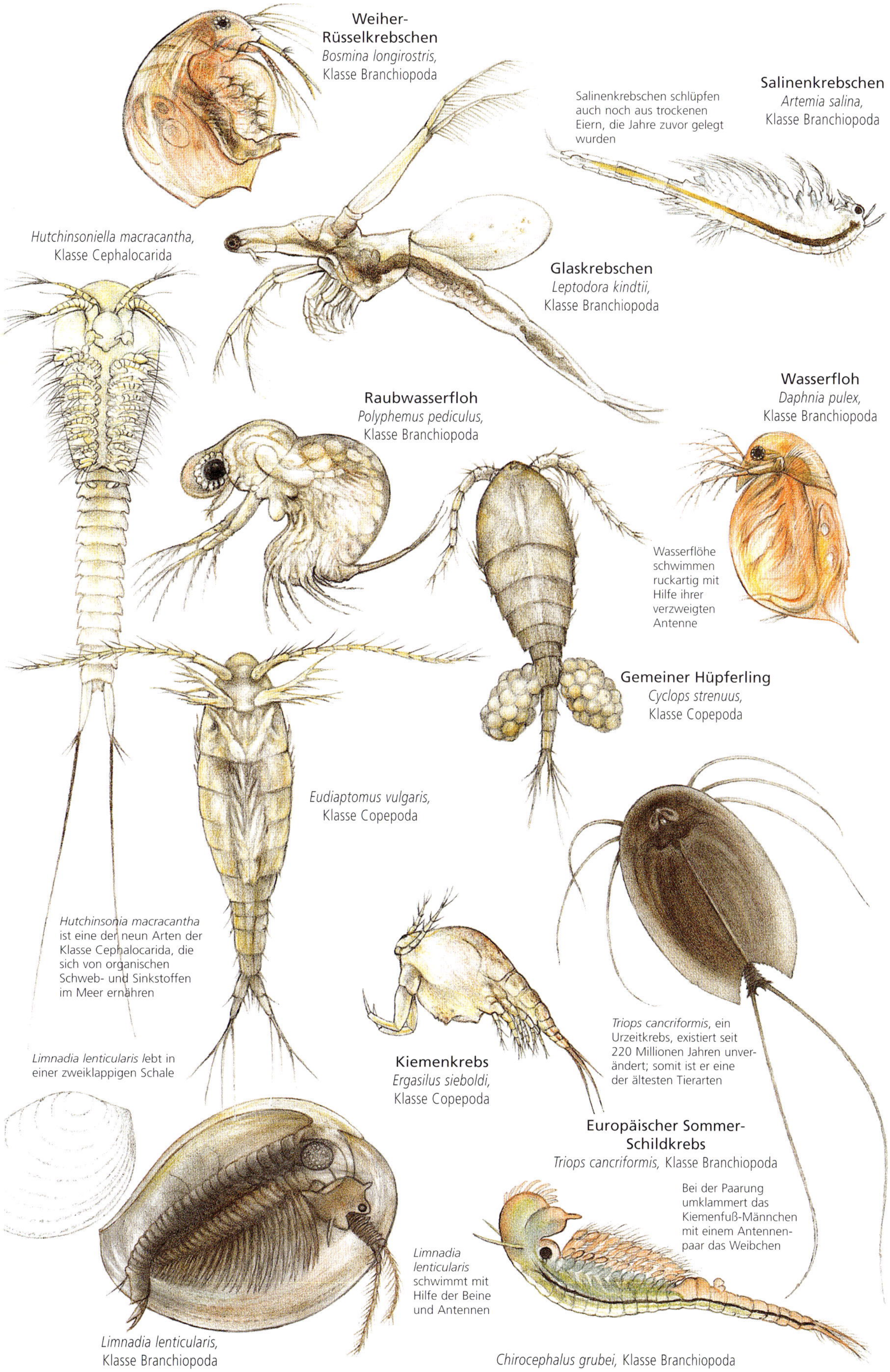

Weiher-Rüsselkrebschen
Bosmina longirostris,
Klasse Branchiopoda

Salinenkrebschen schlüpfen auch noch aus trockenen Eiern, die Jahre zuvor gelegt wurden

Salinenkrebschen
Artemia salina,
Klasse Branchiopoda

Hutchinsoniella macracantha,
Klasse Cephalocarida

Glaskrebschen
Leptodora kindtii,
Klasse Branchiopoda

Raubwasserfloh
Polyphemus pediculus,
Klasse Branchiopoda

Wasserfloh
Daphnia pulex,
Klasse Branchiopoda

Wasserflöhe schwimmen ruckartig mit Hilfe ihrer verzweigten Antenne

Gemeiner Hüpferling
Cyclops strenuus,
Klasse Copepoda

Eudiaptomus vulgaris,
Klasse Copepoda

Hutchinsonia macracantha ist eine der neun Arten der Klasse Cephalocarida, die sich von organischen Schweb- und Sinkstoffen im Meer ernähren

Limnadia lenticularis lebt in einer zweiklappigen Schale

Kiemenkrebs
Ergasilus sieboldi,
Klasse Copepoda

Triops cancriformis, ein Urzeitkrebs, existiert seit 220 Millionen Jahren unverändert; somit ist er eine der ältesten Tierarten

Europäischer Sommer-Schildkrebs
Triops cancriformis, Klasse Branchiopoda

Bei der Paarung umklammert das Kiemenfuß-Männchen mit einem Antennenpaar das Weibchen

Limnadia lenticularis schwimmt mit Hilfe der Beine und Antennen

Limnadia lenticularis,
Klasse Branchiopoda

Chirocephalus grubei, Klasse Branchiopoda

AUF EINEN BLICK

Klasse Branchiopoda (Kiemenfüßer) Die Rückenschaler, Wasserflöhe, Muschelschaler und Salinenkrebse in dieser Klasse sind mit 0,25 mm bis 10 cm Länge alle klein. Sie besitzen blattähnliche Beine, mit denen sie Nahrung aufnehmen, schwimmen und atmen. Sie leben in fast allen Süßgewässern der Welt und einige auch in temporären Gewässern. Trockenheit überleben sie in Dauereiern.

Arten 800

Weltweit, vorwiegend im Süßwasser

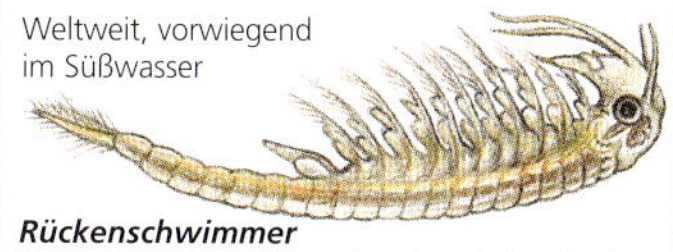

Rückenschwimmer
Branchipus stagnalis *und andere Salinenkrebschen schwimmen auf dem Rücken. Mit ihren Beinen filtern sie Nahrung aus dem Wasser.*

Klasse Copepoda (Ruderfüßer) Kommen in riesiger Anzahl in den Meeren vor und sind ein wichtiges Glied in der Nahrungskette. Ihr Körper ist zylindrisch. Sie haben nur ein einfaches Auge (Überbleibsel des Nauplius-Larvenstadiums). Einige Arten leben parasitisch auf Fischen und anderen Wassertieren.

Arten 8500

Weltweit; meist im Meer

Gabelschwanz
Canthocamptus staphylinus *hat das für Ruderfüßer typische verzweigte Telson (schwanzartiger Fortsatz).*

NEUESTE ENTDECKUNG

Seitdem man *Speleonectes lucayensis* 1981 in einer Höhle im Meer vor den Bahamas entdeckt hat, gibt es eine neue Klasse der Krebstiere: die Remipedia. Seither wurden mehrere Arten dieser Klasse in der Karibik und in Australien in Höhlen mit Verbindung zum Meer gefunden. Diese primitiven Formen besitzen einen langen, wurmähnlichen Körper mit bis zu 32 Segmenten, jedes mit einem Beinpaar. Sie sind Fleischfresser.

Blind *Wie andere Remipedia hat auch* Speleonecta lucayensis *keine Augen. Er schwimmt auf dem Rücken und benutzt die Beine als Ruder.*

AUF EINEN BLICK

Klasse Cirripedia (Rankenfußkrebse) Diese Meeresbewohner sind die einzigen sessil lebenden Krebstiere. Bis 1830 zählte man sie zu den Weichtieren, bis man entdeckte, dass aus den Eiern frei schwimmende Nauplius-Larven schlüpfen und sie daher Krebstiere sind. Die Larven heften sich mit dem Kopf voran an Felsen, Schiffe oder Wirte (Fische, Wale, Schildkröten). Die meisten adulten Rankenfußkrebse sind durch Kalkplatten geschützt und sammeln mit ihren fiedrigen Beinen (Cirren) Nahrungspartikel aus dem Wasser. Rankenfußkrebse sind Zwitter. Sie leben in enger Gemeinschaft und können sich gegenseitig innerlich befruchten.

Arten 900

Weltweit; im Meer

Klasse Ostracoda (Muschelkrebse) Man unterscheidet sie anhand des Carapax (eines Rückenschildes), der die Form einer geteilten Schale mit Scharnier hat. Nur die Antennen und die Endborsten der Beine schauen aus der Schale hervor.

Arten 6000

Weltweit; in allen Gewässern

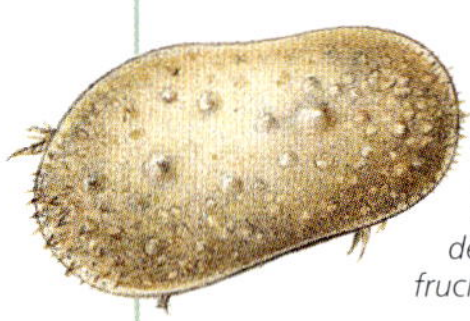

Selbstvermehrung
Der Muschelkrebs Ilyocypris gibba *kann sich geschlechtlich fortpflanzen, nutzt aber oft die Parthenogenese, bei der sich Larven aus unbefruchteten Eiern entwickeln.*

TOTALE INVASION

Der Parasit *Sacculina carcini* ist nur aufgrund seiner Nauplius-Larve als Rankenfußkrebs zu identifizieren. Ist ein Weibchen geschlechtsreif, befällt es einen Wirt, häufig die Strandkrabbe (*Carcinus maenas*). Die nadelartig geformte Larve injiziert Zellen in den Wirt. Diese bilden im Körper der Krabbe eine Art Wurzelsystem (Sacculina interna), aus dem sich ein außen liegender Reproduktionskörper (Sacculina externa) bildet. An diesen heften sich männliche Larven und geben Zellen ab, die sich zu Spermien entwickeln. Ergebnis der Befruchtung sind dann die Nauplius-Larven.

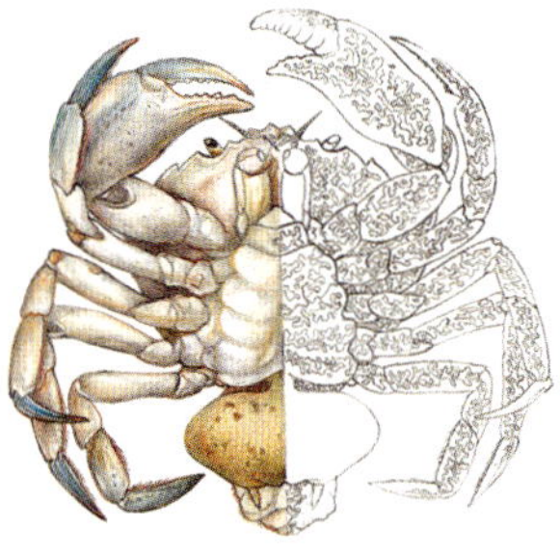

Karpfenlaus
Argulus foliaceus, Klasse Branchiura

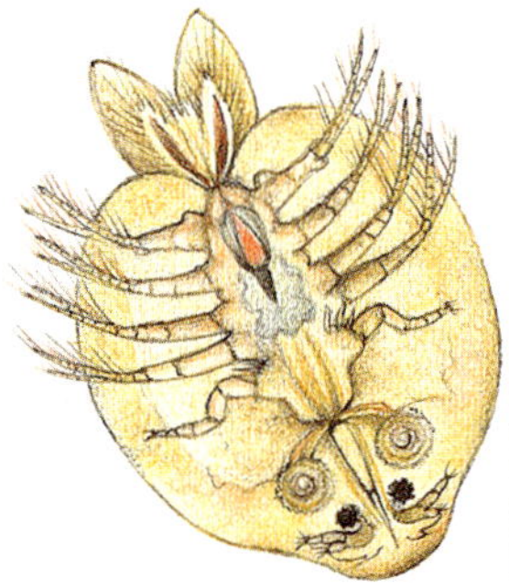

Erwachsene Karpfenläuse leben als Parasiten auf Süßwasserfischen und ernähren sich von Haut- oder Kiemenpartikeln, dabei richten sie beträchtliche Gewebeschäden an

Seetulpe
Balanus tintinnabulum, Klasse Cirripedia

Rankenfußkrebse wie diese Seepocken-Art sammeln mit ihren fiedrigen Beinen Plankton aus dem Wasser auf; bei Ebbe werden die Beine völlig eingezogen

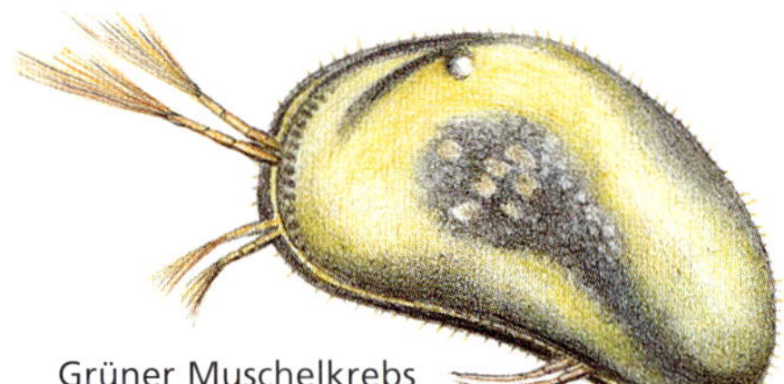

Grüner Muschelkrebs
Cypris pubera, Klasse Ostracoda

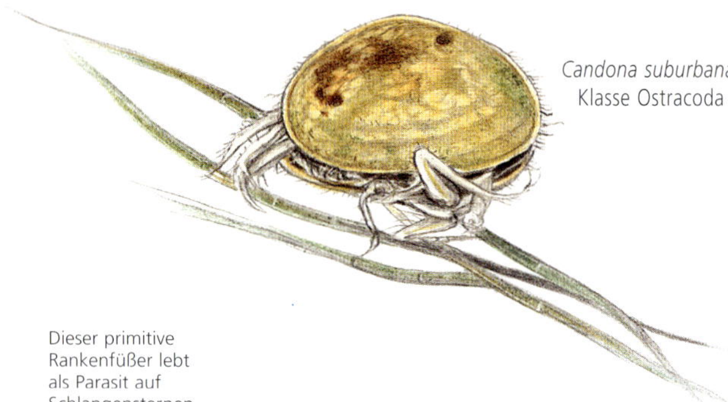

Candona suburbana, Klasse Ostracoda

Wie die anderen Mitglieder der kleinen Klasse Mystacocarida lebt *Derocheilocaris remanei* in der Gezeitenzone im Sand

Derocheilocaris remanei, Klasse Mystacocarida

Dieser primitive Rankenfüßer lebt als Parasit auf Schlangensternen

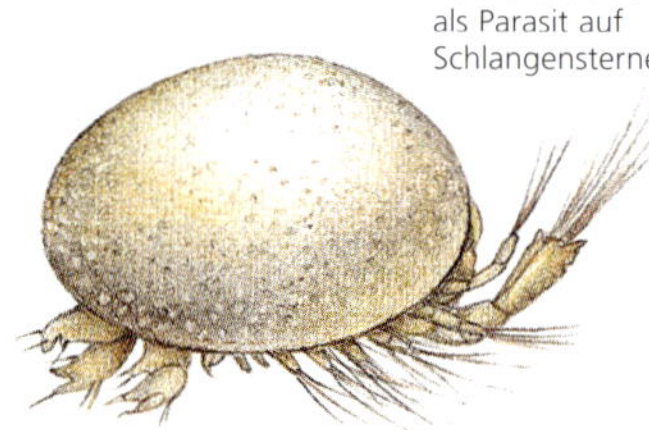

Ascothorax ophioctenis, Klasse Cirripedia

Conchoderma auritum heftet sich fest an die Haut von Walen, frisst aber nicht an seinem Wirt, sondern filtriert seine Nahrung aus dem Wasser

Conchoderma auritum, Klasse Cirripedia

Entenmuscheln leben in Gruppen, meist im Tiefwasser, wo sie sich mit ihrem beweglichen Fuß an Felsen und Holz fest anheften

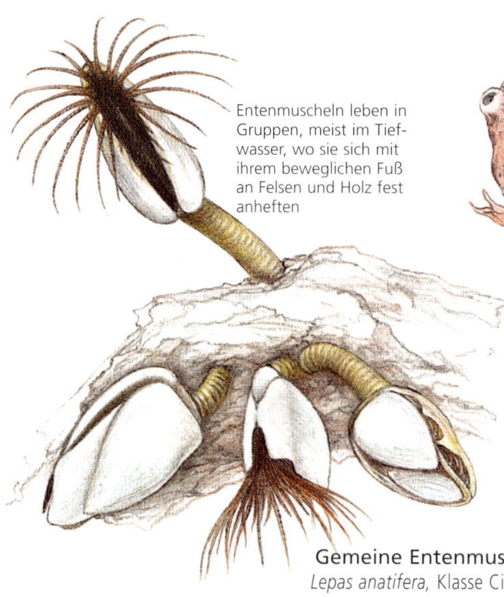

Gemeine Entenmuscheln
Lepas anatifera, Klasse Cirripedia

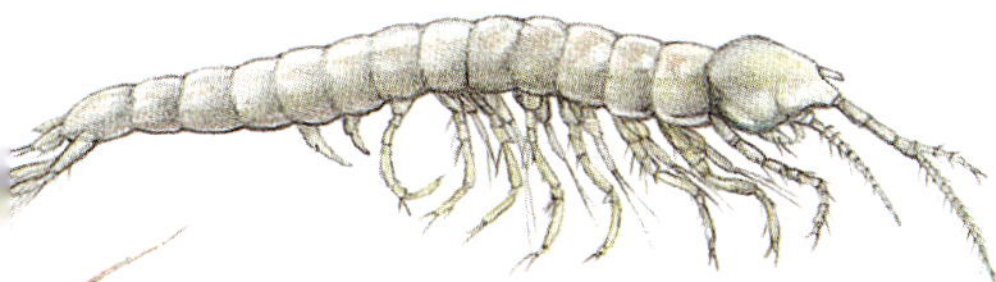

Parastygocaris andeni,
Klasse Malacostraca, Ordnung Stygocaridacea

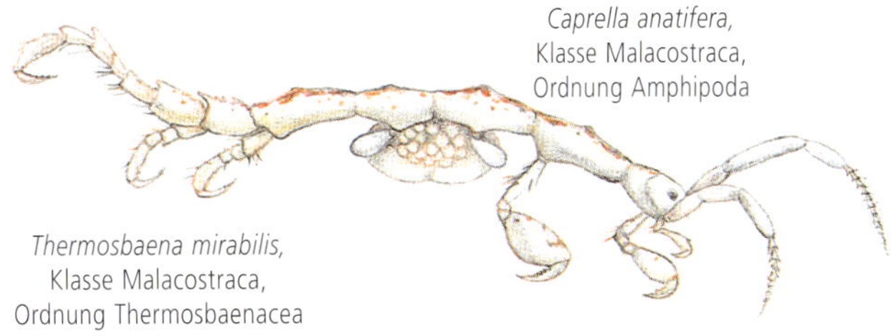

Caprella anatifera,
Klasse Malacostraca,
Ordnung Amphipoda

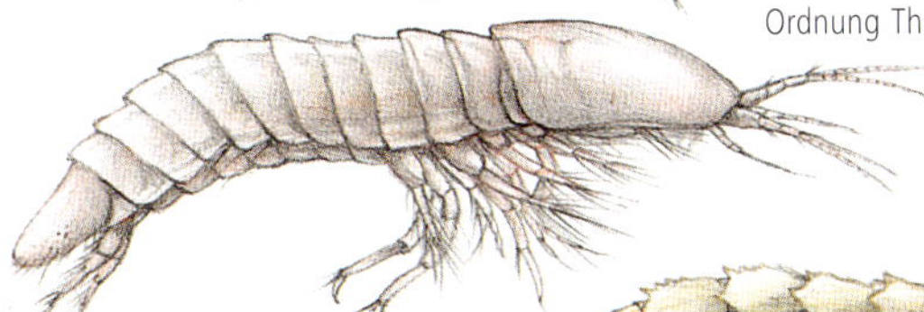

Thermosbaena mirabilis,
Klasse Malacostraca,
Ordnung Thermosbaenacea

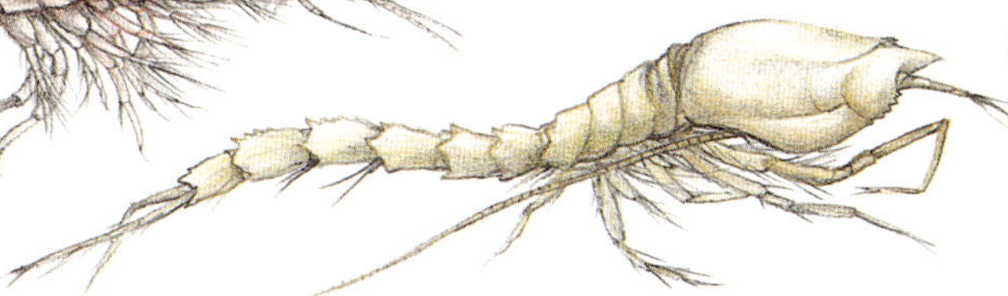

Diastylis rathkei,
Klasse Malacostraca,
Ordnung Cumacea

Reliktkrebschen
Mysis relicta,
Klasse Malacostraca, Ordnung Mysidacea

Alle Fangschreckenkrebse (Ordnung Stomatopoda) tragen große Greifarme, mit denen sie ihre Beute aufspießen oder zerdrücken

Bunter Fangschreckenkrebs
Odontodactylus scyllarus,
Klasse Malacostraca,
Ordnung Stomatopoda

Bachflohkrebs
Gammarus fossarum,
Klasse Malacostraca, Ordnung Amphipoda

Die Rollassel lebt an Land; ihre Eier brütet sie in einem mit Flüssigkeit gefüllten Brutbeutel aus, der sich auf der Bauchseite befindet

Rollassel
Armadillidium vulgare,
Klasse Malacostraca,
Ordnung Isopoda

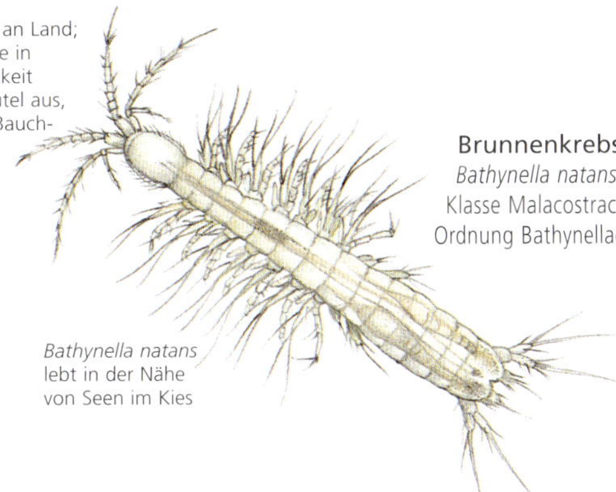

Brunnenkrebs
Bathynella natans,
Klasse Malacostraca,
Ordnung Bathynellacea

Bathynella natans lebt in der Nähe von Seen im Kies

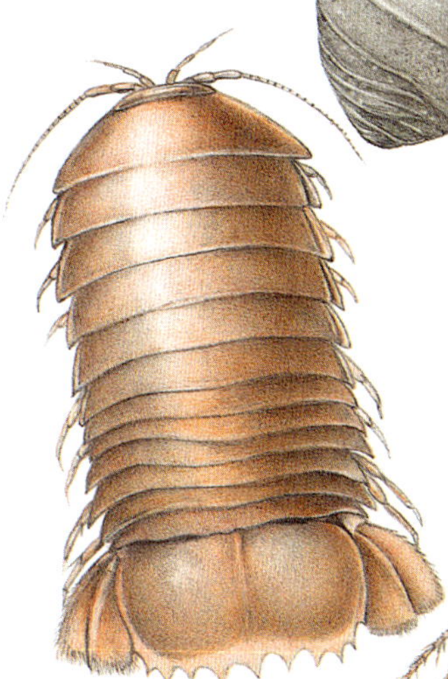

Riesenassel
Bathynomus giganteus,
Klasse Malacostraca,
Ordnung Isopoda

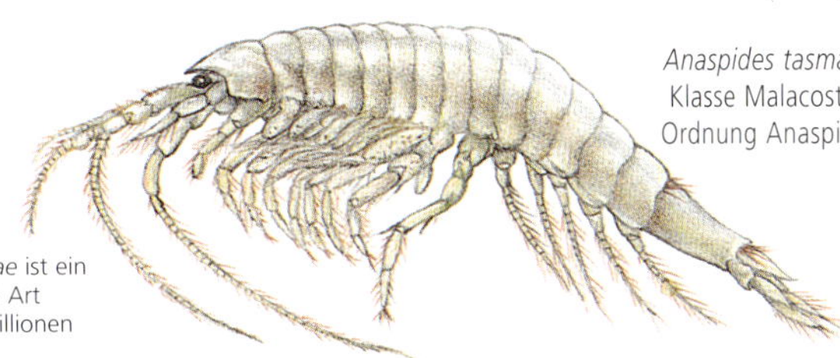

Anaspides tasmaniae,
Klasse Malacostraca,
Ordnung Anaspidacea

Anaspides tasmaniae ist ein lebendes Fossil. Die Art existiert seit 250 Millionen Jahren

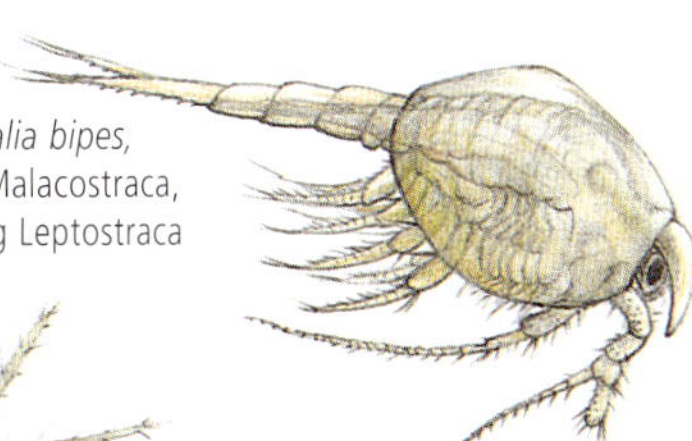

Nebalia bipes,
Klasse Malacostraca,
Ordnung Leptostraca

Gemeine Wasserassel
Asellus aquaticus,
Klasse Malacostraca, Ordnung Isopoda

AUF EINEN BLICK

Klasse Malacostraca (Höhere Krebse) Zu dieser größten Gruppe der Krebstiere gehören 13 Ordnungen. Fast alle Arten haben sechs Kopfsegmente, acht Thoraxsegmente und sechs Abdominalsegmente. Außer dem ersten Kopfsegment tragen alle zwei Anhänge.

Arten 25000

Weltweit; meist im Wasser

Hummer *Zu den Höheren Krebsen gehört der Riffhummer* (Enoplometopus daumi)*, der wie andere Hummer, die Krabben und Garnelen zur Ordnung Decapoda zählt.*

Ordnung Amphipoda (Flohkrebse) Diese kleinen, weit verbreiteten Krebse kommen im Meer, im Süßwasser und an feuchten Standorten vor. Ihr länglicher Körper ist in der Regel seitlich abgeflacht und ähnelt häufig dem der Garnelen.

Arten 6000

Weltweit; vorwiegend im Wasser

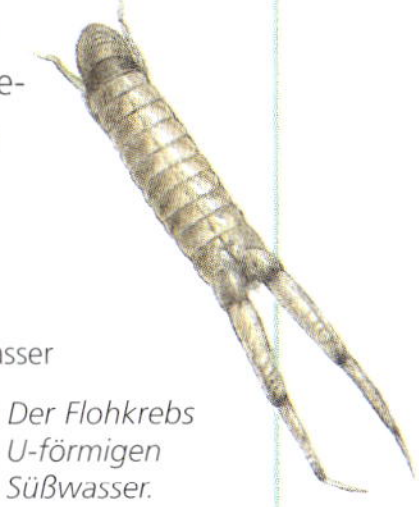

Verschiedene Salzgehalte *Der Flohkrebs* Corophium volutator *lebt in U-förmigen Höhlen im Salz-, Brack- und Süßwasser.*

Ordnung Isopoda (Asseln) Wie die Flohkrebse gehören die Asseln zu den Höheren Krebsen. Der Körper ist vom Rücken zum Bauch abgeflacht. Zu ihnen zählen die landlebenden Kellerasseln. Die meisten Arten krabbeln über den Boden von Gewässern.

Arten 4000

Weltweit; vorwiegend im Meer

Wasserasseln *Wie Flohkrebsen fehlt Asseln wie* Astacilla pusilla *ein Carapax. Die meisten leben im Wasser und ernähren sich von Aas.*

GUT AUSGERÜSTET

Die Stomatopoda (Fangschreckenkrebse) sind eine hoch spezialisierte Ordnung der Höheren Krebse. Diese Tiere jagen Fische, Krabben und Weichtiere. Ihren Erfolg als Beutejäger verdanken sie nicht nur ihren Fangwerkzeugen, sondern auch ihren großen Komplexaugen.

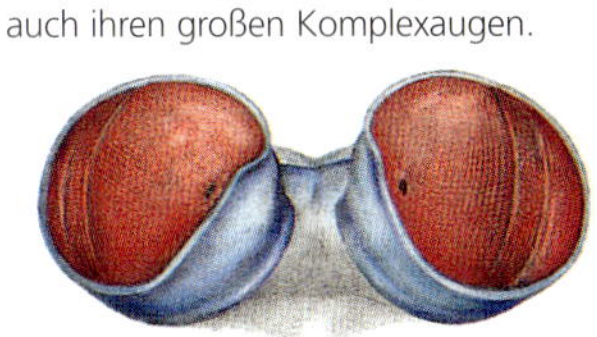

Sehvermögen *Jedes Komplexauge wird durch ein Band unterteilt, das für Sehen von Farben und polarisiertem Licht (Kontrast) zuständig ist. Das restliche Auge dient zum Schwarz-Weiß- und perspektivischen Sehen.*

AUF EINEN BLICK

Ordnung Decapoda (Zehnfußkrebse) Hierzu gehört etwa ein Viertel aller Krebstiere: schwimmende Arten wie Garnelen und kriechende wie Hummer, Langusten und Krabben. Bei vielen Arten bildet das erste Beinpaar kräftige Scheren (Chelipeden), mit denen sie Beute fangen, manche sind Nahrungsfiltrierer, andere fressen Pflanzen oder organische Abfallstoffe. Meist tragen sie die befruchteten Eier auf dem Körper. Die meisten Larven schlüpfen als Zoëa, ein winziger Organismus, der sich durch Anhängsel und einen langen Stachel am Vorderende bewegt.

Arten 8000

Weltweit; meist im Meer

Laut *Eine männliche Winkerkrabbe (*Uca tangeri*) kann Trommel-, Raspel- und Hupgeräusche erzeugen, indem sie die übergroße rechte Schere gegen andere Körperteile oder den Boden reibt.*

KRILL

Die kleine Ordnung Euphausiacea umfasst etwa 85 Krill-Arten. Diese planktonischen Tiere mit garnelenähnlichem Körper sind ein wichtiges Glied in der Nahrungskette, vor allem in der Antarktis, wo der Antarktische Krill (*Euphausia superba*) die Basis darstellt. Krill verbringt den Tag in den Tiefen der Meere und kommt nachts zum Fressen in riesigen Schwärmen an die Oberfläche. Die meisten Arten sind Nahrungsfiltrierer und nehmen Phytoplankton mit ihren gefransten Beinen auf;. Sie selbst sind die Grundnahrung für Fische, Tintenfische, Seevögel, Bartenwale und Robben. Viele Arten besitzen Licht erzeugende Organe. Diese Biolumineszenz hilft vermutlich dabei, Schwärme zu bilden und Partner zu finden.

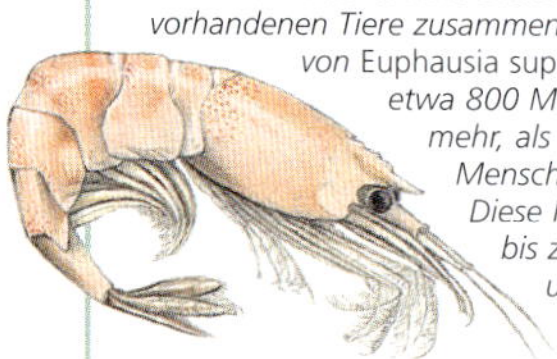

Antarktischer Krill *Die Biomasse (alle vorhandenen Tiere zusammengenommen) von* Euphausia superba *beträgt etwa 800 Mio. Tonnen – mehr, als die gesamte Menschheit ergäbe. Diese Krill-Art wird bis zu 6 cm lang und lebt fünf bis zehn Jahre.*

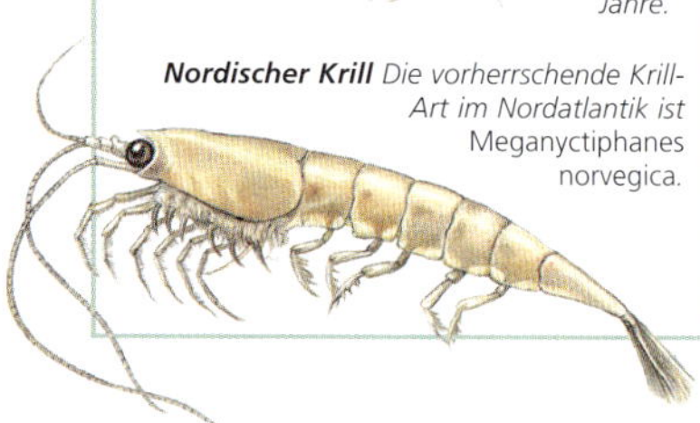

Nordischer Krill *Die vorherrschende Krill-Art im Nordatlantik ist* Meganyctiphanes norvegica.

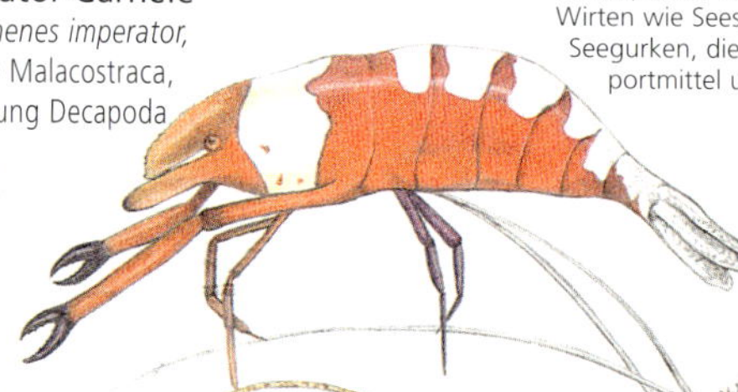

Imperator-Garnele
Periclimenes imperator,
Klasse Malacostraca,
Ordnung Decapoda

Die Imperator-Garnele lebt auf Wirten wie Seeschnecken und Seegurken, die sie als Transportmittel und Schutz nutzt

Gebänderte Scherengarnele
Stenopus hispidus,
Klasse Malacostraca,
Ordnung Decapoda

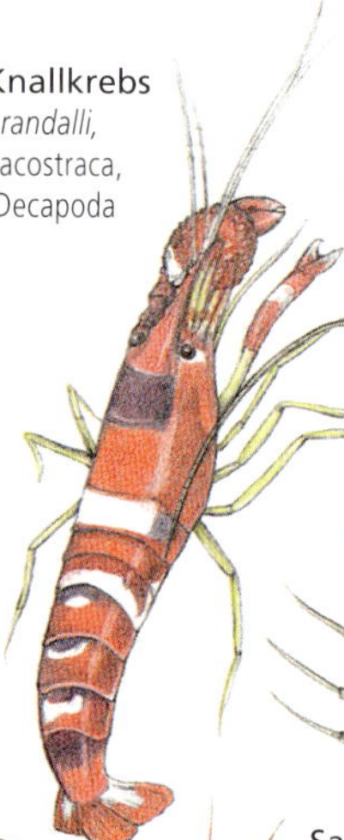

Randalls Knallkrebs
Alpheus randalli,
Klasse Malacostraca,
Ordnung Decapoda

Sandgarnele
Crangon crangon,
Klasse Malacostraca,
Ordnung Decapoda

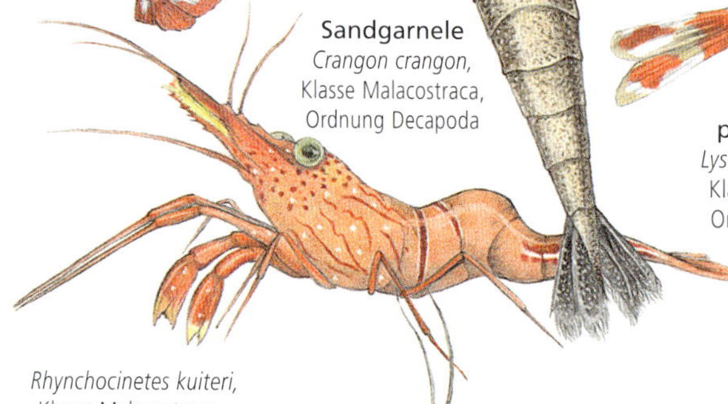

Rhynchocinetes kuiteri,
Klasse Malacostraca,
Ordnung Decapoda

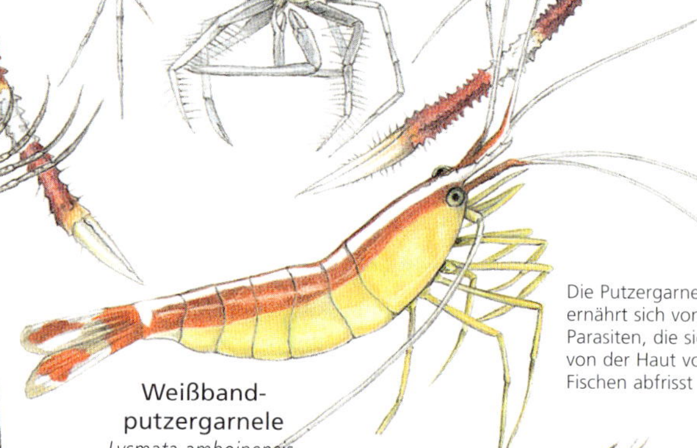

Die Putzergarnele ernährt sich von Parasiten, die sie von der Haut von Fischen abfrisst

Weißband-putzergarnele
Lysmata amboinensis,
Klasse Malacostraca,
Ordnung Decapoda

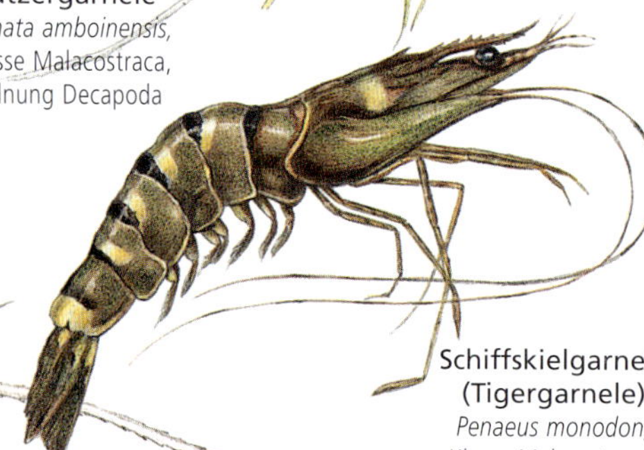

Schiffskielgarnele (Tigergarnele)
Penaeus monodon,
Klasse Malacostraca,
Ordnung Decapoda

Vielfarbige Languste
Panulirus versicolor,
Klasse Malacostraca,
Ordnung Decapoda

Der Amerikanische Hummer ist weltweit als Delikatesse hoch begehrt

Amerikanischer Hummer
Homarus americanus,
Klasse Malacostraca,
Ordnung Decapoda

Langusten tragen kleinere Scheren als Hummer

Europäische Languste (Stachellanguste)
Palinurus vulgaris,
Klasse Malacostraca, Ordnung Decapoda

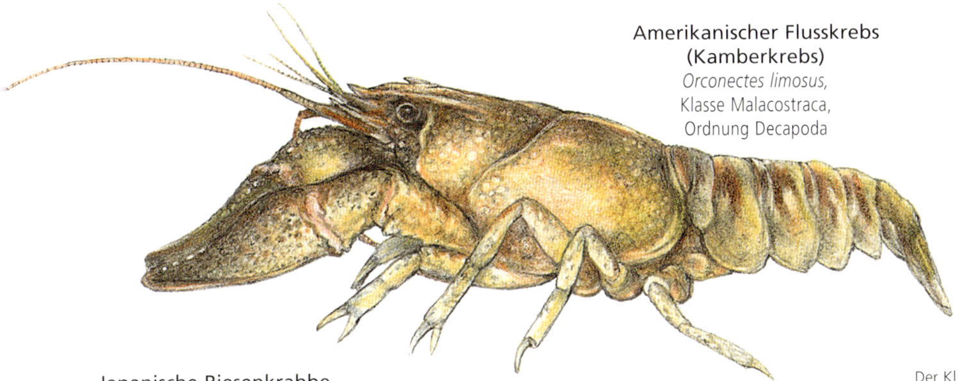

Amerikanischer Flusskrebs (Kamberkrebs)
Orconectes limosus,
Klasse Malacostraca,
Ordnung Decapoda

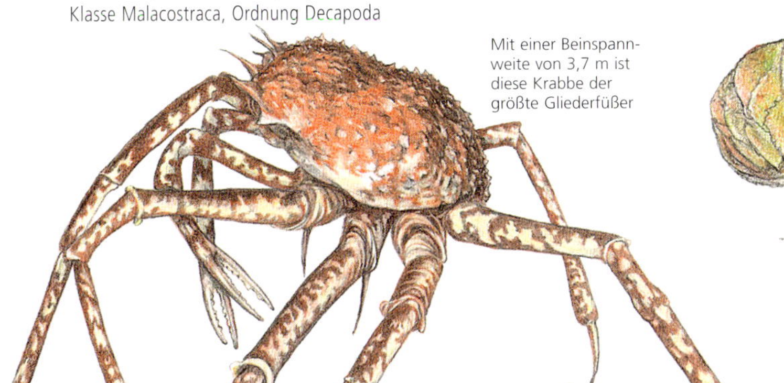

Japanische Riesenkrabbe
Macrocheira kaempferi,
Klasse Malacostraca, Ordnung Decapoda

Mit einer Beinspannweite von 3,7 m ist diese Krabbe der größte Gliederfüßer

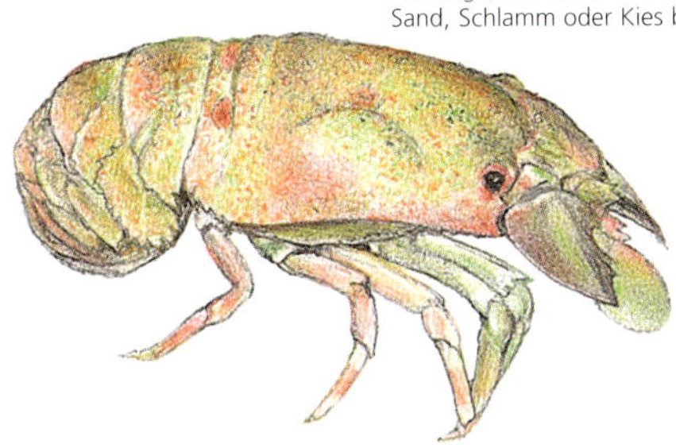

Der Kleine Bärenkrebs nutzt seine schaufelförmigen Anhänge, mit denen er sich in Sand, Schlamm oder Kies bohrt

Kleiner Bärenkrebs
Scyllarus arctus,
Klasse Malacostraca,
Ordnung Decapoda

Hornaugen-Strandkrabbe
Ocypode ceratophthalma,
Klasse Malacostraca,
Ordnung Decapoda

Strandkrabbe
Carcinus maenas,
Klasse Malacostraca,
Ordnung Decapoda

Ihren Trivialnamen verdankt die Wollhandkrabbe der Behaarung ihrer Scheren

Chinesische Wollhandkrabbe
Eriocheir sinensis,
Klasse Malacostraca,
Ordnung Decapoda

Die Chinesische Wollhandkrabbe ist nach Europa und Nordamerika eingeführt worden, wo sie für die einheimischen Arten eine ernsthafte Gefährdung darstellt

Kamtschatka-Krabbe (Königskrabbe)
Paralithodes camtschatica,
Klasse Malacostraca,
Ordnung Decapoda

KREBSWANDERUNG

Vom Land zum Meer Manche der an das terrestrische Leben angepassten Landkrabben suchen zur Fortpflanzung das Wasser auf. Die Rote Krabbe (*Gecarcoidea natalis*) lebt als Adulte in den Regenwäldern im Inneren der Weihnachtsinseln. Kommt die Zeit der Eiablage, unternimmt die gesamte Population von 40 Millionen Krabben eine

wochenlange, gefährliche Wanderung zur Küste. Die Männchen kommen zuerst an und graben die Nisthöhlen. Die Weibchen bebrüten zwei Wochen die Eier. Die ins Meer entlassenen Larven kehren nach einem Monat an den Strand zurück, häuten sich zu kleinen Landkrabben und ziehen ins Landesinnere.

Über den Meeresboden
Einige Langusten unternehmen saisonale Wanderungen: Sie laufen in einer langen Reihe im Gänsemarsch – mehrere Tage lang ohne Unterbrechung – über den Meeresboden. Bei der Karibik-Languste (*Panulirus argus*) hat man festgestellt, dass es einen „Navigator" gibt, der auch in unbekannten Gegenden den aktuellen Standort feststellen kann. Wahrscheinlich erfolgt diese genaue Bestimmung mit Hilfe des Erdmagnetfeldes.

TRANSPORTABLES HEIM

Zum Schutz ihres weichen Hinterleibs leben Einsiedlerkrebse (Familie Paguridae) und fast alle Landeinsiedlerkrebse (Familie Coenobitidae) in leeren Schneckenschalen. Wenn die Krebse wachsen, ziehen sie in größere Schalen. Häufig kämpfen zwei Krebse um eine Schale.

INSEKTEN

STAMM	Arthropoda
UNTERSTAMM	Hexapoda
KLASSE	Insecta
ORDNUNGEN	29
FAMILIEN	949
ARTEN	>1 Mio.

Insekten sind die erfolgreichste Tiergruppe unseres Planeten. Mit etwa einer Million beschriebener Arten nehmen sie über die Hälfte aller bekannten Tierarten ein. Viele warten noch auf ihre Entdeckung, denn man schätzt die tatsächliche Anzahl der Insektenarten auf 2 bis 30 Millionen – damit übertreffen die Insekten zahlenmäßig alle anderen Tiere. Manche Wissenschaftler glauben, dass allein die Ameisen und Termiten bis zu 20% der gesamten tierischen Biomasse ausmachen. Einigen Insektenarten ist es gelungen, die heißesten Wüsten und die kältesten Polarzonen sowie praktisch alle dazwischen liegenden Land- und Süßwasserlebensräume zu besiedeln. Ein paar Arten leben sogar im Meer.

Extreme Lebensräume Sumpffliegen (Familie Ephydridae) kommen an den Ufern des kalifornischen Salzsees Mono Lake vor, wo ihre Larven sich von Algen ernähren. Andere Insekten leben in Rohölpfützen, in heißen Quellen oder im antarktischen Eis.

Elterliche Fürsorge Brutpflege erfolgt bei den wenigsten Insekten. Die meisten legen ihre Eier in großer Zahl ab und überlassen sie sich selbst. Einige Schildwanzen jedoch bewachen ihre Eier und bleiben mindestens bis zur ersten Häutung bei den Nymphen.

Bestäuber Pollen kleben an Bienen fest, wenn die Tiere Nektar aus Blüten saugen. Besucht die Biene die nächste Blüte, werden einige Pollen abgestreift. Viele Blütenpflanzen sind auf die Bestäubung durch Insekten angewiesen und haben verschiedene Blütenformen, -farben und -düfte entwickelt, um ihre Bestäuber anzulocken.

SCHUTZSTATUS

Von der einen Million bekannter Insektenarten sind nur 1255 von der IUCN erfasst. Davon stehen 72% auf der Roten Liste:

59	Ausgestorben
69	Vom Aussterben bedroht
129	Stark gefährdet
425	Gefährdet
3	Schutz nötig
93	Potenziell gefährdet
129	Daten ungenügend

ERFOLGSMERKMALE

Insekten weisen einige Merkmale auf, die ihren Erfolg als Tiergruppe verdeutlichen: Ihr hartes, flexibles Exoskelett bietet Schutz, ohne die Bewegung nennenswert einzuschränken. Eine wachsartige Schutzschicht minimiert den Feuchtigkeitsverlust, so dass sie auch unter trockenen Bedingungen überleben.

Insekten waren die ersten Tiere (und sind die einzigen Wirbellosen), die den aktiven Flug entwickelt haben, wodurch sie seit jeher effizient Nahrung und Partner finden, Feinden entkommen und neue Gebiete besiedeln. Die meisten Insekten falten die Flügel in Ruhestellung über dem Körper, so dass die Tiere enge Spalten u. a. in Baumrinden oder der Erde nutzen können.

Insekten atmen mit Hilfe kleiner Körperöffnungen (Stigmen), die zum Schutz vor Verdunstung verschließbar sind. Der Sauerstoff wird im Blut durch den Körper transportiert und durch winzige Röhren (Tracheen) direkt an die Körpergewebe verteilt. Diese Art der Gasdiffusion funktioniert nur über kurze Strecken, deshalb sind Insekten so klein geblieben. Die meisten werden nicht länger als ein paar Zentimeter. Die geringe Größe ermöglicht den Insekten, Kleinstlebensräume zu besetzen, woraus u. a. auch die große Artenvielfalt resultiert.

Sinnesorgane sind über den Körper verteilt. Am Kopf sitzen meist zwei Komplexaugen sowie drei einfache Augen (Ocellen). Die beiden Antennen bzw. Fühler dienen dem Riechen, Schmecken, Fühlen

Plötzliches Auftauchen Mistkäfer (Familie Scarabaeidae) benutzen ihre kräftigen Vorderbeine, um Dung zu großen Kugeln zu formen, die als Nahrung unter die Erde gebracht werden oder als Nest für die Jungen dienen. Die Jungen tauchen plötzlich aus den Kugeln auf, was die alten Ägypter zur Verehrung des Skarabäus veranlasste.

Mundwerkzeuge Die unterschiedlichen Nahrungsgewohnheiten von Insekten spiegeln sich in ihren Mundwerkzeugen wider. Ein Nachtfalter (oben) hat einen langen, aufgerollten Rüssel (Proboscis), mit dem er Nektar saugt. Mücken durchdringen Haut mit ihrem Stechrüssel und saugen Körperflüssigkeiten, während Blattläuse mit ihren bohrenden Mundwerkzeugen Pflanzensäfte saugen. Die Mandibeln (Oberkiefer) von fleischfressenden Insekten wie Laufkäfern sind zum Schneiden messerscharf, während die von Pflanzenfressern wie Heuschrecken zum Zerkleinern dienen.

Insektenanatomie Insekten sehen sehr unterschiedlich aus, haben jedoch alle denselben Grundbauplan. Wie andere Gliederfüßer besitzen sie einen unterteilten Körper bestehend aus Kopf, Thorax und Abdomen, gegliederte Beine und ein hartes Exoskelett. Typisch für Insekten sind die drei Beinpaare, die beiden Flügelpaare, ein Paar Antennen (Fühler) und ein Paar Komplexaugen.

(Tasten) und Hören. Hörorgane können sich auch auf dem Körper oder in den Beinen befinden.

Ihr Lebenszyklus erlaubt vielen Insekten eine hohe Fortpflanzungsrate, so dass die Populationen schnell auf günstige Bedingungen reagieren und sich von Katastrophen erholen können. Bei Insekten erfolgt meist eine innere Befruchtung, wobei das Weibchen die Spermien einlagern und später verwenden kann. Manche Insekten, z. B. Blattläuse, vermehren sich ohne Befruchtung, um den Bestand rasch zu erhöhen. Zur Erhaltung der genetischen Vielfalt pflanzen sie sich auch geschlechtlich fort.

Eine Membran (Chorion) schützt die Insekteneier vor Austrocknung – mit ein Grund für die erfolgreiche Besiedlung von trockenen Lebensräumen. Nur wenige Insekten sehen beim Schlüpfen wie eine Miniatur-Ausgabe der Eltern aus. Die meisten durchlaufen eine Metamorphose. Jungtiere und Adulte besetzen oft verschiedene ökologische Nischen und ernähren sich unterschiedlich, um Konkurrenz auszuschließen.

Einige Insektenarten bereiten Menschen Unbehagen, übertragen Krankheiten und vernichten Ernten und Lebensmittel. Dennoch richtet die Mehrheit der Insekten wenig Schaden an, sondern spielt vielmehr eine wichtige Rolle im Ökosystem. Etwa drei Viertel aller Blütenpflanzen sind bei der Bestäubung auf Insekten angewiesen, und viele Tiere ernähren sich von Insekten.

Rieseninsekt Die in Neuseeland beheimatete Riesenheuschrecke *Deinacrida heteracantha* wird so groß wie eine kleine Ratte. Mit 70 g Gewicht ist sie eines der schwersten Insekten. Mit 0,14 mm Länge ist die parasitische Wespe *Dicopomorpha echmepterygis* wohl die kleinste Insektenart.

INSEKTENFLUG

Bis auf einige wenige flügellose Insekten tragen die meisten Arten als Adulte Flügel. Käfer und Heuschrecken haben mit vier bis 20 Schlägen pro Sekunde einen langsamen Flügelschlag und können nur begrenzt manövrieren. Bienen und Fliegen sind mit ihren190 Schlägen schnell und können schweben. Einige Mücken schlagen die Flügel 1000-mal pro Sekunde. Am schnellsten sind Libellen, die eine Geschwindigkeit von 50 km/h erreichen.

Gefaltet *Die Hinterflügel der Gottesanbeterin werden in Ruhe wie ein Fächer gefaltet. Das schützt die Flügel und ermöglicht dem Tier, sich in kleine Ritzen zu drücken.*

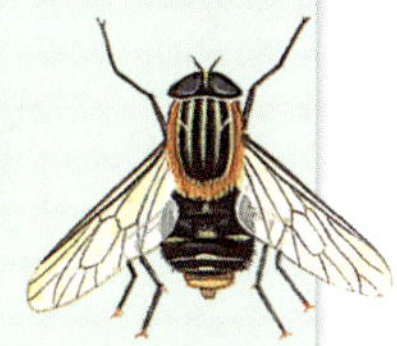

Stabilisatoren *Fliegen scheinen nur ein Paar Flügel zu besitzen. Das zweite Paar ist zu knopfförmigen Strukturen – Schwingkölbchen oder Halteren genannt – umgewandelt, die im Flug für Stabilität sorgen.*

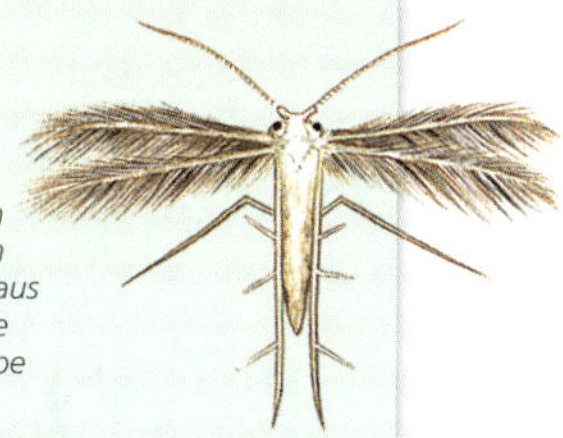

Wie Federchen *Die Flügel von Thripsen und Federmotten sehen wie winzige Federn aus und bestehen aus feinen Härchen, die von einer Mittelrippe gestützt werden.*

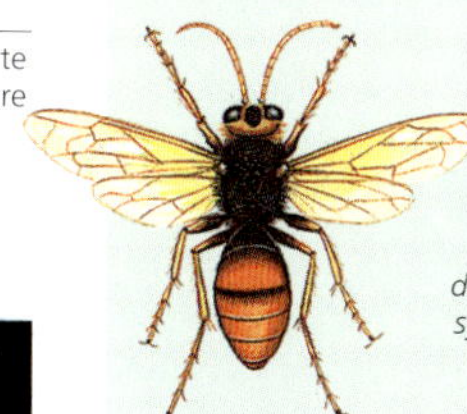

Mit Häkchen *Bei Wespen sind Vorder- und Hinterflügel durch winzige Haken miteinander verbunden, wodurch der Auf- und Abschlag synchronisiert werden.*

Getrennte Flügel *Die Vorder- und Hinterflügel der Libelle können sich synchron oder unabhängig voneinander bewegen. Wie bei den ersten urzeitlichen fliegenden Insekten werden die Flügel nicht über dem Rücken gefaltet.*

Schützende Flügel *Bei Marienkäfern und anderen Käfern sind die Vorderflügel zu schützenden Deckflügeln (Elytren) umgewandelt. Nur die Hinterflügel werden zum Fliegen verwendet.*

Libellen

STAMM Arthropoda
UNTERSTAMM Hexapoda
KLASSE Insecta
ORDNUNG Odonata
FAMILIEN 30
ARTEN 5500

Die ersten Libellen tauchten vor etwa 300 Millionen Jahren auf – 100 Millionen Jahre, bevor die Dinosaurier erschienen. Zur Ordnung Odonata zählt das größte, inzwischen ausgestorbene Insekt, das je gelebt hat: eine Libelle mit einer Flügelspannweite von 70 cm. Mit Spannweiten von 18 mm bis 19 cm sind die heutigen Libellen viel kleiner. Diese gefräßigen Jäger der Lüfte sind oft in Wassernähe zu beobachten. Am häufigsten kommen sie in den Tropen vor, sind aber weltweit – außer in den Polarzonen – verbreitet. Kleinlibellen fliegen flatternd und legen die Flügel in Ruhe an den Körper an. Die virtuos fliegenden Großlibellen halten in Ruhe die Flügel vom Körper abgespreizt.

Scharfe Sicht Die Komplexaugen der Libelle bestehen aus bis zu 30 000 Linsen, die gutes Sehvermögen und ein breites Gesichtsfeld gewährleisten. Die starken Mundwerkzeuge weisen auf eine carnivore Ernährung hin.

Akrobaten der Lüfte Mit ihren zwei Paar großen, geäderten Flügeln, die synchron oder unabhängig schlagen können, kann eine Libelle gut manövrieren, schweben und rückwärts fliegen. Einige Arten erreichen eine Geschwindigkeit von 50 km/h.

Liebesrad Zur Paarung umfasst das Männchen mit seinen Kopulationszangen, die an seinem Hinterleib sitzen (unten), den Kopf des Weibchens. Das Weibchen biegt dabei ihr Abdomen, um die Spermien aus der männlichen Samentasche aufzunehmen.

Es beginnt im Wasser

Libellen verbringen die meiste Zeit ihres Lebens als flügellose, im Wasser lebende Nymphen. Die Nymphe atmet mit Kiemen und ernährt sich von anderen Insektenlarven, Kaulquappen und kleinen Fischen. Zum Ergreifen eines Beutetieres schießt die Fangmaske, das Mundwerkzeug der Nymphe, hervor. Je nach Art häuten sich die Nymphen in einem Zeitraum von wenigen Wochen bis zu acht Jahren bis zu 17-mal. Für die letzte Häutung klettert die Nymphe aus dem Wasser und streift die Nymphenhaut ab, um als Adulte mit vorstehenden Augen, kräftigen Mundwerkzeugen, zwei durchsichtigen Flügelpaaren, einem abgeschrägten Thorax und einem langen, schlanken Abdomen auszuschlüpfen und vom Wasser wegzufliegen.

Zur Paarung sammeln sich die Libellen an Gewässern, wobei sich die Männchen in Flugkämpfen messen. Wenn dann das Weibchen die Eier ins Wasser ablegt, wird es vom Männchen bewacht. Die meisten Libellen leben nur einige Wochen.

Blauflügel-Prachtlibelle
Calopteryx virgo

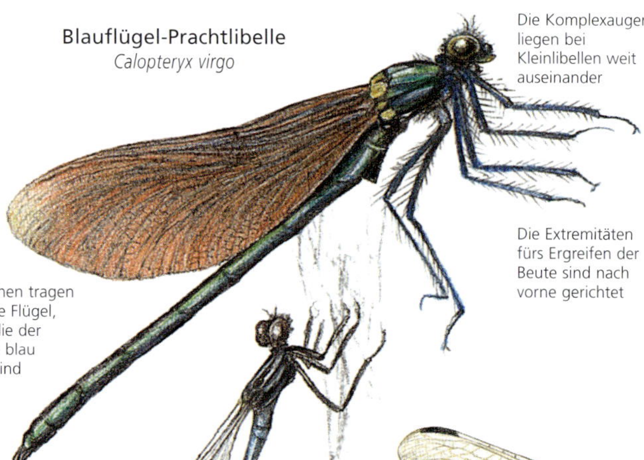

Die Komplexaugen liegen bei Kleinlibellen weit auseinander

Die Extremitäten fürs Ergreifen der Beute sind nach vorne gerichtet

Die Weibchen tragen goldbraune Flügel, während die der Männchen blau irisierend sind

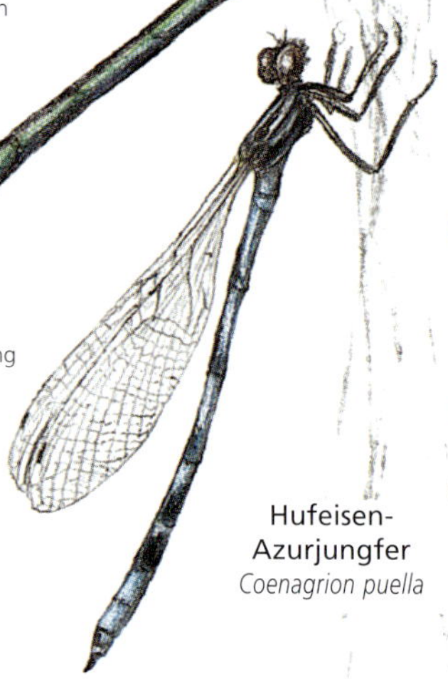

In Ruhestellung legen Kleinlibellen ihre Flügel an

Hufeisen-Azurjungfer
Coenagrion puella

Die riesigen Komplexaugen der Großlibellen stehen nahe beieinander

Pachydiplax longipennis

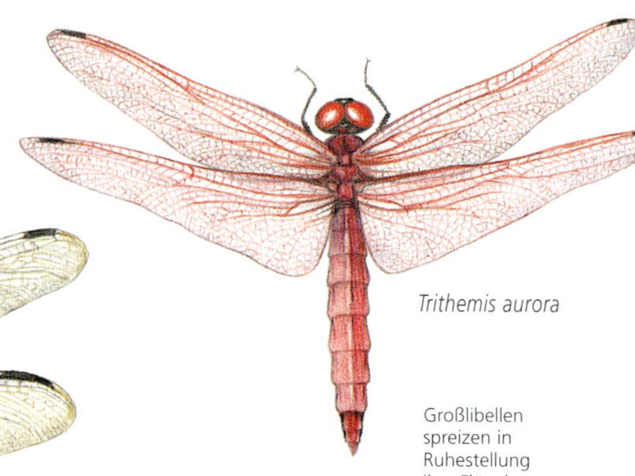

Trithemis aurora

Großlibellen spreizen in Ruhestellung ihre Flügel

FANGSCHRECKEN

STAMM	Arthropoda
UNTERSTAMM	Hexapoda
KLASSE	Insecta
ORDNUNG	Mantodea
FAMILIEN	8
ARTEN	2000

Lauert eine Fangschrecke ihrer Beute auf, sitzt sie absolut still und hält ihre großen Vorderbeine vor dem Körper gefaltet – daher heißen einige Arten Gottesanbeterin. Mit blitzschnellen Reflexen schießen die Vorderbeine nach vorne, um die Insektenbeute zu packen. Die meisten Fangschrecken sind mit 5 cm Länge mittelgroß. Einige tropische Arten werden bis zu 25 cm lang; diese riesigen Fangschrecken erbeuten sogar kleine Vögel und Reptilien. Die meisten Fangschrecken leben in den Tropen und Subtropen, es gibt aber auch einige Arten in den wärmeren gemäßigten Zonen von Südeuropa, Nordamerika, Südafrika und Australien.

Präzisionsjagd Das räumliche Sehen ist bei der Gottesanbeterin gut ausgeprägt. Daher kann sie eine vorbeifliegende Wespe mit ihren spitzen Vorderbeinen rasch und perfekt gezielt aufspießen.

Schutzschaum Ein Weibchen legt die Eier in eine gummiartige Flüssigkeit, die es zu Schaum schlägt. Dieser erhärtet und bildet ein Gehäuse (Oothek), das die Eier schützt.

Kannibalismus Bei einigen Fangschrecken erfolgt die Spermienübertragung schneller, wenn das Weibchen den Kopf des Männchens abbeißt. Außerdem liefert das Männchen auf diese Weise Nährstoffe, die den Nachkommen beim Überleben helfen.

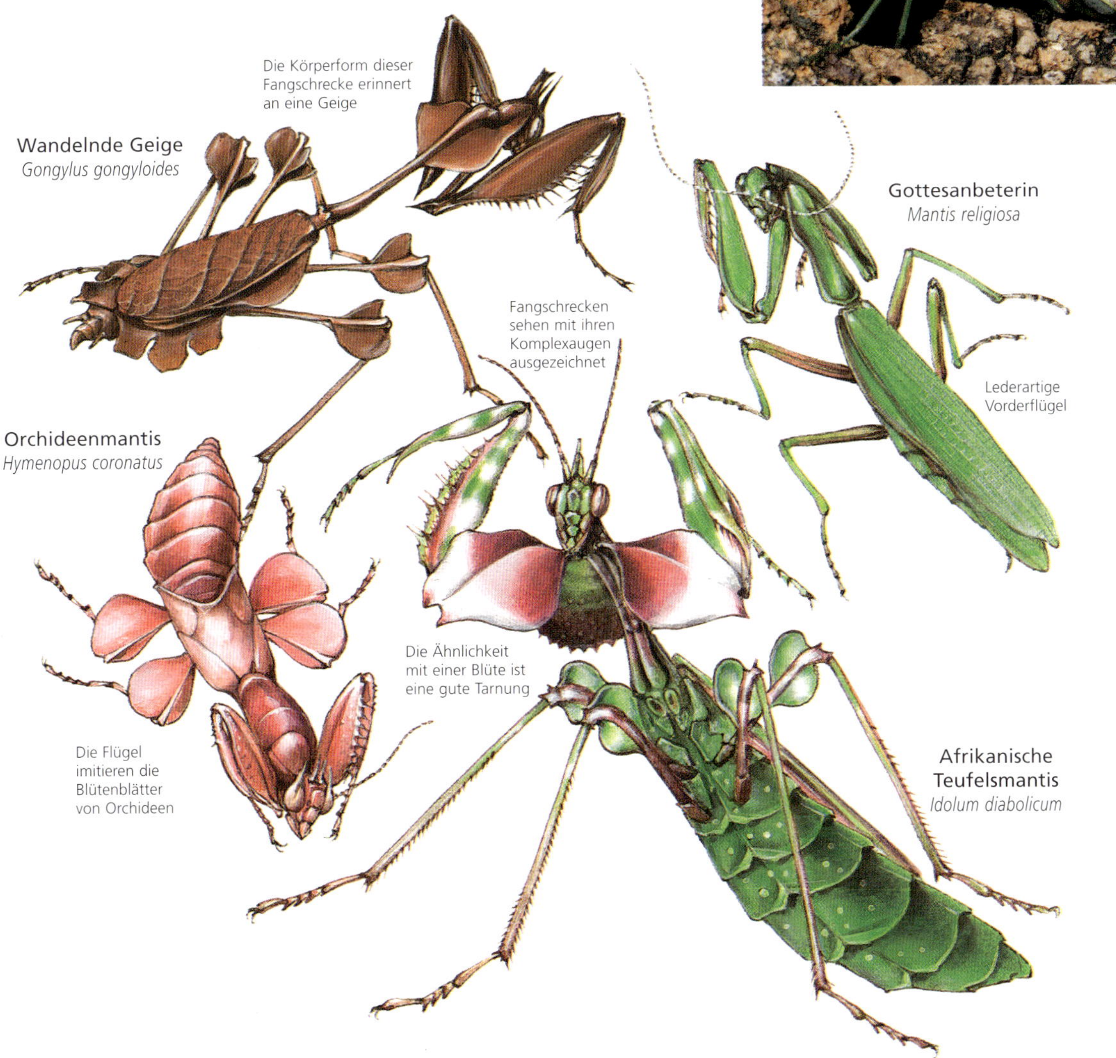

LAUTLOSE JÄGER

Fangschrecken können sich meisterhaft vor Feinden und Beute verstecken. Sie sind die einzigen Insekten, die den Kopf drehen können, ohne andere Körperteile zu bewegen. So können sie ihre Beute fast regungslos beobachten. Die meisten Arten besitzen eine Tarnfärbung, durch die sie mit Gras, Blättern oder Blüten ihrer Umgebung verschmelzen.

Bei Gefahr droht die Fangschrecke, indem sie sich erhebt, mit den Flügeln raschelt und ihre leuchtende Warnfärbung präsentiert. Fangschrecken-Arten, die nachts von Fledermäusen gejagt werden, haben ein einfaches „Ohr" auf ihrem Thorax, mit dem sie die Ultraschallsignale der Fledermäuse wahrnehmen.

Bei einigen Arten frisst das Weibchen das Männchen während der Kopulation auf. Die Weibchen paaren sich nur einmal, produzieren aber bis zu 20 Eigehäuse (Ootheken) mit jeweils 30 bis 300 Eiern. Die Jungen schlüpfen als Nymphen und sehen wie kleine, flügellose Ausgaben ihrer Eltern aus. Jagdbereit fressen sie sich sogar gegenseitig. Nach mehreren Häutungen sind sie geschlechtsreif und entwickeln Flügel und die Adultfärbung.

SCHABEN

STAMM	Arthropoda
UNTERSTAMM	Hexapoda
KLASSE	Insecta
ORDNUNG	Blattodea
FAMILIEN	6
ARTEN	4000

Als Insekten, die fast jede pflanzliche und tierische Nahrung fressen – inklusive Abfall, Papier und Kleidung –, fühlen sich einige Schaben in der Umgebung des Menschen (der sie als Schädlinge betrachtet) wohl. Doch weniger als 1% aller Schabenarten sind Schädlinge, die anderen spielen in Wäldern und anderen Lebensräumen eine wichtige Rolle beim Zersetzen von Laubstreu und Tierexkrementen. Die meisten Schaben leben in warmen tropischen Zonen, nur etwa 25 Arten haben sich weltweit, vorwiegend auf Schiffen verbreitet. Schaben gehören zu den primitivsten aller lebenden Insekten. Ihr Körperbau hat sich in mehr als 300 Millionen Jahren kaum verändert.

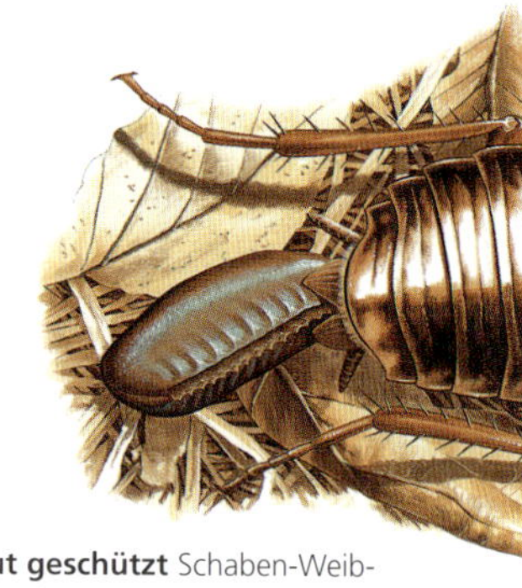

Gut geschützt Schaben-Weibchen legen ihre Eier in eine Oothek (Eigehäuse). Die Nymphen sind zunächst weich und weiß, werden bald hart und braun. Ihre erste Nahrung ist die Oothek.

Brutpflege Mit bis zu 50 g Gewicht ist die Australische Großschabe (*Macropanesthia rhinoceros*) die größte Schabe. Ihre bis zu 30 Jungen, die in einer Erdhöhle zur Welt kommen, werden dort von der Mutter etwa neun Monate lang gefüttert.

SINNESORGANE

Dank gut ausgeprägter Sinnesorgane können Schaben die kleinsten Veränderungen in ihrer Umgebung wahrnehmen. Ihre langen Antennen finden winzige Nahrungsmengen. Sensoren an Beinen und Abdomen nehmen kleinste Luftbewegungen wahr, wodurch die Tiere in Sekundenbruchteilen fliehen können.

Mit ihrer ovalen, abgeflachten Form passen Schaben in schmalste Ritzen. Nicht alle Schaben haben Flügel. Bei Arten mit Flügeln sind die Vorderflügel hart und undurchsichtig, die Hinterflügel transparent.

Zur Paarung locken die Weibchen die Männchen durch Pheromone an. Die Weibchen legen 14 bis 32 Eier in ein hartes Gehäuse, die man Oothek nennt. Die Oothek wird dann entweder sich selbst überlassen, am Hinterleib der Mutter angeheftet oder im Körper der Mutter ausgebrütet, so dass lebende Junge zur Welt kommen. Diese häuten sich bis zu 13-mal, bis sie erwachsen sind. Eine Schabe wird zwei bis vier Jahre alt.

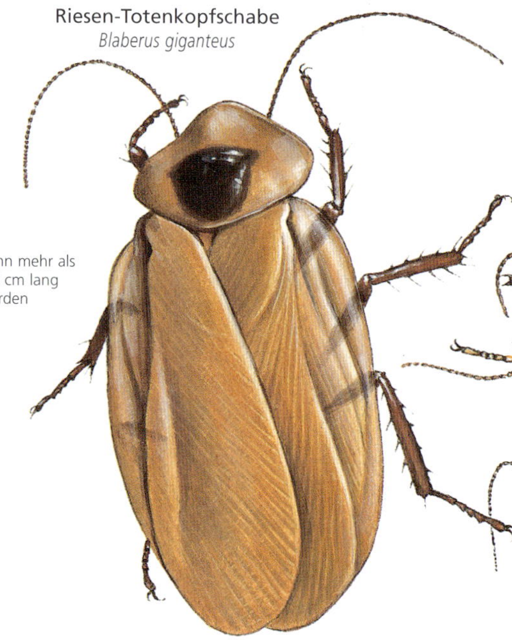

Riesen-Totenkopfschabe
Blaberus giganteus

Kann mehr als 7,5 cm lang werden

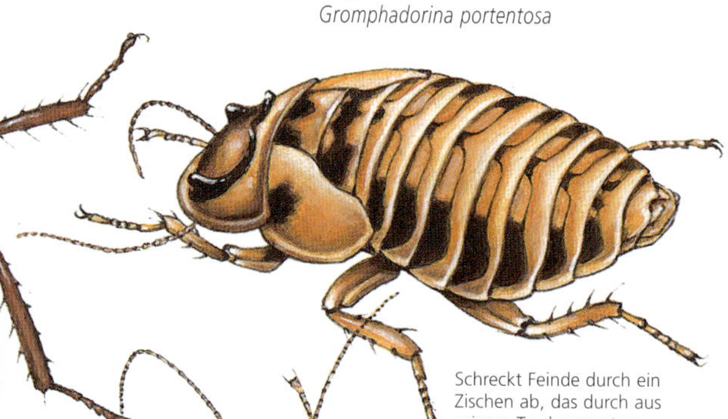

Madagassische Fauchschabe
Gromphadorina portentosa

Schreckt Feinde durch ein Zischen ab, das durch aus seinem Tracheensystem ausgepresste Luft entsteht

Attaphila fungicola

Diese mit 4 mm Länge kleinste aller bekannten Schaben lebt in Nestern von Blattschneiderameisen und ernährt sich von Pilzen

Deutsche Schabe
Blatella germanica

Ist weltweit verbreitet und gilt als Plage

Grüne Bananenschabe
Panchlora nivea

TERMITEN

STAMM	Arthropoda
UNTERSTAMM	Hexapoda
KLASSE	Insecta
ORDNUNG	Isoptera
FAMILIEN	7
ARTEN	2750

Termiten sind wohl die monogamsten Tiere der Welt. König und Königin verpaaren sich fürs Leben und erzeugen Tausende oder Millionen von Nachkommen, die gemeinsam in einem hoch strukturierten Staat leben. Da ihr Sozialsystem und ihre Anatomie an die von Ameisen erinnern, bezeichnet man Termiten oft als weiße Ameisen. Doch sie haben sich unabhängig entwickelt und sind mit den Schaben viel näher verwandt. Termiten leben in vielen Regionen der Erde, am häufigsten in tropischen Regenwäldern, wo ihr Bestand 10000 Individuen pro km² betragen kann. Termiten ernähren sich von Totholz und recyceln so wichtige Nährstoffe in ihrem Lebensraum.

Holzfresser Termiten raspeln mit ihren kräftigen Kiefern, die mit feinen Sägezähnen besetzt sind, das Holz ab und können Schäden an Gebäuden anrichten. Meist sind dafür eingeschleppte Arten verantwortlich.

Eier wie vom Fließband Eine Termitenkönigin, hier umringt von anderen Koloniemitgliedern, kann 11 cm lang werden und 36000 Eier täglich aus ihrem enormen Hinterleib hervorbringen.

KASTENGESELLSCHAFT

Ein Termitenstaat umfasst drei Kasten: Geschlechtstiere, Arbeiter und Soldaten. Geschlechtstiere sind König und Königin, die alle Mitglieder eines Staates hervorbringen und etwa 25 Jahre leben. Außerdem gibt es sekundäre Geschlechtstiere, die den König oder die Königin ersetzen, falls diese sterben.

Arbeiter und Soldaten sind weiblich oder männlich und flügellos. Sie besitzen meist weder Augen noch Geschlechtsorgane und leben rund fünf Jahre. Die hellen, weichkörprigen Arbeiter füttern alle anderen Mitglieder des Staates und pflegen das Nest. Die Soldaten verteidigen die Kolonie mit ihren kräftigen Mandibeln (Mundwerkzeuge). Nymphen können sich je nach Bedarf zu jeder Kaste entwickeln.

Jährlich fliegt ein Schwarm geflügelter Männchen und Weibchen aus. Sie werfen ihre Flügel ab, bilden Paare und werden so zu Königen und Königinnen neuer Staaten.

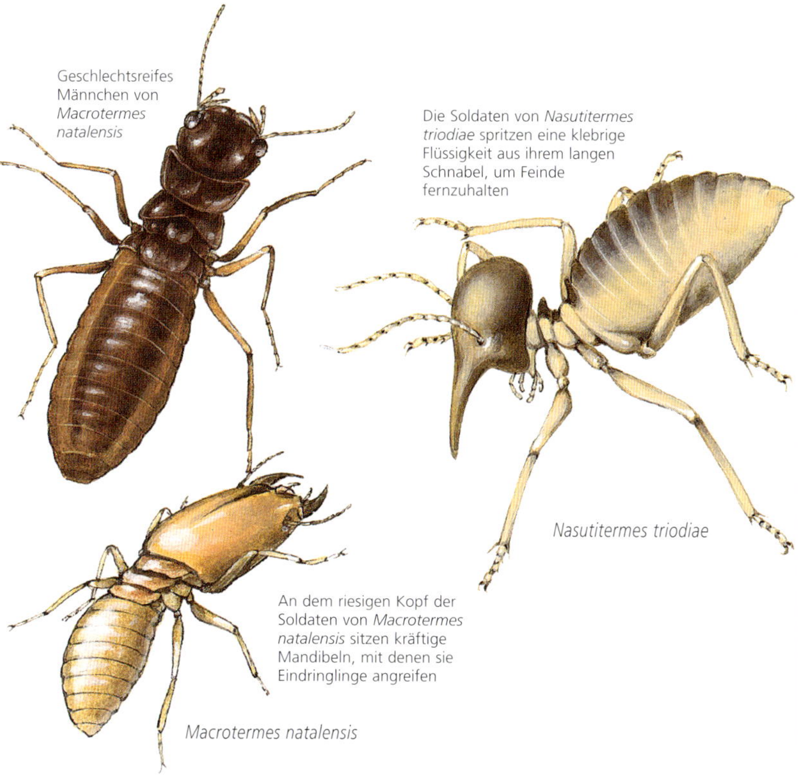

IM TERMITENBAU

In Termitenbauen herrscht ein stabiles, feuchtes Mikroklima. Während einige Termiten in Holz nisten, bauen die meisten unterirdische Nester, die sich teilweise als hohe Hügel über die Erde erheben. Die Arbeiter verwenden Speichel oder Kot, um Erd- oder Holzpartikel zu verkleben, und bauen so eine harte Außenwand, die das weichere, aus Kammern bestehende Innere schützt.

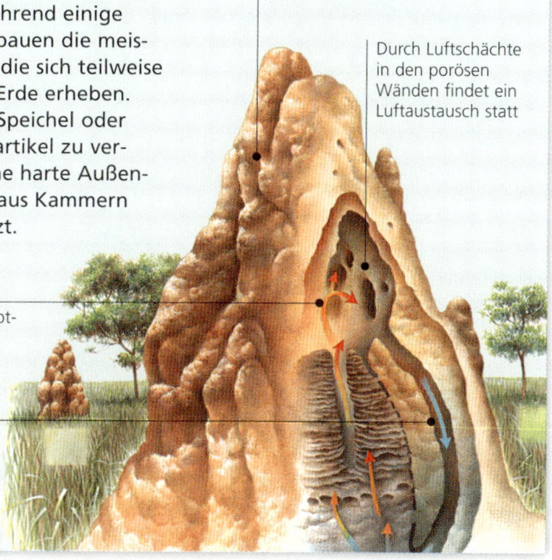

HEU- UND SPRINGSCHRECKEN

STAMM	Arthropoda
UNTERSTAMM	Hexapoda
KLASSE	Insecta
ORDNUNG	Orthoptera
FAMILIEN	28
ARTEN	> 20000

Die Mitglieder der Ordnung Orthoptera – Heuschrecken, Grillen, Langfühlerschrecken und ihre Verwandten – sind bekannt für ihre Gesänge und Sprungkünste. Typisches Merkmal sind ihre verlängerten Hinterbeine, die sie zum Springen befähigen. Die meisten Arten tragen Flügel mit schlanken, harten Vorderflügeln, die den häutigen, fächerförmigen Hinterflügeln Schutz bieten. Die meisten Schrecken leben als Bodenbewohner in Grasland und Wäldern, einige Arten wohnen auf Bäumen, in Höhlen, Sümpfen, Mooren Wüsten oder an Küsten. Heuschrecken und manche Langfühlenschrecken sind Pflanzenfresser, während die meisten anderen Arten Allesfresser sind.

Drohhaltung In der Farbe passend zu den Pflanzen im Amazonas-Regenwald ist diese Langfühlenschrecke (*Copiphora sp.*) mit spitzen Stacheln besetzt und richtet sich drohend auf, um Feinde abzuschrecken.

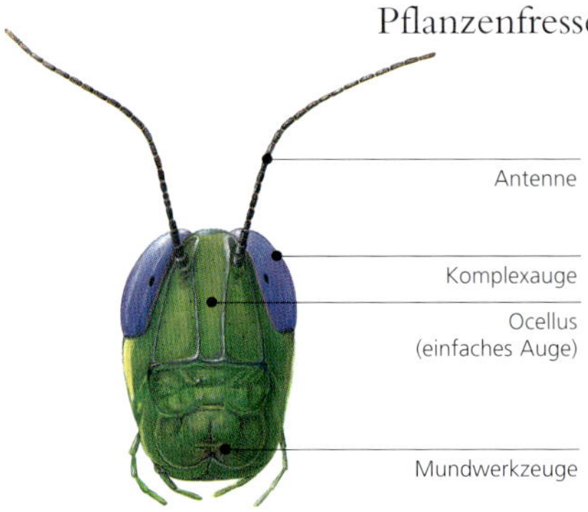

Komplexe Struktur Am Kopf befinden sich zwei feine, empfindliche Antennen, zwei große Komplexaugen und kräftige Mundwerkzeuge zum Zerkleinern von Pflanzen.

Warnfarben Während viele Grillen und Heuschrecken eine Tarnfärbung besitzen, die sie mit dem Hintergrund verschmelzen lassen, sind andere wie diese Regenwald-Art leuchtend gefärbt, um Feinde vor ihrer Ungenießbarkeit zu warnen.

SINGENDE MÄNNCHEN

Die meisten Männchen dieser Tiergruppe erzeugen Töne, indem sie zwei Körperteile aneinander reiben (Stridulation). Grillen und Langfühlerschrecken bewegen eine Reibfläche an einem Vorderflügel entlang einer Zahnreihe auf dem anderen Vorderflügel. Kurzfühlerschrecken reiben eine gerippte Fläche am Hinterbein gegen einen Vorderflügel. Die Töne werden durch Tympanalorgane an den Beinen oder dem Hinterleib wahrgenommen.

Es gibt drei Arten von – jeweils arttypischen – Gesängen: Lockgesang zum Anlocken von Weibchen, Werbungsgesang, um Weibchen zur Paarung zu animieren, und Kampfgesang zum Vertreiben männlicher Rivalen. Der Gesang der Grillen wird vom Wetter beeinflusst, z. B. erhöht sich die Zirp-Rate mit steigender Temperatur.

Grünes Heupferd
Tettigonia viridissima

Blauflügel-Ödlandschrecke
Oedipoda coerulescens

Siliquofera grandis

Die Flügel sehen wie Blätter aus

Maulwurfsgrille
Gryllotalpa gryllotalpa

Große, kräftige Vorderbeine zum Graben

Bei Übervölkerung eines Gebietes sammeln sich riesige Schwärme, die in eine andere Region wandern und dabei Getreidefelder kahl fressen

Europäische Wanderheuschrecke
Locusta migratoria

Gewächshausschrecke
Tachycines asynamorus

SCHNABELKERFE

STAMM	Arthropoda
UNTERSTAMM	Hexapoda
KLASSE	Insecta
ORDNUNG	Hemiptera
FAMILIEN	134
ARTEN	> 80 000

Zu dieser vielfältigen Ordnung zählen so unterschiedliche Formen wie winzige, flügellose Blattläuse oder riesige Wasserwanzen, die Frösche fangen. Der Name Hemiptera bedeutet „halber Flügel“: Bei vielen Arten sind die Vorderflügel an der Basis ledrig und an der Spitze häutig. Alle Schnabelkerfe besitzen Mundwerkzeuge, mit denen sie stechen und saugen können. Damit stechen sie Pflanzen oder Tiere an und injizieren Speichel, der die Nahrung, die sie dann aufsaugen, gewissermaßen vorverdaut. Die meisten Schnabelkerfe ernähren sich von Pflanzensäften (manche richten dabei erhebliche Schäden an). Andere saugen das Blut von Wirbeltieren oder jagen andere Insekten.

Mimikry Bei Buckelzirpen (oben) bildet die erste Thoraxplatte einen dornförmigen Fortsatz. Er tarnt das Insekt beim Saugen von Pflanzensaft. Falls ein Feind die Zirpe entdeckt, wehrt ihr Dorn einen Angriff ab.

Verteidigung Die leuchtenden Farben vieler Schildwanzen warnen ihre Feinde vor dem üblen Geruch, den diese Insekten bei Störung verbreiten. Schildwanzen sind meistens Pflanzensauger, einige leben räuberisch.

Räuberisch Während viele Schnabelkerfe mit den Mundwerkzeugen Pflanzensäfte saugen, benutzen andere sie zum Überwältigen lebender Beute. Die Raubwanze (links) lauert einem Insektenopfer auf.

Gemeiner Teichläufer (Wasserreiter)
Hydrometra stagnorum, Familie Hydrometridae

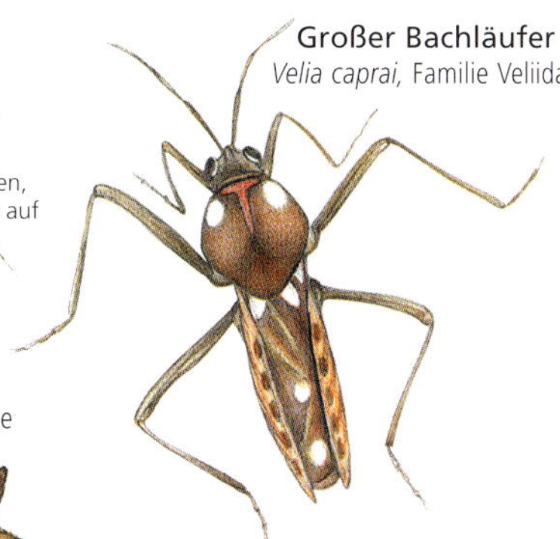

Großer Bachläufer
Velia caprai, Familie Veliidae

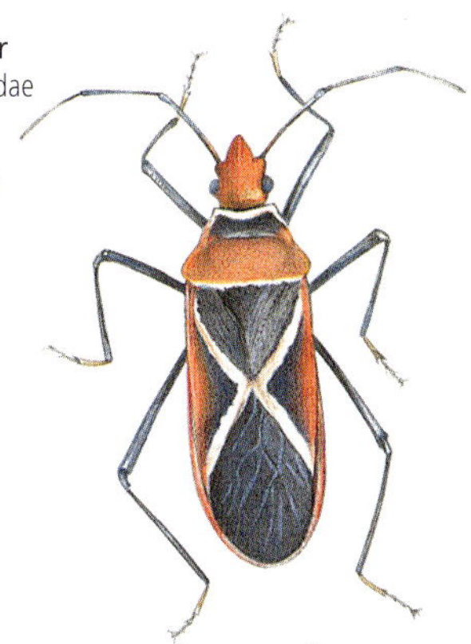

Baumwollensiebwanze
Dysdercus decussatus, Familie Pyrrhocoridae

Anisoscelis flavolineatus, Familie Coreidae

Schwimmwanze
Naucoris cimicoides, Familie Naucoridae

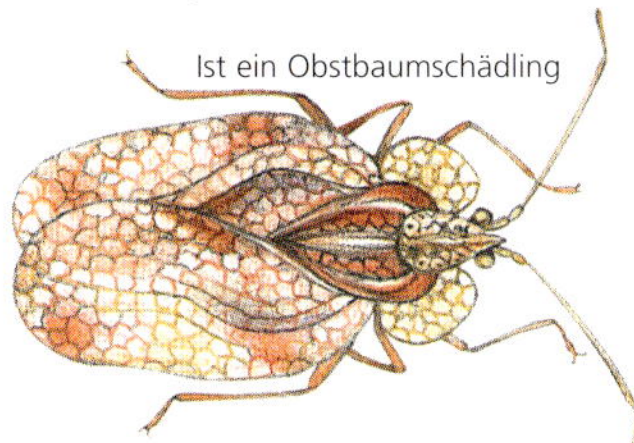

Birnblattwanze
Stephanitis pyri, Familie Tingidae

Gemeine Wiesenwanze
Lygus pratensis, Familie Miridae

VIELE FORMEN

Schnabelkerfe sind weltweit verbreitet und in fast allen terrestrischen Lebensräumen zu finden. Wenige Arten sind ans Leben im Wasser angepasst, z. B. die Meerwasserläufer (*Halobates sp.*), die einzigen Insekten des offenen Meeres.

Schnabelkerfe werden von 1 mm bis 11 cm lang. Die Nymphen sehen wie kleine, flügellose Adulte aus. Bei Zikaden und einigen anderen Arten unterscheiden sich die grabenden Nymphen von den Adulten.

Die Ordnung Hemiptera wird in drei Unterordnungen geteilt: Die Flügel der Wanzen (Heteroptera) sind an der Basis hart, liegen flach an und bedecken die häutigen Hinterflügel. Wanzen können Kopf und Mundwerkzeuge nach vorne biegen und besitzen oft Stinkdrüsen. Zikaden (Auchenorrhyncha) halten die einheitlichen Vorderflügel wie ein Zelt über dem Abdomen. Kopf und Mundwerkzeuge weisen nach unten hinten. Zu den Pflanzenläusen (Sternorrhynchae) zählen Blattläuse, Schildläuse und ihre Verwandten. Eine Schaum- oder Wachsschicht hält ihren meist weichen Körper feucht. Die Flügel sind bei Adulten oft reduziert oder fehlen.

AUF EINEN BLICK

Familie Pentatomidae (Baumwanzen)
Diese Tiere werden wegen ihres schildförmigen Körpers Schildwanzen und wegen der Stinkdrüsen am Thorax auch Stinkwanzen genannt. Sie tragen eine deutliche große, dreieckige Platte auf ihrem Rücken. Die meisten Arten sind Pflanzensauger, viele davon landwirtschaftliche Schädlinge.

Arten 5500

Weltweit; auf Pflanzen

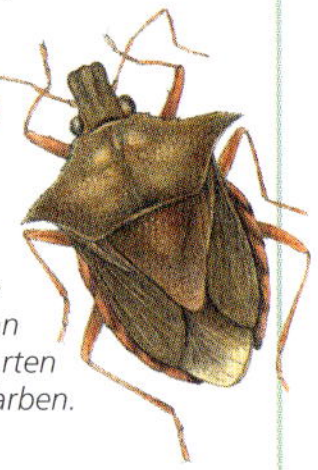

Angepasst *Wie viele Schildwanzen passt sich die braune* Picromerus bidens *an die Umgebung an. Einige Arten besitzen leuchtende Warnfarben.*

Familie Reduviidae (Raubwanzen)
Diese Wanzen fressen andere Insekten, manchmal saugen sie auch Blut von Wirbeltieren. Sie stechen die Beute mit ihrem gebogenen Rüssel und injizieren ein lähmendes Gift. Dann saugen sie die Körperflüssigkeit heraus.

Arten 6000

Weltweit; am Boden, auf Pflanzen

Blutiger Kuss *Die Art* Triatoma sanguisuga *ist ein Blutsauger. Sie sticht auch manchmal schlafende Menschen in die Nähe des Mundes.*

ZIKADEN

Die männlichen Zikaden (Familie Cicadidae) sind die lautesten Insekten der Welt. Sie erzeugen Töne mit Trommelorganen (Tymbale) an ihrem Abdomen. Von dem bis zu acht Jahre dauernden Lebenszyklus verbringen die Zikaden einen Großteil als Nymphe im Boden. Die Tiere der Gattung *Magicicada* synchronisieren ihren Zyklus. Nach bis zu 18 Jahren im Boden entwickelt sich die gesamte Population gleichzeitig zu adulten Tieren und erscheint auf einmal.

Adult

Letzte Häutung *Periodisch erscheinende Zikaden verbringen 13 bis 18 Jahre als Nymphen im Boden, bevor sie auftauchen und sich zur adulten Form häuten.*

Auftauchende Nymphe

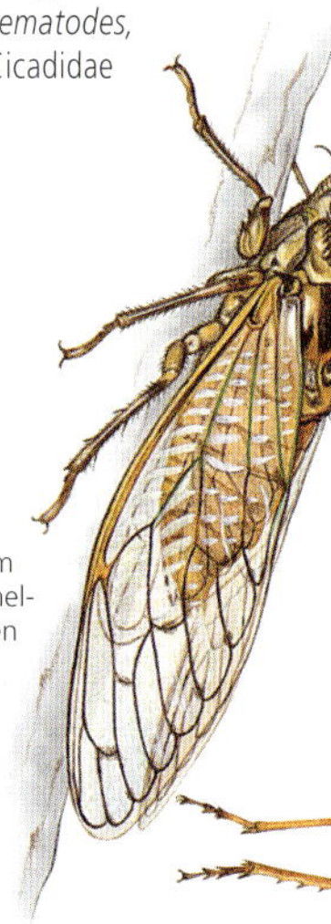

Blutrote Singzikade
Tibicen haematodes, Familie Cicadidae

Die Zikade hat am Abdomen Trommelorgane, mit denen sie Töne erzeugt

Surinamesischer Laternenträger
Laternaria phosphorea, Familie Fulgoridae

Der Laternenträger trägt auf den Hinterflügeln Flecken, die wie die Augen eines großes Tieres wirken, um seine Feinde abzuschrecken

Erdnussförmiger Kopf

Südostasiatischer Laternenträger
Lanternaria candelaria, Familie Fulgoridae

Bocydium globulare, Familie Membracidae

Hemikyptha punctata, Familie Membracidae

Grüne Stinkwanze
Palomena prasina, Familie Pentatomidae

Bettwanze
Cimex lectuarius, Familie Cimicidae

Bettwanzen saugen Blut von Menschen und Wirbeltieren wie Vögeln und Fledermäusen

Milchkrautwanze
Oncopeltus fasciatus, Familie Lygaeidae

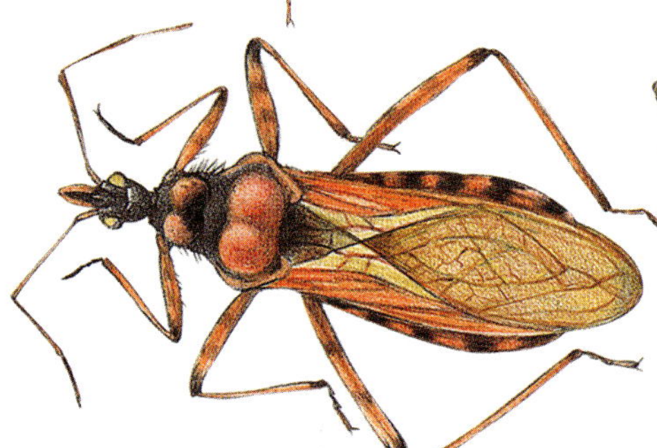

Rote Mordwanze
Rhinocoris irracundus, Familie Reduviidae

Saumwanze (Lederwanze)
Coreus marginatus, Familie Coreidae

Blutlaus
Eriosoma lanigerum,
Familie Aphididae

Gemeine Napfschildlaus
Parthenolecanium corni,
Familie Coccidae,
Überfamilie Coccoidea

Adulte Tiere sind durch einen glänzenden, kuppelförmigen Schild geschützt

Mottenschildlaus (Weiße Fliege)
Trialeurodes vaporarium, Familie Aleyrodidae

Adulte Tiere sind etwa 1,5 mm lang

Im letzten Larvenstadium lebt die Nymphe unbeweglich in einem wächsernen Kokon, Puparium genannt

Aus den Eiern schlüpfen flache, ovale, frei bewegliche Nymphen, die sich bald für das nächste Larvenstadium festheften

Langschwänzige Schmierlaus
Pseudococcus longispinus,
Familie Pseudococcidae,
Überfamilie Coccoidea

Nymphen und weibliche Tiere sind durch eine weiße, wachsartige Schicht geschützt

Nymphe

Adult

Apfelblattsauger
Psylla mali, Familie Psyllidae

Brennnesselröhrenschildlaus
Orthezia urticae,
Familie Ortheziidae,
Überfamilie Coccoidea

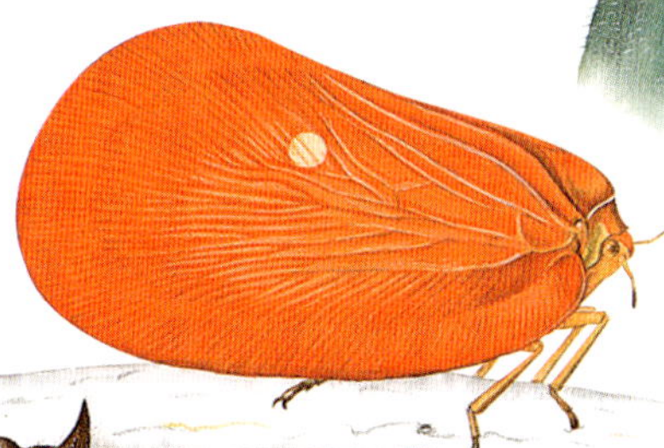

Flata rubra,
Familie Flatidae

Bindenblutzikade
Cercopis sanguinolenta,
Familie Cercopidae

Diese Schaumzikade springt, wenn ihr Gefahr droht

Nachgeahmte Dornen als Abwehrstrategie

Heteronotus reticulatus,
Familie Membracidae

Zwergzikade
Euscelis plebejus,
Familie Cicadellidae

Oeda inflata,
Familie Membracidae

AUF EINEN BLICK

Familie Aphididae (Röhrenläuse) Die winzigen Pflanzensauger können sich in kurzer Zeit stark vermehren: Aus Massen unbefruchteter Eier schlüpfen ungeflügelte oder geflügelte Weibchen. Im Herbst bringen die geflügelten Weibchen Männchen und Weibchen hervor, die sich paaren. Die befruchteten Eier überwintern. Im Frühjahr schlüpfen die Weibchen und der Zyklus beginnt von vorn.

Arten 2250

Weltweit; auf Pflanzen

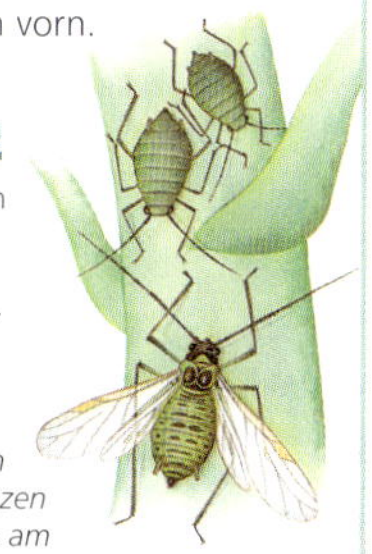

Kohlliebhaber
*Die europäische Kohl-Blattlaus (*Brevicoryne brassicae*) hat sich in vielen Teilen der Erde verbreitet. Sie frisst an Wild- und Kulturpflanzen und richtet besonders am Kohl große Schäden an.*

Überfamilie Coccoidea (Schildläuse) Sie sind die meiste Zeit ihres Lebens durch ein Wachssekret geschützt und kaum als Insekten zu erkennen. Adulte Weibchen besitzen einen sackförmigen, flügellosen Körper, oft fehlen Beine und Augen. Adulte Männchen sind geflügelt; Kopf, Thorax und Abdomen sind erkennbar. Sie haben keine Mundwerkzeuge, können nicht fressen und leben nur kurz.

Arten 7300

Weltweit; auf Pflanzen

Gut geschützt
*Die Kommaschildlaus (*Lepidosaphes ulmi*) überwintert als Ei.*

BLATTLÄUSE ALS NAHRUNG

Blattläuse bilden für viele andere Insekten wie Marienkäfer (Familie Coccinellidae), Schwebfliegen (Familie Syrphidae) und Florfliegen (Ordnung Neuroptera) eine begehrte Nahrung. Ein sehr viel besseres „Verhältnis" ergibt sich im Zusammenleben mit einigen Ameisenarten, die Blattläuse vor Feinden und ungünstiger Witterung schützen. Dafür „melken" die Ameisen die Blattläuse, um sich vom Honigtau, dem süßen Abfallprodukt der Pflanzensauger, zu ernähren.

Feinde
Im Verlauf ihres kurzen Lebens von ein bis zwei Monaten können Marienkäfer mehr als 2000 Blattläuse verspeisen.

INSEKTEN IM WASSER

Nur etwa 3 % aller Insektenarten (ca. 30 000) leben zumindest während eines Teils ihres Lebens im Wasser. Diese Tiere sind an den niedrigen Sauerstoffgehalt im Wasser genauso gut angepasst wie an die Gewässerart, d. h. sie bewegen sich in stehenden Gewässern problemlos und werden in fließenden nicht fortgespült. Einige Insekten wie die Wasserläufer leben nur auf der Wasseroberfläche. Viele wie der Rückenschwimmer atmen Luft und nehmen einen Luftvorrat beim Tauchen mit. Andere wie Libellennymphen verbringen die ganze Zeit unter Wasser und nehmen durch Kiemen den Sauerstoff aus dem Wasser auf. Die meisten aquatischen Insekten leben im Süßwasser, nur etwa 300 Arten im Salzwasser.

Im Kreis Taumelkäfer (Familie Gyrinidae) schwimmen in kleinen Kreisen auf der Oberfläche und benutzen ihre abgeflachten Hinterbeine als Ruder. Sie tragen Luftblasen beim Tauchen mit sich. Ihre Augen sind zweigeteilt, so dass sie über und unter Wasser sehen.

Sauerstoffvorrat Die räuberischen Schwimmkäfer (Familie Dytiscidae) verbringen ihr ganzes Leben im Wasser. Die adulten Tiere nehmen an der Oberfläche Luft auf, die sie in einer Blase unter ihren Elytren (Vorderflügeln) speichern. Sie schwimmen mit den Hinterbeinen, die mit dicken Haaren gesäumt sind.

Fortbewegung Wasserinsekten bewegen sich auf unterschiedliche Weise: Skorpionswanzen (Familie Nepidae) können schwimmen, kriechen aber oft über den Teichgrund und verbringen viel Zeit damit, von Wasserpflanzen herabhängend auf Beute zu lauern. Sie atmen Luft durch einen Röhre, die bis an die Wasseroberfläche reicht. Ruderwanzen (Familie Corixidae) besitzen lange, behaarte Hinterbeine, mit denen sie kraftvoll durchs Wasser „rudern". Wasserläufer (Familie Gerridae) tragen feine Haare an den Füßen, die ihnen kleine Sprünge entlang der Wasseroberfläche ermöglichen.

Mit Schnorchel Von der Oberfläche herabhängend filtern Mückenlarven Pflanzenmaterial aus dem Wasser. Sie nehmen Luft durch eine schnorchelartige Röhre auf, wodurch sie gut in stehenden, sauerstoffarmen Gewässern überleben können.

Wasserräuber Viele Wasserinsekten sind Alles- oder Pflanzenfresser, doch die räuberischen Schwimmkäfer sind reine Fleischfresser. Sogar als Larve greifen sie Kaulquappen, kleine Fische und andere Beute, die größer als sie selbst ist, an. Adulte setzen ihre mächtigen Mandibeln ein, um kräftige Beutetiere wie Molche zu erlegen.

KÄFER

STAMM	Arthropoda
UNTERSTAMM	Hexapoda
KLASSE	Insecta
ORDNUNG	Coleoptera
FAMILIEN	166
ARTEN	> 370 000

Jede vierte bekannte Tierart ist eine Käferart. Die unzähligen Mitglieder der Familie Coleoptera haben fast alle Lebensräume der Erde besiedelt. Sie leben in der arktischen Tundra, in Gebirgen – und dort sogar auf hohen Berggipfeln – in Wüsten, im Grasland, in Wäldern aller Art und in Seen oder Teichen. Die größte Artenvielfalt herrscht jedoch in den tropischen Regenwäldern. Ein typisches, leicht erkennbares Merkmal der Käfer sind ihre harten ledrigen Deckflügel, die man Elytren nennt. Diese schützen die häutigen, zum Fliegen benutzten Hinterflügel und ermöglichen den Tieren, in engen Spalten unter der Borke von Bäumen oder in der Laubstreu zu leben.

Bestäubende Käfer Gurkenblattkäfer (*Diabrotica undecimpunctata*, oben), die von vielen Gärtnern als Schädlinge betrachtet werden, spielen wie viele andere Käfer, die Pollen und Blätter fressen, eine sehr wichtige Rolle beim Bestäuben der Pflanzen, von denen sie sich ernähren.

Rivalen Die riesigen, verzweigten Mandibeln der männlichen Hirschkäfer (links) erinnern an ein Geweih und erfüllen eine ähnliche Funktion beim Kampf der Männchen um das Vorrecht zur Paarung. Bei manchen Arten sind die Mandibeln so lang wie der Körper.

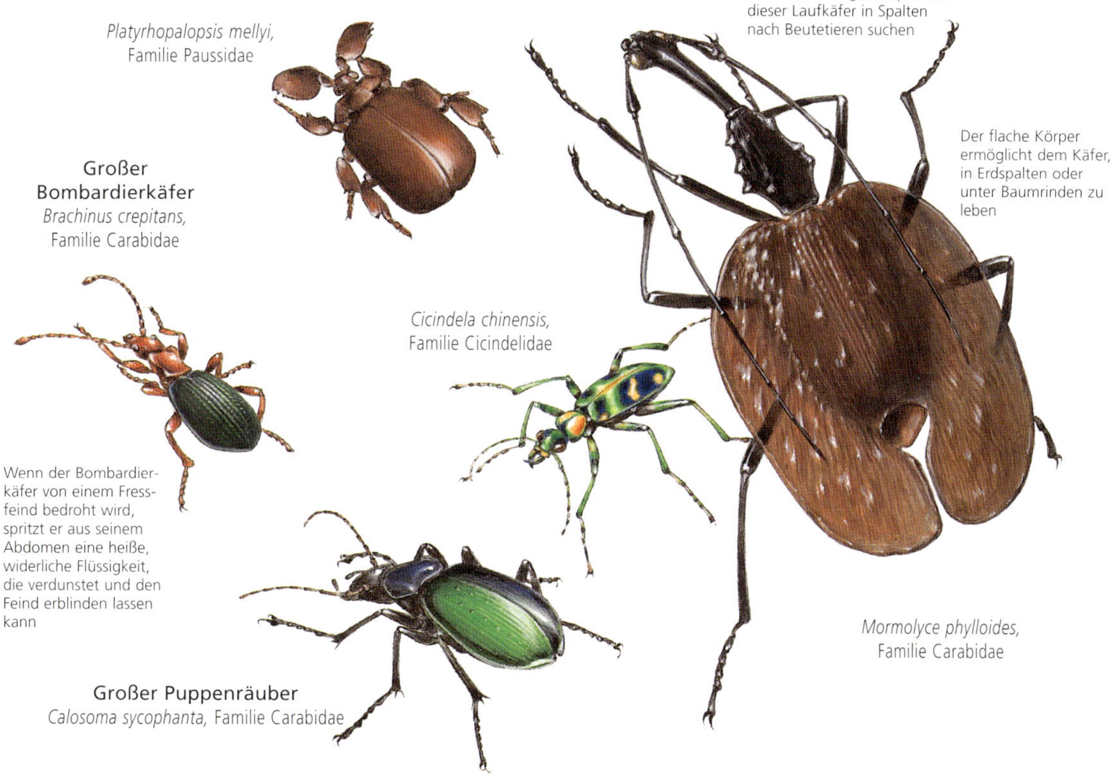

Platyrhopalopsis mellyi, Familie Paussidae

Großer Bombardierkäfer *Brachinus crepitans*, Familie Carabidae

Wenn der Bombardierkäfer von einem Fressfeind bedroht wird, spritzt er aus seinem Abdomen eine heiße, widerliche Flüssigkeit, die verdunstet und den Feind erblinden lassen kann

Cicindela chinensis, Familie Cicindelidae

Großer Puppenräuber *Calosoma sycophanta*, Familie Carabidae

Mit seinem langen Kopf kann dieser Laufkäfer in Spalten nach Beutetieren suchen

Der flache Körper ermöglicht dem Käfer, in Erdspalten oder unter Baumrinden zu leben

Mormolyce phylloides, Familie Carabidae

FORMENREICHTUM

Der Federflügelkäfer (*Nanosella fungi*) misst nur 0,25 mm, während der südamerikanische Riesenbockkäfer (*Titanus giganteus*) 16 cm lang wird. Adulte Käfer sind oval oder abgeflacht, lang und schlank oder gedrungen und aufgewölbt. Nur wenige Käfer sind gute Flieger, die meisten fliegen eher unbeholfen. Einige sind sogar flügellos.

Die Mundwerkzeuge der Käfer dienen zum Beißen und vielen anderen Zwecken. Die Pflanzenfresser unter den Käfern verzehren Wurzeln, Stängel, Blätter, Blüten, Früchte, Samen oder Holz. Fleischfresser erbeuten in der Regel Wirbellose. Eine wichtige Rolle im Ökosystem spielen die Aasfresser, die tote Tiere und Pflanzen, Exkremente und andere Abfallstoffe verwerten.

Die meisten Käfer leben am Boden, einige haben sich an ein Leben auf Bäumen, im Wasser und unter der Erde angepasst. Ein paar sind sogar in Nestern von Ameisen und Termiten zu Hause.

Käfer durchlaufen eine vollständige Metamorphose. Die Larven sehen völlig anders als die Eltern aus und entwickeln sich über ein Puppenstadium, in dem sie nicht fressen, zu Adulten.

AUF EINEN BLICK

Familie Buprestidae (Prachtkäfer) Mit spektakulären Farben und metallischem Schimmer gehören diese Käfer zu den attraktivsten Insekten der Welt. Sie haben einen langen Körper und fliegen gut. Viele Adulte ernähren sich von Nektar, die Larven sind Holzbohrer.

Arten 15 000

Weltweit; auf Pflanzen

Dekorative Flügel *Die schillernden Flügel des südamerikanischen Riesenprachtkäfers (Euchroma gigantea) werden von den Einheimischen als Schmuck verwendet.*

Familie Coccinellidae (Marienkäfer) Diese Käfer zählen zu den bekanntesten Insekten. Sie sind in der Regel leuchtend gefärbt und gefleckt, haben eine kompakte, rundliche Form und kurze, keulenförmige Antennen. Marienkäfer sind gern gesehene Gäste in Gärten und auf Feldern. Nur wenige ernähren sich von Pflanzen, die meisten fressen Blattläuse und andere Schädlinge. Eine Larve kann 25 Blattläuse pro Tag verzehren, ein adulter Käfer sogar 50.

Arten 5200

Weltweit; auf Blättern

Mit Streifen *Der Konvergierende Marienkäfer* (Hippodamia convergens) *trägt seinen Namen wegen der konvergenten weißen Streifen auf dem ersten Thoraxsegment. In der Regel zeigt er 13 Punkte.*

Family Lampyridae Zu dieser Familie zählen die Leuchtkäfer. Alle Larven leuchten, indem sie durch eine chemische Reaktion nahezu kaltes Licht erzeugen. Das Leuchten warnt Feinde vor ihrer Ungenießbarkeit. Die Larven leben räuberisch und folgen den Schleimspuren von Schnecken. Adulte Leuchtkäfer erzeugen mit Organen an ihrem Abdomen Licht, das in einem artspezifischen Muster blinkt, um Paarungspartner anzulocken.

Arten 2000

Weltweit; auf Pflanzen, im Boden, unter Steinen

Trick *Einige Leuchtkäferweibchen ahmen das Leuchtmuster anderer Arten nach, um deren angelockte Männchen zu fressen.*

Ungarischer Prachtkäfer
Anthaxia hungarica,
Familie Buprestidae

Siebenpunkt-Marienkäfer
Coccinella septempunctata,
Familie Coccinellidae

Leuchtende Farben warnen Fressfeinde vor der Ungenießbarkeit des Marienkäfers

Larve des Siebenpunkt-Marienkäfers

Behaarter Kurzflügler
Emus hirtus,
Familie Staphylinidae

Emus hirtus ist mit feinen Haaren bedeckt

Schwarzer Schneckenjäger
Phosphuga atrata, Familie Silphidae

Teppichkäfer
Anthrenus scrophulariae,
Familie Dermestidae

Frisst Partikel von Tierprodukten wie Teppichen und Wolle

Gemeiner Dungkugelkäfer
Sphaeridium scarabaeoides,
Familie Hydrophilidae

Großer Leuchtkäfer (Großes Glühwürmchen)
Lampyris noctiluca,
Familie Lampyridae

Die geflügelten Leuchtkäfer-Männchen werden von dem Leuchtfleck des flügellosen Weibchens angelockt

Larve des Leuchtkäfers

Totengräber
Necrophorus vespillo, Familie Silphidae

Gräbt die Leichname kleiner Wirbeltiere als Nahrung für seine Jungen aus

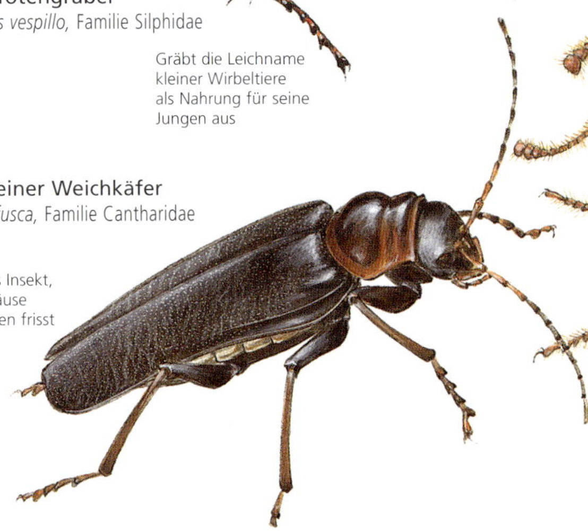

Gemeiner Weichkäfer
Cantharis fusca, Familie Cantharidae

Nützliches Insekt, das Blattläuse und Raupen frisst

Gewöhnlicher Bienenkäfer
Trichodes apiarius,
Familie Cleridae

Lebt als Parasit in Bienenstöcken

Mit 115 g Gewicht ist dieser Käfer das schwerste Insekt

Goliathkäfer
Goliathus meleagris, Familie Scarabaeidae

Messingkäfer
Niptus hololeucus, Familie Ptinidae

Spanische Fliege
Lytta vesicatoria, Familie Meloidae

Die Substanz, die von der Spanischen Fliege zu ihrer Verteidigung abgesondert wird, gilt als wirkungsvolles Aphrodisiakum. Es ist jedoch hochgiftig und kann bei Menschen erhebliche gesundheitliche Schäden verursachen

Violetter Ölkäfer
Meloe violaceus, Familie Meloidae

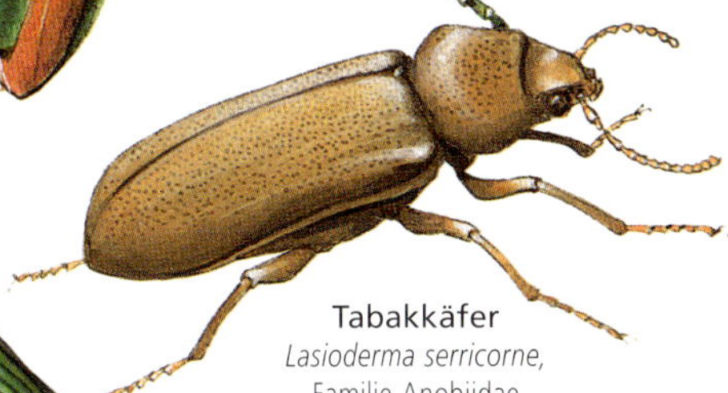

Käfer der Gattung *Lasiderma* sind Schädlinge, die organische Stoffe wie Tabak, aber auch Tierexponate im Museum befallen

Tabakkäfer
Lasioderma serricorne, Familie Anobiidae

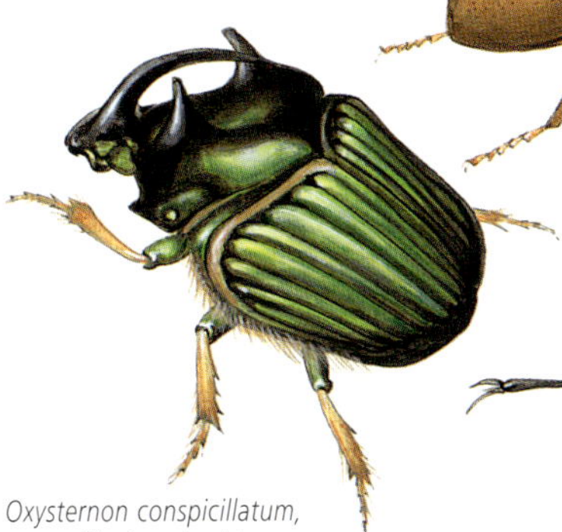

Oxysternon conspicillatum, Familie Scarabaeidae

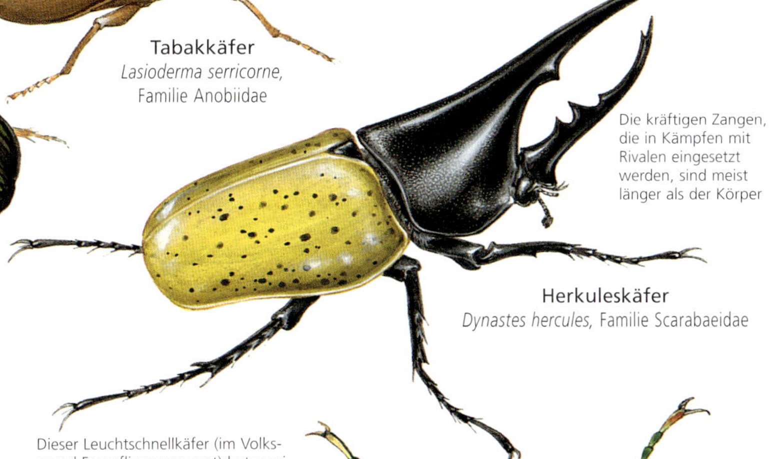

Die kräftigen Zangen, die in Kämpfen mit Rivalen eingesetzt werden, sind meist länger als der Körper

Herkuleskäfer
Dynastes hercules, Familie Scarabaeidae

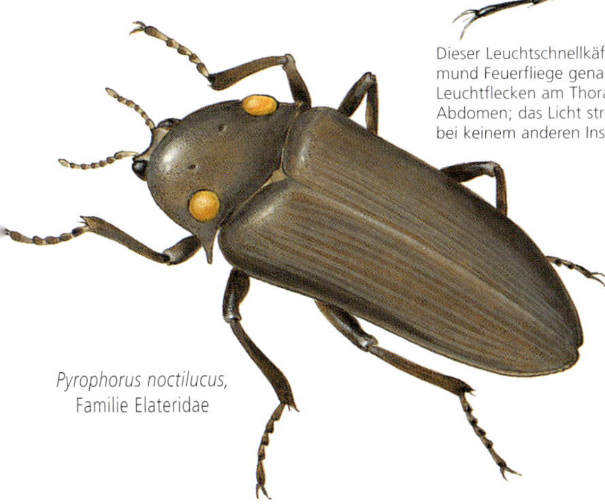

Dieser Leuchtschnellkäfer (im Volksmund Feuerfliege genannt) hat zwei Leuchtflecken am Thorax und einen am Abdomen; das Licht strahlt so hell wie bei keinem anderen Insekt

Pyrophorus noctilucus, Familie Elateridae

Eudicella gralli, Familie Scarabaeidae

AUF EINEN BLICK

Familie Meloidae (Ölkäfer) Bei Störung geben Käfer dieser Familie eine ätzende, giftige Flüssigkeit aus ihren Gelenken ab, die auf menschlicher Haut Blasen hervorrufen kann. Die meisten Adulten ernähren sich von Blüten und Blättern. Die Larven sind spezialisierte Räuber. Einige leben in Bienenstöcken und fressen die Eier, Larven sowie Vorräte der Bienen.

Arten 2500

Weltweit; auf Pflanzen

Typische Form *Ölkäfer wie* Cerocoma muehlfeldi *haben einen weichen, schlanken Körper mit langen Beinen.*

Familie Elateridae (Schnellkäfer) Ein auf dem Rücken liegender Schnellkäfer kann seinen Rücken strecken und sich selbst in die Luft schnellen, um richtig herum zu landen. Dabei erzeugt eine Art Scharnier auf den Elytren ein lautes Klick-Geräusch. Adulte fressen Blätter, die gelben oder braunen Larven leben im Boden und ernähren sich von Wurzeln und Zwiebeln.

Arten 9000

Weltweit; in Pflanzennähe, im Boden

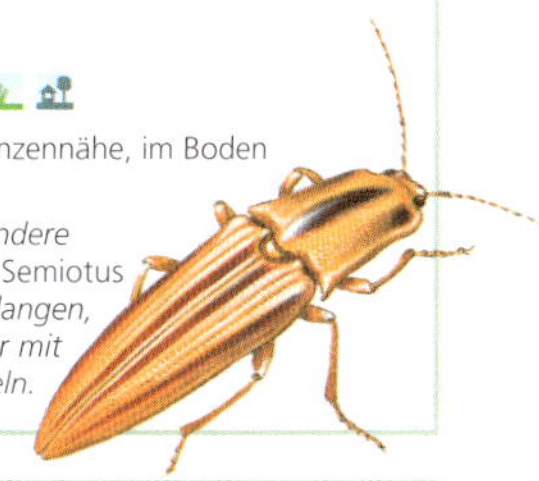

Gefurcht *Wie andere Schnellkäfer hat* Semiotus distinctus *einen langen, schlanken Körper mit gefurchten Flügeln.*

LEBENSZYKLUS DER KÄFER

Alle Käfer durchlaufen eine vollständige Metamorphose. Bei den meisten werden die Eier befruchtet, nur einige Arten legen ohne Paarung ihre unbefruchteten Eier. Die geschlüpften Larven besitzen Mundwerkzeuge, um zu fressen, erinnern aber sonst wenig an fertige Käfer. Die Larve häutet sich mehrmals und wächst, bis sie sich verpuppt. In einem Kokon verwandelt sich die Larve in eine Puppe mit adulten Merkmalen. Sie ist beim Schlüpfen weich und blass, erhärtet aber bald und färbt sich. Der adulte Käfer ist sofort zur Fortpflanzung bereit.

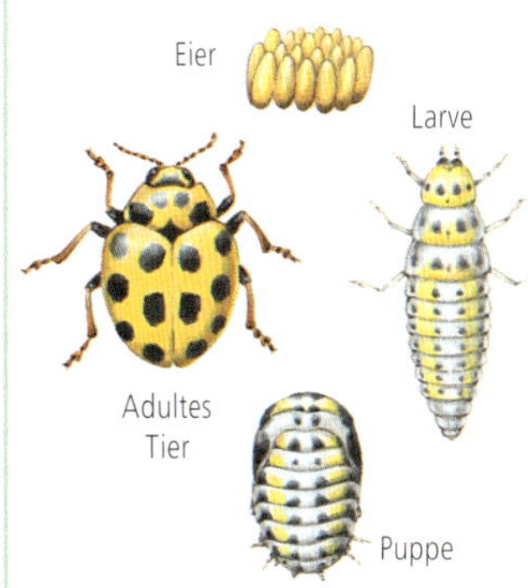

AUF EINEN BLICK

Familie Lucanidae (Hirschkäfer) Die Männchen sind größer als die Weibchen und an ihren riesigen Mandibeln zu erkennen. Rivalisierende Männchen benutzen sie beim Kampf. Die Larven ernähren sich von verrottendem Holz und brauchen mehrere Jahre für die Entwicklung. Einige Adulte fressen Blätter, die meisten saugen Nektar.

Arten 1300

Weltweit; auf Bäumen

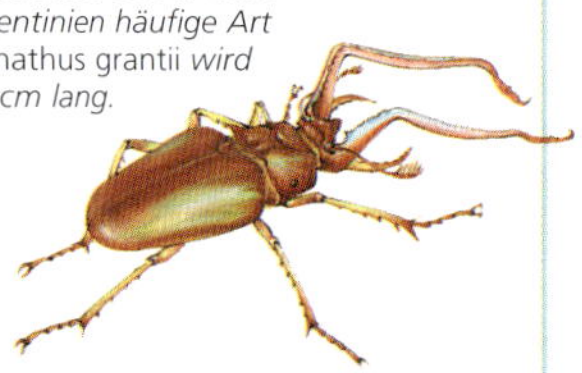

Südamerikaner *Die in Chile und Argentinien häufige Art* Chiasognathus grantii *wird bis zu 9 cm lang.*

Familie Curculionidae (Rüsselkäfer) Dies ist die größte Familie im Tierreich. An dem vorstehenden Rüssel befinden sich beißende Mundwerkzeuge, mit denen die Käfer an weichen Pflanzen nagen und Löcher in Pflanzen, Samen, Früchte oder die Erde bohren, um ihre Eier hineinzulegen. Der Rüssel des Weibchens ist mitunter viel länger als sein Körper. Einige Arten richten in der Landwirtschaft erhebliche Schäden an.

Arten 50 000

Weltweit; in Pflanzennähe

Schillernd *Der Rüsselkäfer* Entimus splendidus *trägt schillernde Schuppen. Der Rüssel ist kürzer als bei vielen anderen Rüsselkäferarten.*

Familie Cerambycidae (Bockkäfer) Ihre Käfer haben einen langen, schlanken Körper, der bei der größten Art 16 cm Länge erreicht. Die Länge der Antennen kann ein Vielfaches der Körperlänge betragen. Die Antennen dienen dem Auffinden von Nahrung wie Pollen, Nektar, Pflanzensäften oder Blättern. Die Larven ernähren sich von Substanzen lebender oder toter Bäume.

Arten 30 000

Weltweit; an Pflanzen, vor allem auf Blüten

Bockkäfer in Gefahr *Der südamerikanische Bockkäfer* Macrodontia cervocornis *ist durch die Vernichtung der tropischen Regenwäldern stark gefährdet.*

Larve vom Kartoffelkäfer

Gefürchteter Schädling auf Kartoffelfeldern

Kartoffelkäfer
Leptinotarsa decemlineata,
Familie Chrysomelidae

Cyclommatus imperator,
Familie Lucanidae

Die Larven und Adulten von *Proculus goryi* erzeugen Quietschlaute, indem sie Körperteile aneinander reiben

Proculus goryi,
Familie Passalidae

Die Weibchen bohren Löcher in Äste und legen darin ihre Eier ab

Haselnussbohrer
Curculio nucum,
Familie Curculionidae

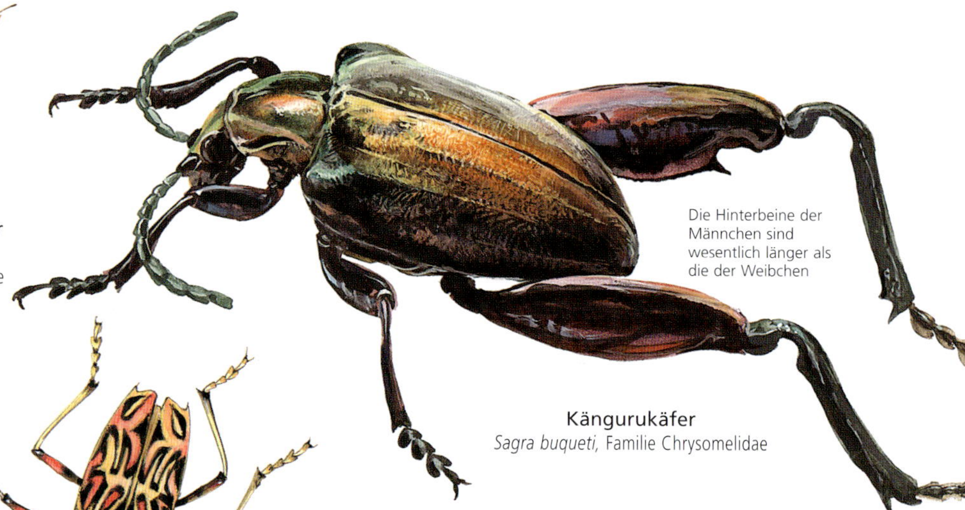

Die Hinterbeine der Männchen sind wesentlich länger als die der Weibchen

Kängurukäfer
Sagra buqueti, Familie Chrysomelidae

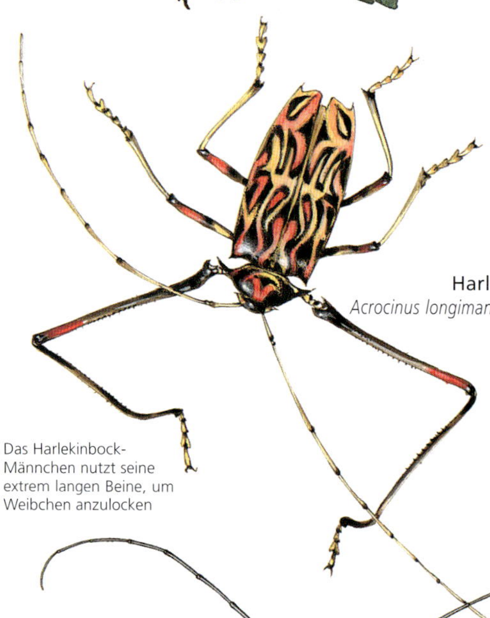

Das Harlekinbock-Männchen nutzt seine extrem langen Beine, um Weibchen anzulocken

Harlekinbock
Acrocinus longimanus, Familie Cerambycidae

Großer Ulmensplintkäfer
Scolytus scolytus, Familie Scolitidae

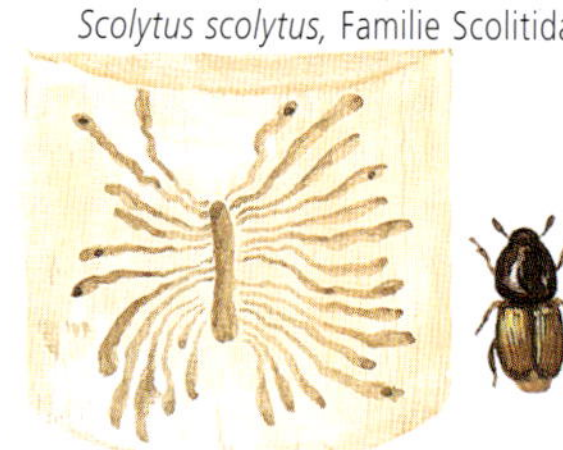

Die Gänge der Käfer erzeugen ein charakteristisches Muster auf den Ulmenstämmen

Der Käfer überträgt den Pilz, der die Ulmenkrankheit hervorruft

Heldbock (Großer Eichenbock)
Cerambyx cerdo,
Familie Cerambycidae

In Europa im Rückgang begriffen, da sein Lebensraum, die Eichenwälder, immer mehr verschwindet

Kohlerdfloh
Phyllotreta nemorum,
Familie Chrysomelidae

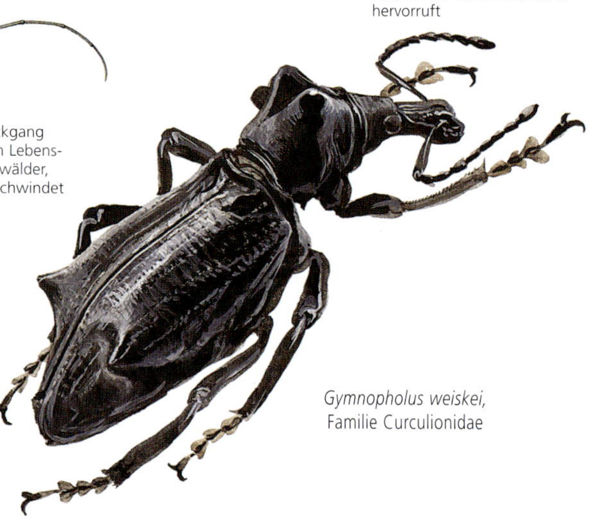

Gymnopholus weiskei,
Familie Curculionidae

ZWEIFLÜGLER

STAMM	Arthropoda
UNTERSTAMM	Hexapoda
KLASSE	Insecta
ORDNUNG	Diptera
FAMILIEN	130
ARTEN	120 000

Stubenfliegen und Stechmücken sind die allgegenwärtigen Vertreter der Ordnung Diptera. Hierzu zählen auch andere Mückenartige, Schmeißfliegen, Fruchtfliegen, Schnaken, Bremsen und weitere Zweiflügler. Während die meisten Insekten mit vier Flügeln fliegen, besitzen Fliegen nur ein Paar funktionsfähiger Flügel. Die Hinterflügel sind zu Schwingkölbchen reduziert, kleine keulenförmige Gebilde, die synchron mit den Vorderflügeln auf und ab schwingen und dabei helfen, im Flug die Balance zu halten. Einige Arten haben alle Flügel verloren und sind flugunfähig. Zweiflügler kommen in fast allen Lebensräumen vor – außer in der Antarktis.

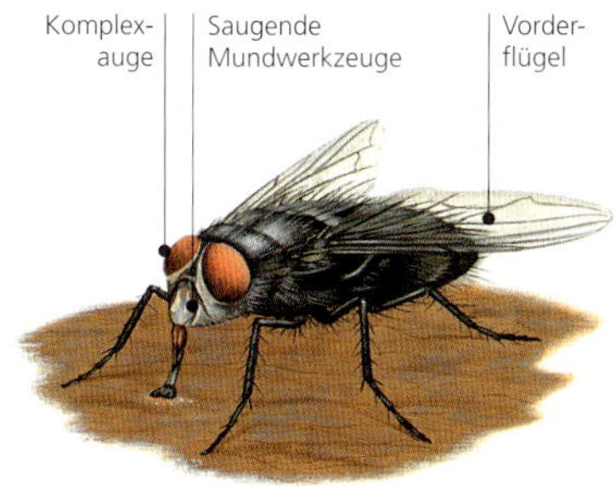

Augen und Flügel Die meisten Zweiflügler sind tagaktiv und orientieren sich mit ihren Komplexaugen, die aus bis zu 4000 Linsen bestehen. Die Flugmuskulatur liegt im ersten, vergrößerten Thoraxsegment.

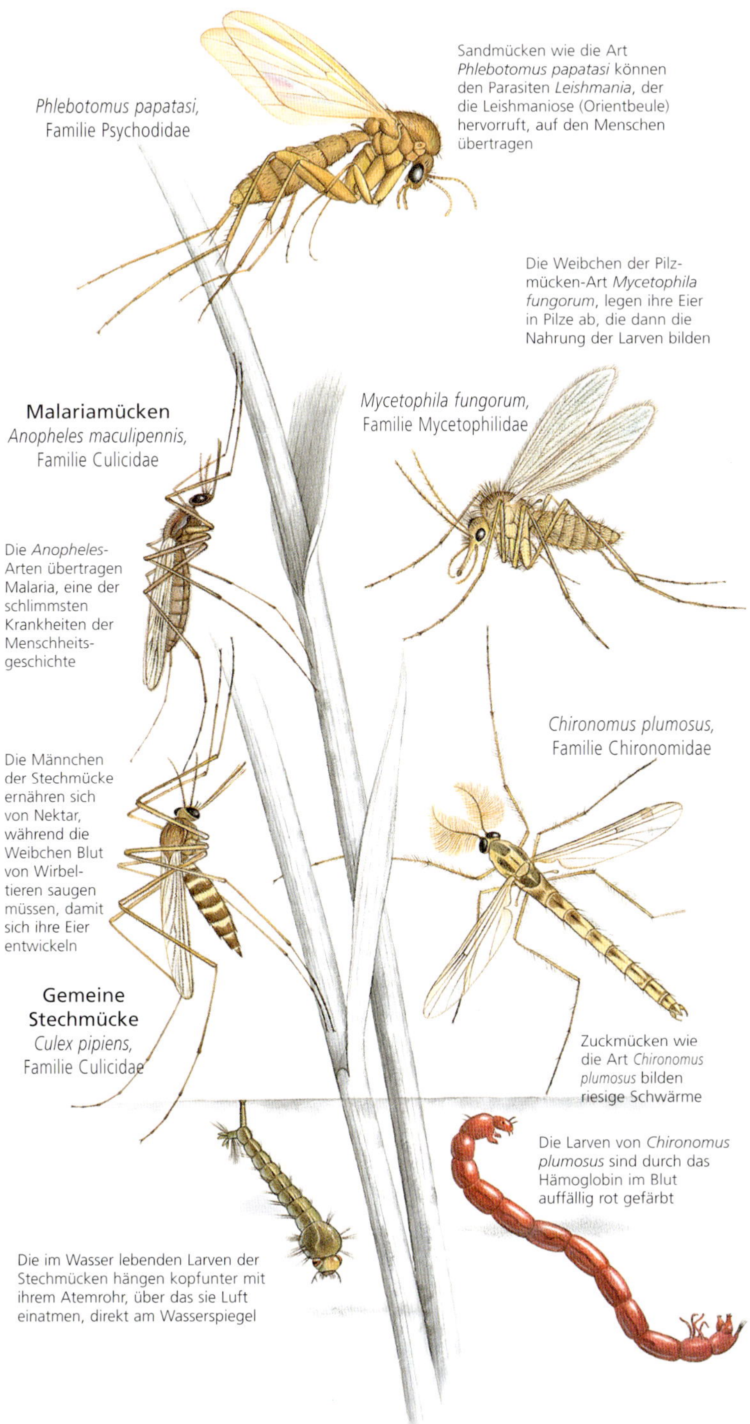

Daddy Langbein Die Schnaken (Familie Tipulidae) sind die größte Zweiflügler-Familie. Die Adulten haben sehr lange Beine. Sie bevorzugen feuchte Wälder. Die Larven leben im Wasser oder in feuchter Erde.

VARIANTENREICH

Zu den Zweiflüglern zählen Winzlinge wie 1 mm lange Mücken, aber auch bis zu 7 cm lange Raubfliegen. An den Füßen dieser Insekten sitzen Haftpolster mit winzigen Krallen, mit denen sie auf glatten Oberflächen und sogar kopfunter an der Decke entlanglaufen können.

Mit ihren nur ans Saugen angepassten Mundwerkzeugen können Zweiflügler nur flüssige Nahrung aufnehmen. Stubenfliegen saugen mit Hilfe von fleischigen Polstern an ihrer Mundöffnung Nahrung auf. Mücken saugen mit ihren stechenden Mundwerkzeugen Nektar und Blut. Raubfliegen erdolchen mit ihren Mundwerkzeugen Beuteinsekten, die sie dann aussaugen.

Aus den Eiern der Zweiflügler schlüpfen blasse, weiche Larven, oft als Maden bezeichnet. Nach mehreren Häutungen verpuppen sie sich und werden dann adulte Zweiflügler.

Viele Zweiflügler sind Überträger schwerer Krankheiten, z. B. der Malaria. Als Bestäuber und Zersetzer von organischem Material spielen sie im Ökosystem eine wichtige Rolle.

AUF EINEN BLICK

Familie Syrphidae (Schwebfliegen) Diese Insekten schweben auf der Stelle und schnellen dann nach vorne oder seitwärts, bevor sie wieder schweben. Mit ihrem gelb-schwarzen Abdomen erinnern sie an Bienen oder Wespen. Die Larven vieler Schwebfliegenarten sind im Garten gern gesehen, weil sie Blattläuse fressen.

Arten 6000

Weltweit; auf Blüten

***Zwiespältig** Die Narzissenschwebfliege (Merodon equestris) gilt als Schädling, weil ihre Larven an Blumenzwiebeln fressen, aber wie andere Schwebfliegen sind die Adulten wichtige Bestäuber.*

Familie Tabanidae (Bremsen) Während die Männchen Nektar, Honigtau und Pflanzensaft saugen, sind die Weibchen Blutsauger, weil sie das Eiweiß für die Entwicklung ihrer Eier brauchen. Weibchen benutzen ihre messerartigen Mundwerkzeuge, um die Haut von Säugetieren anzuritzen, damit sie Blut saugen können.

Arten 4000

Weltweit, in Tiernähe

***Namen** Wie andere Arten der Gattung wird auch Chrysops caecutiens als Goldaugenbremse bezeichnet. Arten der Gattung Tabanus werden Pferde- oder Rinderbremsen genannt.*

FLUGUNFÄHIG

In einigen Zweiflügler-Familien haben manche Arten ihre Flügel verloren und sind flugunfähig: Zu den Tipulidae (Schnaken) gehört die flugunfähige Schneeschnake (*Chionea sp.*), die im ganzen Winter in ihrem schneebedeckten Lebensraum aktiv ist. Sie verträgt Temperaturen bis -6 °C und entgeht so den Feinden, die in den wärmeren Monaten aktiv sind. Da das Fliegen wärmere Muskeln erfordert, als es in dieser kalten Umgebung möglich ist, hat sie ihre Flügel verloren. Die Schwingkölbchen sind jedoch noch vorhanden.

***Flügelloser Parasit** Die Bienenlaus (Braula caeca) aus der Familie Chamaemyiidae ist ein flügelloser Zweiflügler, der seine Eier in Bienenstöcke legt, wo sich dann ihre Larven von Honig ernähren.*

Hummelschwebfliege
Volucella bombylans,
Familie Syrphidae

Ähnelt einer Hummel, besitzt aber größere Augen und zierlichere Fühler

Gewürfelte Tanzfliege
Empis tesselata,
Familie Empididae

Das Männchen bietet dem Weibchen Nahrung an, um es als Partnerin zu gewinnen

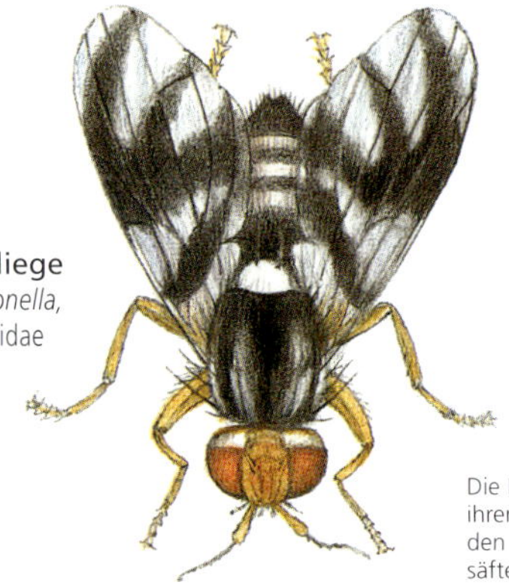

Apfelfruchtfliege
Rhagoletis pomonella,
Familie Tephritidae

Rinderbremse
Tabanus bovinus,
Familie Tabanidae

Gelbe Mordfliege
Laphria flava, Familie Asilidae

Die Mordfliege sticht das Beuteinsekt mit ihrem Rüssel und injiziert ihren betäubenden Speichel, dann saugt sie die Körpersäfte heraus

Großer Wollschweber
Bombylius major,
Familie Bombyliidae

Lebt als Parasit in Bodennestern von Bienen

Stratiomys chamaeleon,
Familie Stratiomyidae

Waffenfliegen wie die Art *Stratiomys chamaeleon* ähneln in Aussehen und Verhalten Wespen, stechen aber nicht

Keilfleckschwebfliege (Mistbiene)
Eristalis tenax,
Familie Syrphidae

Die an langen Stielen sitzenden Augen der Stielaugenfliegen fördern wahrscheinlich das räumliche Sehen oder zeigen vielleicht die genetische Fitness des Männchens an

Diopsis tenuipes,
Familie Diopsidae

Große Schwebfliege
Syrphus ribesii, Familie Syrphidae

Schädling in Käse und Pökelfleisch

Käsefliege
Piophila casei, Familie Piophilidae

Die Larve lebt in Getreidestängeln und verursacht deren Missbildung

Gelbe Weizenhalmfliege
Chlorops pumilionis,
Familie Chloropidae

Das erste Beinpaar besteht aus großen Greifbeinen

Fangfliege
Ochthera mantis,
Familie Ephydridae

Larven und Adulte von *Ochthera mantis* fressen bodenbewohnende Spinnen und deren Eier

Latrinenfliege
Fannia scalaris,
Familie Fanniidae

Die Weibchen legen ihre Eier in den Kot von Menschen und Tieren

Wadenstecher
Stomoxys calcitrans, Familie Muscidae

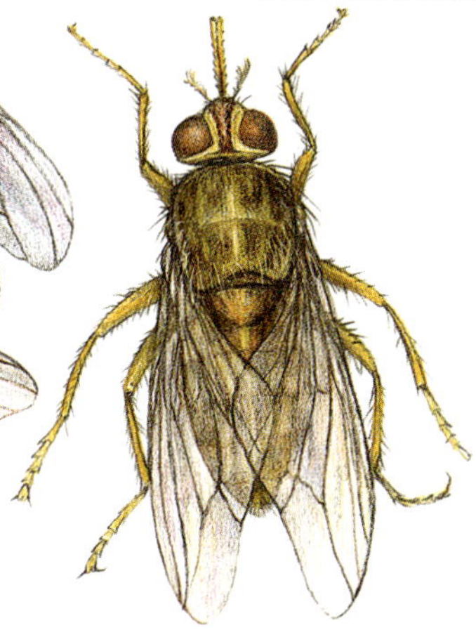

Die Tsetsefliege saugt das Blut großer Säugetiere und kann dabei die Erreger der fatalen Trypanosomiasis, der Schlafkrankheit, auf Mensch und Nutztiere übertragen

Tsetsefliege
Glossina palpalis, Familie Glossinidae

Schafsbremse
Oestrus ovis,
Familie Oestridae

Die Weibchen deponieren ihre Larven an den Nüstern von Schafen und Ziegen, damit sich ihr Nachwuchs vom Schleim ernähren kann

Die Larven der Gelben Dungfliege ernähren sich von reinem Dung, während die Adulten andere Zweiflügler, die zum Fressen auf den Dung kommen, verspeisen

Gelbe Dungfliege
Scatophaga stercoraria,
Familie Scatophagidae

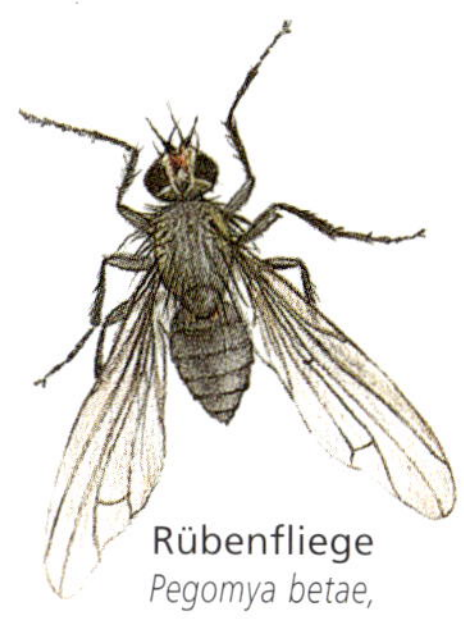

Rübenfliege
Pegomya betae,
Familie Anthomyiidae

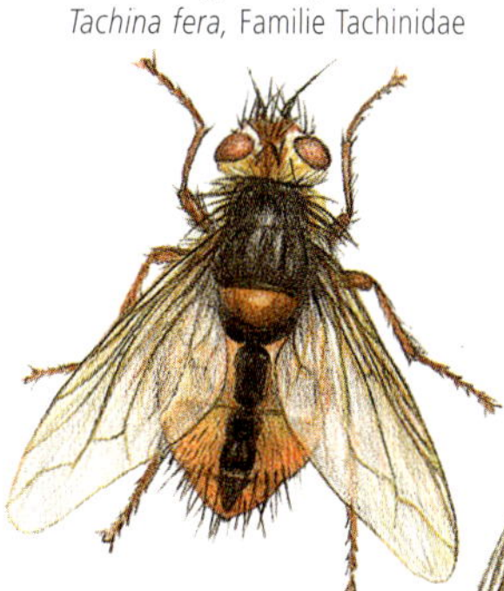

Igelfliege
Tachina fera, Familie Tachinidae

Das Madendassel-Weibchen legt seine Eier in das Fell eines Pferdes; die geschlüpften Larven wandern über das Maul des Pferdes in dessen Magen, wo sie sich etwa ein Jahr lang entwickeln; dann gelangen sie über den Kot ins Freie, wo sie kurz darauf als Adulte aus den Fäkalien auftauchen

Magendassel
Gasterophilus intestinalis,
Familie Gasterophilidae

Goldfliege
Lucilia sericata, Familie Calliphoridae

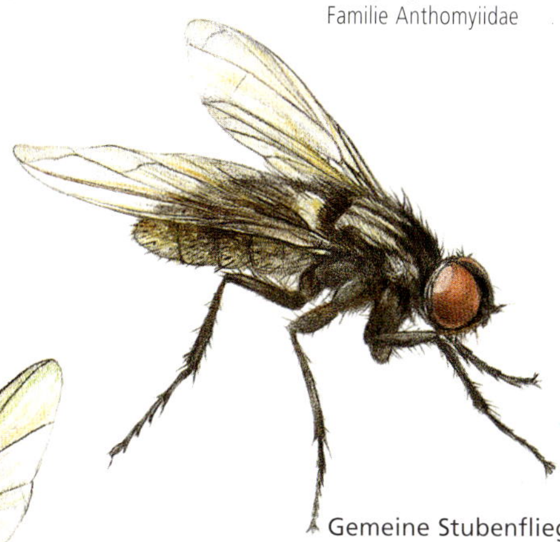

Gemeine Stubenfliege
Musca domestica,
Familie Muscidae

AUF EINEN BLICK

Familie Oestridae (Dasselfliegen) Den Adulten fehlen funktionierende Mundwerkzeuge, daher fressen sie nicht, sondern widmen ihr kurzes Leben der Fortpflanzung. Sie legen ihre Eier in die Nüstern von Schafen und Rotwild, wo die Larven sich dann vorwiegend von Schleim ernähren.

Arten 70

Weltweit; bei Schafen, Ziegen und Rotwild

Schnelle Flieger *Die Dasselfliegen der Gattung Cephenemyia gehören zu den schnellsten Insekten. Sie erreichen eine Geschwindigkeit von 80 km/h.*

Familie Calliphoridae (Schmeißfliegen) Die Fliegen haben einen lauten, brummenden Flug. Ihr kräftiger, borstiger Körper ist mit einem metallischem Schimmer überhaucht. Die Weibchen legen ihre Eier in Aas, wo sich die Larven von dem verwesenden Fleisch ernähren. Durch die Aktivität der Larven wird der Kadaver aufgebläht.

Arten 1200

Weltweit; in der Nähe von Aas und Fleisch

Lebendfutter *Die Larven der in Europa heimischen Blauen Schmeißfliege (Calliphora vicina) können offene Wunden von Nutztieren oder Menschen befallen.*

BEWEISMITTEL

Forensische Entomologen analysieren die Tiere auf einer Leiche, um den Todeszeitpunkt und einiges andere zu erfahren. Der Befall von Aasfressern erfolgt in einer festen Reihenfolge: Erst kommen die Stuben- und Schmeißfliegen, die ihre Eier in das Fleisch legen. Die Larven schlüpfen, und ihr Entwicklungsstadium gibt Aufschluss darüber, wie lange das Opfer tot ist. Fleischfliegen kommen später. Ist die Leiche Monate nach Eintritt des Todes ausgetrocknet, nagen Käsefliegen (Familie Piophilidae), Buckelfliegen (Familie Phoridae) Milben und Käfer das Skelett sauber ab.

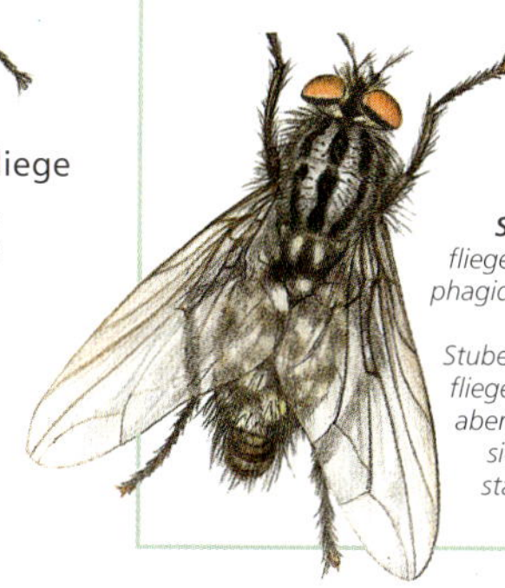

Strategie *Fleischfliegen (Familie Sarcophagidae) befallen eine Leiche später als Stuben- und Schmeißfliegen, holen die Zeit aber wieder auf, weil sie lebende Larven statt Eier absetzen.*

SCHMETTERLINGE

STAMM	Arthropoda
UNTERSTAMM	Hexapoda
KLASSE	Insecta
ORDNUNG	Lepidoptera
FAMILIEN	131
ARTEN	165 000

Mit ihrem gaukelnden Flug und den dekorativ gemusterten Flügeln gehören Schmetterlinge zu den beliebtesten Insekten. Sie gehören zur Ordnung Lepidoptera (griech. geschuppte Flügel). Die vier breiten Flügel sind von winzigen, sich überlappenden Schuppen bedeckt, hohlen, abgeflachten Härchen, durch die das Schillern und die leuchtenden Farben zustande kommen. Fast alle Schmetterlinge ernähren sich von Pflanzen. Die Raupen (Larven) können mit ihren beißenden Mundwerkzeugen erhebliche Schäden an Pflanzen anrichten. Die meisten Adulten saugen mit einem langen, spiraligen Saugrüssel Blütennektar. Schmetterlinge zählen zu den wichtigsten Bestäubern.

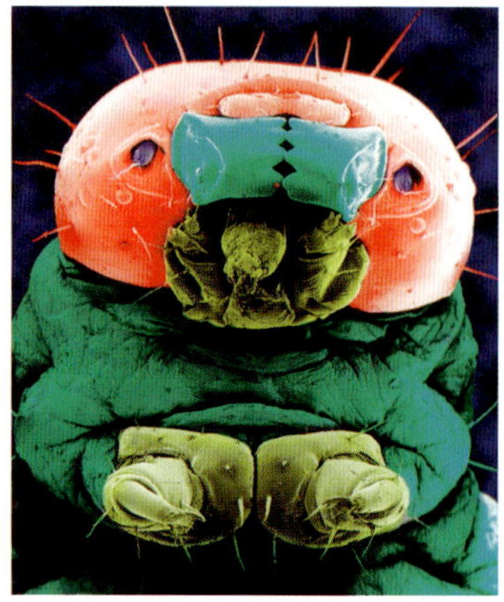

Pflanzenmampfer Eine Raupe ist eine wahre Fressmaschine, die sich mit beißenden Mundwerkzeugen durch Blätter und anderes Pflanzenmaterial frisst. Leuchtende Warnfarben sollen Feinde fern halten.

Nektarsauger Um Nektar aus den Blüten zu holen, strecken Schmetterlingen ihren langen Saugrüssel aus, der in Ruhestellung wie eine Uhrenfeder aufgerollt ist. Viele Blütenpflanzen haben bestimmte Formen und Farben entwickelt, um die bestäubenden Insekten anzulocken.

Kieferknospentriebwickler
Rhyacionia buoliana, Familie Tortricidae

Die Larven dieser Wickler-Art fressen an den jungen Trieben von Kiefern und richten dabei große Schäden an

Traubenkirsch-Gespinstmotte
Yponomeuta evonymella, Familie Yponomeutidae

Die Larven leben auf Traubenkirsch-Bäumen und fressen deren Blätter

Mehlzünsler
Pyralis farinalis, Familie Pyralidae

Tapetenmotte
Trichophaga tapetzella, Familie Tineidae

Die Larve ernährt sich von Textilfasern

Tagfalter schlagen ihre Flügel in Ruhestellung senkrecht über dem Körper zusammen, Nachtfalter legen ihre Vorderflügel dachförmig über das Abdomen

Großer Sackträger
Canephora hirsuta, Familie Psychidae

Grüner Langfühler
Adela reaumurella, Familie Adelidae

Apfelwickler
Cydia pomonella, Familie Tortricidae

TAG- UND NACHTFALTER

Schmetterlinge gibt es nur an den polaren Eiskappen und über dem Meer nicht. Sie leben überall dort, wo es Pflanzen gibt. Die meisten sind an bestimmte Nahrungspflanzen angepasst. Die größte Artenvielfalt findet man in den Tropen.

Als adulte Falter haben sie einen schlanken Körper, breite Flügel, lange Fühler und zwei große Facettenaugen (Komplexaugen). Die Spannweite der Flügel reicht von 4 mm bis zu 30 cm. Über 85 % aller Arten gehören zu den Nachtfaltern. Die meisten fliegen vorwiegend nachts und tragen unscheinbar gefärbte Flügel, die durch eine borstenartige Struktur (Frenulum) miteinander verbunden sind. Tagfalter fliegen am Tag und sind meistens leuchtend gefärbt. Das Ende ihrer fadenförmigen Fühler ist keulenartig verdickt.

Die behaarten Raupen bewegen sich mit drei echten Beinpaaren und mehreren Paaren von Afterfüßen fort. Zum Verpuppen spinnen sie sich mit Hilfe von umgewandelten Speicheldrüsen in einen Kokon ein. Der Lebenszyklus reicht von wenigen Wochen bis zu einigen Jahren.

SCHUTZSTATUS

Tödlicher Handel Nur 303 Schmetterlingsarten wurden von der IUCN beurteilt. Von diesen stehen 94 % auf der Roten Liste; 27 Arten sind ausgestorben. Lebensraumverlust ist der Hauptgrund für den Rückgang, aber auch das Sammeln besonders attraktiver Arten hat dazu beigetragen.

Zelotypia stacyi, Familie Hepialidae

Hornissen-Glasflügler
Sesia apiformis, Familie Sesiidae

Die Ähnlichkeit mit stechenden Hornissen dient der Abwehr von Fressfeinden

Schwarzkolbiger Braundickkopffalter
Thymelicus lineolus, Familie Hesperiidae

Xyleutes strix, Familie Cossidae

Die Raupe des Weidenbohrers lebt in Stämmen verschiedener Laubbäume, bevorzugt in Weiden

Weidenbohrer
Cossus cossus, Familie Cossidae

Esparsettenwidderchen
Zygaena carniolica, Famile Zygaenidae

Brauner Bär
Arctia caja, Familie Arctiidae

Die Raupe des Braunen Bären ist dicht behaart und trägt weiße Knopfwarzen an den Körperseiten

Nonne
Lymantria monacha, Familie Lymantriidae

Die Adulten von *Actias selene* fressen in ihrem nur einwöchigen Leben nichts

Indischer Mondspinner
Actias selene, Familie Saturniidae

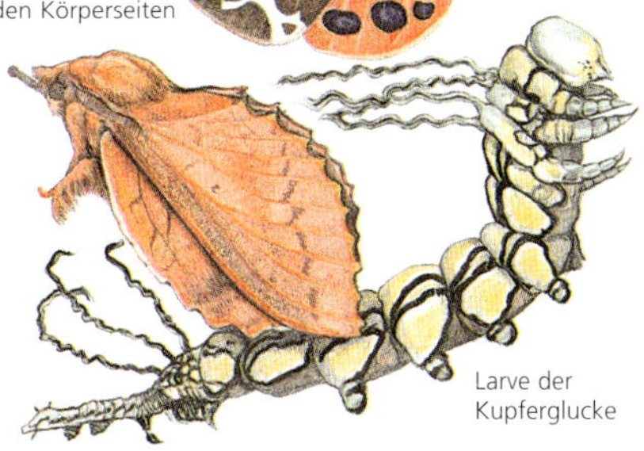

Larve der Kupferglucke

Kupferglucke
Gastropacha quercifolia, Familie Lasiocampidae

Die grellen Augenzeichnungen auf den Hinterflügeln schrecken Feinde ab, die rindenähnliche Färbung der Vorderflügel dient der Tarnung

Abendpfauenauge
Smerinthus ocellatus, Familie Sphingidae

Der Atlasspinner besitzt die größte Flügelfläche aller Schmetterlinge

Atlasspinner
Attacus atlas, Familie Saturniidae

AUF EINEN BLICK

Familie Hepialidae (Wurzelbohrer) Die Nachtfalter in dieser primitiven Familie werden auch Lichtmotten genannt. Die Adulten haben keine funktionsfähigen Mundwerkzeuge und fressen daher nicht. Ihr kurzes Leben gilt der Fortpflanzung. Die Weibchen setzen im Flug enorme Mengen an Eiern ab – bis zu 30 000 Stück. Die Raupen schlüpfen im Boden und fressen Wurzeln, Blätter, Gräser, Moos und Holz.

Arten 500

Weltweit, außer Zentralwestafrika und Madagaskar; in der Nähe von Pflanzen

Unterschiede *Das Weibchen der Lichtmotte* Aenetus dulcis *aus dem australischen Regenwald ist grün, das Männchen weiß.*

Familie Sesiidae (Glasflügler) Die Mitglieder der Familie haben ihre Schuppen weitgehend verloren, daher sind die Flügel fast durchsichtig. Mit gelben und braunen Streifen auf dem Abdomen und den farblosen Flügeln ahmen sie stechende Insekten (Hornissen, Bienen, Wespen) nach. Viele Raupen bohren in Trieben und Wurzeln.

Arten 1000

Weltweit; in Pflanzennähe

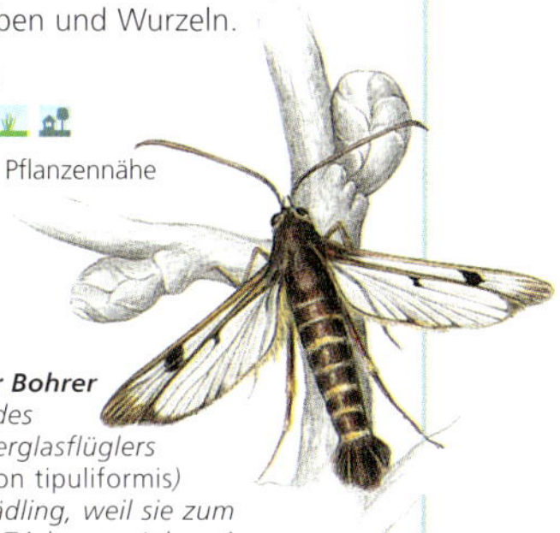

Schädlicher Bohrer *Die Raupe des Johannisbeerglasflüglers (*Synanthedon tipuliformis*) gilt als Schädling, weil sie zum Fressen die Triebe von Johannis- und Stachelbeeren anbohrt.*

Familie Hesperiidae (Dickkopffalter) Diese Falter huschen blitzschnell von Blüte zu Blüte. Sie sind eine Zwischenform von Tag- und Nachtfalter. Ihre geringe Größe, die düstere Färbung und der kräftige, behaarte Körper erinnern an einen Nachtfalter. Sie besitzen aber nicht die typische Verbindung zwischen den Flügeln und halten die Flügel – wie die Tagfalter – in Ruhestellung häufig senkrecht zusammen.

Arten 3000

Weltweit, außer Neuseeland; in lichten Wäldern, auf Grasland und Feldern

Fühler *Wie andere Dickkopffalter hat die in Australien heimische Art* Trapezites eliena *keulenförmige Fühler, die in feinen Haken enden.*

AUF EINEN BLICK

Familie Papilionidae (Schwalbenschwänze/Ritterfalter) Diese Falter sind häufig groß und prächtig gefärbt. Ihr Name bezieht sich auf die schwanzähnlichen Verlängerungen der Hinterflügel. Die Raupe hat am Kopf ein gabelförmiges Organ (Osmeterium), das zur Abwehr von Feinden faulig riechende Substanzen abgibt. Die Raupen einiger Arten fressen giftige Pflanzen, dabei nehmen sie so viel Gift auf, dass sie noch als Adulte ungenießbar sind.

Arten 600

Weltweit; in Blütennähe

Leuchtende Warnung *Die grell leuchtenden Flügelzeichnungen von* Pachliopta hector *und vielen anderen Schwalbenschwänzen warnen Fressfeinde vor ihrer Ungenießbarkeit.*

Familie Noctuidae (Eulenfalter). Dies ist die größte Schmetterlingsfamilie. Die Falter fliegen nachts. Mit ihren am Thorax sitzenden Hörorganen nehmen sie die Echoortungssignale der Fledermäuse, ihrer Hauptfeinde, wahr. Adulte ernähren sich von Nektar, Pflanzensäften, fauligem Obst oder Dung. Die Raupen fressen Blätter bzw. Samen oder bohren sich in Stängel oder Früchte, wobei sie großen Schaden anrichten können.

Arten 35000

Weltweit; auf Pflanzen

Tarnung *Wie viele Eulenfalter besitzt* Moma alpinum *eine Tarnfärbung. Die marmorierten Flügel verschmelzen in seinem Lebensraum, dem Wald, mit der Umgebung.*

Familie Geometridae (Spanner) Die Schmetterlinge dieser Familie sind klein und haben einen schlanken Körper. Die Raupen sehen in Ruhestellung häufig wie Zweige aus. Ihnen fehlt mindestens ein mittleres Paar Afterfüße. Sie bewegen sich den Körper „spannend" vorwärts, indem sie den Vorderkörper nach vorne strecken und dann den hinteren Teil des Körpers nachziehen.

Arten 20000

Weltweit; auf Blättern

Gute Tarnung *Die Flügel des südostasiatischen Spanners* Sarcinodes restitutaria *sehen wie Blätter aus.*

Liphyra brassolis,
Familie Lycaenidae

Die Raupen von *Liphyra brassolis* leben auf den Larven von Weberameisen, wobei ihre feste Haut sie vor den Ameisenbissen schützt

Papilio antimachus,
Familie Papilionidae

Mit einer Flügelspannweite von 25 cm ist *Papilo antimachus* der größte afrikanische Schmetterling

Orangegebänderter Schwefelfalter
Phoebis philea,
Familie Pieridae

Großer Kohlweißling
Pieris brassicae,
Familie Pieridae

Dukatenfalter
Lycaena virgaureae,
Familie Lycaenidae

Schwarzgefleckter Bläuling
Maculinea arion,
Familie Lycaenidae

Delias mysis,
Familie Pieridae

Brasilianische Rieseneule
Thysania agrippina,
Familie Noctuidae

Die Brasilianische Rieseneule hat die größte Flügelspannweite aller Schmetterlinge: 30 cm

Bogong-Falter
Agrotis infusa, Familie Noctuidae

Um der Sommerhitze zu entgehen, ziehen die Bogong-Falter in Berghöhlen, wo sie bis zum Herbst ruhen, um dann an ihre Eiablage-Plätze zurückzukehren

Rotes Ordensband
Catocala nupta, Familie Noctuidae

Bhutanitis lidderdalii,
Familie Papilionidae

Apollofalter
Parnassius apollo,
Familie Papilionidae

Nur die Männchen des Großen Frostspanners haben Flügel, die Weibchen sind flügellos

Großer Frostspanner
Erannis defoliaria,
Familie Geometridae

Große Augenflecken helfen diesem südamerikanischen Tagfalter, Fressfeinde fernzuhalten

Adulte der Art *Caligo idomeneus* ernähren sich von verfaulenden Früchten

Eulenschmetterling
Caligo idomeneus,
Familie Nymphalidae

Passionsfalter
Heliconius melpomene,
Familie Nymphalidae

Blauer Morpho
Morpho rhetenor,
Familie Morphidae

♂ ♀

Die Flügel aller *Morpho*-Arten sind gelb-braun, nur bei den Männchen entsteht durch ihre wie Ästchen aussehenden Schuppenrillen, die das Licht auf eine bestimmte Weise reflektieren, ein brillantes Blau

Kaisermantel
Argynnis paphia,
Familie Nymphalidae

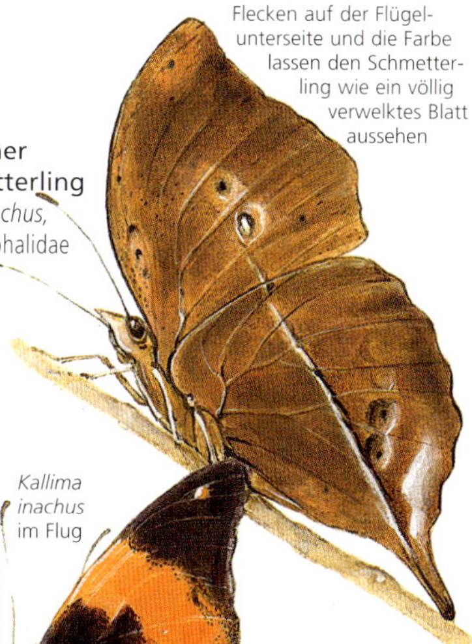

Flecken auf der Flügelunterseite und die Farbe lassen den Schmetterling wie ein völlig verwelktes Blatt aussehen

Indischer Blattschmetterling
Kallima inachus,
Familie Nymphalidae

Stichophthalma camadeva,
Familie Nymphalidae

Kallima inachus im Flug

Afrikanischer Monarch
Danaus chrysippus,
Familie Nymphalidae

Das Weibchen von *Hypolimnas misippus*, ist zwar genießbar, imitiert aber den ungenießbaren Afrikanischen Monarchen

Hypolimnas misippus,
Familie Nymphalidae

♀

♂

Das Männchen von *Hypolimnas misippus* wartet auf dem Boden auf ein Weibchen

AUF EINEN BLICK

Familie Nymphalidae (Edelfalter) Die Tagfalter haben sehr kleine, zu „Putzpfoten" umgewandelte Vorderbeine und laufen daher nur auf den beiden hinteren Beinpaaren. Die Unterseite der Flügel ist düster gefärbt, während die Oberseite eine kontrastreiche Zeichnung aufweist.

Arten 5200

Weltweit; in Blumennähe

Saisonfarben *Die Landkärtchen (*Araschnia levana*), die im Frühjahr erscheinen, haben orange gefleckte Flügel, Sommertiere sind schwarz-weiß gefärbt.*

KOKONS UND PUPPEN

Nach mehreren Häutungen verpuppen sich die Raupen. Sie hören auf zu fressen und suchen einen sicheren Ort. Die Nachtfalter spinnen meist einen Kokon aus Seide, während fast alle Tagfalter aus der Raupenhaut eine hartschalige Puppe bilden, die mit Seide an einem Zweig befestigt ist. In der Puppe erfolgt die Umwandlung von der Raupe zum Schmetterling.

Klebriger Kokon *Die Raupen von* Thyridopteryx ephemeraeformis *leben in einer Hülle aus Seide und Pflanzenmaterial, die beim Verpuppen zu einem harten Kokon wird.*

Transparent *Die blassgrüne Puppenhaut des Monarchfalters wird durchsichtig, wenn der Falter zum Ausschlüpfen bereit ist.*

WANDERUNGEN

Ein Monarchfalter (*Danaus plexippus*) legt in seinem neun Monate dauernden Leben über 2900 km zurück. Im Herbst ziehen Millionen Monarchfalter nach Süden in ihre Winterquartiere in Kalifornien und Mexiko. Hier überwintern sie in großen Ansammlungen auf Bäumen. Im Frühjahr treten sie die Rückreise nach Norden an, wobei sie Eier legen und sterben. Die neue Generation fliegt in die sommerlichen Nahrungsgründe.

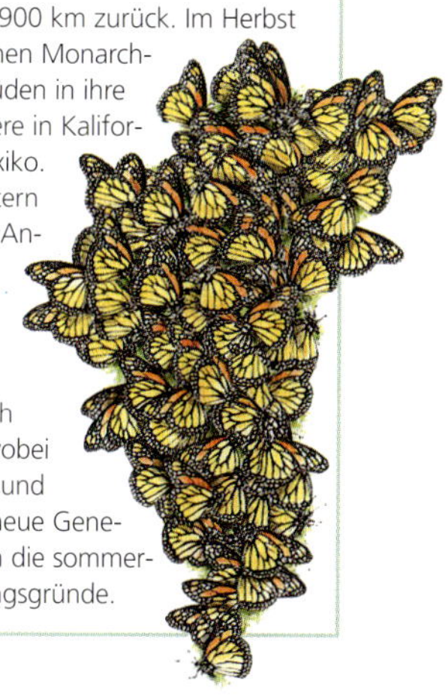

Hautflügler

STAMM	Arthropoda
UNTERSTAMM	Hexapoda
KLASSE	Insecta
ORDNUNG	Hymenoptera
FAMILIEN	91
ARTEN	198 000

Wie der Name schon signalisiert, besitzen die meisten Arten dieser Ordnung, zu der Bienen, Wespen, Ameisen und Pflanzenwespen zählen, zwei Paar häutige Flügel. Obwohl viele dieser Tiere Einzelgänger sind, leben einige Bienenarten und alle Ameisenarten in komplex strukturierten Gesellschaften mit Tausenden oder Millionen von Individuen, die verschiedenen Kasten oder Hierarchien angehören und spezielle Aufgaben erfüllen. Viele der nützlichsten Insekten der Welt sind Hautflügler. Bienen und einige Wespen spielen eine sehr wichtige Rolle bei der Bestäubung von Nutz- und Wildpflanzen. Honigbienen wurden zum Erzeugen von Honig und Wachs domestiziert.

Beißen und stechen Trotz ihrer enormen Zangen ernähren sich adulte Bulldogameisen vor allem von Nektar und Pflanzensäften, aber zum Füttern der Jungen fangen sie Insekten. Mit einem Stachel am Hinterleib überwältigen sie Beute und wehren Feinde ab.

Die Larve der Nähfliege

Gemeine Kiefernbuschhornblattwespe
Diprion pini, Familie Diprionidae

Legt die Eier in Kiefernnadeln ab

Nähfliege
Arge ochropus, Familie Argidae

Blütennahrung Honigbienen werden von Farbe und Duft der Blüten angelockt. Mit ihrem Rüssel saugen sie den Nektar, der im „Honigmagen" gelagert und später ausgewürgt wird. Haare an den Hinterbeinen bilden die Pollenhöschen, die dazu dienen, den Pollen zum Bienenstock zu tragen.

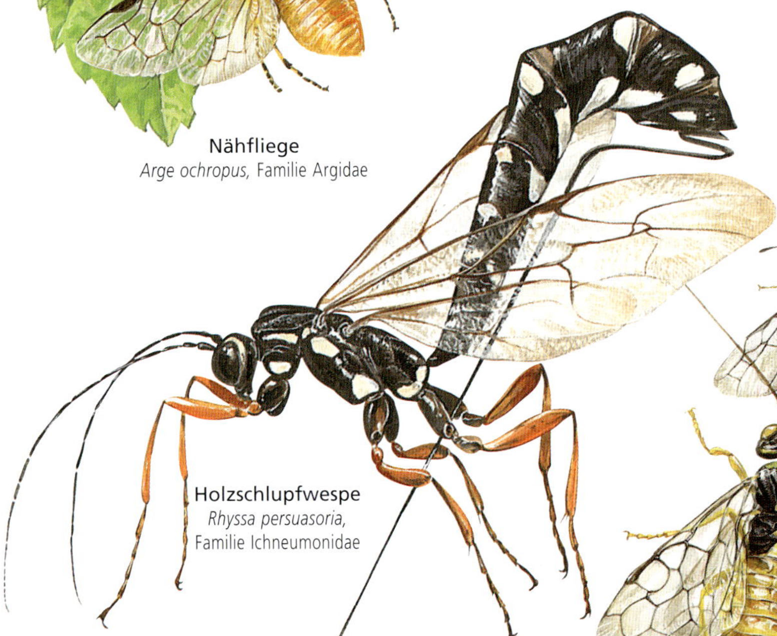

Holzschlupfwespe
Rhyssa persuasoria, Familie Ichneumonidae

Das Weibchen der Holzschlupfwespe bohrt seine Legeröhre in Holz, um seine Eier in den Larven anderer holzbohrender Insekten abzulegen

Getreidehalmwespe
Cephus pygmaeus, Familie Cephidae

Gemeine Fichtengespinstblattwespe
Cephalcia abietis, Familie Pamphiliidae

Die Stachelbeerblattwespen-Larve kann einen Strauch total entblättern

Gelbe Stachelbeerblattwespe
Nematus ribesii, Familie Tenthredinidae

AUSSEHEN UND LEBEN

Die Hinterflügel der Hautflügler sind durch winzige Haken mit den größeren Vorderflügeln verbunden, damit sie synchron schlagen. Die primitiveren Pflanzenwespen haben nicht die schmale Taille, die Thorax und Abdomen bei Bienen, Wespen und Ameisen trennt.

Die Mundwerkzeuge können beißen und/oder saugen. Pflanzenwespen, Gallwespen und einige Ameisen und Bienen sind Pflanzenfresser, die meisten anderen Arten leben räuberisch oder parasitisch. Bei vielen ist die Legeröhre des Weibchens (Ovipositor) umgewandelt. Pflanzenwespen bohren damit Pflanzenstängel an und legen ihre Eier hinein. Bienen, Wespen und Ameisen benutzen sie oft, um damit Feinde oder Beutetiere zu stechen.

Weibliche Hautflügler legen ihre Eier in Erde, Pflanzen, Nester, Bienenstöcke oder in Wirte (Insekten). Bei vielen Arten bestimmt das Weibchen, ob die Eier befruchtet werden. Aus unbefruchteten Eiern schlüpfen männliche Larven, aus befruchteten weibliche. Bei einzelgängerischen Arten schlüpfen die Larven in der Nähe der Nahrungsquelle und entwickeln sich unabhängig. Bei Staaten bildenden Arten sind sie auf die ständige Pflege durch Adulte angewiesen. Die Entwicklung erfolgt über eine vollständige Metamorphose. Die Larven verpuppen sich in einem Kokon.

Pelecinus polyturator, Familie Pelecinidae

Gemeine Goldwespe
Chrysis ignita, Familie Chrysididae

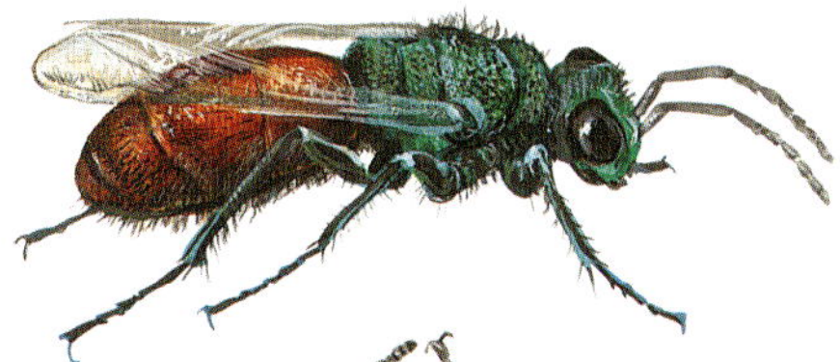

Eichenschwamm-Gallwespe
Biorrhiza pallida, Familie Cynipidae

Eine Generation, die nur Weibchen umfasst, wechselt ab mit einer Männchen-Weibchen-Generation

Megascolia maculata, Familie Scoliidae

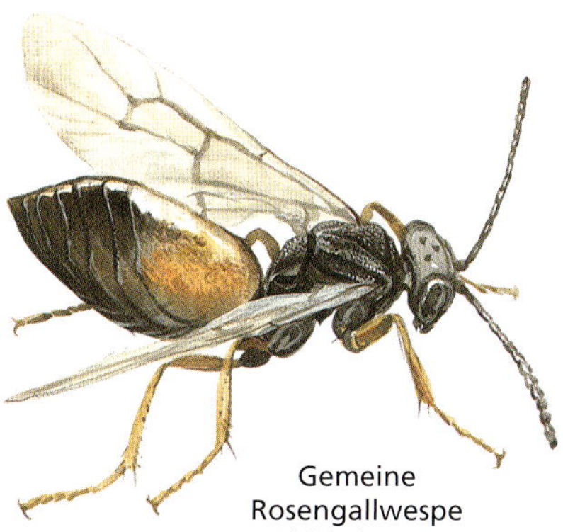

Gemeine Rosengallwespe
Diplolepis rosae, Familie Cynipidae

Blutlauszehrwespe
Aphelinus mali, Familie Aphelinidae

Bruchophagus gibbus, Familie Eurytomidae

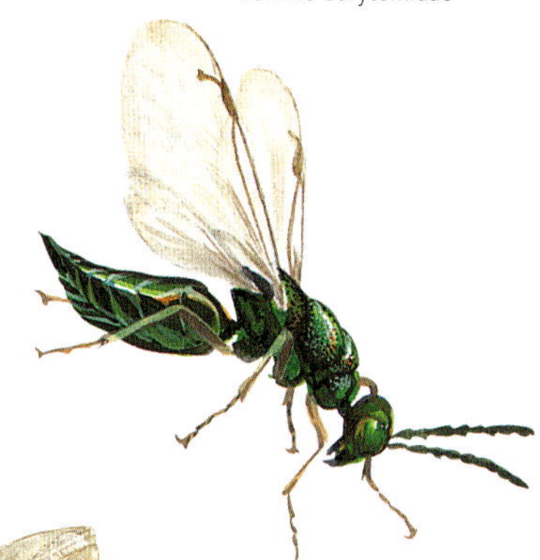

Langstachelige Rosenerzwespe
Torymus bedeguaris, Familie Torymidae

Torymus bedeguaris ist ein Parasit der gallbildenden Insekten

Sichelwespe
Ophion luteus, Familie Ichneumonidae

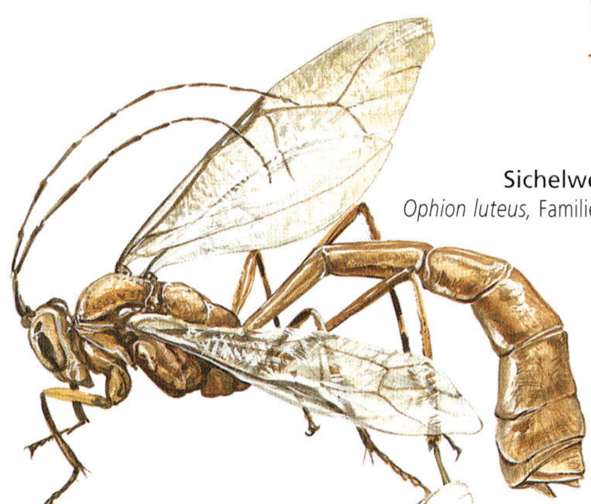

Eucharis adscendens, Familie Eucharitidae

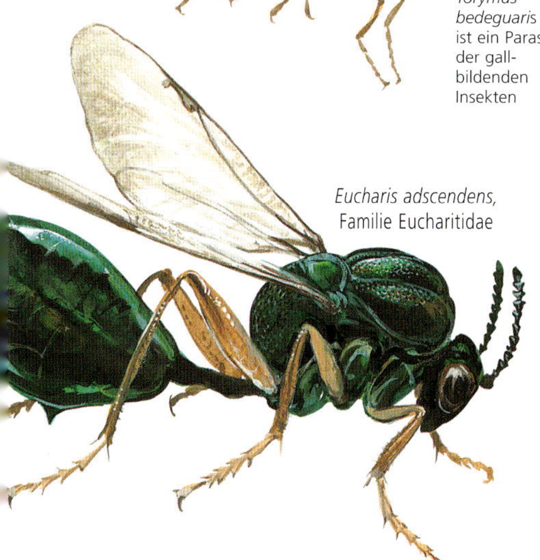

Hungerwespe
Evania appendigaster, Familie Evaniidae

AUF EINEN BLICK

Familie Chrysididae (Goldwespen) Die Arten dieser Familie legen ihre Eier in die Nester von Bienen, Wespen oder anderen Insekten ab. Die Goldwespen-Larven ernähren sich von den Larven im Nest oder von der für diese vorgesehenen Nahrung. Als Schutz vor den Stichen der Wirtsinsekten haben die Goldwespen ein hartes Exoskelett sowie einen biegsamen Körper, der sich zu einem Ball zusammenrollen kann.

Arten 3000

Weltweit; nahe der Blüten-/Insekten-Wirte

Parasitische Lebensweise *Die meisten Goldwespen legen ihre Eier in die Nester anderer Wespen und Bienen; einige Arten parasitieren in Pflanzenwespen, Seidenspinnern und Stabschrecken.*

Familie Scoliidae (Dolchwespen) Die adulten Insekten ernähren sich von Nektar und Pollen, ihre Larven sind Parasiten. Das Weibchen gräbt sich zu einer unterirdisch lebenden Blatthornkäferlarve vor und lähmt sie mit einem Stich, dann legt sie ein Ei auf der Käferlarve ab. Diese dient der Wespenlarve als Nahrung und stirbt, sobald sich die Wespenlarve verpuppt.

Arten 8000

Weltweit; nahe von Blatthornkäfern

Bunt *Dolchwespen wie* Scolia procera *sind relativ große Insekten mit einem behaarten Körper, der oft farbenprächtige Muster hat.*

Familie Cynipidae (Gallwespen) Diese meist unscheinbaren Insekten sind kleiner als 5 mm. Das Weibchen legt seine Eier auf Eichen und anderen Bäumen ab, wo die Larven schlüpfen und einen Speichel produzieren, der die Pflanze zur Bildung einer schützenden Galle anregt. Von dieser Galle ernähren sich die Larven, bis sie als Adulte durch kleine Löcher schlüpfen. Jede Art bildet eine charakteristische Galle.

Arten 1400

Vorw. auf der Nordhalbkugel; auf Bäumen

Rosengallen *Rosengallwespen-Larven entwickeln sich aus unbefruchteten – in Rosenbüschen abgelegten – Eiern. Etwa 50 Larven leben in den roten Haaren, aus denen jede Galle besteht.*

EMSIGER STAAT

Das Sozialleben der Honigbiene (Gattung *Apis*) gehört zu den komplexesten im Tierreich. Eine Königin kann bis zu 1500 Eier pro Tag legen. Die befruchteten entwickeln sich zu Arbeiterinnen oder Königinnen, unbefruchtete zu Drohnen. Die Arbeiterinnen füttern die Larven, bis diese sich verpuppen. Hat ein Staat die optimale Größe erreicht, fliegt die alte Königin mit Tausenden von Arbeiterinnen aus und gründet einen neuen Staat. Die erste neu geschlüpfte Königin regiert dann das alte Nest.

Nahaufnahme Diese elektronenmikroskopische Aufnahme zeigt die großen Komplexaugen einer Honigbiene. Jedes Auge besteht aus über 4000 Linsen. Zwischen den Augen befinden sich zwei Antennen.

Im Bienenstock Alle Drohnen und Arbeiterinnen in einem Stock (unten) sind Nachkommen der Königin, deren einzige Aufgabe das Eierlegen ist. Drohnen sind Männchen und nur dazu da, sich mit der Königin zu paaren. Arbeiterinnen sammeln Nahrung, halten den Stock instand und füttern die Königin und ihre Jungen. In Drüsen ihres Kopfes wird Gelee royal für die Larven produziert. Arbeiterinnen erzeugen auch Honig, indem sie Nektar auswürgen und in Zellen füllen, die sie mit Wachs verschließen.

Bienenjunge Arbeiterinnen füttern die Larven, die sich in wasserdichten Wachszellen entwickeln. Die Larven (oben) verwandeln sich zu Puppen und schlüpfen als Adulte.

Schwarm Die Königin verlässt mit bis zu 70 000 Arbeiterinnen ihren alten Stock, um einen neuen Staat zu bilden. Der Schwarm wartet irgendwo, bis Kundschafter einen guten Standort für das neue Nest gefunden haben.

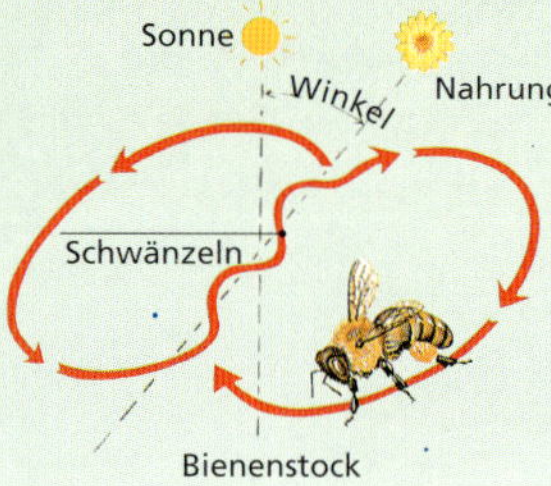

Schwänzeltanz Eine Arbeiterin vollführt einen Tanz in Form einer 8, um Informationen über eine Nahrungsquelle mitzuteilen. Die Schwänzelrate zeigt die Entfernung an, während die Richtung durch den Winkel des Tanzes zur Sonne vermittelt wird.

Königin *Sie ist die größte Biene im Stock und kann bis zu fünf Jahre alt werden.*

Arbeiterinnen *Sie sind Weibchen, die keine Eier legen können und nur wenige Wochen leben.*

Larvenzelle *Aus den meisten Larven schlüpfen Arbeiterinnen. Die Larven werden erst mit Gelee royal, dann mit Pollen und Honig gefüttert. Die Königin verzehrt ausschließlich Gelee royal.*

Anthophora parietina, Familie Anthophoridae

Furchenbienen bauen in einer Erdhöhle ein wabenartiges Nest

Vierbindige Furchenbiene
Halictus quadricinctus, Familie Halictidae

Seidenbienen teilen sich oft ein Bodennest, es gibt aber weder eine Zusammenarbeit noch eine Königin

Weidenseidenbiene
Colletes cunicularius, Familie Colletidae

Blaue Holzbiene
Xylocopa violacea, Familie Anthophoridae

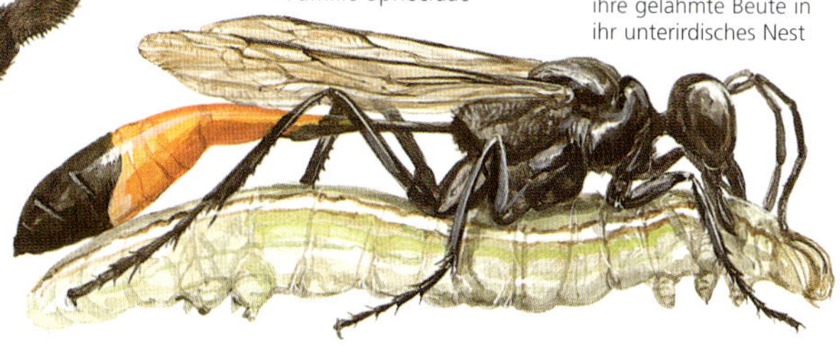

Gemeine Sandwespe
Ammophila sabulosa, Familie Sphecidae

Sandwespen tragen ihre gelähmte Beute in ihr unterirdisches Nest

Die Mauerbiene baut ihr Nest in ein leeres Schneckengehäuse

Zweifarbige Mauerbiene
Osmia bicolor, Familie Megachilidae

Steinhummel
Bombus lapidarius, Familie Apidae

Die Steinhummel-Kolonien gehen im Herbst zugrunde, nur die jungen verpaarten Weibchen überleben und gründen im Frühjahr neue Kolonien

Die Feldwespe baut ihr Nest aus einer papierähnlichen Masse, für die das Tier Holzpartikel abschabt und mit Drüsensekreten vermischt

Gemeine Wespe
Vespula vulgaris, Familie Vespidae

Gallische Feldwespe
Polistes gallicus, Familie Vespidae

Pillenwespe
Eumenes pomiformis, Familie Eumenidae

AUF EINEN BLICK

Familie Sphecidae (Grabwespen) Hierzu zählen Arten wie Kotwespe, Sandwespe oder Bienenwolf. Die weibliche Grabwespe lähmt einen Gliederfüßer mit einem Stich und bringt ihn in ihr Nest, wo ihre Larven später von dessen Körper fressen. Die meisten Arten legen unterirdische Nester an, einige benutzen Pflanzenstängel oder verrottendes Holz oder bauen Zellreihen aus Schlammkügelchen.

Arten 8000

Weltweit; häufig in sandigem Boden

Einsame Jäger *Der weibliche Bienenwolf (*Philanthus triangulum*) trägt gelähmte Honigbienen in seine Sandhöhle.*

Familie Apidae (Honigbienen, Hummeln und stachellose Bienen) Diese Tiere leben in Staaten, die sich um eine Königin bilden. Arbeiterinnen suchen Nektar und Pollen, um damit im Nest die Königin und die Larven zu füttern. Während Honigbienen ihre Nester häufig an Bäumen befestigen, legen Hummeln sie meistens im Boden an.

Arten 1000

Weltweit; in der Nähe von Blüten

Wilde Bienen *Fühlt sich eine Kolonie der Riesenhonigbiene (*Apis dorsata*) gestört, kann sie einen Menschen zu Tode stechen.*

Familie Vespidae (Faltenwespen) Hierzu gehören die Staaten bildenden und einige einzeln lebende Wespen. Hornissen, Faltenwespen und Feldwespen bauen ihre Nester aus zerkautem Holz und Speichel. Meist stirbt das Volk im Spätherbst. Nur einige befruchtete Königinnen überwintern und gründen im Frühjahr neue Kolonien.

Arten 4000

Weltweit

Selbstopferung *Um das Nest zu verteidigen, stechen die Arbeiterinnen der sozialen Wespe* Brachybastra lecheguana *den Angreifer. Sie können sogar sterben, falls der Stachel aus dem Hinterleib gerissen wird.*

AUF EINEN BLICK

Familie Formicidae (Ameisen) Die Mitglieder dieser Familie sind soziale Insekten – ein Grund für ihren außerordentlichen Daseins- und Überlebens-Erfolg. In einem Nest können zwischen knapp 50 und über eine Million Individuen leben. Die Nester bestehen aus Sand, Zweigen oder Kies und können ober- oder unterirdisch angelegt sein. Einige Arten stechen zur Selbstverteidigung, andere verspritzen die allbekannte Ameisensäure. Viele Ameisen-Arten sind Allesfresser, einige haben sich auf bestimmte Pflanzen oder auf den von Blattläusen erzeugten Honigtau spezialisiert.

Arten 10 000

Weltweit, ausgenommen sehr kalte Regionen

Winzige Diebe *Die winzige Knotenameise* Solenopsis fugax *schleicht sich in Nester anderer Ameisen, um Futter zu stehlen.*

Schnappfalle *Die Schnappkiefer-Ameise* Odontomachus haematodes *hält ihre großen Mandibeln meistens weit geöffnet, kann sie aber blitzschnell schließen, um Beute zu fangen.*

AMEISENSTAAT

Alle Ameisenstaaten haben eine Königin, Arbeiterinnen und Männchen. Zur Bildung neuer Staaten verlassen geflügelte Weibchen und Männchen das Nest und paaren sich. Die Männchen sterben, die Weibchen werfen die Flügel ab und beginnen als Königinnen Eier zu legen.

Königin *Nach Gründung eines Staates ist das Eierlegen die einzige Aufgabe der Königin. Ihr Thorax und ihr Hinterleib sind groß.*

Männchen *Sie entstehen aus unbefruchteten Eiern, leben nur kurz und ihre einzige Funktion ist das Befruchten der jungfräulichen Königin.*

Soldat *Bei einigen Arten dienen große Arbeiterinnen mit enormen Köpfen als Soldaten. Sie verteidigen den Staat gegen Eindringlinge.*

Arbeiterin *Der größte Teil des Staats besteht aus Arbeiterinnen, die Nahrung sammeln, die Königin, Eier und Larven pflegen und das Nest instand halten.*

Myrmica laevinodis,
Familie Formicidae

Myrmica laevinodis frisst den Honigtau der Blattläuse und bietet diesen im Gegenzug Schutz vor Fressfeinden

Myrmecocystus hortideorum,
Familie Formicidae

Bei den Honigameisen der Gattung *Myrmecocystus* gibt es Ameisen – Honigtöpfe genannt –, die in ihrem Abdomen Nahrung lagern und mit den Beinen an der Decke des Kolonienestes hängen

Arbeiterin der Roten Waldameise

Rote Waldameise

Formica rufa, Familie Formicidae

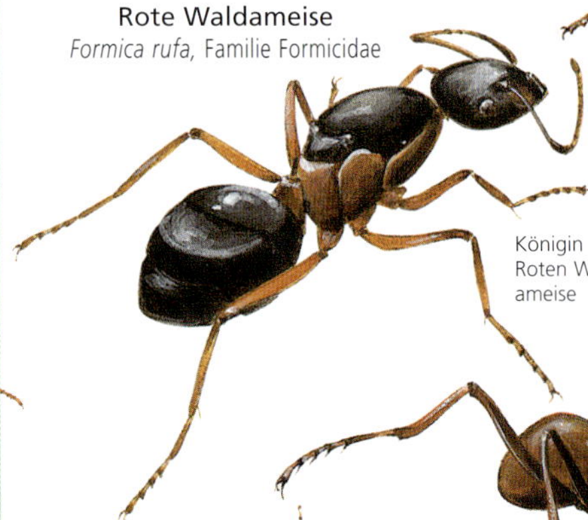

Königin der Roten Waldameise

Männchen der Roten Waldameise

Die Arbeiterinnen von Blattschneiderameisen wie *Atta sexdens* tragen Blattstücke, die dreimal schwerer sind als sie selbst

Atta sexdens, Familie Formicidae

Pharao-Ameise

Monomorium pharaonis,
Familie Formicidae

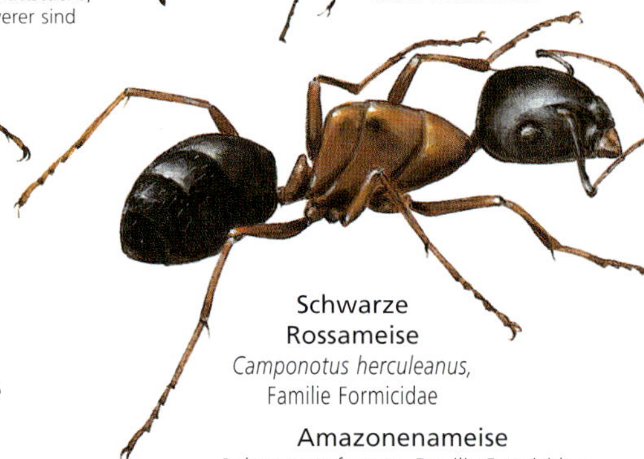

Schwarze Rossameise

Camponotus herculeanus,
Familie Formicidae

Dinoponera grandis,
Familie Formicidae

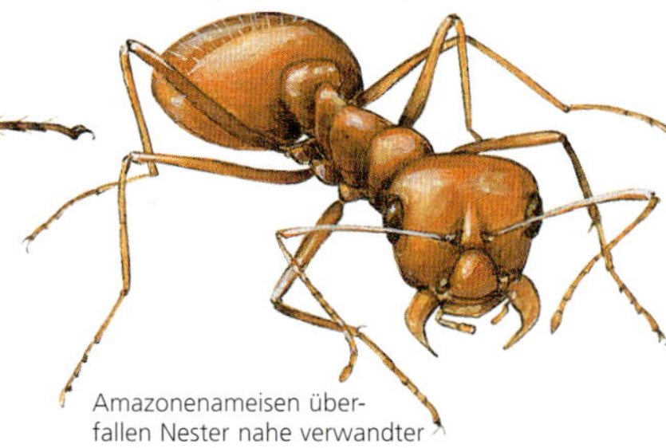

Amazonenameise

Polyergus rufescens, Familie Formicidae

Amazonenameisen überfallen Nester nahe verwandter Arten, um Puppen zu stehlen und sie im eigenen Nest als Arbeiterinnen zu versklaven

Myrmecia forficata,
Familie Formicidae

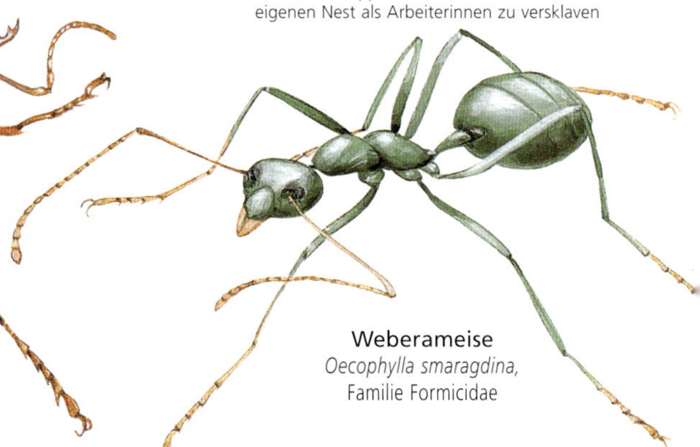

Weberameise

Oecophylla smaragdina,
Familie Formicidae

Andere Insekten

STAMM	Arthropoda
UNTERSTAMM	Hexapoda
KLASSE	Insecta
ORDNUNGEN	19*
FAMILIEN	218*
ARTEN	> 30 000*

** Die Anzahl bezieht sich nur auf die in diesem Abschnitt angesprochenen „Anderen Insekten".*

Die restlichen 19 Ordnungen der Insekten, von denen 16 hier vorgestellt werden, sind sehr unterschiedlich. Zu ihnen gehören primitive, flügellose Formen wie Silberfischchen und Felsenspringer, Säugetierparasiten wie Flöhe und Läuse, Insektenparasiten wie Fächerflügler, Pflanzenschädlinge wie Fransenflügler und Insekten, die ihr Leben großteils im Wasser verbringen wie Eintagsfliegen, Köcherfliegen, Steinfliegen und Schlammfliegen. Stabschrecken und Wandelnde Blätter sind Pflanzenfresser. Bodenläuse, Kamelhalsfliegen, Ameisenjungfern, Florfliegen und Mückenhafte ernähren sich von anderen Wirbellosen. Grillenschaben, Tarsen, Ohrwürmer, Staubläuse und Schnabelfliegen verwerten organische Abfälle.

Ohrwürmer Die zur Ordnung Dermaptera gehörenden kleinen, abgeplatteten Insekten ernähren sich von organischem Abfall. Die mächtigen „Zangen" am Hinterleib dienen u. a. der Verteidigung. Die Weibchen bewachen ihre Eier und frischgeschlüpften Larven.

Tarsen Neben den Tanzfliegen sind die Tarsen (Ordnung Embioptera) die einzigen Insekten mit Spinndrüsen in den Beinen. Sie bauen mit ihrer Seide ein Netzwerk aus Tunneln und Nestern. Die Nachkommen durchlaufen eine unvollständige Metamorphose mit Nymphen, die wie Adulte aussehen.

Kamelhalsfliege
Raphidia notata,
Ordnung Raphidioptera

Riesengespenstschrecke
Eurycantha horrida, Ordnung Phasmatodea

Wandelndes Blatt
Phyllium siccifolium,
Ordnung Phasmatodea

Silberfischchen
Lepisma saccharina,
Ordnung Thysanura

Felsenspringer
Machilis helleri,
Ordnung Archaeognatha

AUF EINEN BLICK

Ordnung Thysanura Hierzu gehören die Silberfischchen. Es sind flugunfähige Tiere mit langen Fühlern am Kopf und drei „Schwänzen" am Hinterleib. Silberfischchen schlüpfen aus Eiern, die in Spalten in der Nähe von Nahrungsquellen abgelegt werden.

Arten 370

Weltweit; in Bäumen, Höhlen, Häusern

***Hausgast** Das Ofenfischchen (*Lepismodes iniquilinus*) lebt oft in Häusern, wo es sich von Papier, Bücherleim, gestärkter Kleidung und trockenen Lebensmitteln ernährt.*

Ordnung Phasmatodea Die Tarnung der Stabschrecken und Wandelnden Blätter ist hervorragend. Sie fressen auf Blättern. Die meisten Arten sind flügellos. Bei denen mit Flügeln sind diese nur bei Männchen voll entwickelt und funktionsfähig. Viele Weibchen produzieren Nachkommen aus unbefruchteten Eiern.

Arten 3000

Weltweit; vor allem in den Tropen an Pflanzen

***Gut getarnt** Bei Gefahr sitzen Stabschrecken wie *Bacillus rossii* stundenlang unbeweglich oder schaukeln wie ein Ast im Wind.*

AUF EINEN BLICK

Ordnung Ephemeroptera Eintagsfliegen leben als Adulte sehr kurz, oft nur einen Tag. Die Männchen bilden Schwärme, aus denen sich die Weibchen ihren Partner wählen. Eier werden im/am Wasser abgelegt, die Nymphen leben im Wasser. An Land häuten sie sich über ein geflügeltes Stadium zu Adulten. Eintagsfliegen sind die einzigen Insekten, die sich häuten, wenn sie schon Flügel haben.

Arten 2500

Weltweit; in Süß- und Brackwasser

Im Flug *Eintagsfliegen paaren sich im Flug, wobei das Männchen mit seinen langen Vorderbeinen das Weibchen festhält.*

Ordnung Megaloptera Die Schlammfliegen verbringen die meiste Zeit ihres Lebens als räuberische Larven im Wasser. Sie gehen an Land, um sich zu verpuppen, und schlüpfen als geflügelte Insekten aus, die nicht fressen und nur kurz leben, um sich fortzupflanzen. Die Eier werden auf Steinen und Pflanzen an Teichen oder Bächen abgelegt.

Arten 300

Weltweit; in Süßwasser

Toebiter *Die Larve der Schlammfliege* Archichauliodes sp. *heißt im Volksmund Zehenbeißer. Sie atmet durch beinähnliche Kiemen entlang des Abdomens.*

Ordnung Phthiraptera Die parasitischen Tierläuse sind winzige, flügellose Insekten, die sich aus geflügelten Vorfahren entwickelt haben. Sie fressen auf Vögeln und Säugetieren und können ohne ihren Wirt nicht lange überleben. Läuse können nur auf einen neuen Wirt gelangen, wenn zwei Tiere der Wirtsart miteinander in Kontakt kommen. Die meisten Läuse sind auf eine bestimmte Tierart spezialisiert.

Arten 5500

Weltweit; auf Vögeln oder Säugetieren

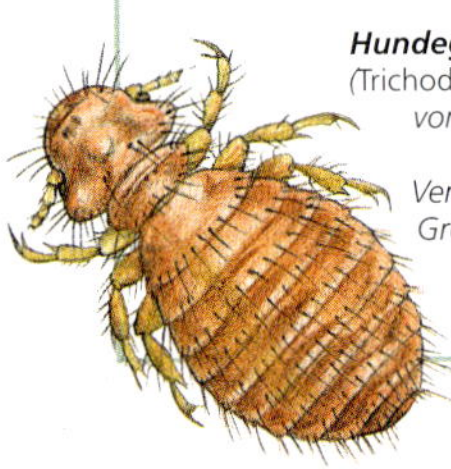

Hundegast *Der Hundehaarling* (Trichodectes canis) *ernährt sich von Haaren, Haut und Blut von Hunden und deren Verwandten. Wegen seiner Greifklauen an den Beinen lässt er sich nur schwer entfernen.*

Gemeine Eintagsfliege
Ephemera vulgata, Ordnung Ephemeroptera

Die Nymphen der Gemeinen Eintagsfliege graben sich in sandigen Flussbetten ein und atmen durch Kiemen am Hinterleib

Gemeine Wasserflorfliege
Sialis lutaria,
Ordnung Megaloptera

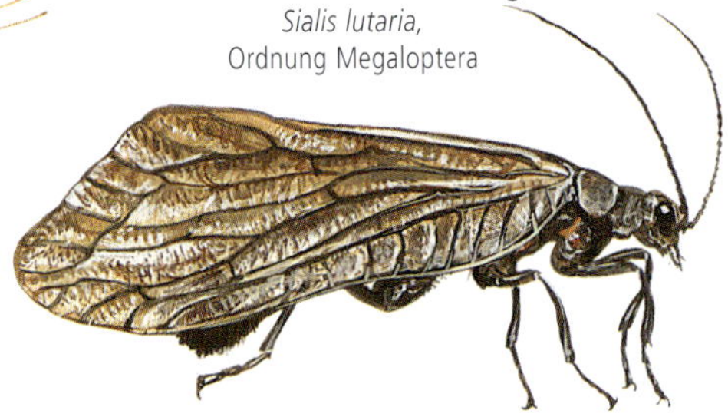

Der 2 mm lange Getreidethrips befällt bevorzugt Weizen und Hafer

Getreideblasenfuß (Getreidethrips)
Limothrips cerealium,
Ordnung Thysanoptera

Ectopsocus briggsi,
Ordnung Psocoptera

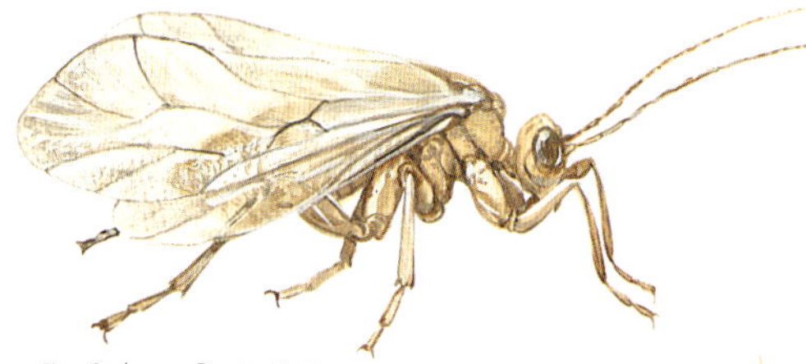

Zur Ordnung Psocoptera gehören die Rinden- und die Bücherlaus

Die Bücherlaus ernährt sich von Papierleim und gelagertem Getreide

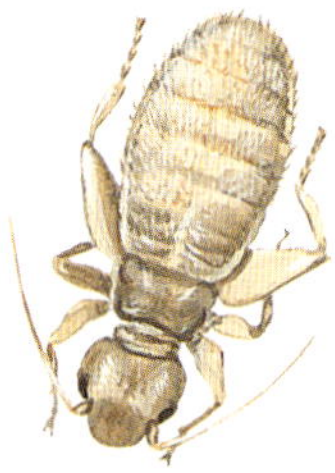

Bücherlaus
Liposcelis divinatorius,
Ordnung Psocoptera

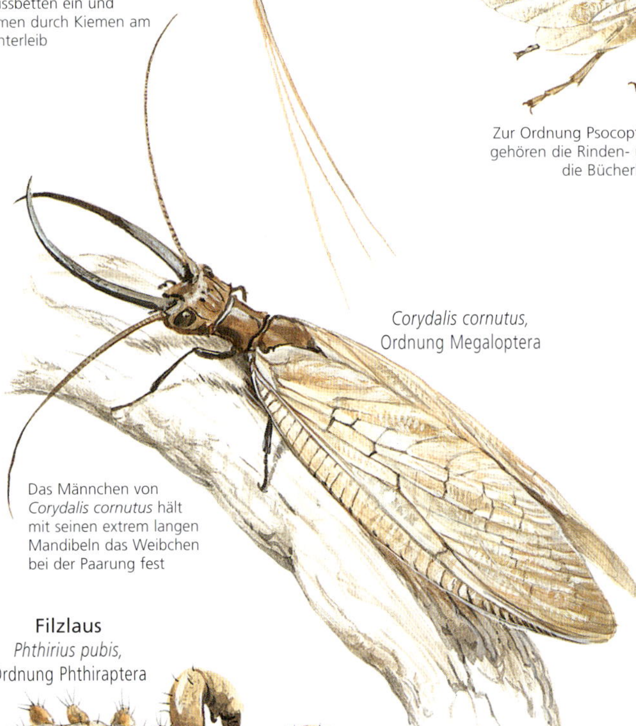

Corydalis cornutus,
Ordnung Megaloptera

Das Männchen von *Corydalis cornutus* hält mit seinen extrem langen Mandibeln das Weibchen bei der Paarung fest

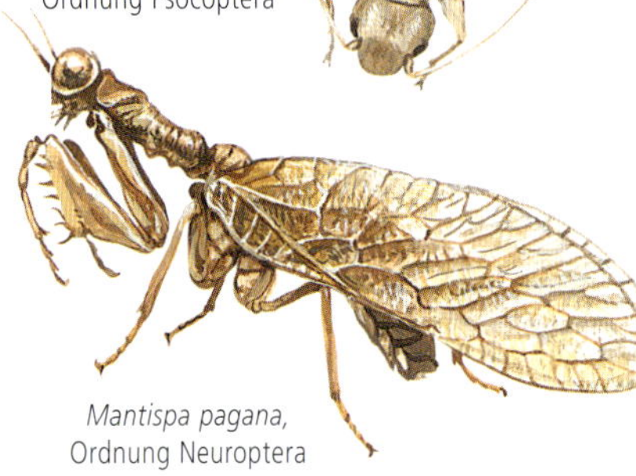

Mantispa pagana,
Ordnung Neuroptera

Filzlaus
Phthirius pubis,
Ordnung Phthiraptera

Die Filzlaus lebt als Parasit auf Menschen und Gorillas

Menschenfloh
Pulex irritans, Ordnung Siphonaptera

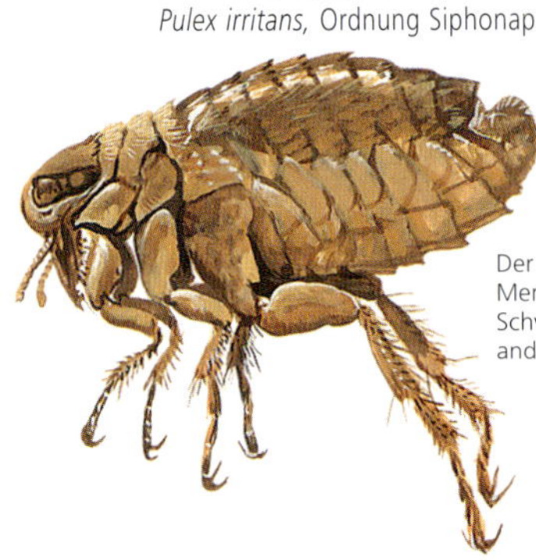

Der Menschenfloh befällt Menschen, aber auch Schweine, Ziegen und andere Säugetiere

Kopflaus
Pediculus capitis,
Ordnung Phthiraptera

Gewöhnliche Ameisenjungfer
Palpares libelluloides, Ordnung Neuroptera

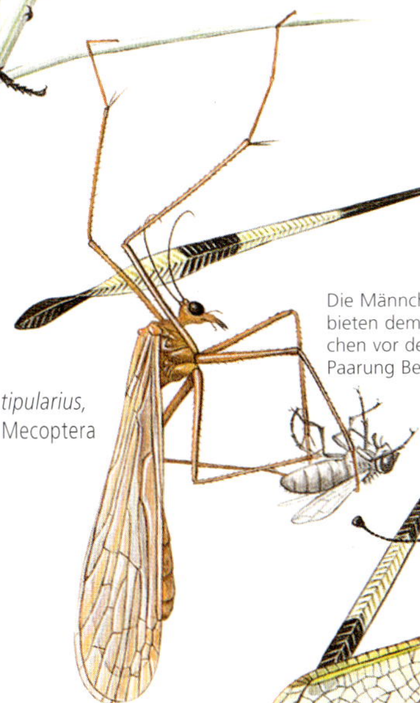

Bittacus tipularius, Ordnung Mecoptera

Die Männchen bieten dem Weibchen vor der Paarung Beute an

Fadenhaft
Nemoptera sinuata, Ordnung Neuroptera

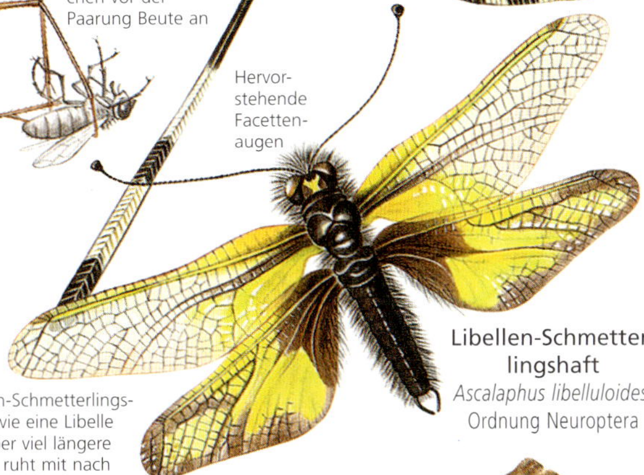

Hervorstehende Facettenaugen

Libellen-Schmetterlingshaft
Ascalaphus libelluloides, Ordnung Neuroptera

Der Libellen-Schmetterlingshaft sieht wie eine Libelle aus, hat aber viel längere Fühler und ruht mit nach hinten gefalteten Flügeln

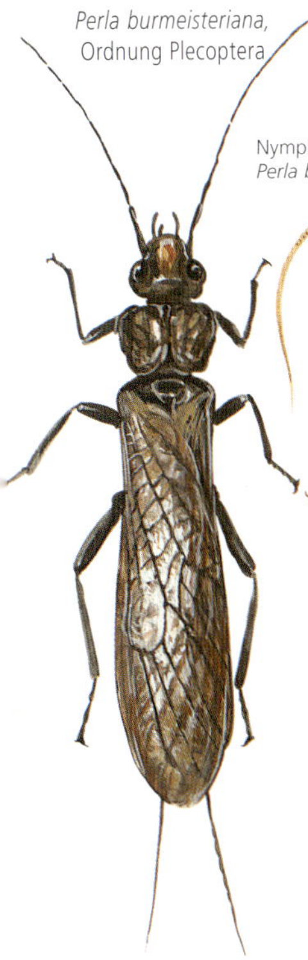

Perla burmeisteriana, Ordnung Plecoptera

Nymphe der Steinfliegen-Art *Perla burmeisteriana*

Große Köcherfliege
Phryganea grandis, Ordnung Trichoptera

Die Larve der Köcherfliege *Enoicyla pusilla* lebt an Land im Falllaub, ihr Köcher besteht aus Sand

Schneefloh
Boreus hyemalis, Ordnung Mecoptera

Enoicyla pusilla, Ordnung Trichoptera

Die Larve frisst Kriebelmückenlarven

Bergbachköcherfliege
Rhyacophila nubila, Ordnung Trichoptera

Wie viele andere Köcherfliegen-Larven lebt die Larve von *Rhyacophila nubila* im Wasser und wird von einem Köcher geschützt

Die grüne Larve dieser Florfliegen-Art frisst Blattläuse und Milben

Gemeine Florfliege
Chrysopa vulgaris, Ordnung Neuroptera

AUF EINEN BLICK

Ordnung Neuroptera Die Netzflügler haben auf ihren Flügeln ein kompliziert verzweigtes Adersystem. Die meisten leben als Larven und Adulte räuberisch. Florfliegenlarven fressen Blattläuse, Milben und Schildläuse. Ameisenlöwenlarven leben im Sand und ernähren sich von Ameisen. Schmetterlingshafte jagen im Laub am Boden nach Wirbellosen. Schwammfliegenlarven leben im Süßwasser und fressen nur Schwämme.

Arten 4000

Weltweit; meist in der Nähe von Vegetation

Trichterfalle *Die Larve der Ameisenjungfer, (Ameisenlöwe genannt) gräbt Trichter in den losen Sand, um Ameisen zu fangen.*

Ordnung Mecoptera Hierzu zählen die Skorpionsfliegen, bei denen das Männchen sich bei der Paarung mit seinem großen Schwanz am Weibchen festhält, und die Schnabelfliegen, die zum Jagen und zur Paarung von Blättern herabhängen. Das Männchen bietet dem Weibchen als Hochzeitsgeschenk Beute oder eine Speichelkugel an, die dieses während der Kopulation verzehrt.

Arten 500

Weltweit; nahe feuchter Vegetation

Ohne Stachel *Das Männchen der Gemeinen Skorpionsfliegen* (Panorpa communis) *ist harmlos, obwohl der mächtige „Schwanz" an den Stachel eines Skorpions erinnert.*

Ordnung Plecoptera Die Nymphen der Steinfliegen zeigen die Wasserqualität von Bächen an. Sie leben gänzlich im Wasser und können nur in kühlen, sauberen Fließgewässern mit hohem Sauerstoffgehalt überleben. Nachdem sie sich bis zu 30-mal gehäutet haben, kriechen sie aus dem Wasser und schlüpfen als geflügelte Adulte aus.

Arten 3000

Weltweit außer Australien; an Fließgewässern

Nahrungsstrategie *Während adulte Steinfliegen der Gattung* Perla *überhaupt nicht fressen, ernähren sich ihre im Wasser lebenden Larven räuberisch von anderen Larven.*

Insektenähnliche

STAMM	Arthropoda
UNTERSTAMM	Hexapoda
KLASSEN	3
ORDNUNGEN	5
FAMILIEN	31
ARTEN	8300

Hexapoden sind Gliederfüßer mit sechs Beinen und einem dreigeteilten Körper bestehend aus Kopf, Thorax und Abdomen. Die meisten Hexapoden sind Insekten, aber es gibt noch drei weitere Klassen: Springschwänze (Collembola), Beintastler (Protura) und Doppelschwänze (Diplura). Diese winzigen Kreaturen leben im Boden und Falllaub und werden zwischen 0,5 mm und 3 cm lang. Sie sind an ihren Mundwerkzeugen, die in den Kopf eingezogen werden, von den Insekten zu unterscheiden. Wie die primitivsten Insekten, die Silberfischchen und Borstenschwänze, haben sich diese winzigen Bodenbewohner aus geflügelten Vorfahren entwickelt und häuten sich ihr Leben lang.

Überall Springschwänze leben im Süßwasser, an Meeresküsten und in fast allen Lebensräumen an Land, einschließlich Wüsten und Polarzonen. Sie fressen vorwiegend Mikroorganismen. Manche sind mit Haaren (oben) oder Schuppen bedeckt.

PRIMITIVE HEXAPODEN

Die Springschwänze haben ein gegabeltes Organ am Hinterleib (Sprunggabel), mit dem sie bei Gefahr um das 100fache ihrer Körperlänge nach vorne springen können. Sie gehören in manchen Grashabitaten mit bis zu 750 Millionen Individuen pro Hektar zu den häufigsten Tieren.

Beintastler wurden erst 1907 entdeckt. Mit einer Länge von weniger als 2 mm sind sie kaum zu erkennen. Sie leben im Boden und in der Laubstreu, wo sie sich von Pilzen und verrottendem Material ernähren. Die primitivsten Hexapoden besitzen weder Augen noch Fühler, stattdessen übernehmen die Vorderbeine sensorische Funktionen. Die Beine werden nach vorne gestreckt und nicht zum Laufen benutzt. Mit jeder Häutung bekommen die Beintastler ein weiteres Hinterleibssegment.

Doppelschwänze haben keine Augen, sie ertasten sich den Weg in Erde oder Laubstreu mit langen Fühlern und zwei schwanzartigen, als Cerci bezeichneten Strukturen. Bei einigen fleischfressenden Arten sind die Cerci zu kräftigen Zangen umgewandelt, mit denen sie andere Bodenbewohner fangen. Andere Arten ernähren sich von Pilzen und organischen Abfällen. Doppelschwänze können Körperteile, z. B. Beine und Fühler, regenerieren.

Entomobrya superba,
Klasse Collembola

Die Beine der an der Bodenoberfläche lebenden Springschwänze sind oft sehr lang

Die Sprunggabel (Furcula), die am vierten Segment des Körpers sitzt, wird in Ruhestellung nach vorne geklappt

Eosentomon ribagai,
Klasse Protura

Die Art ist an Kälte angepasst und häufig an feuchten Plätzen, in der Erde oder im Schnee zu finden

Isotoma viridis,
Klasse Collembola

Wird bis zu 2 mm lang und lebt auf der Oberfläche von Teichen

Sminthurus aquaticus,
Klasse Collembola

Hypogastrura sp.
Klasse Collembola

Riesenspringschwanz
Tetrodontophora bielanensis,
Klasse Collembola

Der bis zu 9 mm lange Riesenspringschwanz hat seine Sprungfähigkeit verloren. Zur Abwehr von Fressfeinden sondert er chemische Stoffe ab

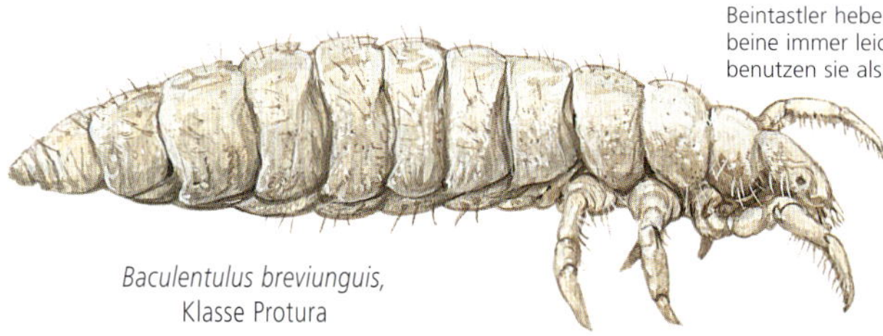

Beintastler heben ihre Vorderbeine immer leicht an und benutzen sie als Tastorgane

Baculentulus breviunguis,
Klasse Protura

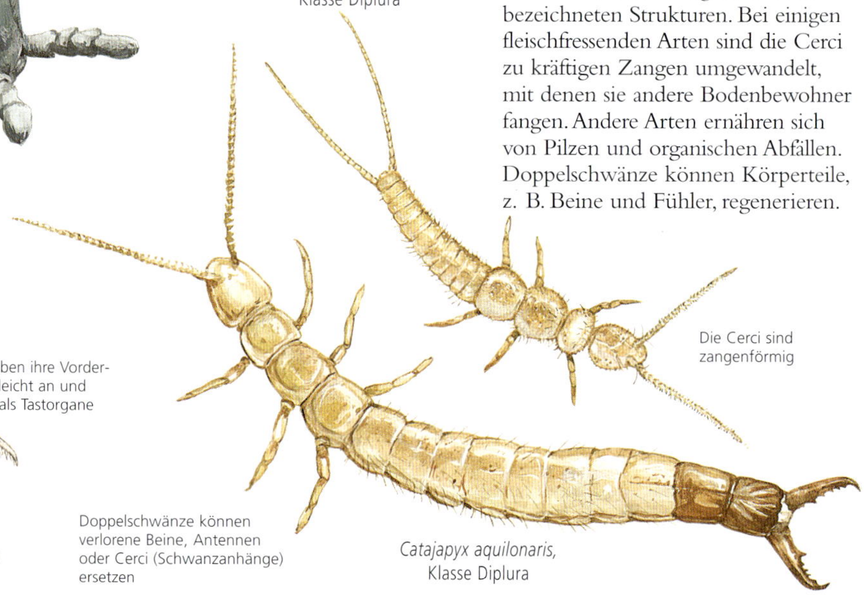

Campodea fragilis,
Klasse Diplura

Die Cerci sind zangenförmig

Doppelschwänze können verlorene Beine, Antennen oder Cerci (Schwanzanhänge) ersetzen

Catajapyx aquilonaris,
Klasse Diplura

STACHELHÄUTER

STAMM	Echinodermata
KLASSEN	5
ORDNUNGEN	36
FAMILIEN	145
ARTEN	6000

Seesterne, Seeigel, Schlangensterne, Haarsterne und Seewalzen, die zum Stamm Echinodermata gehören, haben verschiedene Körperformen, aber einige gemeinsame Merkmale. Die Adulten besitzen meist eine fünfzählige Symmetrie, wobei der Körper nach einem fünfteiligen radialen Muster um eine zentrale Achse angeordnet ist. Ein Innenskelett aus Kalkplatten dient als Schutz und Stütze. Die Platten tragen oft Stacheln oder kleine Beulen, daher der Name Stachelhäuter. In der Körperhöhle befindet sich ein vaskuläres System, ein Netzwerk aus Wassergefäßen, das die Röhrenfüße kontrolliert, die zur Fortbewegung, Nahrungsaufnahme, Atmung und Wahrnehmung dienen.

Verteidigung Bei Seewalzen besteht die fünfteilige Symmetrie nur im Innern und das Skelett ist reduziert. Die Augenfleck-Seewalze (*Bohadschia argus*) stößt weiße Fäden (Cuvier'sche Schläuche) aus, um Feinde zu verwirren oder einzuwickeln.

Bunte Seegurke (Seeapfel)
Pseudocolochirus violaceus,
Klasse Holothuroidea

Der Seeapfel sondert ein Gift ab (Holothurin), das für viele Meerestiere tödlich ist

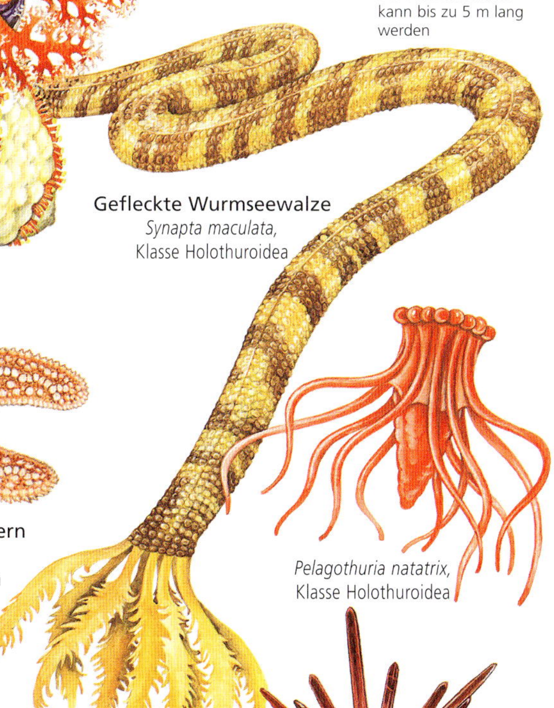

Die Wurmseewalze kann bis zu 5 m lang werden

Gefleckte Wurmseewalze
Synapta maculata,
Klasse Holothuroidea

Gemeiner Seestern
Asterias rubens,
Klasse Asteroidea

Pelagothuria natatrix,
Klasse Holothuroidea

Tropiometra afra,
Klasse Crinoidea

Der Griffelseeigel lebt oft in Gesellschaft der Gestreiften Harlekingarnele (*Gnathophyllum americanum*)

Griffelseeigel
Heterocentrotus mammillatus,
Klasse Echinoidea

Gestielte Junge Alle Vertreter der Klasse Crinoidea sind anfangs mit einem dünnen Stiel am Substrat festgeheftet. Haarsterne wie *Comanthus sp.* sind später frei lebend. Die verzweigten Arme besitzen Röhrenfüße, die Plankton aus dem Wasser fangen und zum Mund führen.

BODENBEWOHNER

Alle Stachelhäuter leben im Meer in allen Tiefen, und die meisten sind bewegliche Bodenbewohner. Ausnahmen sind Seelilien, die mit einem langen Stiel am Meeresgrund befestigt sind, und einige Seewalzen, die im offenen Meer treiben. Stachelhäuter gibt es auf der ganzen Welt. Seeigel und Seesterne sind oft entlang von Stränden zu finden.

Der Stamm Echinodermata ist in fünf Klassen eingeteilt. Zur Klasse Crinoidea zählen die festsitzenden Seelilien und die beweglichen Haarsterne. Sie sind Nahrungsfiltrierer, und der Mund ist im Gegensatz zu anderen Stachelhäutern vom Substrat abgewandt. Zu den anderen Klassen gehören Arten, die räuberisch leben, Algen abweiden oder organische Abfälle fressen. Die Seesterne der Klasse Asterioidea und die Schlangensterne der Klasse Ophiuroidea haben Arme, die vom Körper strahlenförmig ausgehen. Die von Muskeln gestützten Skelettplatten sind flexibel. Bei Seeigel und Sanddollar der Klasse Echinoidea

Strategie Viele Stachelhäuter wie diese Seeigel sammeln sich – abhängig vom Nahrungsangebot – in großen Gruppen. Diese Strategie bietet auch Schutz vor Feinden und erhöht die Fortpflanzungsrate.

bilden verschmolzene Skelettplatten eine kugelige oder flache Form mit deutlichen Stacheln. Bei Seewalzen der Klasse Holothuroidea ist der Körper weich, da das Skelett bis auf winzige Stacheln reduziert ist.

Die meisten Stachelhäuter sind getrenntgeschlechtig und geben Eier und Spermien zur Befruchtung ins Wasser ab. Larven schwimmen frei und entwickeln sich zu bodenbewohnenden Adulten. Bei einigen Arten fallen Larvenstadien aus.

AUF EINEN BLICK

Klasse Asteroidea Seesterne bewegen sich und fressen mit Hilfe ihrer röhrenförmigen Saugfüße auf den Armen. Die meisten leben räuberisch. Sie stülpen ihren Magen über sessile oder sich langsam bewegende Beute, um sie zu verdauen. Einige brechen mit ihren Röhrenfüßen die Schalen von Muscheln auf. Seesterne sind meist leuchtend gefärbt und können eine glatte, stachelige oder gefurchte Oberfläche haben.

Arten 1500

Weltweit; am Meeresgrund

***Viele Arme** Der Sonnenstern (*Crossaster papposus*) kann bis zu 40 Arme haben und etwa 30 cm im Durchmesser erreichen.*

Klasse Ophiuroidea Die Schlangensterne und Gorgonenhäupter dieser Klasse besitzen meist schlanke, sehr deutlich abgesetzte Arme. Statt wie die Seesterne mit den Röhrenfüßen zu kriechen, bewegen sie sich mit zwei von ihren beweglichen, gegliederten Armen durch eine Art Brustschwimmen. In dieser Klasse gibt es Räuber, Aasfresser und Nahrungsfiltrierer.

***Bodenstern** Der Schlangenstern *Ophiura ophiura* lebt an der Oberfläche von sandigen oder schlammigen Böden, kann sich aber auch flach eingraben.*

Arten 2000

Weltweit; am Meeresgrund

Klasse Echinoidea Der kugelige Körper der Seeigel wird durch eine Skelettschale (Corona) und lange, bewegliche Stacheln geschützt. Der abgeplattete Sanddollar ist mit kleineren Stacheln besetzt. Viele Echinoidea besitzen ein System aus Platten, Muskeln und Zähnen („Laterne des Aristoteles"), mit dem sie Algen von Steinen abweiden.

Arten 950

Weltweit; auf oder im Meeresboden

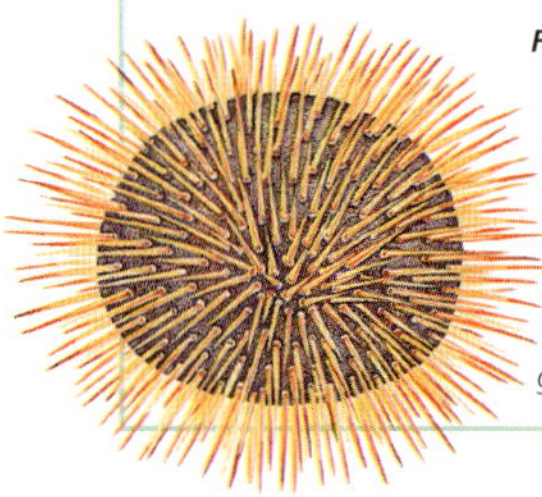

***Felsengräber** Der Steinseeigel (*Paracentrotus lividus*) gräbt sich mit Hilfe seiner Stacheln und Zähne in weiches Gestein, um vor Wellen geschützt zu sein.*

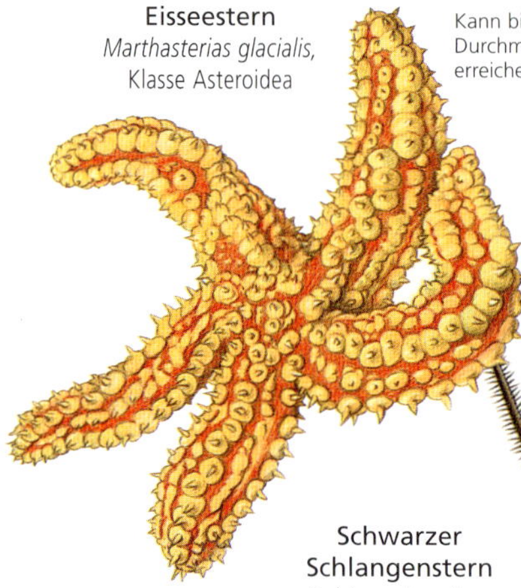

Eisseestern
Marthasterias glacialis, Klasse Asteroidea

Kann bis zu 70 cm Durchmesser erreichen

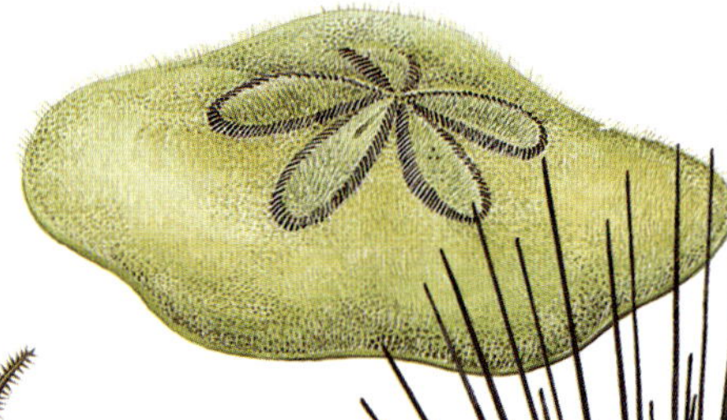

Sanddollar
Clypeaster humilis, Klasse Echinoidea

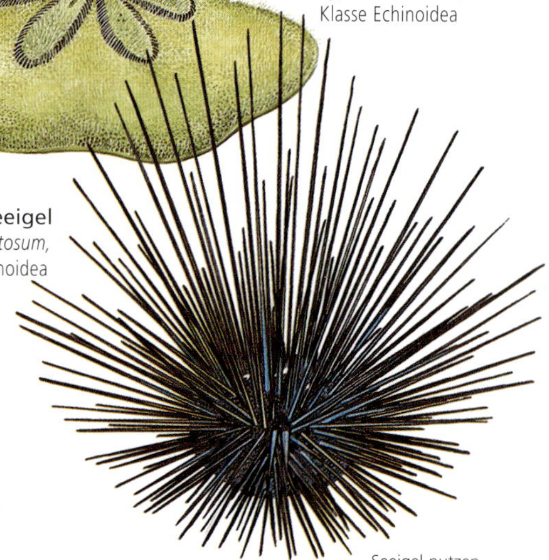

Diademseeigel
Diadema setosum, Klasse Echinoidea

Seeigel nutzen ihre Röhrenfüße und Stacheln zum Fortbewegen

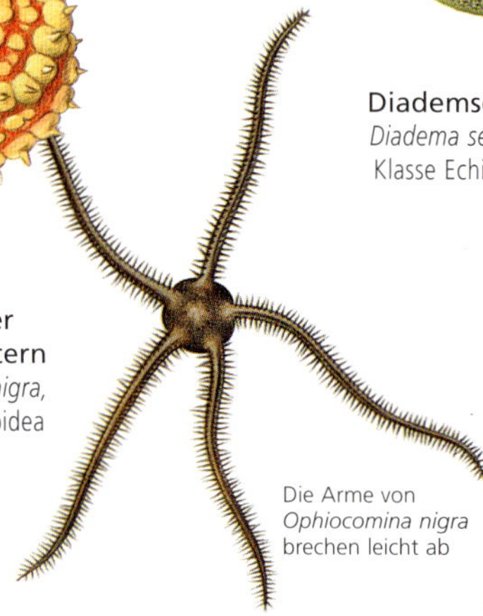

Schwarzer Schlangenstern
Ophiocomina nigra, Klasse Ophiuroidea

Die Arme von *Ophiocomina nigra* brechen leicht ab

Astrospartus mediterraneus, Klasse Crinoidea

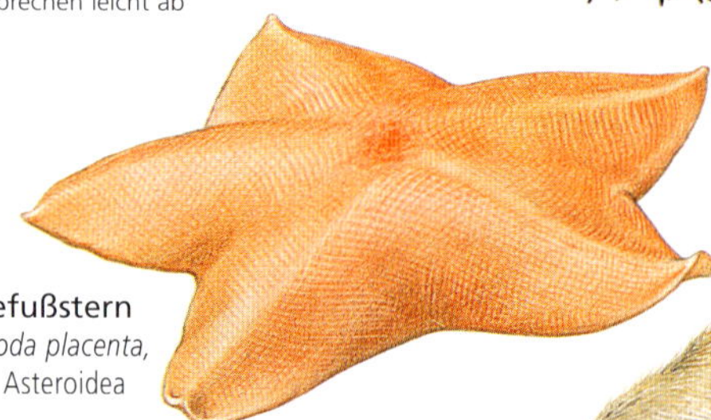

Gänsefußstern
Anseropoda placenta, Klasse Asteroidea

Herzigel
Echinocardium cordatum, Klasse Echinoidea

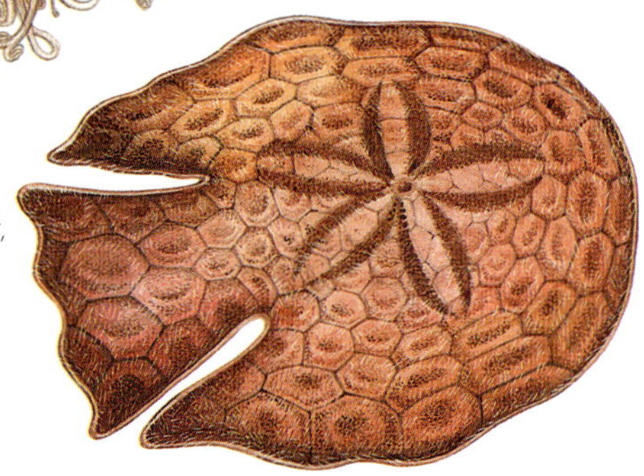

Echinodiscus auritus, Klasse Echinoidea

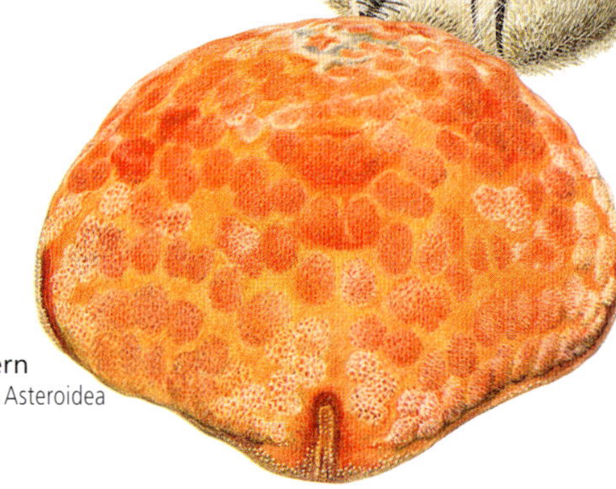

Großer Kissenstern
Culcita novaeguineae, Klasse Asteroidea

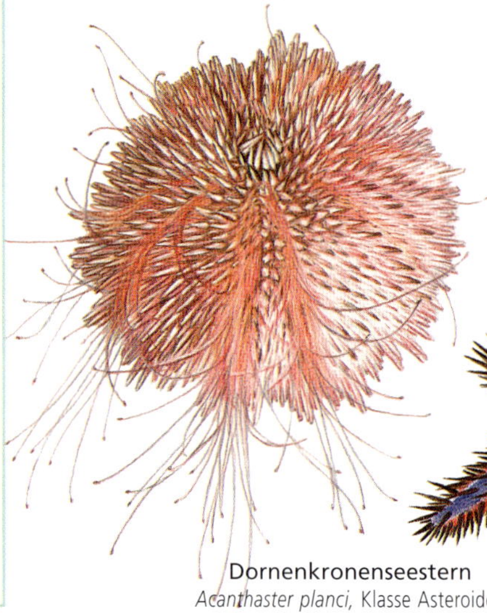

Essbarer Seeigel
Echinus esculentus, Klasse Echinoidea

Die ständig wachsende Anzahl dieses Korallenschädigers hat im Great Barrier Reef große Schäden verursacht

Dornenkronenseestern
Acanthaster planci, Klasse Asteroidea

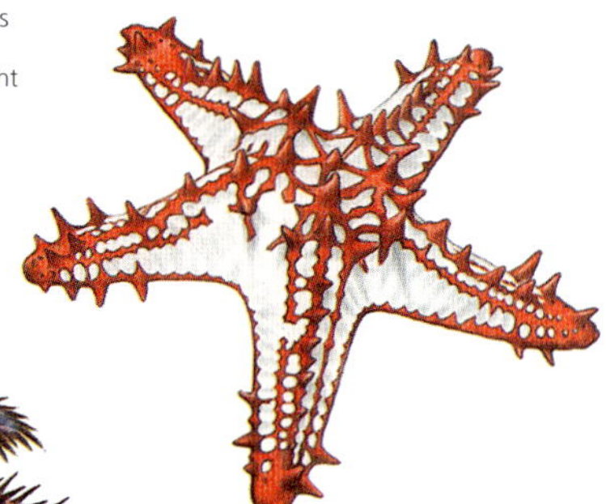

Lincks Walzenseestern
Protoreaster linckii, Klasse Asteroidea

ANDERE WIRBELLOSE

KLEINE STÄMME	
STÄMME	25
KLASSE	> 40
ORDNUNGEN	> 60
ARTEN	> 12 000

Auf den vorangegangenen Seiten sind die acht wichtigsten Stämme der Wirbellosen sowie zwei Unterstämme der wirbellosen Chordatiere behandelt worden. Es gibt jedoch noch 25 Stämme, die hier kurz beschrieben werden. Der Stamm Bryozoa (Moostierchen) umfasst 5000 Arten, während die anderen Gruppen klein sind. Zu den Phoronida (Hufeisenwürmer) gehören nur knapp 20 Arten. Die Vertreter dieser Stämme sind in der Regel klein, oft sogar mikroskopisch winzig. Die meisten leben im Meer, viele kommen auch im Süßwasser und einige sogar an Land vor. Obwohl diese kleinen Stämme häufig übersehen werden, zeigen sie faszinierende Anpassungen an die Herausforderungen ihrer Umwelt.

Mit Lasso Etwa 1000 Arten von langen Schnurwürmern bilden den Stamm Nemertea. Die meisten leben im Meer, einige im Süßwasser oder feuchtem Boden. Sie fangen ihre wirbellose Beute mit einem einzigartigen hervorschießbaren Rüssel.

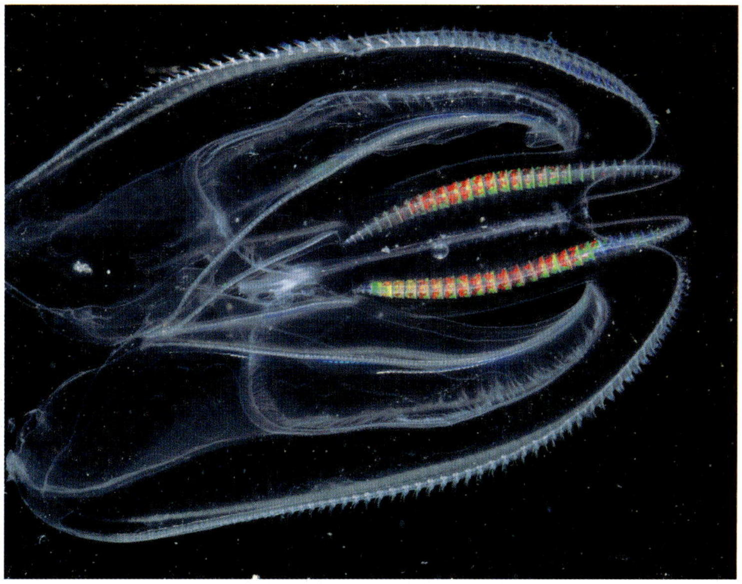

Invasion Die Meerwalnuss (*Mnemiopsis leidyi*) stammt von der amerikanischen Atlantikküste und wurde in den 1980er-Jahren ins Schwarze Meer eingeschleppt. Durch ihre extreme Vermehrung schädigten diese räuberisch von Zooplankton und Fischeiern lebenden Tiere und ihre Larven in kurzer Zeit das Ökosystem.

Überlebenskünstler Bärtierchen wie *Echiniscus testudo* (oben, vergrößert abgebildet) überdauern ungünstige Umweltbedingungen durch Kryptobiose, einen todesähnlichen Zustand. Sie können so Jahre überstehen, um bei günstigen Bedingungen wieder zum Leben zu erwachen.

AUF EINEN BLICK

Stamm Entoprocta Kelchwürmer sind mit einem Stiel am Substrat befestigt. Mit einem Ring aus Schleim produzierenden Tentakeln filtrieren sie Nahrung. Einige bilden durch Knospung Kolonien.

Arten 150

Weltweit; meist am Meeresgrund

Stamm Tardigrada Bärtierchen waren bis zur Erfindung des Mikroskops 1773 unentdeckt. Mit einem langsamen, bärenartigen Gang kriechen sie über den Meeresboden. Die Winzlinge kommen in fast allen aquatischen und an Land in feuchten Lebensräumen vor.

Arten 600

Weltw.; im Wasser, an Land in Feuchthabitaten

Stamm Ctenophora Rippenquallen schwimmen, indem sie mit ihren verschmolzenen Zilien (winzige Haare) schlagen, die in acht Reihen entlang ihres Körpers angeordnet sind. Sie verschlingen ihre Beute direkt oder fangen sie mit einem Paar klebriger Tentakel.

Arten 100

Weltweit; vorwiegend planktonisch

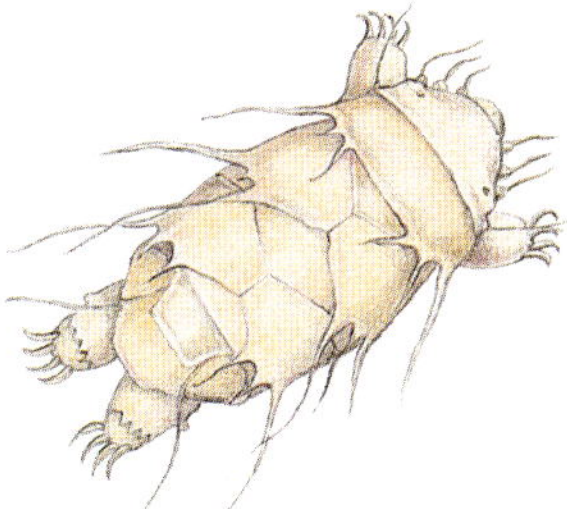

Macrobiotus hufelandi, Stamm Tardigrada

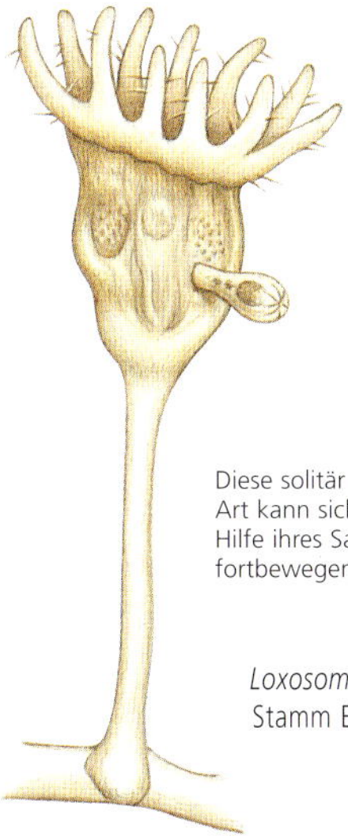

Diese solitär lebende Art kann sich mit Hilfe ihres Saugfußes fortbewegen

Loxosoma harmeri, Stamm Entoprocta

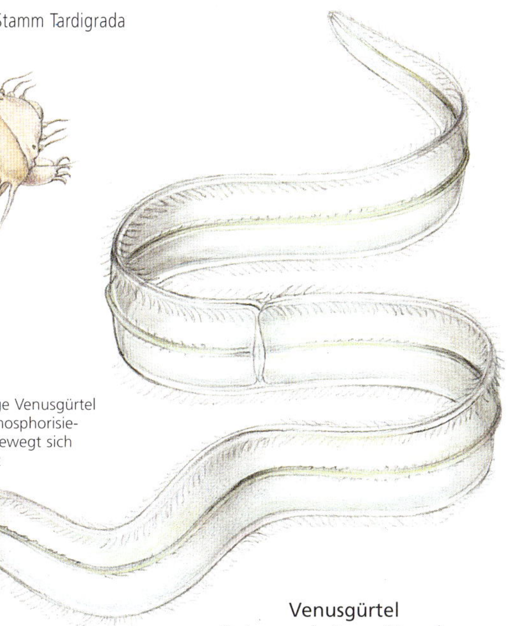

Der bis zu 1,5 m lange Venusgürtel hat eine grünliche, phosphorisierende Färbung und bewegt sich schlangenähnlich fort

Venusgürtel
Cestus veneris, Stamm Ctenophora

Melonenqualle
Beroe cucumis, Stamm Ctenophora

Die Melonenqualle verschlingt so wie andere Rippenquallen Beute, die gleich groß ist wie sie selbst

AUF EINEN BLICK

Stamm Rotifera Rädertierchen sind mikroskopisch kleine Wasserlebewesen. Eine Krone von Zilien (Härchen) um die Mundöffnung schlägt schnell zur Nahrungsaufnahme und zur Fortbewegung, wodurch der Eindruck eines sich drehenden Rads entsteht. Der Rumpf ist oft von einer steifen Epidermis geschützt und besitzt manchmal Stacheln. Die meisten Arten leben im Süßwasser, wo sie den Großteil des Zooplanktons ausmachen.

Arten 1800

Weltweit; im Wasser, an Land in Feuchtgebieten

Fest und frei *Viele Rädertierchen wie* Brachionus plicatilis *schwimmen frei. Andere heften sich mit ihren Klebstoff produzierenden Zehen an eine Oberfläche.*

Stamm Hemichordata Kragentiere oder Kiemenlochtiere haben einen dreiteiligen Körper, bestehend aus Kopf und einem Kragen in der Mitte, der bei einigen Arten Tentakel trägt, sowie dem Rumpf, der die Verdauungs- und Fortpflanzungsorgane enthält. Sie ernähren sich von Partikeln, die sie aus dem Wasser filtern oder mit dem Sediment aufnehmen.

Arten 90

Weltweit; am Meeresgrund

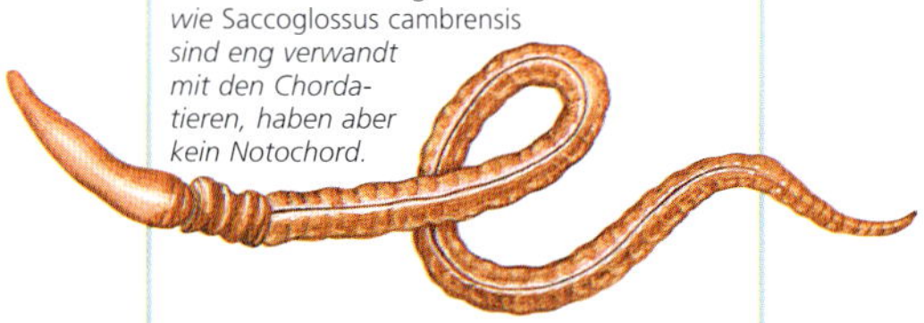

Nah verwandt *Kragentiere wie* Saccoglossus cambrensis *sind eng verwandt mit den Chordatieren, haben aber kein Notochord.*

Stamm Chaetognatha Pfeilwürmer leben räuberisch. Mit ihren am Kopf sitzenden Greifstacheln packen sie Beute (Ruderfüßer, kleine Fische). Werden die Stacheln nicht gebraucht, wird der Kopf zu deren Schutz mit einer von der Körperwand gebildeten Haube bedeckt. Die meisten Arten leben planktonisch, und viele kommen nachts aus der Tiefe an die Oberfläche, um zu fressen.

Arten 90

Weltweit; in Plankton und am Meeresgrund

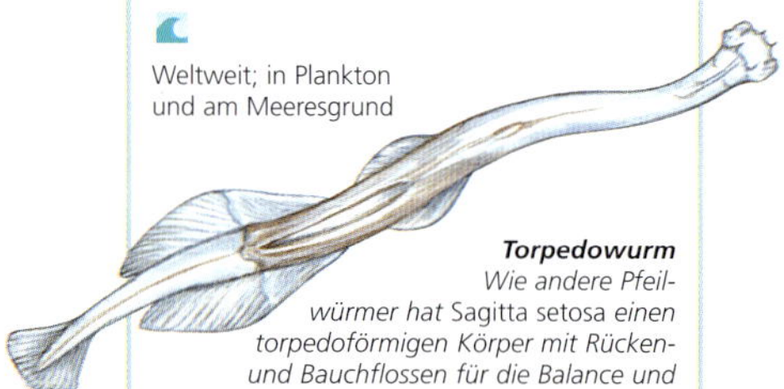

Torpedowurm *Wie andere Pfeilwürmer hat* Sagitta setosa *einen torpedoförmigen Körper mit Rücken- und Bauchflossen für die Balance und einer Schwanzflosse für den Vortrieb.*

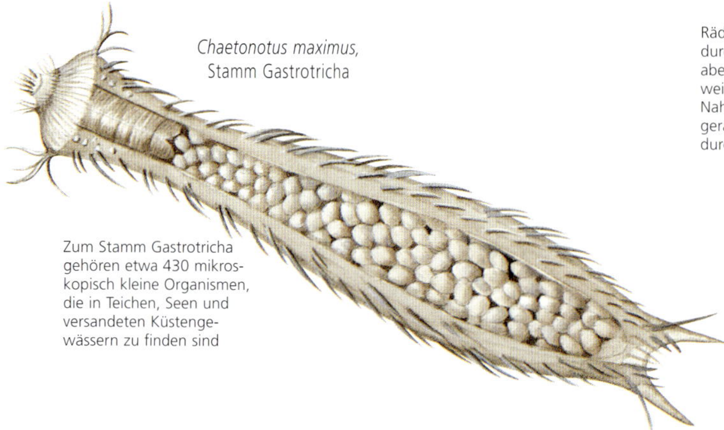

Chaetonotus maximus, Stamm Gastrotricha

Zum Stamm Gastrotricha gehören etwa 430 mikroskopisch kleine Organismen, die in Teichen, Seen und versandeten Küstengewässern zu finden sind

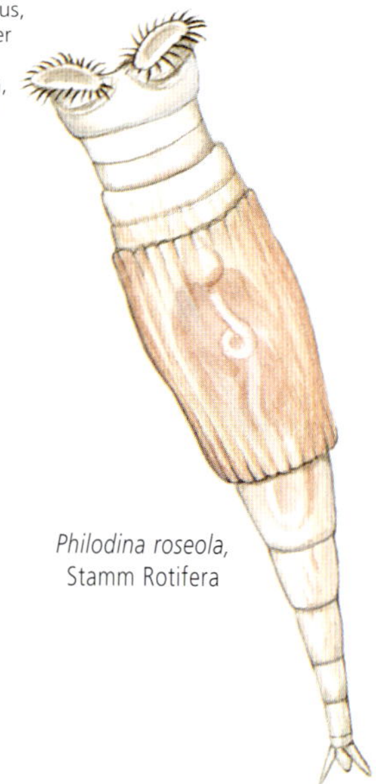

Rädertierchen sind durchsichtig, sehen aber oft farbig aus, weil die Farbe der Nahrung, die sie gerade verdauen, durchschimmert

Philodina roseola, Stamm Rotifera

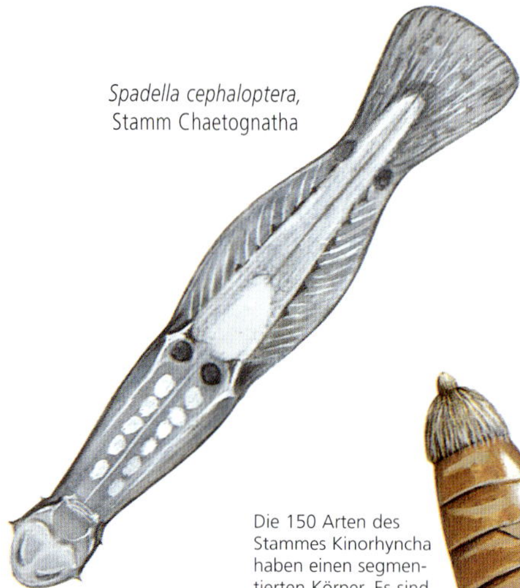

Spadella cephaloptera, Stamm Chaetognatha

Ist häufig in europäischen Gezeitentümpeln zu finden

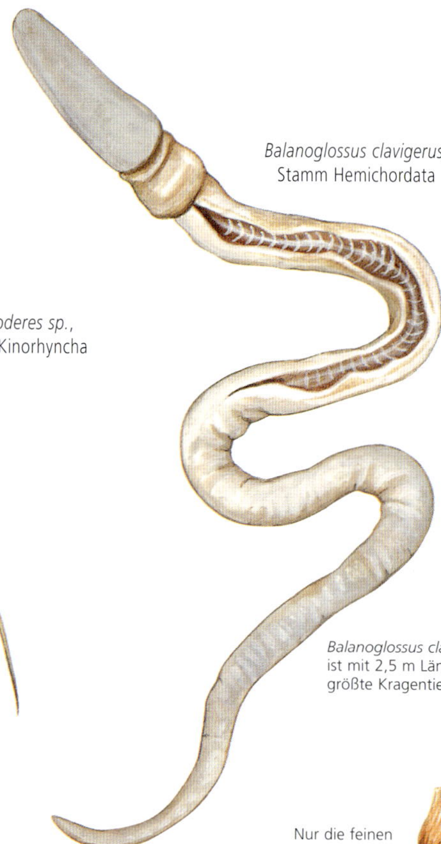

Balanoglossus clavigerus, Stamm Hemichordata

Balanoglossus clavigerus ist mit 2,5 m Länge das größte Kragentier

Echinoderes sp., Stamm Kinorhyncha

Die 150 Arten des Stammes Kinorhyncha haben einen segmentierten Körper. Es sind winzige Organismen, die im Meeresboden vergraben leben

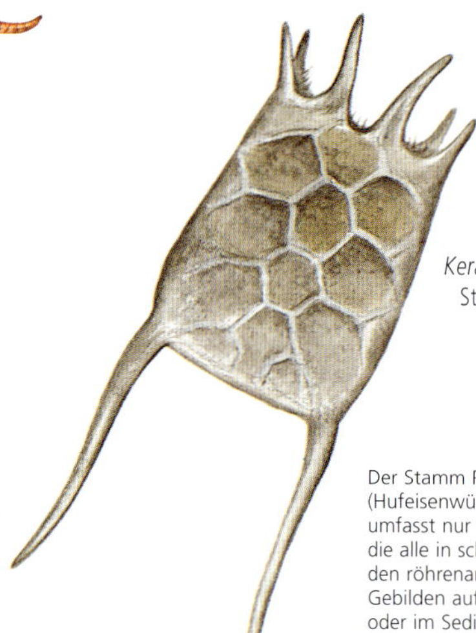

Keratella quadrata, Stamm Rotifera

Der Stamm Phoronida (Hufeisenwürmer) umfasst nur 20 Arten, die alle in schützenden röhrenartigen Gebilden auf dem oder im Sediment des Meergrundes leben

Nur die feinen Tentakel ragen aus der Röhre

Phoronis psammophila lebt in Kolonien

Phoronis psammophila, Stamm Phoronida

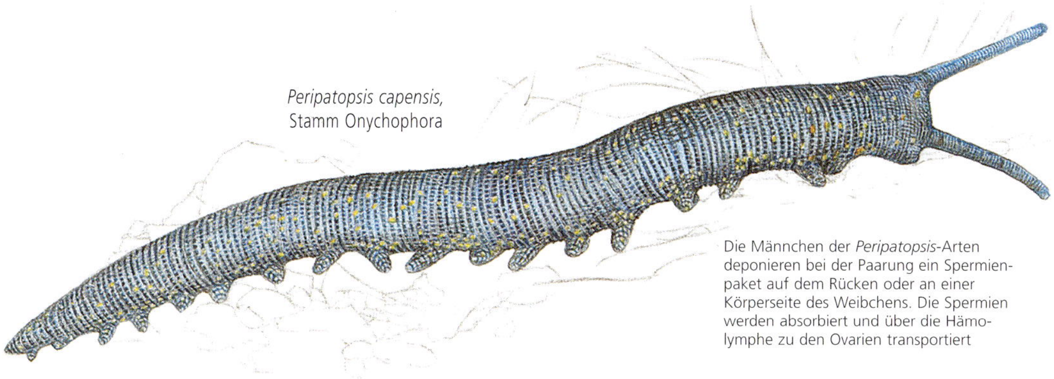

Peripatopsis capensis, Stamm Onychophora

Die Männchen der *Peripatopsis*-Arten deponieren bei der Paarung ein Spermienpaket auf dem Rücken oder an einer Körperseite des Weibchens. Die Spermien werden absorbiert und über die Hämolymphe zu den Ovarien transportiert

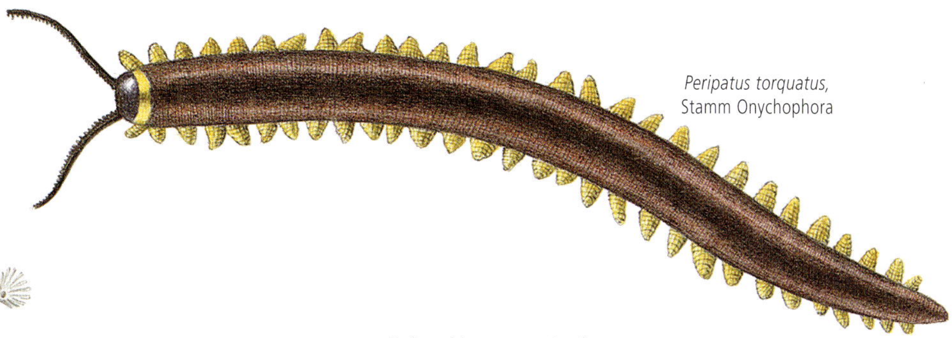

Peripatus torquatus, Stamm Onychophora

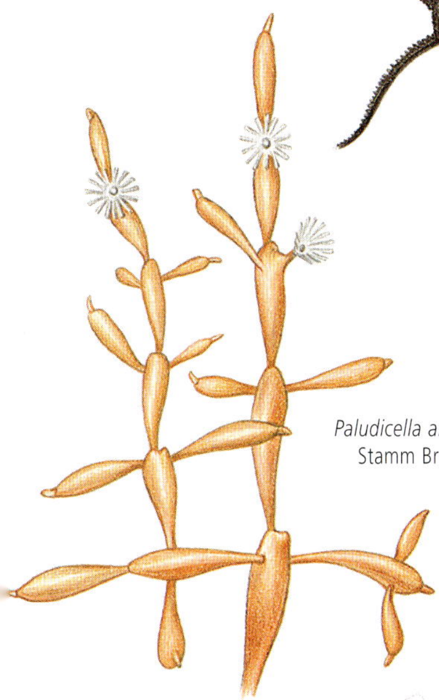

Paludicella articulata, Stamm Bryozoa

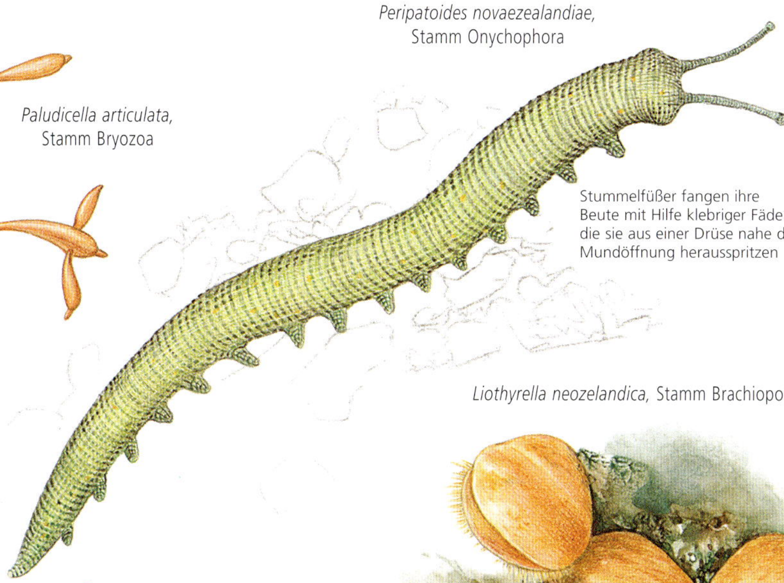

Peripatoides novaezealandiae, Stamm Onychophora

Stummelfüßer fangen ihre Beute mit Hilfe klebriger Fäden, die sie aus einer Drüse nahe der Mundöffnung herausspritzen

Liothyrella neozelandica, Stamm Brachiopoda

Myriopora truncata, Stamm Bryozoa

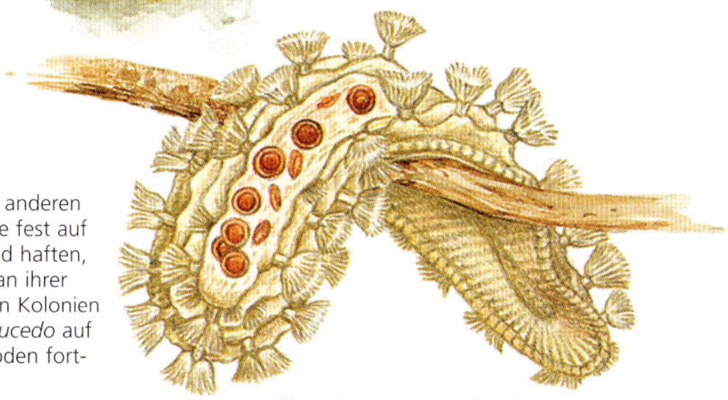

Im Gegensatz zu anderen Moostierchen, die fest auf einem Untergrund haften, können sich die an ihrer Unterseite flachen Kolonien von *Cristatella mucedo* auf dem Gewässerboden fortbewegen

Gallertiges Moostierchen
Cristatella mucedo, Stamm Bryozoa

AUF EINEN BLICK

Stamm Onychopora Stummelfüßer haben nur eine dünne Cuticula und sind daher auf feuchte Lebensräume beschränkt. Man findet sie in der Laubstreu, im Boden, unter Steinen und verrottendem Holz. Um Insekten und andere Beute zu fangen, spritzen Stummelfüßer klebrige Fäden aus Schleimdrüsen, die in der Nähe der Mundöffnung sitzen. Diese Technik dient auch der Verteidigung.

Arten 70

Tropische und südliche gemäßigte Zonen

Wie Samt *Stummelfüßer wie* Peripatus trinnitatis *sind mit winzigen Vorsprüngen bedeckt, wodurch sie samtig erscheinen. Der zylindrische Körper hat zwischen 13 und 43 Paar Stummelfüße.*

Stamm Brachiopoda Mit ihren zweigeteilten Schalen sehen Armfüßer wie Muscheln aus, sind aber näher mit den Moostierchen verwandt. Beide filtern Nahrungspartikel mit einem Lophophor, einem Kranz aus hohlen Tentakeln rund um die Mundöffnung, aus dem Wasser.

Arten 350

Welt; im Meer in jeder Tiefe

Grabender Stiel *Der Armfüßer* Lingula anatina *benutzt seinen fleischigen Stiel, um sich ins Sediment zu graben. Die meisten Armfüßer setzen sich aber an Steinen fest.*

Stamm Bryozoa Die Moostierchen, auch Kranzfüßer genannt, sind winzige, Kolonien bildende Wassertiere. Die meisten sondern eine Schutzschicht ab, die den Körper – bis auf eine Öffnung für das Lophophor (Fresstentakel) – umhüllt. Durch Knospung wachsen die Kolonien als Überkrustungen auf Steinen oder Seetang oder sind verzweigt. Einige Arten bewegen sich frei.

Arten 5000

Weltweit; am Gewässerboden

Festsitzend *Das Moostierchen* Bowerbankia imbricata *hat eine aufrechte, verzweigte Form, die einem festsitzenden Stolon (Stängelausläufer) entspringt.*

GLOSSAR

Abdomen Der Körperteil, der die Verdauungs- und Fortpflanzungsorgane enthält. Bei Insekten und Spinnen bildet das Abdomen das hintere Ende des Körpers.

Abseilfaden Ein Faden aus Seide, den Spinnen an einem Objekt befestigen und an dem sie sich abseilen bzw. hochziehen können.

Amplexus Paarungsstellung bei Froschlurchen, wobei das Männchen das Weibchen mit den Vorderbeinen umklammert und festhält.

Amphibisch An Land und im Wasser lebend.

Anpassung Eine Veränderung des Verhaltens, Körperbaus, der Körperfunktionen etc., die es einem Tier ermöglicht, unter veränderten Bedingungen zu überleben und sich fortzupflanzen.

Annulus (pl. Annuli) Ringförmige Wachstumszone, z. B. auf den Schuppen von Schildkröten, die zur Altersbestimmung herangezogen wird.

Antenne Ein schlankes Organ auf dem Kopf eines Tieres zur Wahrnehmung von Gerüchen und Vibrationen. Insekten besitzen zwei Antennen (Fühler).

Arbeiterin Ein soziales Insekt, das Nahrung sammelt, um die Jungen der Kolonie zu versorgen, selbst jedoch keine Nachkommen hervorbringen kann.

Art Eine Gruppe von Lebewesen mit größtenteils identischen Merkmalen. Die Lebewesen können sich untereinander paaren und fruchtbare Nachkommen hervorbringen.

Außenskelett Eine harte äußere Körperhülle. Alle Gliederfüßer sind durch ein Außenskelett geschützt.

Baumlebend Ständig oder die meiste Zeit auf Bäumen lebend.

Bestäubung Der Vorgang, bei dem der Blütenstaub oder Pollen der männlichen Fortpflanzungsorgane einer Blüte mit den weiblichen Blütenteilen in Kontakt kommt und so die Samenbildung ermöglicht.

Biodiversität Biologische Vielfalt; dazu zählen die Vielfalt an Arten und Lebensräumen sowie die genetische Vielfalt (z. B. Unterarten innerhalb einer Art, genetische Unterschiede innerhalb einer Population etc.).

Buchlungen Lungenform bei primitive Insekten und Spinnentieren aus „Gewebeblättern", welche die Atmungsoberfläche bilden, durch die Blut und Sauerstoff zirkulieren.

Cephalothorax Ein Körperteil bei Spinnen- und Krebstieren, der Kopf und Rumpf verbindet und mit einer harten Körperhülle bedeckt ist.

Chitin Eine Substanz, die den Außenskeletten von Gliederfüßern Festigkeit verleiht.

Deckflügel Die verdickten Vorderflügel von Käfern, die das hintere Flügelpaar abdecken und schützen.

Dimorph Zweigestaltigkeit innerhalb einer Art; wenn sich Männchen und Weibchen einer Art in Aussehen und/oder Größe unterscheiden, spricht man von Geschlechtsdimorphismus.

Dinosaurier Eine Reptiliengruppe, die vom Trias bis in die Kreidezeit (vor 245–65 Millionen Jahren) die Erde bevölkerte. Dinosaurier waren die größten Landtiere aller Zeiten und sind enger mit den heutigen Vögeln und Krokodilen verwandt als mit anderen Reptilien.

Drohne Männliche Honigbiene. Drohnen paaren sich mit den jungen Königinnen, helfen aber im Gegensatz zu den Arbeiterinnen nicht beim Nahrungsammeln oder bei der Instandhaltung des Stockes mit.

Eikokon Eine seidene Hülle, die einige Spinnen um ihre Eier spinnen. Manche Eikokons sind tragbar, damit die Eier von einem Ort zum Anderen transportiert werden können. Andere sehen aus wie Tücher und werden an Blättern oder Zweigen befestigt.

Ektotherm Wechselwarm. Unfähig, die Körpertemperatur selbst zu regulieren; ektotherme Tiere sind auf äußere Wärmequellen wie die Sonne angewiesen, wie zum Beispiel die wechselwarmen Reptilien.

Eizahn Spezielle Schuppe auf der Spitze der Oberlippe zum Schlüpfen bereiter Echsen, Schlangen oder Vögel. Sie wird dazu benutzt, von innen die Eischale zu durchstoßen. Der Eizahn fällt einige Tage nach dem Schlüpfen ab.

Embryo Ein ungeborenes Lebewesen im frühesten Entwicklungsstadium. Ein Embryo kann im Körper der Mutter heranwachsen oder in einem Ei außerhalb des Körpers.

Endotherm Warmblütig. Die Tiere sind in der Lage, ihre Körpertemperatur selbst zu regulieren.

Evolution Die Entwicklung der Lebewesen im Verlauf der Erdgeschichte, die auf der Basis von Mutation und Selektion zur Bildung neuer Arten und zu höheren Organisationsformen geführt hat. Veränderungen im Erbgut können durch zufällige Mutationen oder durch Genaustausch (z. B. Rekombination von Genen bei sexueller Fortpflanzung) stattfinden. Sie sind die Basis für einen Prozess der Selektion (Auslese), der besser angepassten Individuen eine höhere Fortpflanzungsrate beschert.

Gastrolithen Steine, die von Krokodilen verschluckt werden und im Magen bleiben, um Nahrung zu zermahlen.

Gelege Alle Eier, die von einem Reptil- oder Amphibienweibchen auf einmal abgelegt werden.

Getrenntgeschlechtlich Entweder als Männchen oder Weibchen geboren und das Geschlecht das ganze Leben hindurch beibehaltend.

Giftig Beschreibt Tiere, die Gift in andere Lebewesen injizieren können. Giftige Tiere beißen oder stechen.

Gliederfüßer Tiere mit einem gegliederten Körperbau und hartem, segmentierten Außenskelett.

Globale Erwärmung Treibhauseffekt; ansteigende Temperatur in der unteren Erdatmosphäre durch menschliche Aktivitäten wie Abholzung, intensive Landwirtschaft und Verbrennen fossiler Brennstoffe. Die dabei entstehenden Treibhausgase wie Kohlendioxid und Methan verhindern, dass Wärme in den Weltraum abgestrahlt wird. Dies führt zum Schmelzen der Polarkappen und zum Ansteigen des Meeresspiegels.

Grubenorgan Sinnesorgan einiger Schlangen, das kleinste Temperaturunterschiede wahrnehmen kann.

Habitat Das natürlich besiedelte Areal einer Art mit allen für die Art relevanten Umweltfaktoren. Viele Tiere teilen sich denselben Lebensraum (z. B. Regenwald) und nutzen in diesem unterschiedliche Habitate (z. B. Tümpel, Kronendach).

Hybrid Ein Nachkomme von Eltern zweier verschiedener Arten.

Insektivor Ein Tier, das sich ausschließlich oder überwiegend von Insekten ernährt.

Jacobsonsches Organ Zwei kleine Sinnesgruben über dem Maul von Schlangen und Echsen. Mit diesem Organ untersuchen sie kleine Duftmoleküle, die sie mit der Zunge aus der Luft oder vom Boden aufnehmen.

Kamm Eine in der Mitte des Nackens und Rückens ansetzende Reihe schuppiger Dornen bei Echsen. Einige Echsen können ihren Kamm aufrichten oder senken und auf diese Weise mit ihren Artgenossen kommunizieren.

Keratin Ein Protein, aus dem Hörner, Haare, Schuppen, Federn und Finger- sowie Zehennägel bestehen.

Kieferklaue (Chelicere) Scherenartiges Mundstück bei Spinnen, Zecken, Skorpionen und Milben, das die Funktion eines Fangzahns hat.

Kiemen Atmungsorgane, die Sauerstoff aus dem Wasser aufnehmen und CO_2 abgeben. Viele wasserlebende Tiere besitzen Kiemen, ebenso einige Insekten und Amphibienlarven.

Kloake Innere Kammer bei Amphibien, Reptilien, Vögeln und Eier legenden Säugetieren, in die sich Inhalte von Geschlechtsorganen, Harnleiter und Darm entleeren, bevor sie ausgeschieden werden.

Kokon Bei Insekten und Spinnen eine seidene Hülle, die sie selbst oder ihre Eier schützt. Bei Amphibien eine Hülle aus Schlamm, Schleim oder ähnlichen Materialien, in der sie Trockenperioden überdauern.

Komplexauge Es ist aus zahlreichen kleinen Augen aufgebaut, die alle über eine eigene Linse verfügen. Die meisten Insekten haben Komplexaugen.

Königin Ein weibliches Insekt, das eine Kolonie sozialer Insekten gründet und als einziges Mitglied der Kolonie Eier legt.

Kragen Ein am Nacken ansetzender Hautlappen bei Echsen. Wie Kämme oder Wammen kann der Kragen aufgestellt werden, um mit anderen Echsen zu kommunizieren oder Angreifer zu überraschen.

Krebstiere Wirbellose Tiere mit harten, kalkigen Schalen (Exoskelett), wie zum Beispiel Hummer, Krabben, Garnelen und Ruderfußkrebse.

Krokodilartige Echte Krokodile, Kaimane, Alligatoren und Gavial. Vertreter der Ordnung Crocodilia.

Laichen Eier und Sperma direkt ins Wasser ausstoßen.

Landlebend Ständig oder die meiste Zeit an Land lebend.

Larve Ein Jungtier, das völlig anders aussieht als seine Eltern. Insektenlarven, die manchmal auch Maden oder Raupen genannt werden, verwandeln sich entweder durch eine vollständige, oder eine unvollständige Metamorphose in die adulte Form. Amphibien atmen im Larvenstadium meist durch Kiemen.

Made Fliegenlarve.

Mandibeln Typische Mundwerkzeuge

der Krebstiere, Tausendfüßer und Insekten.

Metamorphose Verwandlung. Eine Entwicklungsweise, bei der ein Tier die Form und den Bau seines Körpers verändert. Viele Wirbellose, wie z. B. Insekten, aber auch Wirbeltiere wie die Amphibien machen eine oder mehrere Verwandlungen durch.

Morphe Variante in Farbe oder anderen körperlichen Merkmalen innerhalb einer Art.

Nachtaktiv Nachtaktive Tiere verfügen über spezielle Anpassungen, wie z. B. empfindliche Augen oder Ohren, um sich in der Dunkelheit zurechtzufinden.

Nahrungskette Ein System, in dem ein Organismus Nahrung für einen anderen bildet, der wiederum von anderen gefressen wird, und so weiter. Den Ausgangspunkt einer Nahrungskette, die Primärproduktion, bilden meist grüne Pflanzen, z. B. Algen im Wasser.

Neotenie Die Erhaltung von Jugend- oder Larvenmerkmalen im Erwachsenenalter. Einige Schwanzlurcharten sind neotenisch.

Nische Die ökologische Funktion einer bestimmten Art innerhalb einer größeren Lebensgemeinschaft.

Ocellus Einzelauge der Gliederfüßer. Insekten besitzen in der Regel drei Ocellen auf der Kopfoberseite.

Ökosystem Die Gesamtheit aller Lebewesen, sämtlicher Umweltfaktoren und wechselseitigen Beziehungen in diesem System, z. B. im Ökosystem Hochgebirge.

Ovipositor Röhrenförmiges Organ, durch das weibliche Insekten ihre Eier ablegen. Der Stachel von Bienen und Wespen ist eigentlich ein umgebildeter Ovipositor.

Ovovivipar Fortpflanzung durch die Geburt lebender Jungtiere, die sich in den befruchteten Eiern im Körper der Mutter voll entwickelt haben. Die Jungen schlüpfen direkt bei der Eiablage oder kurz darauf.

Paläontologie Die Wissenschaft vom Leben in vergangenen geologischen Zeitaltern.

Parallele Evolution Wenn verwandte Gruppen, die isoliert leben, aufgrund ähnlicher Umweltbedingungen ähnliche Merkmale entwickeln.

Parasit Schmarotzer (griech. parasitos – jemand, der mitisst). Art mit schmarotzender Lebensweise, die dadurch ihre Wirtsart normalerweise nicht tötet, sondern lediglich schwächt, um die für sie allein vorteilhafte Koexistenz aufrechtzuerhalten. Häufig gibt es eine relativ enge Beziehung zwischen Parasit und Wirt, so dass bestimmte Parasitenarten nur auf (Ektoparasit) oder in (Endoparasit) bestimmten Wirtsarten zu finden sind.

Pedipalpen Paarweise umgewandelte Extremitäten am Cephalothorax von Spinnentieren und Skorpionen, die zum Betasten und Greifen der Nahrung dient. Spinnen setzen diese Organe auch bei der Paarung ein.

Pheromon Ein chemischer Botenstoff, der als Signal ausgestoßen wird und das Verhalten der Artgenossen beeinflusst. Viele Tiere verwenden Pheromone, um Partner anzulocken oder Gefahren anzuzeigen.

Pollen Staubähnliche Keimzellen, die von männlichen Blüten oder den männlichen Geschlechtssorganen einer Blüte produziert werden und zur Fortpflanzung dienen.

Pore Winzige Öffnung auf der Haut eines Tieres oder der Blattoberfläche einer Pflanze.

Puppe Ruhestadium einer Insektenlarve während der Metamorphose. Letztes Stadium auf dem Weg zum geschlechtsreifen Tier.

Räumliches Sehen Wenn beide Augen nach vorne weisen, hat das Tier zwei einander überlappende Sehfelder und kann dadurch räumliche Tiefe abschätzen.

Raupe Die Larve der Schmetterlinge.

Rostrum Röhrenförmiges, schnabelartiges Organ auf dem Kopf einiger Insekten, das zum Fressen eingesetzt wird.

Rudimentär Rudimentäre Körperteile sind die Reste von Organen, die im Laufe der Stammesgeschichte verkümmert sind und ihre Funktion ganz oder teilweise eingebüßt haben.

Saugrüssel Langes, röhrenförmiges Mundwerkzeug bei Insekten, das zur Aufnahme flüssiger Nahrung dient.

Schilder Hornplatten, die bei Schildkröten den knöchernen Panzer bedecken.

Seide Widerstandsfähige, elastische Substanz, die von vielen Insekten und Spinnen abgesondert wird.

Sommerschlaf Eine Periode der Inaktivität zur Vermeidung ungünstiger Bedingungen. In Trockenzeiten verlangsamen viele Froscharten ihren Stoffwechsel, vergraben sich unter der Erde und fallen in einen Sommerschlaf, aus dem sie erst wieder erwachen, wenn Regen fällt.

Sozial In Gruppen lebend; soziale Tiere leben entweder in Brutpaaren zusammen mit ihren Jungen, in Herden oder Kolonien mit oft mehreren tausend Individuen.

Spermatophore Ein Spermienpaket, das bei der Paarung vom Männchen zum Weibchen übertragen wird.

Spinnentiere Gliederfüßer mit vier Beinpaaren wie Spinnen, Skorpione, Zecken und Milben.

Spinnwarzen Fingerähnliche Gebilde bei Spinnen, die mit den Spinndrüsen verbunden sind und in der Nähe des Unterleibes ansetzen.

Stigma Kleine Atemöffnung bei Insekten oder Spinnen, die zu den Tracheen führen.

Symbiose Ein räumlich enges Zusammenleben von zwei Arten, das für beide Vorteile bringt. Tiere bilden symbiotische Beziehungen mit Pflanzen, Mikroorganismen und anderen Tieren.

Sympatrisch Vorkommen von zwei oder mehreren Arten im selben Gebiet.

Tagaktiv Viele Tiere, wie z. B. die meisten Reptilien, beschränken ihre Aktivitäten auf den Tag, denn sie sind auf die Sonnenwärme angewiesen, um jagen oder andere Tätigkeiten ausführen zu können.

Tarnung Farben und Muster, die ein Tier optisch mit dem Hintergrund verschmelzen lassen. Tarnung verbirgt das Tier vor Räubern und hilft beim Auflauern der Beute.

Taxonomie Das wissenschaftliche System zur Einteilung von Lebewesen in verschiedene Gruppen und Untergruppen aufgrund ihrer natürlichen Verwandtschaft.

Tentakel Dünne Gebilde bei im Meere lebenden Wirbellosen, die zum Tasten, Greifen oder zum Injizieren von Gift verwendet werden. Bei Blindwühlen sind die Tentakel an der Seite des Kopfes ansetzende Sinnesorgane, die wahrscheinlich zum Tasten und Riechen dienen.

Territorium Revier; ein begrenztes Gebiet, das von einem Tier gegen Artgenossen verteidigt wird. In diesem Gebiet befinden sich lebensnotwendige Ressourcen wie Nahrung und Nist-, Schlaf- oder Ruheplatz.

Thorax Der mittlere Teil eines Tierkörpers. Bei Insekten ist der Thorax durch eine „Taille" abgeteilt. Bei Spinnentieren sind Kopf und Thorax miteinander verwachsen.

Torpor Starre. Schlafähnlicher Zustand, z. B. Sommer- bzw. Winterschlaf, bei dem die Körperfunktionen verlangsamt ablaufen. In diesem Zustand können Tiere schwierige Bedingungen wie Kälte und Nahrungsmangel überstehen.

Trachee Eine Atemröhre im Körper bestimmter Tiere. Insekten und einige Spinnentiere besitzen viele winzige Tracheen, die über den ganzen Körper verteilt sind.

Tragzeit Die Dauer der Trächtigkeit eines weiblichen Tieres.

Unvollständige Metamorphose Eine Entwicklungsweise, bei der sich ein Insekt vom Ei über eine oder mehrere Nymphenstadien graduell in die adulte Form verwandelt.

Vibrissae Spezielle Tasthaare, die äußerst empfindlich auf Berührung reaieren.

Vollständige Metamorphose Eine Entwicklungsweise, bei der ein junges Insekt seine Form mehrmals verändert, und nach dem Schlüpfen aus dem Ei zuerst als Larve lebt, um sich später in ein Puppenstadium zu begeben und in die adulte Form zu verwandeln. Insekten, wie z. B. Käfer und Schmetterlinge, machen eine vollständige Metamorphose durch.

Wanderung Eine meist saisonale Reise von einem Lebensraum zum anderen. Viele Tierarten legen dabei weite Strecken zurück, um Futter zu finden, sich zu paaren, Eier zu legen oder ihre Jungen auf die Welt zu bringen.

Wamme Ein an der Kehle einiger Echsenarten ansetzender und manchmal bunt gefärbter Hautlappen. Die Wamme befindet sich meist in der Nähe des Halses und dient zur Kommunikation mit anderen Artgenossen.

Wasserlebend Ständig oder die meiste Zeit im Wasser lebend.

Weichtiere Tiere ohne Wirbelsäule und mit weichem Körper, wie z. B. Schnecken oder Tintenfische, die oft teilweise oder zur Gänze in eine Schale gehüllt sind.

Winterstarre Periode der Inaktivität während der kalten Wintermonate. Viele Insekten halten Winterstarre.

Wirbellose Tiere, die keine Wirbelsäule besitzen. Viele Wirbellose haben weiche Körper wie Würmer, Egel oder Tintenfische, aber die meisten verfügen über ein hartes Außenskelett, wie z. B. die Insekten.

Wirbelsäule Die Reihe von Wirbeln, die vom Kopf bis zum Schwanz entlang des gesamten Rückens eines Wirbeltieres verläuft und in die das Rückenmark eingebettet ist.

Wirbeltiere Tiere mit einer Wirbelsäule. Alle Wirbeltiere haben ein inneres Skelett (Endoskelett) aus Knorpel oder Knochen. Fische, Amphibien, Reptilien, Vögel und Säugetiere sind Wirbeltiere.

REGISTER

Kursiv gedruckte Seitenzahlen weisen auf Illustrationen, Fotos oder Informationskästchen hin. Einzelne Arten sind mit deutschem Namen sowie mit der wissenschaftlichen Bezeichnung aufgeführt. Die Seitenangaben bei wissenschaftlichen Bezeichnungen beziehen sich oft nur auf eine Erwähnung des deutschen Namens im Text.

A

B

C

D

E

F

Q

R

S

BILDNACHWEIS

o = oben; l = links; r = rechts; ol = oben links; oml = oben Mitte links; om = oben Mitte; omr = oben Mitte rechts; or = oben rechts; ml = Mitte links; m = Mitte; mr = Mitte rechts; u = unten; ul = unten links; uml = unten Mitte links; um = unten Mitte; umr = unten Mitte rechts; ur = unten rechts

AAP = Australian Associated Press; APL = Australian Picture Library; APL/CBT = Australian Picture Library/Corbis; APL/MP = Australian Picture Library/ Minden Pictures; AUS = Auscape International; AUST = Austral; BCC = Bruce Coleman Collection; GI = Getty Images; NHPA = Natural History Photographic Agency; NPL = Nature Picture Library; PL = photolibrary.com; SP = Seapics.com; WA = Wildlife Art Ltd.

FOTOGRAFIEN

Umschlag GI

1u GI **2**l GI **4**m GI **8**l PL **10**mr APL/MP mr SP/Doug Perrine **12**m APL/MP **14**ul APL/CBT **15**ul, ur, ol APL/CBT ml GI **17**or APL/CBT **18**ul,otr APL/CBT ur APL/MP **19**ur APL/CBT or GI **20**u, mr APL/CBT ml APL/MP **21**umr, r APL/ CBT **22**ur, Mr APL/CBT or GI **23**u APL/CBT or AAP **24**um PL ml APL/ MP mr SP/Doug Perrine **32**um, ul GI ur APL/CBT ol PL **33**m, ml APL/MP **36**um APL/ CBT mr APL/MP **37**mr PL **38**um APL/CBT mr GI ol APL/MP **44**ul,ur, m, or PL **52**m GI or PL **60**um APL/MP ul APL/CBT **61**ur, mr PL o APL/MP **66**ml APL/ MP ol AUS/Jean-Paul Ferrero **67**ur AUS/Joe McDonald m GI ol PL or APL/ CBT **73**um, ml GI ul APL/MP mr AUS/Paul de Oliveira/OSF tl AUS/Glen Threlfo or APL/CBT **82**m GI **84**um GI m APL/MP ol PL **85**or APL/CBT **86**ml GI **87**ur PL m GI or APL/MP **88**u BCC or GI **89**ur APL/CBT or GI **90**um APL or GI **91**ur APL/CBT or Esther Beaton **92**m, o APL/CBT **98**mr PL ol APL/CBT **99**mr PL **100**ml AUS/Satoshi Kuribayashi/OSF mr AUS/Kitchin & Hurst **101**m AUS/MichaelFogden/OSF r AUS/Stephen Dalton/OSF ol GI **107**u, m APL/ CBT ml AUS/Kathie Atkinson ol AUS/Jean-Paul Ferrero **113**ml AUS/ Michael Fogden/OSF mr APL/CBT ol APL/MP **120**m PL **122**ur AUS **123**ul AUS or NPL **125**ur APL/CBT or PL **126**ml GI **127**uml GI umr APL/MP mr APL/CBT **128**ul APL/MP ur APL/CBT ml, mr, or APL/CBT **129**or APL/CBT **130**oml AUS or APL/MP **131**m, or APL/CBT **132**m APL/MP or GI **135**l GI om PL **136**m PL or GI ml PL **144**m APL/CBT or GI **145**ml, mr, or APL/CBT ol PL **146**um APL/MP m APL/CBT or PL **147**m PL m GI ol APL/CBT **148**um GI ml or APL/CBT **152**ul AUS m PL **156**m, mr APL/CBT **157**m PL or APL/CBT **158**m, or APL/CBT **164**m PL ol AUS/Andrew Henely or PL **165**um APL/MP om GI ol APL/CBT **166**m GI ml PL ml PL or APL/MP **167**ml APL/CBT mr, or PL **168**m AUS/Kathie Atkinson **169**ml PL or GI **170**m GI or APL/MP **171**m PL ml GI or AUS/John Cancalosi **174**m AUST ol PL or APL/CBT **175**ml PL or APL/CBT **179**mr PL **182**m PL or GI **186**m APL/MP or GI **188**ol PL or PL **191**m NHPA or AUS/Pascal Goetgheluck **194**or APL/CBT **195**mr,or APL/MP mr GI **197**m GI ml PL or AUS **358**um PL

ILLUSTRATIONEN

Alle Illustrationen © MagicGroup s.r.o. (Tschechien) - www.magicgroup.cz; ausgenommen der folgenden Abbildungen:

Susanna Addario 188ul; **Alistar Barnard/ Frank Knight/John Bull** 98ul, 124ur ml, 151ur; **Anne Bowman** 33um, 170ol; **Simone End** 17um, 124ul ml, 174ml; **Christer Eriksson** 31ur, 34ul, 39ur, 42ml; **Alan Ewart** 153mr; **Giuliano Fornari** 152mr, 179or, 185mr, 37m, 169ur; **John Francis/ Bernard Thornton Artists UK** 46ul, 61m ml; **Mike Golding** 142ml; **Ray Grinaway** 125or, 164r; **Robert Hynes** 16ur; **Ian Jackson** 168or; **David Kirshner** 10um, 85u, 86uml mr, 165m; **David Kirshner/John Bull** 115ul, 108ul, 109ur; **Frank Knight** 25ur, 64ml, 138omr; **James McKinnon** 36m; **Rob Mancini** 124ml, 152mr m ml ol, 153or; **Tony Pyrzakowski** 17umr, 163mr; **John Richards** 188mr; **Edwina Riddell** 188m, 25ur, 30ul, 38mr or, 40ml, 48ul, 59or, 62ul ml; **Barbara Rodanska** 123mr; **Trevor Ruth** 78ul; **Peter Schouten** 51ur; **Kevin Stead** 145m, 190ul, 24ul, 26ul, 29ur, 35ur, 36ul ur, 37ul, 39mr, 41mr or, 43ur, 49mr, 50ol, 59ur, 60m, 61ol, 65mr, 67mr, 75ur, 79mr, 81mr, 98or, 99ml, 113or; **Guy Troughton** 52l, 66ur; **WA/Robin Bouttell** 123mr; **WA/Sandra Doyle** 124ol, 148m, 150uml ul, 153ur; **WA/Ken Oliver** 46ol, 92ul, 100ul; **WA/Mick Posen** 16or, 123ur; **WA/Chris Shields** 92ol, 151or mr, 173ul.

BILDLEGENDEN

Seite 1 Der Amazonas-Pfeilgiftfrosch ist mit ebenso bunten Mustern versehen wie viele Schmetterlinge. Die Hautabsonderungen dieser kleinen Frösche enthalten die stärksten bekannten natürlichen Toxine.
Seite 2–3 Die Hörner des männlichen Dreihornchamäleons werden bei Kämpfen mit Rivalen um Reviere und Weibchen eingesetzt.
Seite 4–5 Eine Biene balanciert auf den Blütenblättern einer Kosmosblume und trinkt ihren Nektar. Fliegt die Biene weiter, dann wird der auf ihrem Körper klebende Pollen weitere Blüten bestäuben.
Seite 6–7 Die Farbe, Zartheit und Größe der Weichkorallen machen sie zu den spektakulärsten Tieren der Korallenriffe.
Seite 8–9 Ameisen zählen zu den sozialen Insekten. Die Zusammenarbeit der Blattschneideameisen sichert die Nahrungsversorgung.
Seite 12–13 Der Grüne Leguan ist die größte südamerikanische Echsenart und ein agiler Kletterer, der sich nie weit von den Bäumen entfernt.
Seite 82–83 Ein Schreifrosch lugt aus dem Wasser des Highbank Lake im Manistee National Forest (Michigan, USA) unter einem Lilienblatt hervor.
Seite 120–121 Die Raupen der Schwammspinner können täglich bis zu 0,1 m^2 an Blättern fressen. In den USA sind sie deshalb für viele Bäume, wie zum Beispiel Eichen, zur einer wahren Plage geworden.

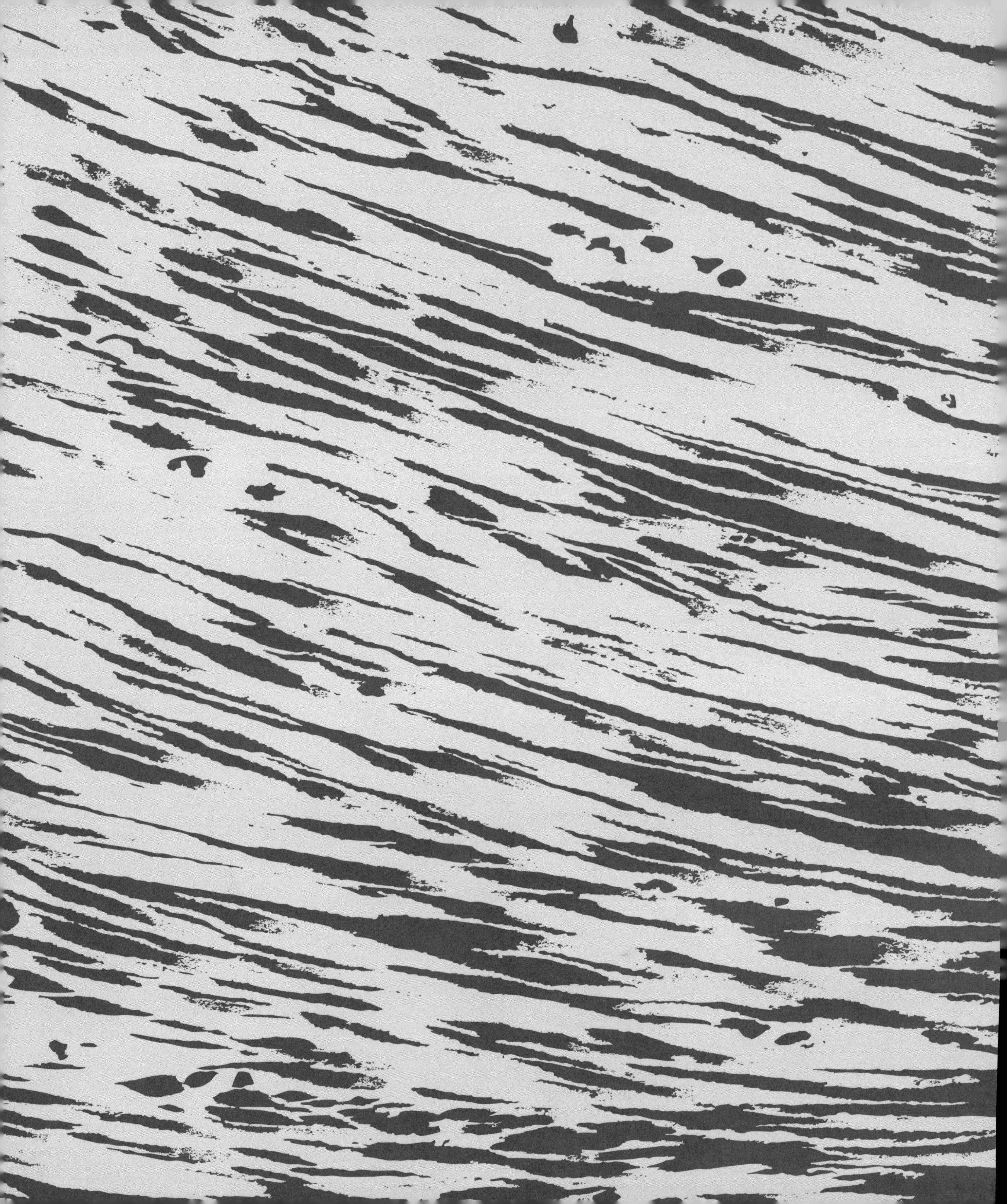